应用型本科 机械类专业"十三五"规划教材

过程设备设计

主 编 刘友英 朱大胜 李兴成

U0379658

西安电子科技大学出版社

内 容 简 介

本书分为绪论、压力容器设计篇和过程设备设计篇。其中，压力容器设计篇共7章，包括压力容器导言、中低压容器设计、外压容器设计、压力容器零部件设计及其他设计、高压容器设计、压力容器材料、压力容器设计技术进展等内容；过程设备设计篇共4章，包括储存设备、换热设备、塔设备和反应设备等内容。

本书内容丰富、图文并茂、结构合理、层次分明，可作为应用型高校过程装备与控制工程专业的教材或参考资料，也可供相关专业的师生和工程技术人员参考。

图书在版编目(CIP)数据

过程设备设计/刘友英，朱大胜，李兴成主编.
—西安：西安电子科技大学出版社，2017.8
应用型本科 机械类专业"十三五"规划教材
ISBN 978-7-5606-4522-3

Ⅰ.① 过… Ⅱ.① 刘… ② 朱… ③ 李… Ⅲ.① 化工过程—化工设备—设计
Ⅳ.① TQ051.02

中国版本图书馆 CIP 数据核字(2017)第 156555 号

策　　划	马乐惠
责任编辑	蔡雅梅　雷鸿俊
出版发行	西安电子科技大学出版社(西安市太白南路 2 号)
电　　话	(029)88242885　88201467　　邮　编　710071
网　　址	www.xduph.com　　　　电子邮箱　xdupfxb001@163.com
经　　销	新华书店
印刷单位	陕西大江印务有限公司
版　　次	2017 年 9 月第 1 版　2017 年 9 月第 1 次印刷
开　　本	787 毫米×1092 毫米　1/16　印张 21.5
字　　数	508 千字
印　　数	1～2000 册
定　　价	42.00 元

ISBN 978-7-5606-4522-3/TQ

XDUP 4814001-1

前　　言

本书是根据应用型本科院校的培养要求，并结合编者多年的工程实践经验和教学经验编写而成的。

本书具有以下几方面的特点：

（1）反映工科教育的特点，突出实用性和实践性的原则，强化工程概念，以利于学生综合素质的提高和科学思想方法与创新能力的培养。

（2）以整体培养规格为目标，优化内容体系，贯彻"必需、够用为度"的原则，为后续专业拓展课程的学习和可持续教育打下坚实的基础。

（3）注意前后知识的连贯性、逻辑性，力求深入浅出、图文并茂，以利于学生对新知识的理解。在教学内容的编排上，全书分为压力容器设计和过程设备设计上下两篇，内容既连续又各自独立，教师可根据教学要求选讲部分内容。各章正文前均配有"教学要点"，对本章的学习提供指导；各章内容结束后有"小结"，有利于学生掌握本章知识点及重点，强化学习效果。

（4）注重训练和培养学生解决工程实际问题的能力。书中的例题和习题中，很多内容来源于工程实际，部分图片亦来源于工程实际，使学生在学习的过程中，能够将理论知识和实际的应用结合起来。

（5）书中各章均采用最新的法规标准，如第4章中关于开孔补强的设计方法，即是根据GB150—2011《压力容器》的相关内容，在原有等面积补强设计法的基础上新增了应力分析补强法。又如各章中引用的数据，均在图表中列出了引用的标准出处。

（6）体现新知识、新技术、新方法，适当留有可供自学和拓宽专业知识的内容。

本书由刘友英、朱大胜、李兴成主编，刘友英负责全书的统稿和定稿。参加本书编写的有：南京工程学院刘友英（绪论，第2、3、5、10章，附录B、C、G、H），南京工程学院朱大胜（第6、8、11章，附录A、F），江苏理工学院李兴成（第1、4章，附录D），南京工程学院李冲（第9章），南京工程学院李果（第7章，附录E）。附录内容见西安电子科技大学出版社官网。

在本书的编写过程中，南京工程学院武华副教授对插图提出了很多建设性的意见和建议，南京工程学院张杰教授对书稿的编写给予了很大的指导和帮助，中国石油化工集团公司金陵石化公司罗淳高级工程师对书稿的编写提供了极大的帮助，南京工程学院冯勇副教授、朱玉副教授也对书稿的完成提出了宝贵的建议，编者对他们表示深深的谢意。

　　在本书的出版过程中，西安电子科技大学出版社的相关工作人员给予了很大的帮助和支持，并付出了辛勤的劳动。在此，编者谨向他们表示诚挚的感谢！

　　由于编者水平有限，书中难免存在不妥之处，恳请读者批评指正。在本书的使用过程中如遇到问题，请通过电子邮件(liuyy660103@126.com)与作者联系。

编　者

2017 年 4 月

目　录

上篇　压力容器设计

下篇 过程设备设计

绪 论

本章教学要点

知识要点	掌握程度	相关知识点
过程设备设计概述	掌握过程和过程设备设计的概念	过程、过程设备、过程设备设计
过程设备的应用	了解过程设备的应用场合	过程设备的应用场合
过程设备的特点	掌握过程设备的特点	过程设备的特点
过程设备的基本要求	掌握过程设备的基本要求	过程设备的基本要求

0.1　过程设备设计概述

从原材料到产品，要经过一系列物理、化学或者生物的加工处理步骤，这一系列加工处理步骤称为过程。用于完成物料的粉碎、混合、储存、分离、传热、反应等操作过程的设备即为过程设备。过程设备必须满足过程的要求，即功能和寿命的要求。设备的新设计、新材料和新制造技术是在过程的要求下发展起来的，没有相应的设备，过程也就无法实现。

过程设备设计是根据过程设备在全寿命周期内的功能和市场竞争（性能、质量、成本等）要求，综合考虑环境要求和资源利用率，根据设备的工艺、强度和经济性等要求制定出的可用于制造的技术文件。

过程设备设计课程主要介绍流体储存、传热、传质和反应设备的一般设计方法，是一门涉及多门学科、综合性很强的课程。课程重点是阐述基本原理与设计思路，至于具体的设计方法，包括材料选择、结构设计与计算方法则是层出不穷的，而且同一设计任务可以有不同的设计方案，因此，不可能存在一种唯一确定的具体设计方法。

0.2　过程设备的应用

过程设备在生产技术领域中的应用十分广泛，是化工、炼油、轻工、交通、食品、制药、冶金、纺织、城建、海洋工程等传统部门所必需的关键设备。一些高新技术领域，如航空航天技术、先进能源技术、先进防御技术等，也离不开过程设备。下面列举几个工程中的典型实例。

（1）储氢容器。氢气是一种清洁、可储存、可循环、可持续的能源。液态氢已被用作新型火箭发动机、人造卫星和宇宙飞船中的液态燃料，这种液态燃料必须储存在深冷容器中。例如，在进行液氢-液氧火箭发动机推力测试时，需要有液氢和液氧深冷高压容器，其中液氢高压容器的设计压力为 40 MPa，设计温度为 −253 ℃。高压气态氢是现阶段氢能汽车的主导储氢方式，车载储氢容器的压力为 35～70 MPa，加氢站用储氢容器的压力可达到 40～75 MPa。

（2）液化气储罐。球形石油液化气储罐作为储存设备在石油化工厂得到了广泛应用。其主体为球壳，它是储存物料、承受物料工作压力和液柱静压力的容器，由许多按一定尺寸预先压成的球面板装配组焊而成，其设计压力为 1.8 MPa，设计温度为 50 ℃。由于球罐内盛装的物料具有易燃、易爆的特点，且装载量大，一旦发生事故，后果不堪设想，因此，球罐的设计和使用必须保证安全可靠。

（3）超高压食品杀菌釜。为避免因加热而破坏食品的风味和营养，保持食品的色、香、味，出现了一种新的食品杀菌技术——超高压食品杀菌。其大致过程是先将食品充填到柔软的塑料容器之中，再放入工作压力为 150～700 MPa 的压力容器中，在常温下保压一段时间，然后卸压取出食品，以达到灭菌和延长保存期的目的。

（4）核反应堆。核能发电是利用原子核裂变反应释放的能量进行发电的，其大致过程为：在反应堆工作时放出的热量由冷却剂引入蒸发器，并加热流过蒸发器内的水，所产生的饱和蒸汽带动汽轮机进行发电。可见，反应堆是核电站的核心设备。压水堆和沸水堆都利用水作为冷却剂，是广泛使用的反应堆。为使水加热到 300～330 ℃ 的高温也不会沸腾，压水堆需要在 12.2～16.2 MPa 的高压下工作。沸水堆允许产生蒸汽，工作压力较低，一般在 7.2 MPa 左右。图 0-1 为核反应堆（沸水堆）发电流程图。

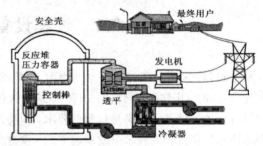

图 0-1　核反应堆发电流程图

此外，许多军工产品也属于过程设备，如潜艇的外壳就是一个承受外压作用的容器。例如，日本于 1988 年研制成功的潜深为 6000 m 的深海潜艇，其耐压舱就是一个壁厚为 70 mm 的钛合金制的球形壳体。

0.3　过程设备的特点

随着科学技术的发展，过程设备正在向多功能、大型化、成套化和轻量化方向发展，呈现出以下特点：

（1）功能原理多种多样。过程设备的用途、介质特性、操作条件、安装位置和生产能力千差万别，往往要根据功能、使用寿命、质量、环境保护等要求，采用不同的工作原理、材料、结构和制造工艺单独设计，因而过程设备的功能原理多种多样，是典型的非标准设备。

（2）化机电一体化。为使过程设备高效、安全地运行，就需要控制物料的流量、温度、压力、停留时间等参数，并检测设备的安全状况。化机电一体化是过程设备的一个重要特点。

（3）外壳一般为压力容器。过程设备通常是在一定温度和压力下工作的，虽然形式繁多，但一般都由限制其工作空间且能承受一定压力的外壳和各种各样的内件组成。这种能承受压力的外壳就是压力容器。

压力容器往往在高温、高压、低温、高真空、强腐蚀等苛刻条件下工作，是一种具有潜在泄漏、爆炸危险的特种设备。由于设计寿命较长，在使用期间，除受到压力、重量等静载荷作用外，还可能受到风载荷、地震载荷、冲击载荷等动载荷的作用。

为确保压力容器安全运行，许多国家都结合本国的国情制定了强制性或推荐性的压力容器规范标准和技术法规，如我国的 GB 150《压力容器》、JB 4732《钢制压力容器——分析设计标准》、《固定式压力容器安全技术监察规程》等。这些规范标准和技术法规对压力容器的材料、设计、制造、安装、使用、检验和修理改造都提出了相应的要求。

0.4 过程设备的基本要求

过程设备的基本要求体现在以下五个方面。

1. 安全可靠

为保证过程设备安全可靠地运行，过程设备应具有足够的能力来承受设计寿命内可能遇到的各种载荷。影响过程设备安全可靠性的因素主要有：材料的强度、韧性和与介质的相容性；设备的刚度、抗失稳能力和密封性能。

（1）材料的强度高、韧性好。材料强度是指载荷作用下材料抵抗永久变形和断裂的能力。屈服强度和抗拉强度是钢材常用的强度判据。过程设备是由各种材料制造而成的，其安全性与材料强度紧密相关。在相同的设计条件下，提高材料强度可以增大许用应力，减小过程设备的壁厚，减轻设备重量，从而降低成本，提高综合经济性。对于大型过程设备，采用高强度材料的效果尤为显著。但是，除材料强度外，过程设备强度还与结构、制造质量等因素有关。过程设备各零部件的强度并不相同，整体强度往往取决于强度最弱的零部件的强度。设计时使过程设备各零部件的强度相等，即采用等强度设计，可以充分利用材料的强度，节省材料，减轻重量。

韧性是指材料断裂前吸收变形能量的能力。由于原材料、制造（特别是焊接）和使用（如疲劳、应力腐蚀）等方面的原因，过程设备常带有各种各样的缺陷，如裂纹、气孔、夹渣等。研究表明，并不是所有缺陷都会危及过程设备的安全运行，只有当缺陷尺寸达到某一临界尺寸时，才会发生快速扩展而导致过程设备损坏。临界尺寸与缺陷所在处的应力水平、材料韧性以及缺陷的形状和方向等因素有关，它随着材料韧性的提高而增大。材料韧性越好，临界尺寸越大，过程设备对缺陷就越不敏感；反之，在载荷作用下，很小的缺陷就有可能快速扩展而导致过程设备损坏。因此，材料韧性是过程设备材料的一个重要指标。材料韧性一般随着材料强度的提高而降低。这是因为，材料的力学性能相互之间是有一定关联的。一般来说，硬度高的材料强度就大，而塑性好的材料韧性就好。对于同一种材料，在一定范围内硬度越高强度也越大，但由于硬度增加，大多数材料的脆性也同时增加，韧性降低。因此在选择材料时，应特别注意材料强度和韧性的合理匹配。在满足强度要求的前提下，尽可能选用高韧性材料。过分追求强度而忽略韧性是非常危险的，国内外就曾发生多起因韧性不足引起的过程设备爆炸事故。

除强度外，环境也会影响材料韧性。低温、受中子辐照或在高温高压临氢条件下工作,都会降低材料的韧性,使材料脆化。掌握材料性能随环境的变化规律,防止材料脆化或将其限制在许可范围内,是提高过程设备可靠性的有效措施之一。

(2) 材料与介质相容。过程设备的介质往往是腐蚀性强的酸、碱、盐。材料被腐蚀后,不仅会导致壁厚减小,而且有可能改变其组织和性能。因此,材料必须与介质相容。

(3) 结构有足够的刚度和抗失稳能力。刚度是过程设备在载荷作用下保持原有形状的能力。刚度不足是过程设备过度变形的主要原因之一。例如,螺栓、法兰和垫片组成的连接结构,若法兰因刚度不足而发生过度变形,将导致密封失效而产生泄漏。失稳是过程设备常见的失效形式之一。承受外压载荷的壳体,当外压载荷增加到某一值时,壳体会突然失去原来的形状,被压扁或出现波纹,载荷卸去后,壳体不能恢复原状,这种现象称为外压壳体的失稳。过程设备应有足够的抗失稳能力。例如,在真空下工作并承受外压的过程设备,若壳体厚度不够或外压太大,将引起失稳破坏。

(4) 密封性能好。密封性是指过程设备防止介质或空气泄漏的能力。过程设备的泄漏可分为内泄漏和外泄漏。内泄漏是指过程设备内部各腔体间的泄漏,如管壳式换热器中的管程介质通过管板泄漏至壳程。这种泄漏轻者会引起产品污染,重者则会引起爆炸事故。外泄漏是指介质通过可拆接头或者穿透性缺陷泄漏到周围环境中,或空气漏入过程设备内的泄漏。过程设备内的介质往往具有危害性,外泄漏不仅有可能引起中毒、燃烧和爆炸等事故,而且会造成环境污染。因此,密封是过程设备安全操作的必要条件。

2. 满足过程要求

过程要求主要包括功能要求和寿命要求。

(1) 功能要求。过程设备具有一定的功能要求,以满足生产的需要,如储罐的储存量、换热器的传热量和压力降、反应器的反应速率等。功能要求得不到满足,会影响整个过程的生产效率,造成经济损失。

(2) 寿命要求。过程设备还有寿命要求。例如,在石油化工行业中,一般要求高压容器的使用年限不少于 20 年,塔设备和反应设备不少于 15 年,一般设备不少于 10 年。腐蚀、疲劳、蠕变是影响过程设备寿命的主要因素。设计时应综合考虑温度和压力的高低及波动情况、介质的腐蚀性、环境对材料性能的影响、流体与结构的相互作用等,并采取有效措施,确保过程设备在设计寿命内安全可靠地运行。

3. 综合经济性好

综合经济性是衡量过程设备优劣的重要指标。如果综合经济性差,过程设备就缺乏市场竞争力,最终会被淘汰,即发生经济失效。过程设备的综合经济性主要体现在以下几个方面:

(1) 生产效率高、消耗低。过程设备常用单位时间内单位容积(或面积)处理物料或所得产品的数量来衡量其生产效率,如换热器在单位时间单位容积内的传热量,反应器在单位时间单位容积内的产品数量等。低耗包括两层含义:一是指降低过程设备制造过程中的资源消耗,如原材料、能耗等;二是指降低过程设备使用过程中生产单位质量或体积产品所需的资源消耗。

工艺流程和结构形式都对过程设备的经济性有显著影响。由于工艺流程或催化剂等反应条件的不同,反应设备的生产效率和能耗相差很大。相同工艺流程、相同外壳结构的塔设备,若采用不同的内件,如塔板、液体分布器、填料等,其传质效率会相差很大。从工艺、结构两方面综合考虑,可以提高过程设备的生产效率,降低消耗。

（2）结构合理、制造简便。过程设备应结构紧凑，充分利用材料的性能，尽量避免采用复杂或质量难以保证的制造方法，可实现机械化或自动化生产，减轻劳动强度，减少占地面积，缩短制造周期，降低制造成本。

（3）易于运输和安装。过程设备往往先在车间内制造，再运至使用单位安装。对于中、小型过程设备，运输和安装较为方便。但对于大型设备，其尺寸和质量都很大，有的质量甚至超过 1000 吨，必须考虑运输的可能性与安装的方便性，如轮船、火车、汽车等运输工具的运载能力和空间大小、码头的深度、桥梁和路面的承载能力、隧道的尺寸、吊装设备的吨位和吊装方法等。

为解决运输中存在的问题，一些高、大、重的过程设备，往往先在车间内加工好部分或全部零部件，再到现场组装和检验。例如，制造大型球罐时，一般先在车间内压制球瓣，再到现场将球瓣拼焊成球罐。

4. 易于操作、维护和控制

（1）操作简单。在过程设备的操作过程中，误操作时可发出报警信号，或设置防止误操作的装置。如需要频繁开关端盖的压力容器，在卸压未尽或带压状态下打开，以及端盖未完全闭合前升压，是酿成事故的主要原因之一。若在这种压力容器中设置安全联锁装置，使得在端盖未完全闭合前容器内不能升压，压力未完全泄放前端盖无法开启，这样就可以防止误操作造成事故。

（2）可维护性和可修理性好。过程设备通常需要定期检验安全状态、更换易损零部件、清洗易结垢表面，在结构设计时应充分考虑这方面的要求，使之便于清洗、装拆和检修。

（3）便于控制。过程设备应带有测量、报警和自动调节装置，能手动或自动检测流量、温度、压力、浓度、液位等状态参数，防止超温、超压和异常振动，降低噪声，适应操作条件的波动。

对于失效危害特别严重的过程设备，往往需要实时监控其安全状态，如利用红外技术实时监测设备温度的变化情况、利用声发射技术实时监控裂纹类缺陷的扩展动态等。根据检测结果自动判断过程设备的安全状态，必要时自动采取有效措施，避免事故的发生。

5. 优良的环境性能

随着社会的进步，人们的环保意识日益增强，产品的竞争趋向国际化，过程设备失效的外延也在不断扩大，它不仅仅指爆炸、泄漏、生产效率降低等功能失效，还应包括环境失效。如有害物质泄漏至环境中，产生的噪声大，设备服役期满后无法清除有害物质、无法翻新或循环利用等也应作为设计考虑的因素。

有害物质的泄漏是过程设备污染环境的主要因素之一。例如，埋地储罐内有害物质的泄漏会污染地下水；化工厂地面设备的跑、冒、滴、漏会污染空气和水。泄漏检测是发现泄漏源、控制有害物质浓度和保护环境的有效措施。有的发达国家已制定出强制性的规范标准，要求一些过程设备必须安装在线泄漏检测装置。

上述要求很难全部满足，设计时应针对具体情况具体分析，满足主要要求，兼顾次要要求。

0.5　本教材的内容

过程设备的外壳一般为压力容器，因此本教材中以防止压力容器失效、确保安全可靠运行为主线，在压力容器设计部分中介绍压力容器总体结构、应力分析模型、各种设计方法、材料选择以及压力容器设计技术进展等，提高学生在设计阶段分析和解决压力容器全寿命过程中安全问题的能力；在过程设备设计部分中介绍储存设备、换热设备、塔设备和反应设备等典型过程设备的结构设计，突出功能要求、结构特点与设计选用的联系。

本教材分压力容器设计和过程设备设计两篇。其中压力容器设计篇共7章，包括压力容器导言、中低压容器设计、外压容器设计、压力容器零部件设计及其他设计、高压容器设计、压力容器材料、压力容器设计技术进展等内容；过程设备设计篇共4章，包括储存设备、换热设备、塔设备和反应设备等内容。

小 结

1. 内容归纳

本章内容归纳如图 0-2 所示。

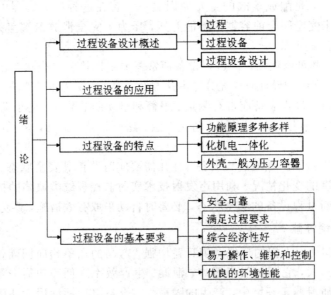

图 0-2 绪论内容归纳

2. 重点和难点

(1) 重点：过程设备的特点和基本要求。

(2) 难点：无。

思 考 题

(1) 什么是过程？什么是过程设备？什么是过程设备设计？

(2) 过程设备的特点有哪些？

(3) 过程设备的基本要求有哪些？

上篇

压力容器设计

第1章 压力容器导言

本章教学要点

知识要点	掌握程度	相关知识点
压力容器总体结构	熟练掌握压力容器的总体结构	简体、封头、密封装置、开孔与接管、支座、安全附件
压力容器分类	熟练掌握压力容器的分类	毒性、易燃性；压力容器的分类（按压力等级分类、按安全技术管理分类）
压力容器规范标准	了解压力容器设计规范，重点了解 GB150	GB150、ASME 规范

本章在介绍压力容器总体结构的基础上，结合介质的危害程度、操作条件及容器在生产中的作用，较为全面地阐述了压力容器的分类方法，简要介绍了美国、欧盟的压力容器规范标准，最后着重介绍了中国压力容器的主要规范标准。

1.1 压力容器总体结构

1.1.1 压力容器基本组成

压力容器通常是由板、壳组合而成的焊接结构。受压元件中，圆柱形简体、球罐（或球形封头）、椭圆形封头、碟形封头、球冠形封头、锥形封头所对应的壳体分别是圆柱壳、球壳、椭球壳、球冠＋环壳、球冠、锥壳，而平盖（平封头）、环形板、法兰、管板等受压元件分别对应于圆平板、环形板（外半径与内半径之差大于 10 倍的板厚）、环（外半径与内半径之差小于 10 倍的板厚）以及弹性基础圆平板。上述 6 种壳体和 4 种板可以组合成各种压力容器结构形式，再加上密封元件、支座、安全附件等就构成了一台完整的压力容器。图 1-1 为一台卧式压力容器的总体结构图，下面结合该图介绍压力容器的基本组成。

1. 简体

简体的作用是提供工艺所需的承压空间，是压力容器最主要的受压元件之一，其内直径和容积往往需由工艺计算确定。圆柱形简体和球形简体是工程中最常用的简体结构。

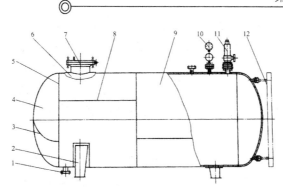

1—法兰；2—支座；3—封头拼接焊缝；4—封头；5—环焊缝；6—补强圈；
7—人孔；8—纵焊缝；9—筒体；10—压力表；11—安全阀；12—液面计
图 1-1　压力容器的总体结构

　　筒体直径较小(一般小于 1000 mm)时，圆筒可用无缝钢管制作，此时筒体上没有纵焊缝；直径较大时，可用钢板在卷板机上卷成圆筒或用钢板在水压机上压制成两个半圆筒，再用焊缝将两者焊接在一起，形成完整的圆筒。由于该焊缝的方向和圆筒的纵向(即轴向)平行，因此称为纵向焊缝，简称纵焊缝。若容器的直径不是很大，一般只有一条纵焊缝；随着容器直径的增大，由于钢板幅面尺寸的限制，可能有两条或两条以上的纵焊缝。另外，长度较短的容器可直接在一个圆筒的两端连接封头，构成一个封闭的压力空间。但当容器较长时，由于钢板幅面尺寸的限制，就需要先用钢板卷焊成若干段筒节，再由筒节组焊成所需长度的筒体。筒节与筒节之间、筒体与端部封头之间的连接焊缝，由于其方向与筒体轴向垂直，因此称为环向焊缝，简称环焊缝。

　　圆筒按其结构可分为单层式和组合式两大类。

　　(1) 单层式筒体。

　　筒体的器壁在厚度方向是由一种整体材料构成的。单层筒体按制造方式又可分为单层卷焊式、整体锻造式、锻焊式等。其中，单层卷焊式结构是目前制造和使用最多的一种筒体形式，它采用钢板在大型卷板机上卷成圆筒，经焊接纵焊缝成为筒节，然后与封头或端部法兰组装焊接成容器。如图 1-1 所示筒体即为单层卷焊式结构。而整体锻造式结构是最早采用的筒体形式，制造时筒体与法兰可整锻为一体或用螺纹连接，整个筒身没有焊缝。焊接技术发展后出现了分段锻造、然后焊接拼合成整体的锻焊式筒体。通常，整体锻造式和锻焊式筒体主要用于高压和超高压容器的制造。

　　整体锻造式筒体的材料金相组织致密，强度高，因而质量较好，特别适合焊接性能较差的高强度钢所制造的超高压容器。但制造时需要体积很大的冶炼、锻压和机加工设备，材料消耗量大，钢材利用率低，机械加工量大，故一般只用于内径 300～800 mm、长度不超过 12 m 的小型超高压容器，如聚乙烯反应釜、人造水晶釜等。

　　(2) 组合式筒体。

　　筒体的器壁在厚度方向上是由两层或两层以上互不连续的材料构成的。其具体结构将在本书第 5 章中介绍。

　　2. 封头

　　根据几何形状的不同，封头可以分为球形、椭圆形、碟形、球冠形、锥形和平盖等几种，其中球形、椭圆形、碟形和球冠形封头统称为凸形封头。

封头与筒体可组合成一个封闭的承压空间。当容器组装后不需要开启时（容器中无内件或虽有内件但无需更换、检修时），封头可直接与筒体焊在一起，从而有效地保证密封、节省材料并减少加工制造的工作量。对于因检修或更换内件等原因而需要多次开启的容器，封头和筒体应采用可拆式连接，此时封头和筒体之间就必须有一个密封装置。

3. 密封装置

压力容器上需要设置许多密封装置，如封头和筒体间的可拆式连接、容器接管与外管道间的可拆连接以及人孔、手孔盖的连接等。压力容器能否正常、安全地运行，很大程度上取决于密封装置的可靠性。

螺栓法兰连接是一种应用最广的密封装置，它通过拧紧螺栓而使密封元件压紧来保证密封。法兰按其所连接的部件分为容器法兰和管道法兰。用于容器封头与筒体间，以及两筒体间连接的法兰叫容器法兰；用于管道连接的法兰叫管道法兰。在高压容器中，用于顶盖和筒体连接并与筒体焊在一起的容器法兰，称为筒体端部。

4. 开孔与接管

由于工艺要求和检修的需要，常在压力容器的筒体或封头上开设各种大小的孔或安装接管，如人孔、手孔、视镜孔、物料进出口接管以及安装压力表、液面计、安全阀、测温仪表等接管开孔。

手孔和人孔是用来检查、装拆和洗涤容器内部的开孔。手孔内径要使操作人员的手能自由地通过。因此其直径一般不应小于 150 mm。考虑到人的手臂长约 650～700 mm，所以直径大于 1000 mm 的容器就不宜再设手孔，而应改设人孔。常见的人孔形状有圆形和椭圆形两种。为使操作人员能够自由出入，圆形人孔的直径至少应为 400 mm，椭圆形人孔的尺寸一般为 350 mm×450 mm。

容器上开孔后，开孔部位的强度会被削弱，且应力增大。因而容器上应尽量减少开孔的数量，并避免开大孔。对已开设的孔应进行开孔补强设计，以确保容器所需的强度。

5. 支座

压力容器靠支座支承并固定在基础上。随安装位置的不同，圆筒形容器支座可分为立式容器支座和卧式容器支座两类，其中立式容器支座有腿式支座、支承式支座、耳式支座和裙式支座四种；卧式容器支座有鞍式支座和圈座两种。球形容器多采用柱式或裙式支座。关于支座的设计或选型详见本书第 4 章、第 8 章和第 10 章。

6. 安全附件

由于压力容器的使用特点及其内部介质的化学工艺特性，往往需要在容器上设置一些安全装置和测量、控制仪表来监控工作介质的参数，以保证压力容器的使用安全和工艺过程的正常进行。压力容器的安全附件主要有安全阀、爆破片装置、紧急切断阀、安全联锁装置、压力表、液面计、测温仪表等。

上述六大部件（筒体、封头、密封装置、开孔与接管、支座及安全附件）即构成了一台压力容器的外壳。对于储存容器，这一外壳即为容器本身；对于用于化学反应、传热、分离等工艺过程的容器，则须在壳体内装入工艺要求的内件，才能构成一个完整的容器。

1.1.2　压力容器零部件间的连接

压力容器各部件间的连接大多为焊接，因而对焊接进行质量控制是整个容器质量体系中极为重要的一环。虽然焊接质量控制还涉及许多焊接工艺过程问题，但设计阶段的主要任务是焊接结构设计和确定无损检测方法、比例及要求。

焊接结构设计涉及接头的形式（如对接、搭接、角接），接头的坡口形式及几何尺寸等。由于压力容器的特殊性，它对焊接质量的要求是所有焊接设备中要求最高的一种。具体的焊接结构设计问题将在本书第 4 章中进行讨论。

1.2　压力容器分类

压力容器的使用范围广、数量多、工作条件复杂，发生事故时所造成的危害程度各不相同。危害程度与多种因素有关，如设计压力、设计温度、介质危害性、材料力学性能、使用场合和安装方式等。危害程度愈高，压力容器材料、设计、制造、检验、使用和管理的要求也愈高。因此，需要对压力容器进行合理分类。

1.2.1　介质危害性

介质危害性指介质的毒性、易燃性、腐蚀性、氧化性等，其中影响压力容器分类的主要是毒性和易燃性。

1. 毒性

毒性是指某种化学毒物引起机体损伤的能力，用来表示毒物剂量与毒性反应之间的关系。毒性大小一般以化学物质引起实验动物某种毒性反应所需要的剂量来表示。气态毒物的毒性以空气中该物质的浓度表示。所需剂量的浓度愈低，表示毒性愈大。

设计压力容器时，依据化学介质的最高容许浓度，将化学介质分为极度危害（Ⅰ级）、高度危害（Ⅱ级）、中度危害（Ⅲ级）、轻度危害（Ⅳ级）四个级别。最高容许浓度是指从医学水平上认为对人体不会发生危害作用的最高浓度，以每立方米的空气中含毒物的毫克数来表示，单位是 mg/m^3。一般划分标准为：

极度危害（Ⅰ级）　最高容许质量浓度<0.1 mg/m^3；

高度危害（Ⅱ级）　最高容许质量浓度为 0.1～1.0 mg/m^3；

中度危害（Ⅲ级）　最高容许质量浓度为 1.0～10 mg/m^3；

轻度危害（Ⅳ级）　最高容许质量浓度≥10 mg/m^3。

介质毒性越大，压力容器爆炸或泄漏所造成的危害愈严重，对材料选用、制造、检验和管理的要求愈高。如 Q235-B 钢板不得用于制造极度或高度危害介质的压力容器；盛装极度或高度危害介质的容器在制造时，碳素钢和低合金钢板应逐张进行超声检测，整体必须进行焊后热处理，容器上的 A、B 类焊接接头还应进行 100% 射线或超声检测，且液压试验合格后还需进行气密性试验。而制造盛装中度或轻度危害介质的压力容器，其要求则要低得多。毒性程度对法兰的选用影响也很大，主要体现在法兰的公称压力等级上，如内部介质为中度毒性危害，选用管法兰的公称压力应不小于 1.0 MPa；内部介质为高度或极度毒性危害，选用管法兰的公称压力应不小于 1.6 MPa，且应尽量选用带颈对焊法兰等。

2. 易燃性

可燃气体或蒸气与空气组成的混合物，并非在任何比例下都可以燃烧或爆炸。研究表明，当混合物中可燃气体含量满足完全燃烧条件时，其燃烧反应最为剧烈。而当浓度低于或高于某一限度值时，就不再燃烧和爆炸。可燃气体或蒸气与空气的混合物遇明火能够发生爆炸的浓度范围称为爆炸浓度极限，爆炸时的最低浓度称为爆炸下限，最高浓度称为爆炸上限。爆炸极限一般用可燃气体或蒸气在混合物中的体积分数来表示。爆炸下限小于 10%，或爆炸上限和下限的差值大于等于 20% 的介质，一般称为易燃介质，如甲烷、乙烷、乙烯、氢气、丙烷、丁烷等。易燃介质包括易燃气体、液体和固体。压力容器盛装的易燃介质主要指易燃气体和液化气体。

易燃介质对压力容器的选材、设计、制造和管理等提出了较高的要求，盛装易燃介质的压力容器的所有焊缝（包括角焊缝）均应采用全焊透结构。

1.2.2　压力容器的分类

世界各国的规范对压力容器分类的方法各不相同，本节着重介绍我国 TSG21 — 2016《固定式压力容器安全技术监察规程》中的分类方法。

1. 按压力等级分类

根据承压方式，压力容器可分为内压容器和外压容器。内压容器又可按设计压力 p 的大小分为四个压力等级。

低压容器（代号 L）　0.1 MPa≤p<1.6 MPa；

中压容器（代号 M）　1.6 MPa≤p<10.0 MPa；

高压容器（代号 H）　10.0 MPa≤p<100 MPa；

超高压容器（代号 U）　p≥100 MPa。

外压容器中，当容器的内压力小于一个绝对大气压（约 0.1 MPa）时可称为真空容器。

2. 按容器在生产中的作用分类

根据压力容器在生产工艺过程中的作用，压力容器可分为反应压力容器、换热压力容器、分离压力容器、储存压力容器四种。

（1）反应压力容器（代号 R）：主要用于完成介质的物理、化学反应，如反应器、反应釜、聚合釜、高压釜、合成塔等。

（2）换热压力容器（代号 E）：主要用于完成介质热量交换，如管壳式换热器、余热锅炉、冷却器、冷凝器、蒸发器、加热器等。

（3）分离压力容器（代号 S）：主要用于完成介质流体压力平衡缓冲和气体净化分离，如分离器、过滤器、集油器、缓冲器、干燥塔等。

（4）储存压力容器（代号 C，其中球罐代号 B）：主要用于储存、盛装气体、液体、液化气体等介质，如液氨储罐、液化石油气储罐等。

在一种压力容器中，如果同时具备两种以上的工艺作用原理，应按工艺过程中的主要作用来进行分类。

3. 按安装方式分类

根据安装方式，压力容器可分为固定式压力容器和移动式压力容器。

(1) 固定式压力容器：有固定安装和使用地点，工艺条件和操作人员也较固定，如生产车间内的卧式储罐、球罐、塔器、反应釜等。

(2) 移动式压力容器：无固定的安装和使用地点，诸如汽车槽车、铁路槽车、槽船等。这类压力容器使用时不仅承受内压或外压载荷，搬运过程中还会受到由于内部介质晃动引起的冲击力以及运输过程带来的外部撞击和振动载荷，因而在结构、使用和安全方面均有其特殊的要求。

4. 按安全技术管理分类

上面所述的几种分类方法仅仅考虑了压力容器的某个设计参数或使用状况，还不能综合反映压力容器面临的整体危害水平。例如储存易燃或毒性为中度危害及以上危害介质的压力容器，其危害性要比相同几何尺寸、储存毒性为轻度危害或非易燃介质的压力容器大得多。压力容器的危害性还与其设计压力 p 和全容积 V 的乘积有关，pV 值愈大，则容器破裂时的爆炸能量愈大，危害性也愈大，对容器的设计、制造、检验、使用和管理的要求愈高。为此，在综合考虑设计压力、容积、介质危害程度、容器在生产中的作用、材料强度、容器结构等因素的情况下，TSG21—2016《固定式压力容器安全技术监察规程》中根据介质、设计压力和容积三个因素进行压力容器分类，将所适用范围内的压力容器分为第Ⅰ类压力容器、第Ⅱ类压力容器和第Ⅲ类压力容器，其分类方法介绍如下。

1) 介质分组

压力容器的介质为气体或液化气体，介质最高工作温度高于或者等于其标准沸点的液体，按其毒性危害程度和爆炸危险程度可分为两组。

(1) 第一组介质。毒性危害程度为极度危害或高度危害的化学介质、易爆介质、液化气体，如汞(极度危害)、三硝基甲苯即 TNT(高度危害)等。

(2) 第二组介质。除第一组介质以外的介质均为第二组介质。

介质毒性危害程度和爆炸危险程度可根据 GBZ 230—2010《职业性接触毒物危害程度分级》、HG 20660—2000《压力容器中化学介质毒性危害和爆炸危险程度分类》两个标准确定。两者不一致时，以危害(危险)程度高者为准。

2) 压力容器分类

压力容器分类应当先按照介质特性选择相应的分类图，再根据设计压力 p(单位为 MPa)和容积 V(单位为 L)标出坐标点，来确定容器类别。对于第一组介质，压力容器的分类见图 1-2。对于第二组介质，压力容器的分类见图 1-3。

对于多腔压力容器(如换热器的管程和壳程、夹套容器等)，按照类别高的压力腔容器类别作为该容器的类别并且按该类别进行使用管理，但应当按照每个压力腔各自的类别分别提出设计、制造技术要求。

一个压力腔内有多种介质时，按组别高的介质分类。当某一危害性物质在介质中的含量极小时，应当按其危害程度及其含量综合考虑，由压力容器设计人员决定介质组别。

坐标点位于图 1-2 或者图 1-3 的分类线上时，按较高的类别划分；容积小于 25 L 或者内直径小于 150 mm 的小容积压力容器，均划分为第Ⅰ类压力容器；GBZ 230 和

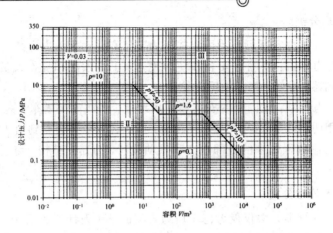

图 1-2 压力容器分类图——第一组介质

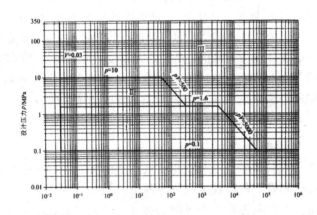

图 1-3 压力容器分类图——第二组介质

HG 20660两个标准中没有规定的介质，应当按其化学性质、危害程度和含量综合考虑，由压力容器设计人员决定介质组别。

1.3 压力容器规范标准

为了确保压力容器在设计寿命内安全可靠地运行，世界各工业国家都制定了一系列压力容器规范标准，提出材料、设计、制造、检验、合格评估等方面的基本要求，压力容器的设计必须满足这些要求。然而规范不可能包罗万象，提供压力容器设计的各种细节。因此，设计人员需要创造性地使用规范标准，根据具体设计要求，在满足规范标准基本要求的前提下，作出最佳的设计方案。

随着科学技术的不断进步，国际贸易的不断增加，各国压力容器规范标准的内容和形式也在不断更新，以适应新形势的需要。新版本实施后，老版本便自动作废。因此，设计人员应及时了解规范变更情况，采用最新规范标准进行设计。

1.3.1 国外主要规范标准简介

1. ASME 规范

美国是世界上最早制定压力容器规范的国家。19 世纪末到 20 世纪初期，锅炉和压力容器事故发生频繁，造成了严重的人员伤亡和财产损失。1911 年，美国机械工程师学会（ASME）成立锅炉和压力容器委员会，负责制定、解释锅炉和压力容器设计、制造、检验的相关规范。1915 年春出现了世界上第一部压力容器规范，即《锅炉建造规范（1914 版）》。这是 ASME 锅炉和压力容器规范（以下简称 ASME 规范）各卷的开端，该规范后来成为 ASME 规范的第 I 卷《动力锅炉》。目前 ASME 规范共有十二篇，包括锅炉、压力容器、核动力装置、焊接、材料、无损检测等内容，篇幅庞大，内容丰富，且修订更新及时，全面包括了锅炉和压力容器质量保证的要求。ASME 规范每三年出版一个新的版本，每年有两次增补。在形式上，ASME 规范分为 4 个层次，即规范（Code）、规范案例（Code Case）、条款解释（Interpretation）及规范增补（Addenda）。

ASME 规范中与压力容器设计有关的主要是第 II 篇《材料》、第 III 篇《核电厂部件建造规则》、第 V 篇《无损检测》、第 VIII 篇《压力容器》、第 X 篇《玻璃纤维增强塑料压力容器》、第 XI 篇《核电厂部件在役检验规则》和第 XII 篇《移动式容器建造和连续使用规则》。其中，第 VIII 篇又分为三册：第 1 册《压力容器》，第 2 册《压力容器另一规则》和第 3 册《高压容器另一规则》，以下分别简称为 ASME VIII-1、ASME VIII-2 和 ASME VIII-3。

1925 年首次颁布的 ASME VIII-1 为常规设计标准（即按规则设计），适用于压力 $p \leqslant 20$ MPa 的压力容器，该标准以弹性失效设计准则为依据，根据经验确定材料的许用应力，并对零部件尺寸作出了一些具体的规定。由于该标准具有较强的经验性，故许用应力较低。ASME VIII-1 不包括疲劳设计，但包括静载下进入高温蠕变范围的容器设计。

20 世纪 50 年代，核电站的发展要求在设计时对压力容器进行更为详尽的应力分析，同时，人们对脆性断裂、疲劳、塑性极限设计等有了相当多的了解，电子计算机又提供了复杂问题求解的方便与可能。在这种时代背景下产生了"按分析设计"的概念，并于 1963 年首先应用于核容器的设计。图 1-4 即为规则设计与分析设计方法设计结果的比较。

随后这一方法被推广到一般压力容器的设计，并于 1968 年颁布了 ASME VIII-2《压力容器另一规则》。该标准为分析设计标准，要求对压力容器各区域的应力进行详细的分析，并根据应力对容器失效的危害程度进行应力分类，再按不同的安全准则分别予以限制。与 ASME VIII-1 相比，ASME VIII-2 对结构的规定更为细致，对材料、设计、制造、检验和验收的要求更高，允许采用较高的许用应力，所设计出的容器壁较薄。

1997 年首次颁布的 ASME VIII-3 主要适用于设计压力不小于 70 MPa 的高压容器，它不仅要求对容器各零部件作详细的应力分析和分类评定，而且要作疲劳分析或断裂力学评估，是一个到目前为止要求最高的压力容器规范。

第 X 篇《玻璃纤维增强塑料压力容器》是现有 ASME 规范中唯一的非金属材料篇，对玻璃纤维增强塑料压力容器的材料、设计、检验等提出了要求。

第 XII 篇《移动式容器建造和连续使用规则》于 2004 年首次颁布，适用于便携式容器、汽车槽车和铁路槽车的设计。

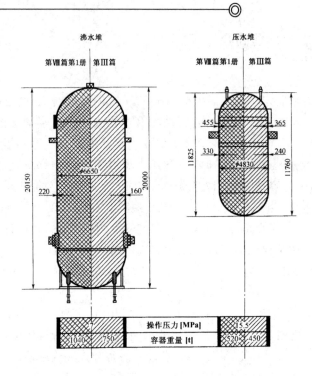

图 1 - 4 　按不同的 ASME 规范设计的核容器比较

2. 欧盟压力容器规范标准

欧盟将压力容器、压力管道、安全附件、承压附件等以流体压力为基本载荷的设备统称为承压设备。随着欧洲统一市场的建立和欧元的面市，为促进承压设备在欧盟成员国内的自由贸易，尽可能在最广泛的工业领域内实施统一的技术法规，欧盟颁布了许多与承压设备有关的 EEC/EC 指令和协调标准。

EEC/EC 指令侧重于安全管理方面的要求，只涉及产品安全、工业安全、人体健康、消费者权益保护的基本要求，是欧盟各成员国制定相关法律的指南。指令生效后，欧盟各个成员国必须把指令转化为本国监察规程或国家法律，并在指令规定的期限内强制执行。与压力容器有关的 EEC/EC 指令主要包括：76/767/EEC《压力容器一般指令》、87/404/EEC《简单压力容器指令》和 97/23/EC《承压设备指令》。76/767/EEC 为压力容器及其检验的一般规定。87/404/EEC 仅适用于介质为空气或氮气、压力（表压）超过 0.05 MPa 的简单压力容器。97/23/EC 适用于最高工作压力大于 0.05 MPa 的承压设备的设计、制造和合格评估。这些法规已于 2002 年 5 月 29 日起强制执行。

欧洲协调标准一般由欧洲标准化委员会（CEN）、欧洲电工标准化委员会（CENELEC）等技术组织制定。协调标准是非强制性的，但企业若采用协调标准，就意味着满足了相应指令的基本要求。EN13445《非火焰接触压力容器》是与 97/23/EC 相对应的欧洲协调标准，其主要内容有：总则、材料、设计、制造、检验和试验、安全系统和铸铁容器。按 EN13445 规定设计、制造的压力容器，被自动认为满足 97/23/EC 的要求。

一旦欧洲协调标准被正式通过，所有的 CEN 成员国都应制定与欧洲协调标准等效的国家标准，并废止本国现行标准中与欧洲协调标准规定相冲突的内容。例如，英国废止了原来的 BS5500《非火焰接触压力容器》标准，将其改为不再具有"国家标准"地位的 PD5500《非火焰接触压力容器》标准。但是，在欧盟各成员国的国家标准中，不是由成员国标准化委员会制定的承压设备标准无需废止。

1.3.2　国内主要规范标准简介

我国将涉及生命安全、危险性较大的锅炉、压力容器（含气瓶）、压力管道、电梯、起重机械、客运索道、大型游乐设施和场（厂）内专用机动车辆等八大类设备统称为特种设备。为防止和减少事故，保障人民群众生命和财产安全，促进经济发展，我国对特种设备实施全过程安全监察，形成了"行政法规—部门规章—安全技术规范—引用标准"四个层次的法规体系结构。

全过程包括特种设备的生产（含设计、制造、安装、改造、维修）、使用、检验检测及其监督检查等环节。安全监察是负责特种设备安全的政府行政机关为实现安全目标而从事的决策、组织、管理、控制和监督检查等活动的总和。

1. 行政法规

1982 年 2 月，国务院颁布了《锅炉压力容器安全监察暂行条例》，对规范锅炉压力容器安全监察工作，减少当时高发的锅炉压力容器安全事故，起到了很好的作用。

为适应市场经济体制、国际形势和 WTO 规则的要求，2003 年 3 月，国务院颁布了《特种设备安全监察条例》，对锅炉、压力容器、压力管道、电梯、起重机械、客运索道和大型游乐设施实施安全监察。为建立高能耗特种设备（锅炉、换热压力容器等）节能监管制度、完善特种设备事故处理制度、将场（厂）内专用机动车辆纳入安全监察范围，2009 年 1 月，国务院公布了《国务院关于修订〈特种设备安全监察条例〉的决定》。《特种设备安全监察条例》授权国务院特种设备安全监督管理部门（国家质量监督检验检疫总局特种设备安全监察局）负责全国特种设备的安全监察工作。

2. 部门规章

特种设备部门规章是将《特种设备安全监察条例》的各项规定、要求，从行政管理的操作层面具体化。它包含《特种设备事故报告和调查处理规定》、《高能耗特种设备节能监督管理办法》、《气瓶安全监察规定》和《锅炉压力容器制造监督管理办法》等。

3. 安全技术规范

安全技术规范是政府对特种设备安全性能和相应的设计、制造、安装、修理、改造、使用和检验检测等环节所提出的一系列安全基本要求，许可、考核条件和程序的一系列具有行政强制力的规范性文件。其作用是把法规和行政规章的原则规定具体化。已颁布的与压力容器设计有关的基本安全技术规范有《固定式压力容器安全技术监察规程》、《非金属压力容器安全技术监察规程》、《超高压容器安全技术监察规程》和《简单压力容器安全技术监察规程》。

1)《固定式压力容器安全技术监察规程》

1981 年原国家劳动总局颁布了《压力容器安全监察规程》。1990 年进行了修订，更名为《压力容器安全技术监察规程》。1999 年原国家质量技术监督局又对《压力容器安全技术监察规程》进行了修订，颁布了 1999 年版的《压力容器安全技术监察规程》。

考虑到影响移动式压力容器安全的因素比固定式压力容器更加复杂，以及罐式集装箱的国际流动性，同时更好地与国际接轨，相关机构分别制定了 TSG R0004 — 2009《固定式压力容器安全技术监察规程》和 TSG R005 — 2011《移动式压力容器安全技术监察规程》。

2016 年颁布了 TSG 21 — 16《固定式压力容器安全技术监察规程》，对固定式压力容器的材料、设计、制造、安装、改造、修理、监督检验、使用管理和在用检验等环节中的主要问题提出了基本的安全要求。

2)《超高压容器安全技术监察规程》

1993 年 12 月，原劳动部颁布了《超高压容器安全监察规程(试行)》，并于 1994 年 6 月正式实施。2004 年国家质量监督检验检疫总局对《超高压容器安全监察规程(试行)》进行了修订，于 2005 年颁布了《超高压容器安全技术监察规程》。《超高压容器安全技术监察规程》对超高压容器的材料、设计、制造、使用、检验、修理、改造等七个环节中的主要问题作出了基本规定。

4. 引用标准

因涉及人身和财产安全，压力容器产品的设计、制造应符合相应的国家标准、行业标准或企业标准的要求。标准是法规标准体系的技术基础，是法规得以实施的重要保证。未参照相应标准，不得进行压力容器产品的设计和制造。下面简要介绍我国压力容器标准的发展历程。

我国压力容器标准的编制工作始于新中国成立后。在 20 世纪 60 年代中期前，基本参照苏联标准。当时由于大量引进国外成套化工装置，采用的是日本、德国、美国、英国等压力容器产品标准，国内压力容器制造厂期待制定国内统一的压力容器产品标准。同时因为国内锅炉压力容器事故频发，促使原机械工业部、化学工业部和中国石油化工总公司组织编制了压力容器部级标准和行业标准。

1959 年，原化学工业部等四部联合颁布了《多层高压容器设计与检验规程》。1960 年原化学工业部等颁布了适用于中低压容器的《石油化工设备零部件标准》。这两个标准相互配套，满足了当时的生产需要。

1967 年，我国完成了《钢制石油化工压力容器设计规定(草案)》，后经修订于 1977 年开始颁发实施，随后又修订过两次，即 1982 年版和 1985 年版。该设计规定是由原机械工业部、化学工业部和中国石油化工总公司组织编制的，属于部级标准。

为加强压力容器标准修订制定工作，1984 年 7 月我国成立了"全国压力容器标准化技术委员会"，以《钢制石油化工压力容器设计规定》为基础，经充实、完善和提高，于 1989 年颁布了第 1 版压力容器国家标准，即 GB 150 — 89《钢制压力容器》。1998 年颁布了第一次全面修订后的新版 GB 150 — 1998《钢制压力容器》。1995 年，原机械部颁布了 JB 4732 — 1995《钢制压力容器——分析设计标准》。

根据锅炉压力容器标准化工作的需要，2002 年，国家标准化管理委员会决定成立"全国锅炉压力容器标准化技术委员会"，同时撤销"全国压力容器标准化技术委员会"和"全国锅炉标准化技术委员会"，由全国锅炉压力容器标准化技术委员会负责全国锅炉和压力容器国家标准的修订制定工作。

2011 年，最新版压力容器国家标准 GB 150 — 2011《压力容器》颁布，并于 2012 年 3 月 1 日开始实施。考虑到近年来有色金属压力容器的发展，标准名称由 1998 年版的《钢制压力容器》更改为《压力容器》，扩大了标准的适用范围。

经过几十年的不懈努力，我国已经颁布并实施了以 GB 150《压力容器》为核心的一系列压力容器基础标准、产品标准和零部件标准，构成了压力容器标准体系的基本框架。

（1）GB 150《压力容器》。GB150 是我国的第一部压力容器国家标准，具有法律效用，是强制性的压力容器标准。其基本思路与 ASME Ⅷ-1 相同，属常规设计标准。该标准规定了金属制压力容器的建造要求，共由四部分组成：第一部分为通用要求；第二部分为材料；第三部分为设计；第四部分为制造、检验和验收。

GB 150 适用的设计压力范围：钢制容器不大于 35 MPa，其他金属材料制容器按相应引用标准确定；适用的设计温度范围：−269～900℃。

（2）JB 4732《钢制压力容器——分析设计标准》。JB 4732 是中国第一部压力容器分析设计的行业标准，其基本思路与 ASME Ⅷ-2 相同。该标准与 GB 150 同时实施，在满足各自要求的前提下，设计者可选择其中之一使用，但不得混用。

JB4732 适用于设计压力大于或等于 0.1 MPa 且小于 100 MPa 的容器；真空度高于或等于 0.02 MPa 的容器；设计温度应低于以钢材蠕变控制其许用应力强度的相应温度。

与 GB 150 相比，JB 4732 允许采用较高的设计应力强度，在相同的设计条件下，容器的厚度可以减薄，重量可以减轻。但是由于设计计算工作量大，选材、制造、检验及验收等方面的要求较严，有时综合经济效益不一定高，一般推荐用于重量大、结构复杂、操作参数较高的压力容器设计。当然，需作疲劳分析的压力容器，必须采用分析设计。

随着全球经济一体化形势的发展，压力容器标准国际化的趋势已经越来越明显。2007 年国际标准化组织颁布了国际锅炉压力容器标准 ISO 16528《锅炉和压力容器》。该标准分两部分，即 ISO 16528 — 1《锅炉压力容器性能要求》，ISO 16528 — 2《证明锅炉压力容器标准满足 ISO 16528 — 1 要求的程序》。

小　　结

1. 内容归纳

本章内容归纳如图 1 - 5 所示。

2. 重点和难点

（1）重点：压力容器的总体结构；压力容器的分类。

（2）难点：无。

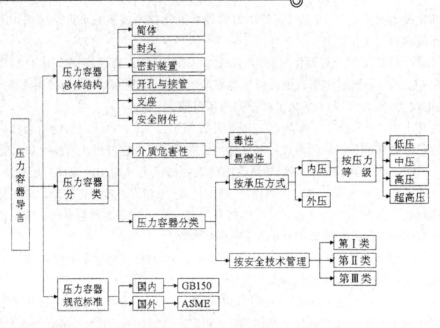

图 1-5 压力容器导言内容归纳

思 考 题

(1) 压力容器主要由哪几部分组成？分别起什么作用？

(2) 介质的毒性和易燃性对压力容器的设计、制造、使用和管理有何影响？

(3) 按照压力等级，压力容器可分为哪几类？如何分类？

(4)《固定式压力容器安全技术监察规程》在确定压力容器类别时，为什么不仅要根据压力高低，还要视容积、介质组别进行分类？

第 2 章　中低压容器设计

本章教学要点

知识要点	掌握程度	相关知识点
载荷分析	熟练掌握压力容器寿命周期内承受的主要载荷	压力载荷、非压力载荷、交变载荷
回转薄壳应力分析	熟练掌握回转薄壳的应力分析，包括回转壳体的几何要素、无力矩理论及其基本方程、典型回转壳体的薄膜应力；了解回转壳体的不连续分析方法	第一、第二主曲率半径，平行圆半径，无力矩理论及其基本方程、典型回转壳体的薄膜应力（轴向应力及周向应力）；不连续应力的局部性和自限性
圆平板应力分析	掌握圆平板的应力分析，包括轴对称圆平板的弯曲方程、轴对称圆平板中的应力	轴对称圆平板的弯曲方程、周边固支圆平板和周边简支圆平板的最大弯曲应力以及最大挠度
典型局部应力	了解压力容器的典型局部应力及分析方法，降低局部应力的措施	局部应力；应力集中系数法、数值计算、实验测试法；降低局部应力的措施
中低压容器设计	掌握中低压容器的常规设计方法	圆筒、球壳的常规设计方法；半球形封头、椭圆形封头、碟形封头、平盖的设计方法；设计参数的选取

　　压力容器在使用过程中会受到介质压力、支座反力等多种载荷的作用。确定全寿命周期内压力容器所受的各种载荷并分析载荷作用下容器内的应力和应变，是正确设计压力容器的前提。

2.1　载 荷 分 析

　　载荷是指能够在压力容器上产生应力、应变的因素，如介质压力、重力载荷、风载荷等。压力容器全寿命周期内承受的主要载荷有压力载荷和非压力载荷。

2.1.1 载荷

1. 压力载荷

压力是压力容器承受的基本载荷,可用绝对压力或表压来表示。绝对压力是以绝对真空为基准测得的压力,通常用于过程工艺计算。表压是以大气压为基准测得的压力。压力容器设计中一般采用表压。

作用在容器上的压力,可能是内压、外压或两者均有。压力容器中的压力主要来源于三种情况:一是流体经泵或压缩机,通过与容器相连接的管道,输入容器内而产生的压力,如氨合成塔、氢气储罐等;二是加热盛装液体的密闭容器,液体膨胀或汽化后使容器内压力升高,如人造水晶釜;三是盛装液化气体的容器,如液氨储罐、液化天然气储罐等,其压力为液体的饱和蒸气压。

装有液体的容器,液体重量也会产生压力,即液体静压力。相对密度为 1000 kg/m³ 的 10 m 水柱产生的压力为 0.0981 MPa(工程上常取 0.1 MPa)。

2. 非压力载荷

非压力载荷可分为整体载荷和局部载荷。整体载荷是作用于整台容器上的载荷,如重力、风、地震、运输等引起的载荷;局部载荷是作用于容器局部区域上的载荷,如管系载荷、支座反力和吊装力等。

(1)重力载荷:是指由容器及附件、内件和物料的重量引起的载荷,包括设备的自重,以及内件、物料、内衬、平台、梯子、管系、保温层和由容器支承的附属设备产生的重量。

(2)风载荷:是根据作用在容器及其附件迎风面上的有效风压来计算的载荷,是由高度湍流的空气扫过地表时形成的非稳定流动引起的一种随机载荷。风载荷除了使设备产生应力和变形外,还会使容器产生顺风向的振动和垂直于风向的诱导振动。

(3)地震载荷:是指作用在容器上的地震力,它产生于支承容器的地面的突然振动和容器对振动的反应。地震时,作用在容器上的力十分复杂。为简化设计计算,通常采用地震影响系数,把地震力简化为当量剪力和弯矩。

(4)运输载荷:是指运输过程中由不同方向的加速度引起的力。容器经陆路或海路运送到安装地点,由于运输车辆或船舶的运动,容器将承受不同方向上的加速度。运输载荷可用水平方向和垂直方向的加速度表示。

(5)波浪载荷:是指固置在船上的容器,由于波浪运动产生的加速度引起的载荷。波浪载荷的表示方法与运输载荷相同。波浪载荷是交变的,应考虑疲劳的要求。

(6)管系载荷:是指管系作用在容器接管上的载荷。当管系与容器接管相连接时,由于管路及管内物料的重量、管系的热膨胀和风载荷、地震或其他载荷的作用,在接管处产生的载荷即为管系载荷。

在设计容器时,管路的总体布置通常还没有最终确定,因此不可能进行管路应力分析来确定接管处的载荷,一般要求压力容器设计委托方提供管系载荷。容器设计者必须保证接管能经受住这些载荷,确定不会在容器或接管处产生过大的应力。管线布置最终确定后,管路设计者要确保由接管应力分析得到的载荷不会超出指定的管系载荷。

上述载荷中,有些载荷的大小和/或方向会随时间变化,为交变载荷,有些则为静载荷。压力容器交变载荷的典型实例有：间歇生产的压力容器的重复加压、卸压；由往复式压缩机或泵引起的压力波动；生产过程中，因温度变化导致管系热膨胀或收缩，从而引起接管上的载荷变化；容器各零部件之间温度差的变化；装料、卸载引起的容器支座上的载荷变化；液体波动引起的载荷变化；振动引起的载荷变化。设计者应详细了解容器在全寿命期间内，每个载荷的变化范围和循环次数，以确定容器是否需要进行疲劳设计。

压力容器设计时，并非每台容器都要考虑以上全部载荷。设计者应根据全寿命周期内容器所受的载荷，结合规范标准的要求，确定设计载荷。

2.1.2　载荷工况

在制造安装、正常操作、开停工和压力试验等过程中，容器处于不同的载荷工况，所承受的载荷也不尽相同。设计压力容器时，应根据不同的载荷工况分别计算载荷。

1. 正常操作工况

容器正常操作时的载荷包括：设计压力、液体静压力、重力载荷（包括隔热材料、衬里、内件、物料、平台、梯子、管系及支承在容器上的其他设备重量）、风载荷和地震载荷及其他操作时容器所承受的载荷。

2. 特殊载荷工况

特殊载荷工况包括耐压试验、开停工及检修等工况。

（1）耐压试验。制造完工的容器在制造厂进行耐压试验时，载荷一般包括试验压力、容器自身的重量。通常，在制造厂车间内进行耐压试验时，容器一般处于水平位置。对于立式容器，可用卧式试验替代立式试验。当考虑液柱静压力时，容器顶部承受的压力大于立式试验时所承受的压力，有可能导致原设计壁厚不足，试验前应对其做强度校核。液压试验时还应考虑试验液体静压力和试验液体的重量。在耐压试验工况，一般不考虑地震载荷。

因定期检验或其他原因，容器需在安装处的现场进行耐压试验，其载荷主要包括试验压力、试验液体静压力和试验时的重力载荷。

（2）开停工及检修。开停工及检修时的载荷主要包括风载荷、地震载荷、容器自身重量，以及内件、平台、梯子、管系和支承在容器上的其他设备重量。

3. 意外载荷工况

紧急状态下容器的快速启动或突然停车、容器内发生化学爆炸、容器周围的设备发生燃烧或爆炸等意外情况下，容器会受到爆炸载荷、热冲击等意外载荷的作用。

2.2　回转薄壳应力分析

过程工业中常见的压力容器和设备（如储罐、换热设备、塔设备、反应设备等）的外壳大都是薄壁壳体，且这些壳体多为回转体，也称为回转薄壳。常用的壳体有圆柱壳、球壳、椭球壳、锥形壳以及由它们构成的组合壳。

壳体是一种以两个曲面为界且两曲面之间的距离远比其他方向尺寸小得多的构件，两曲面之间的距离即是壳体的厚度，用 t 表示。与壳体两个曲面等距离的点所组成的曲面称为壳体的中面。所谓回转薄壳，是指中面由一条平面曲线或直线绕同平面内的回转轴旋转360°而成的薄壳。

根据厚度 t 与其中面曲率半径 R 的比值大小，壳体又可分为薄壳和厚壳。工程上一般把 $(t/R)_{max} \leqslant 1/10$ 的壳体称为薄壳，反之为厚壳。本节主要分析薄壳的应力。

圆柱壳体又称圆筒，若其外直径与内直径的比值 $(D_o/D_i)_{max} \leqslant 1.1 \sim 1.2$，则称为薄壁圆柱壳或薄壁圆筒；反之，则称为厚壁圆柱壳或厚壁圆筒。

在回转薄壳的应力分析中，有三个基本假定：壳体材料连续、均匀、各向同性；受载后的变形是弹性小变形；壳壁各层纤维在变形后互不挤压。

2.2.1　薄壁圆筒的应力

本节以结构最简单的锅炉汽包为例对薄壁圆筒的应力进行分析。汽包由薄壁圆筒和两个椭圆形封头组成，如图 2-1 所示。

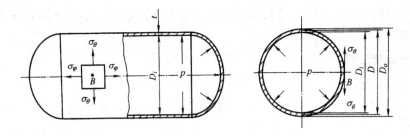

图 2-1　汽包在内压作用下的应力

根据材料力学的分析方法，薄壁圆筒在均匀内压 p 的作用下，圆筒壁上任一点 B 将产生两个方向的应力：一是由于内压作用于封头上而产生的轴向拉应力，称为"经向应力"或"轴向应力"，用 σ_φ 表示；二是由于内压作用使圆筒均匀向外膨胀，在圆周的切线方向产生的拉应力，称为"周向应力"或"环向应力"，用 σ_θ 表示。除上述两个应力分量外，器壁中沿壁厚方向还存在着径向应力 σ_r，但它相对于 σ_φ、σ_θ 要小得多，所以在薄壁圆筒中不予考虑。因此，可以认为圆筒上任意一点处于二向应力状态，如图 2-1 中的 B 点所示。

求解 σ_φ、σ_θ 可采用材料力学的"截面法"。作一个垂直圆筒轴线的横截面，将圆筒分成两部分，保留右边部分，如图 2-2(a) 所示。根据平衡条件，其轴向外力 $\frac{\pi}{4}D_i^2 p$ 与轴向内力 $\frac{\pi}{4}(D_o^2 - D_i^2)\sigma_\varphi$ 相等。对于薄壁壳体，可近似认为内直径 D_i 等于壳体的中面直径 D，于是得到

$$\frac{\pi}{4}D^2 p = \pi D t \sigma_\varphi$$

由此可得轴向应力为

$$\sigma_\varphi = \frac{pD}{4t} \tag{2-1}$$

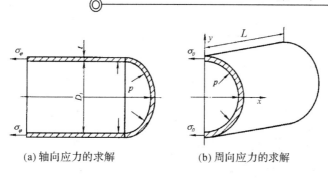

(a) 轴向应力的求解　　　　　　(b) 周向应力的求解

图 2-2　汽包在压力作用下的力平衡

从圆筒中取出一个长度为 L 的圆环，并通过 y 轴作垂直于 x 轴的平面将圆环截成两半，取其右半部分，如图 2-2(b)所示。根据平衡条件，半圆环上其 x 方向外力 pD_iL 必与内力 $2\sigma_\theta tL$ 相等，考虑到 $D_i \approx D$，得

$$pDL = 2\sigma_\theta tL \tag{2-2}$$

由式(2-2)可得

$$\sigma_\theta = \frac{pD}{2t} \tag{2-3}$$

上述受均匀内压的薄壁圆筒，用截面法就能计算出其应力。但并非所有的问题都能这样求解，例如汽包两端的椭圆形封头就不能用截面法求出其应力，这是因为椭圆形封头上各点的曲率半径不同，即使承受均匀的内压，器壁内的应力也是变化的。对于这类问题，需要从壳体上取一个微元体，并分析微元体的受力、变形和位移等才能解决。

2.2.2　回转薄壳的无力矩理论

1. 回转薄壳的几何要素

前已述及，中面由一条平面曲线或直线绕同平面内的轴线回转 360° 而成的薄壳称为回转薄壳。绕轴线回转形成中面的平面曲线或直线称为母线。如图 2-3 所示，回转壳体的中面上，OA 为母线，OO' 为回转轴，中面与回转轴 OO' 的交点 O 称为极点。通过回转轴的平面为经线平面，经线平面与中面的交线，称为经线，如 OA'。垂直于回转轴的平面与中面的交线称为平行圆。过中面上的点且垂直于中面的直线称为中面在该点的法线。法线必与回转轴相交。

从图 2-3 中可以看出：θ 和 φ 角是确定中面上任意一点 B 的两个坐标。θ 是 r 与任意定义的直线 ξ 间的夹角；φ 是壳体回转轴与中面在所考察点 B 处法线间的夹角。图中 R_1、R_2 和 r 为关于回转壳的曲率半径，其中：R_1 是经线（OA'）在考察点 B 的曲率半径（K_1B），即曲面的第一主曲率半径；R_2 为壳体中面上所考察点 B 到该点法线与回转轴交点 K_2 之间的长度（K_2B），亦即曲面的第二主曲率半径；r 为平行圆的半径。同一点的第一与第二主曲率半径都在该点的法线上。曲率半径的符号判别：曲率半径指向回转轴时，其值为正，反之为负。如图 2-3 中 B 点的 R_1、R_2 都指向回转轴，所以取正值。

r 与 R_1、R_2 不是完全独立的，从图 2-3 中可以得到

$$r = R_2\sin\varphi$$

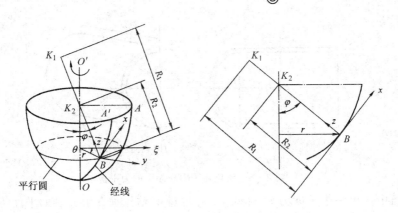

图 2-3　回转薄壳的几何要素

2. 无力矩理论与有力矩理论

在承载壳体内部，由于变形，其内部各点均会发生相对位移，因而产生相互作用力，即内力。

如图 2-4 所示，一般情况下，壳体中面上存在 10 个内力分量：N_φ、N_θ 为法向力，$N_{\varphi\theta}$、$N_{\theta\varphi}$ 为剪力，这 4 个内力是因中面的拉伸、压缩和剪切变形而产生的，称为薄膜内力；Q_φ、Q_θ 为横向剪力，M_φ、M_θ 和 $M_{\varphi\theta}$、$M_{\theta\varphi}$ 分别为弯矩与转矩，这 6 个内力是因中面的曲率、扭率改变而产生的，称为弯曲内力。

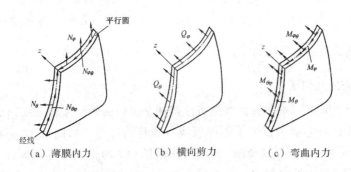

（a）薄膜内力　　　　　（b）横向剪力　　　　　（c）弯曲内力

图 2-4　壳体中的内力分量

一般情况下，薄壳内薄膜内力和弯曲内力同时存在。在壳体理论中，若同时考虑薄膜内力和弯曲内力，称为有力矩理论或弯曲理论。当薄壳的抗弯刚度非常小，或中面的曲率、扭率改变非常小时，弯曲内力很小，此时可忽略弯曲内力对平衡的影响，于是可以得到无矩应力状态。这种理论称为无力矩理论或薄膜理论。对于承受轴对称载荷的回转薄壳，采用无力矩理论分析时，将使壳体的计算大大简化，壳体的应力状态仅由法向力 N_φ、N_θ 确定。

无力矩理论所讨论的问题都是围绕着中面进行的。因壳壁很薄，沿厚度方向的应力与其他应力相比很小，其他应力不随厚度而变，因此中面上的应力和变形可以代表薄壳的应力和变形。在无矩应力状态下，应力沿厚度均匀分布，壳体材料的强度可以合理利用，是最理想的应力状态。壳体的无力矩理论在工程壳体结构分析中占有重要的地位。

2.2.3　无力矩理论的基本方程

1. 壳体微元及其内力分量

在受压壳体上任一点取一个微元体 $abdc$，它由下列三对截面构成：一是壳体内外壁表面；二是两个相邻的经线截面；三是两个相邻的与经线垂直、同壳体正交的圆锥面。微元体的受力分析见图 2－5。

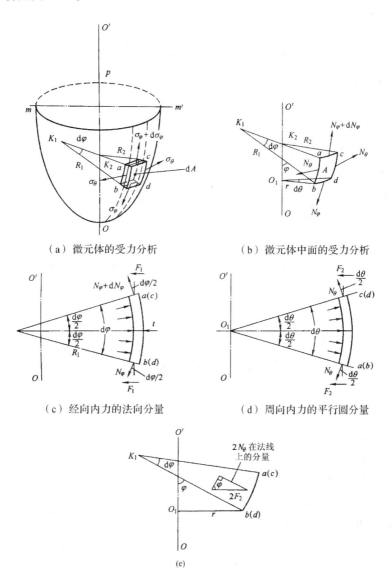

（a）微元体的受力分析　　　　　（b）微元体中面的受力分析

（c）经向内力的法向分量　　　　　（d）周向内力的平行圆分量

（e）周向内力的法向分量

图 2－5　微元体的力平衡

微元体的经线 ab 弧长为

$$dl_1 = R_1 d\varphi$$

与壳体正交的圆锥面截线 cd 弧长为

$$\mathrm{d}l_2 = r\mathrm{d}\theta$$

微元 $abdc$ 的面积为

$$\mathrm{d}A = R_1 r\mathrm{d}\varphi\mathrm{d}\theta$$

壳体承受轴对称载荷,与壳体表面垂直的压力为

$$p = p(\varphi)$$

根据回转薄壳无力矩理论,微元截面上仅产生经向和周向内力 N_φ、N_θ。因为轴对称,N_φ、N_θ 不随 θ 变化,在截面 ab 和 cd 上的 N_θ 值相等。由于 N_φ 随角度 φ 变化,若在 bd 截面上的经向内力为 N_φ,在对应截面 ac 上,因 φ 增加了微量 $\mathrm{d}\varphi$,经向内力变为 $N_\varphi + \mathrm{d}N_\varphi$。

2. 微元平衡方程

如图 2-5 所示,作用在壳体微元上的内力分量和外载荷组成一个平衡力系,根据平衡条件可得各内力分量与外载荷的关系式。

(1) 经向内力的法向分量。

由图 2-5(c) 可知,经向内力 N_φ 和 $N_\varphi + \mathrm{d}N_\varphi$ 在法线上的分量为

$$N_\varphi \sin\frac{\mathrm{d}\varphi}{2} + (N_\varphi + \mathrm{d}N_\varphi)\sin\frac{\mathrm{d}\varphi}{2} = \sigma_\varphi tr\mathrm{d}\theta\sin\frac{\mathrm{d}\varphi}{2} + (\sigma_\varphi + \mathrm{d}\sigma_\varphi)t(r+\mathrm{d}r)\mathrm{d}\theta\sin\frac{\mathrm{d}\varphi}{2}$$

$$(2-4)$$

令 $\sin\dfrac{\mathrm{d}\varphi}{2} \approx \dfrac{\mathrm{d}\varphi}{2}$, $r = R_2\sin\varphi$ 代入式(2-4),并略去高阶微量,化简后得经向内力的法向分量为 $\sigma_\varphi tR_2\sin\varphi\mathrm{d}\varphi\mathrm{d}\theta$。

(2) 周向内力的法向分量。

由图 2-5(d) 中 ac 截面可知,周向内力 N_θ 在平行圆方向的分量为

$$2N_\theta\sin\frac{\mathrm{d}\theta}{2} = 2\sigma_\theta tR_1\mathrm{d}\varphi\sin\frac{\mathrm{d}\theta}{2}$$

将该分量投影至法线方向,如图 2-5(e) 中 ab 截面,并考虑 $\sin\dfrac{\mathrm{d}\theta}{2} \approx \dfrac{\mathrm{d}\theta}{2}$,可得周向内力的法向分量为 $\sigma_\theta tR_1\mathrm{d}\varphi\mathrm{d}\theta\sin\varphi$。

(3) 微元平衡方程。

作微元体法线方向的力平衡,可得

$$\sigma_\varphi tR_2\sin\varphi\mathrm{d}\varphi\mathrm{d}\theta + \sigma_\theta tR_1\mathrm{d}\varphi\mathrm{d}\theta\sin\varphi = pR_1R_2\sin\varphi\mathrm{d}\varphi\mathrm{d}\theta$$

等式两边同除以 $tR_1R_2\sin\varphi\mathrm{d}\varphi\mathrm{d}\theta$,得

$$\frac{\sigma_\varphi}{R_1} + \frac{\sigma_\theta}{R_2} = \frac{p}{t} \qquad (2-5)$$

式(2-5)即为微元平衡方程。该方程由法国数学家、物理学家皮埃尔·西蒙·拉普拉斯(Pierre Simon Laplace)首先导出,故又称拉普拉斯方程。

3. 区域平衡方程

微元平衡方程式(2-5)中有两个未知量 σ_φ 和 σ_θ 不能求解。必须再补充一个方程,此方程可从部分容器的静力平衡条件中求得。

在图 2-5(a)中，过 mm' 作一个与壳体正交的圆锥面 mDm'，并取截面以下部分容器作为分离体，如图 2-6 所示。在容器 mOm' 区域上，任意作两个相邻的并与壳体正交的圆锥面，形成宽度为 $\mathrm{d}l$ 的环带 nn'。设在环带处流体内的压力为 p，则环带上所受压力沿 OO' 轴的分量为

$$\mathrm{d}V = 2\pi r p \,\mathrm{d}l \cos\varphi$$

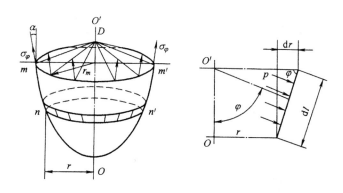

图 2-6　部分容器静力平衡

由图 2-6 可知

$$\cos\varphi = \frac{\mathrm{d}r}{\mathrm{d}l}$$

则压力在 OO' 轴方向产生的合力 V 为

$$V = 2\pi \int_0^{r_m} p r \,\mathrm{d}r$$

式中：r_m 为 mm' 处的平行圆半径。

作用在截面 mm' 上内力的轴向分量 V' 为

$$V' = 2\pi r_m \sigma_\varphi t \cos\alpha$$

式中：α 为截面 mm' 处的经线切线与回转轴 OO' 的夹角。

容器 mOm' 区域上，外载荷轴向分量 V 应与 mm' 截面上的内力轴向分量 V' 相平衡，即

$$V = V' = 2\pi r_m \sigma_\varphi t \cos\alpha \tag{2-6}$$

式(2-6)称为壳体的区域平衡方程式。通过式(2-6)可求得 σ_φ，代入式(2-5)即可解出 σ_θ。

微元平衡方程与区域平衡方程是无力矩理论的两个基本方程。

2.2.4　无力矩理论的应用

本节应用无力矩理论的基本方程分析工程中几种典型的回转薄壳的薄膜应力，并讨论无力矩理论的应用条件。

1. 承受气体内压的回转薄壳

回转薄壳仅受气体内压作用时，各处的压力相等，压力产生的轴向力 V 为

$$V = 2\pi \int_0^{r_m} p r \,\mathrm{d}r = \pi r_m^2 p$$

带入式(2-6)中，得

$$\sigma_\varphi = \frac{V}{2\pi r_m t \cos\alpha} = \frac{pR_2}{2t} \qquad (2-7)$$

将式(2-7)代入式(2-5)可得

$$\sigma_\theta = \sigma_\varphi \left(2 - \frac{R_2}{R_1}\right) \qquad (2-8)$$

1) 球形壳体

如图 2-7 所示，球形壳体上各点的第一曲率半径与第二曲率半径相等，即 $R_1 = R_2 = R$。将曲率半径代入式(2-7)和式(2-8)得到

$$\sigma_\varphi = \sigma_\theta = \frac{pR}{2t} \qquad (2-9)$$

由式(2-9)可知，球形容器中的应力分布最为合理，球体各处的经向应力和周向应力相等，分布均匀。

2) 薄壁圆筒

参见图 2-1，薄壁圆筒中各点的第一曲率半径和第二曲率半径分别为 $R_1 = \infty$；$R_2 = R$。将 R_1、R_2 代入式(2-7)和式(2-8)可得

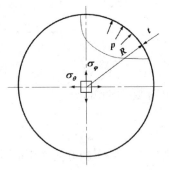

$$\begin{cases} \sigma_\theta = \dfrac{pR}{t} \\[3mm] \sigma_\varphi = \dfrac{pR}{2t} \end{cases} \qquad (2-10)$$

显然，式(2-10)与截面法求得的结果相同。薄壁圆筒中，周向应力是轴向应力的 2 倍。因此，其轴向截面为薄弱截面，图 2-8 为容器爆破实验后的裂纹外观，裂纹沿轴向扩展。

图 2-7　承受内压的球壳

图 2-8　容器爆破实验裂纹外观

3）锥形壳体

单独的锥形壳体作为容器在工程上并不常用，一般都是用以作为收缩或扩大壳体的截面积，以逐渐改变气体或液体的速度，或者便于固体或黏性物料的卸出。承受压力 p 的锥形壳体的几何尺寸见图 2-9。以下介绍求解锥壳上任一点 A 的应力的方法。

锥形壳体的母线为直线，所以 $R_1 = \infty$。壳体上任一点 A 的第二曲率半径 $R_2 = x\tan\alpha$。将两个曲率半径代入式（2-7）和式（2-8）中，得

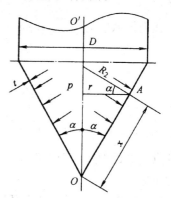

图 2-9　锥形壳体的应力

$$\begin{cases} \sigma_\theta = \dfrac{pR_2}{t} = \dfrac{px\tan\alpha}{t} = \dfrac{pr}{t\cos\alpha} \\[2mm] \sigma_\varphi = \dfrac{px\tan\alpha}{2t} = \dfrac{pr}{2t\cos\alpha} \end{cases} \quad (2-11)$$

由式（2-11）可知：

（1）锥壳的周向应力和经向应力与 x 呈线性关系，锥顶处应力为零，离锥顶越远应力越大，且周向应力是经向应力的两倍；

（2）锥壳的半锥角 α 是确定壳体应力的一个重要参数，当 α 趋于零时，锥壳的应力趋于圆筒的壳体应力；当 α 趋于 90°时，锥体变成平板，其应力接近无限大。

4）椭球形壳体

椭球形壳体以四分之一椭圆曲线作为母线绕一个固定轴回转而成。其应力同样可以用式（2-7）和式（2-8）计算。需注意的是，其第一和第二主曲率半径 R_1 和 R_2 沿着椭球壳的经线连续变化。

承受内压 p 的椭球壳的几何尺寸见图 2-10，椭圆曲线方程为

$$\frac{x^2}{a^2} + \frac{y^2}{b^2} = 1$$

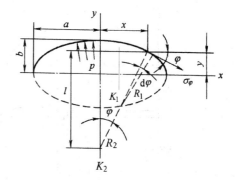

图 2-10　椭球壳体的应力

其任一点的第一、第二曲率半径为

$$\begin{cases} R_1 = \dfrac{[a^4 - x^2(a^2 - b^2)]^{3/2}}{a^4 b} \\[2mm] R_2 = \dfrac{[a^4 - x^2(a^2 - b^2)]^{1/2}}{b} \end{cases}$$

将 R_1 和 R_2 代入式（2-7）和式（2-8）得

$$\begin{cases} \sigma_\varphi = \dfrac{pR_2}{2t} = \dfrac{p}{2t}\, \dfrac{[a^4 - x^2(a^2 - b^2)]^{1/2}}{b} \\[3mm] \sigma_\theta = \dfrac{p}{2t}\, \dfrac{[a^4 - x^2(a^2 - b^2)]^{1/2}}{b}\left[2 - \dfrac{a^4}{a^4 - x^2(a^2 - b^2)}\right] \end{cases} \quad (2-12)$$

从式（2-12）可以看出：

（1）椭球壳上各点的应力不相等，它与各点的坐标有关，在顶点和赤道处为极值点。

在壳体顶点处（$x=0$，$y=b$）：$R_1=R_2=\dfrac{a^2}{b}$，由式（2-12）可得

$$\sigma_\varphi=\sigma_\theta=\frac{pa^2}{2bt} \tag{2-13}$$

在壳体赤道上（$x=a$，$y=0$）：$R_1=\dfrac{b^2}{a}$，$R_2=a$，可得

$$\begin{cases}\sigma_\varphi=\dfrac{pa}{2t}\\[3mm]\sigma_\theta=\dfrac{pa}{t}\left(1-\dfrac{a^2}{2b^2}\right)\end{cases} \tag{2-14}$$

（2）椭球壳承受均匀内压时，在任意 a/b 值的条件下，σ_φ 恒为正值，即为拉应力，且由顶点处的最大值向赤道逐渐递减为最小值；在 $a^2/(2b^2)>1$ 即 $a/b>\sqrt{2}$ 时，σ_θ 从拉应力变为压应力。

（3）图 2-11 列举了四种不同的 a/b 比值下的 σ_φ、σ_θ 值，其中 $a/b=1$ 即为半球形壳体，此时的受力状况最佳，$\sigma_\varphi=\sigma_\varphi=\dfrac{pa}{2t}$。工程中常用 $a/b=2$ 的标准椭圆形封头，此时的 σ_θ 值在顶点和赤道处大小相等但符号相反，顶点处为 $\dfrac{pa}{t}$，赤道处为 $-\dfrac{pa}{t}$；而 σ_φ 恒为拉伸应力，在顶点处达到最大值 $\dfrac{pa}{t}$。

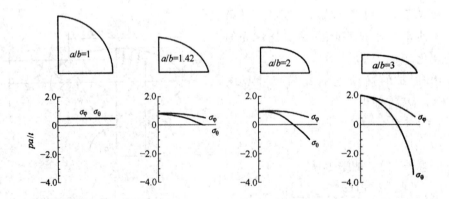

图 2-11　不同 a/b 值下受内压椭球壳中的应力

（4）当 $a/b>2$ 时，随着 a/b 值的增大，转角区和赤道处的周向压应力 σ_θ 的数值已远远超过顶点处的最大应力，该压缩应力能引起薄壁封头发生局部失稳现象。为防止这种局部失稳现象，通常采用整体或局部增加厚度以及局部采用环状加强构件等措施加以预防。

2. 储存液体的回转薄壳

与承受气体内压回转薄壳不同，壳壁上的液柱静压力随液层的深度增加而变化。

1）圆筒形壳体

如图 2-12 所示底部支承的圆筒，内部盛装高度为 H 的液体，液体表面压力为 p_0，液

体密度为 ρ，则筒壁上任一点 A 承受的压力为

$$p = p_0 + \rho g(H-h)$$

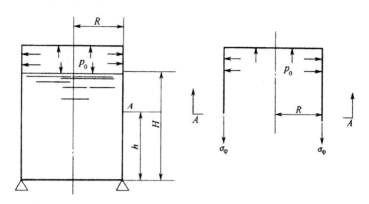

图 2-12　储存液体的圆筒

由拉普拉斯方程可得

$$\sigma_\theta = \frac{[p_0 + \rho g(H-h)]R}{t} \tag{2-15a}$$

求 σ_φ 时，按图 2-12(b) 所示从 $A-A$ 处截开，考察上部壳体的轴向力平衡，可得

$$2\pi R t \sigma_\varphi = \pi R^2 p_0$$

即

$$\sigma_\varphi = \frac{p_0 R}{2t} \tag{2-15b}$$

读者可思考：如其他条件不变，容器上部敞口，则 σ_φ 和 σ_θ 如何求解？

2）球形壳体

图 2-13 为一个充满液体的球壳，沿对应于 φ_0 的平行圆 $A-A$ 裙座支承。液体密度为 ρ，作用在壳体上任一点 M 处的液体静压力为

$$p = \rho g R(1 - \cos\varphi)$$

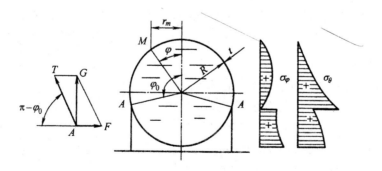

图 2-13　储存液体的球壳

当 $\varphi < \varphi_0$ 即在裙座 $A-A$ 以上时，该压力作用在 M 点以上部分球壳的总轴向力为

$$V = 2\pi \int_0^{r_m} pr\,\mathrm{d}r$$

33

代入 $r = R\sin\varphi$ 和 $\mathrm{d}r = R\cos\varphi\mathrm{d}\varphi$，可得

$$V = 2\pi R^3\rho g\left[\frac{1}{6} - \frac{1}{2}\cos^2\varphi\left(1 - \frac{2}{3}\cos\varphi\right)\right] \qquad (2-16)$$

将式(2-16)代入式(2-6)，可得

$$2\pi R^3\rho g\left[\frac{1}{6} - \frac{1}{2}\cos^2\varphi\left(1 - \frac{2}{3}\cos\varphi\right)\right] = 2\pi Rt\sigma_\varphi\sin^2\varphi$$

求得

$$\sigma_\varphi = \frac{\rho g R^2}{6t}\left(1 - \frac{2\cos^2\varphi}{1 + \cos\varphi}\right) \qquad (2-17\mathrm{a})$$

将式(2-17a)带入拉普拉斯方程，可得

$$\sigma_\theta = \frac{\rho g R^2}{6t}\left(5 - 6\cos\varphi + \frac{2\cos^2\varphi}{1 + \cos\varphi}\right) \qquad (2-17\mathrm{b})$$

对于裙座 A-A 以下($\varphi > \varphi_0$)所截取的部分球壳，在轴向，除液体静压力引起的轴向力外，还受到支座 A-A 的反力 G 的作用。如忽略壳体自重，支座反力等于球壳内的液体总重量，即 $G = \frac{4\pi}{3}R^3\rho g$。

此时，区域平衡方程式为

$$2\pi R^3\rho g\left[\frac{1}{6} - \frac{1}{2}\cos^2\varphi\left(1 - \frac{2}{3}\cos\varphi\right)\right] + \frac{4}{3}\pi R^3\rho g = 2\pi Rt\sigma_\varphi\sin^2\varphi$$

由此可得

$$\sigma_\varphi = \frac{\rho g R^2}{6t}\left(5 + \frac{2\cos^2\varphi}{1 - \cos\varphi}\right) \qquad (2-18\mathrm{a})$$

将式(2-18a)代入拉普拉斯方程，得

$$\sigma_\theta = \frac{\rho g R^2}{6t}\left(1 - 6\cos\varphi - \frac{2\cos^2\varphi}{1 - \cos\varphi}\right) \qquad (2-18\mathrm{b})$$

比较式(2-17)和式(2-18)可知，在支座处($\varphi = \varphi_0$)σ_φ 和 σ_θ 不连续，突变量为 $\pm\frac{2\rho g R^2}{3t\sin^2\varphi_0}$。这个突变量是由支座反力 G 引起的。在支座附近的球壳发生局部弯曲，以保持球壳应力与位移的连续性。因此，支座处应力的计算必须用有力矩理论进行分析。而上述用无力矩理论计算得到的壳体薄膜应力只有在远离支座处才与实际情况相符。

3. 无力矩理论的应用条件

为保证回转薄壳处于薄膜状态，壳体形状、加载方式及支承一般应满足如下条件。

(1) 壳体的厚度、中面曲率和载荷连续，没有突变，且构成壳体的材料的物理性能相同。因为上述因素之中，无论哪一个突然变化，若按无力矩理论计算，则在这些突变处中面的变形将是不连续的。而实际薄壳在这些部位必然产生边缘力和边缘弯矩，以保持中面的连续，这自然就破坏了无力矩状态。

(2) 壳体边界处不受横向剪力、弯矩和转矩作用。

(3) 壳体边界处的约束沿经线的切线方向，不得限制边界处的转角与挠度。

显然，同时满足上述条件非常困难，理想的无力矩状态并不容易实现，一般情况下，边界附近往往同时存在弯曲应力和薄膜应力。在解决很多实际问题时，一方面需要按无力

矩理论求解问题，另一方面应对弯矩较大的区域再用有力矩理论进行修正。联合使用有力矩理论和无力矩理论，可以解决大量的薄壳问题。

2.2.5　回转薄壳的不连续分析

1. 不连续效应与不连续分析的基本方法

（1）不连续效应。

工程实际中的壳体结构绝大部分都是由几种简单的壳体组合而成的，即由球壳、圆柱壳、锥壳及圆板等连接组成。如图 2-14 所示的工程实际壳体结构，包含球壳、圆柱壳、锥壳和椭球壳等基本壳体，并且还装有支座、法兰和接管等。当容器整体承压时，这些基本壳体相连接的部位因不能自由变形会产生局部的弯曲，所以完全符合无力矩理论的容器几乎是不存在的。此外，在工程实际的壳体中，沿壳体轴线方向的厚度、载荷、温度和材料的物理性能也可能出现突变。这些因素均可表现为容器在总体结构上的不连续，从而引起壳体结构中薄膜应力的不连续。

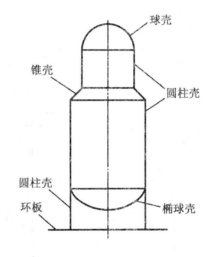

图 2-14　组合壳

若把两壳体作为自由体，即在内压作用下自由变形，在两壳体连接处的薄膜位移和转角一般不相等，而实际上这两个壳体是连接在一起的，即两壳体在连接处的位移和转角一定相等。两个壳体连接处附近形成一种约束，迫使连接处壳体发生局部的弯曲变形，在连接边缘产生了附加的边缘力、边缘力矩以及抵抗这种变形的局部应力，使这一区域的总应力增大。

由于这种总体结构不连续，组合壳在连接处附近的局部区域出现衰减迅速的应力增大现象，称为"不连续效应"或"边缘效应"。由此引起的局部应力称为"不连续应力"或"边缘应力"。分析组合壳不连续应力的方法，在工程上称为"不连续分析"。

（2）不连续分析的基本方法。

组合壳的不连续应力可以根据一般壳体理论进行计算，但比较复杂。工程上常采用简便的解法，即所谓"力法"，该方法是把壳体的应力分解为两个部分。一是薄膜解（或称主要解），即壳体无力矩理论的解，由此求得的薄膜应力称为"一次应力"。一次应力是由外载荷所产生且必须满足内部和外部的力和力矩的平衡关系的应力，随外载荷的增大而增大，因此，当一次应力超过材料屈服强度时可能导致材料的破坏或大面积变形。二是有矩解（或称次要解），即切开两壳体连接边缘处后，自由边界上受到边缘力和边缘力矩作用时的有力矩理论的解，求得的应力称为"二次应力"。二次应力是由相邻部分材料的约束或结构自身约束所产生的应力，具有自限性，因此，当二次应力超过材料屈服强度时会产生局部屈服或较小的变形，连接边缘处壳体不同的变形即可协调，从而得到一个较有利的应力分布结果。将上述两种解叠加后可得到保持组合壳总体结构连续的最终解。现以图 2-15 所示的半球壳与圆柱壳连接的组合壳为例进行说明。

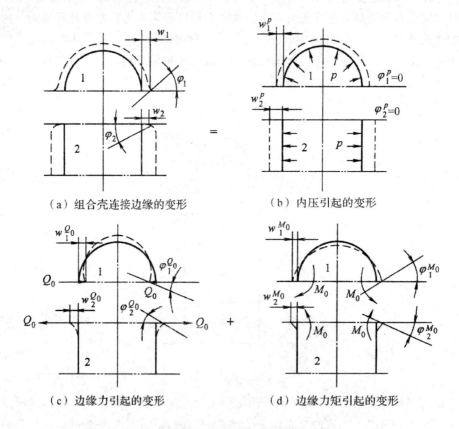

（a）组合壳连接边缘的变形　　　　（b）内压引起的变形

（c）边缘力引起的变形　　　　（d）边缘力矩引起的变形

图 2-15　连接边缘的变形

将内压作用下的半球壳和圆柱壳连接边缘处沿平行圆切开，两壳体各自的薄膜变形如图 2-15(b)所示。显然，两壳体平行圆径向位移不相等，$w_1^p \neq w_2^p$，但两壳体实际是连成一体的连续结构，因此两壳体的连接处将产生边缘力 Q_0 和边缘力矩 M_0，并引起弯曲变形，见图 2-15(c)、(d)。根据变形连续性条件，可得

$$w_1 = w_2, \quad \varphi_1 = \varphi_2 \tag{2-19}$$

即弯曲变形与薄膜变形叠加后，两壳体在连接处的总变形量一定相等，可写出边缘变形的连续性方程（又称变形协调方程）：

$$\begin{cases} w_1^p + w_1^{Q_0} + w_1^{M_0} = w_2^p + w_2^{Q_0} + w_2^{M_0} \\ \varphi_1^p + \varphi_1^{Q_0} + \varphi_1^{M_0} = \varphi_2^p + \varphi_2^{Q_0} + \varphi_2^{M_0} \end{cases} \tag{2-20}$$

式中，w^p、w^{Q_0}、w^{M_0} 及 φ^p、φ^{Q_0}、φ^{M_0} 分别表示 p、Q_0 和 M_0 在壳体连接处产生的平行圆径向位移和经线转角，下标 1 表示半球壳，下标 2 表示圆柱壳。其中，p、Q_0、M_0 与位移、转角的关系分别用无力矩和有力矩理论求得。以图 2 - 15(c) 和 (d) 所示左半部分圆筒为对象，径向位移 w 以向外为负，转角 φ 以逆时针为正。

将 p、Q_0、M_0 和变形（位移和转角）的关系式代入式 (2 - 20)，可求出 Q_0、M_0 两个未知边缘载荷，进而可求出边缘弯曲解，将其与薄膜解叠加，即可求得问题的全解。

2. 圆柱壳受边缘力和边缘力矩作用的弯曲解

如图 2 - 15 所示，圆柱壳的边缘受到沿圆周均匀分布的边缘力 Q_0 和边缘力矩 M_0 的作用。轴对称加载的圆柱壳有力矩理论基本微分方程为

$$\frac{\mathrm{d}^4 w}{\mathrm{d}x^4} + 4\beta^4 w = \frac{p}{D'} + \frac{\mu}{RD'} N_x \tag{2 - 21}$$

式中：D' 为壳体的抗弯刚度，$D' = \dfrac{Et^3}{12(1-\mu^2)}$；$w$ 为径向位移；N_x 为单位圆周长度上的轴向薄膜内力，可直接由圆柱壳轴向力平衡关系求得；x 为所考虑的点离圆柱壳边缘的距离；β 为因次为 [长度]$^{-1}$ 的系数，$\beta = \sqrt[4]{\dfrac{3(1-\mu^2)}{R^2 t^2}}$。

由圆柱壳有力矩理论，解出 w 后可求得内力为

$$\begin{cases} N_\theta = -Et\,\dfrac{w}{R} + \mu N_x \\[2mm] M_x = -D'\,\dfrac{\mathrm{d}^2 w}{\mathrm{d}x^2} \\[2mm] M_\theta = -\mu D'\,\dfrac{\mathrm{d}^2 w}{\mathrm{d}x^2} \\[2mm] Q_x = \dfrac{\mathrm{d}M_x}{\mathrm{d}x} = -D'\,\dfrac{\mathrm{d}^3 w}{\mathrm{d}x^3} \end{cases} \tag{2 - 22}$$

式中：N_θ 为单位圆周长度上的周向薄膜内力；Q_x 为单位圆周长度上的横向剪力；M_x 为单位圆周长度上的轴向弯矩；M_θ 为单位长度上的周向弯矩。

上述各内力求解后，即可按材料力学方法计算各应力分量。圆柱壳弯曲问题中的应力由两部分组成：一部分是薄膜内力引起的薄膜应力，这一应力沿厚度均匀分布；另一部分是弯曲应力，包括弯曲内力引起的沿厚度呈线性分布的正应力和呈抛物线分布的横向切应力。因此，圆柱壳轴对称弯曲应力计算公式为

$$\begin{cases} \sigma_x = \dfrac{N_x}{t} \pm \dfrac{12 M_x}{t^3} z \\[2mm] \sigma_\theta = \dfrac{N_\theta}{t} \pm \dfrac{12 M_\theta}{t^3} z \\[2mm] \sigma_z = 0 \\[2mm] \tau_x = \dfrac{6 Q_x}{t^3}\left(\dfrac{t^2}{4} - z^2\right) \end{cases} \tag{2 - 23}$$

式中：z——离壳体中面的距离。

显然，正应力的最大值发生在壳体的表面上$\left(z=\pm\dfrac{t}{2}\right)$，横向切应力的最大值发生在中面上$(z=0)$，且横向切应力与正应力相比数值较小，故一般不予计算。

根据上述方程即可求解圆柱壳中的各内力及应力。若圆柱壳无表面载荷 p 存在，且 $N_x=0$，则式（2-21）可改写为

$$\frac{\mathrm{d}^4 w}{\mathrm{d}x^4}+4\beta^4 w=0 \tag{2-24}$$

此齐次方程的通解为

$$w=e^{\beta x}(C_1\cos\beta x+C_2\sin\beta x)+e^{-\beta x}(C_3\cos\beta x+C_4\sin\beta x) \tag{2-25}$$

式中，C_1、C_2、C_3 和 C_4 为积分常数，由圆柱壳两端边界条件确定。

当圆柱壳足够长时，随着 x 的增加，弯曲变形逐渐衰减以至消失，因此上式中含有 $e^{\beta x}$ 项为零，亦即要求 $C_1=C_2=0$，则式（2-25）可改写成

$$w=e^{-\beta x}(C_3\cos\beta x+C_4\sin\beta x) \tag{2-26}$$

圆柱壳的边界条件为

$$\begin{cases}(M_x)_{x=0}=-D'\left(\dfrac{\mathrm{d}^2 w}{\mathrm{d}x^2}\right)_{x=0}=M_0\\[3mm](Q_x)_{x=0}=-D'\left(\dfrac{\mathrm{d}^3 w}{\mathrm{d}x^3}\right)_{x=0}=Q_0\end{cases}$$

利用边界条件，可得 w 表达式为

$$w=\frac{e^{-\beta x}}{2\beta^3 D'}\left[\beta M_0(\sin\beta x-\cos\beta x)-Q_0\cos\beta x\right] \tag{2-27}$$

最大挠度和转角发生在 $x=0$ 的边缘上，可得

$$\begin{cases}(w)_{x=0}=-\dfrac{1}{2\beta^2 D'}M_0-\dfrac{1}{2\beta^3 D'}Q_0\\[3mm](\varphi)_{x=0}=\left(\dfrac{\mathrm{d}w}{\mathrm{d}x}\right)_{x=0}=\dfrac{1}{\beta D'}M_0+\dfrac{1}{2\beta^2 D'}Q_0\end{cases} \tag{2-28}$$

式（2-28）中，w 和 φ 即为 M_0 和 Q_0 在连接处引起的平行圆径向位移和经线转角。

将式（2-27）及其各阶导数代入式（2-22），可得圆柱壳中各内力的计算式，求出各内力后，即可由式（2-23）求得圆柱壳体连接边缘处的应力。

3. 组合壳不连续应力的计算举例

现以厚圆平板与圆柱壳连接时的边缘应力计算为例，说明边缘应力的计算方法。

如图 2-16 所示，圆平板与圆柱壳连接处受到边缘力 Q_0 和边缘力矩 M_0 的作用。因为圆平板很厚，抵抗变形的能力远大于圆筒，可假设连接处没有位移和转角，即

$$\begin{cases}w_1^p=w_1^{Q_0}=w_1^{M_0}=0\\[2mm]\varphi_1^p=\varphi_{Q_{0_1}}=\varphi_1^{M_0}=0\end{cases}$$

在内压 p 作用下，薄壁圆柱壳中的应力可按式（2-10）计算，但式中的经向应力需改写为 σ_x。

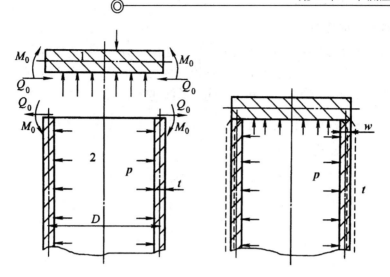

图 2 - 16 圆平板与圆柱壳的连接

根据广义胡克定律和应变与位移关系式，内压引起的周向应变 ε_θ^p 为

$$\varepsilon_\theta^p = \frac{2\pi(R - w_2^p) - 2\pi R}{2\pi R} = \frac{1}{E}(\sigma_\theta - \mu\sigma_\varphi) = \frac{1}{E}\left(\frac{pR}{t} - \mu\frac{pR}{2t}\right)$$

故

$$w_2^p = -\frac{pR^2}{2Et}(2 - \mu)$$

内压引起的转角为零，即 $\varphi_2^p = 0$。

在圆柱壳和圆平板连接处，圆柱壳中由边缘力 Q_0 和边缘力矩 M_0 引起的变形可按式（2 - 28）计算。

根据变形协调条件，即由式（2 - 20）可得

$$\begin{cases} w_2^p + w_2^{Q_0} + w_2^{M_0} = 0 \\ \varphi_2^p + \varphi_2^{Q_0} + \varphi_2^{M_0} = 0 \end{cases} \tag{2 - 29}$$

将位移和转角代入上式，解出 M_0 和 Q_0 后，取 $\mu = 0.3$，即可求得圆柱壳中由弯曲引起的最大经向应力和周向应力为

$$\begin{cases} \sigma_x = \sigma_x^M = \pm 1.55\,\dfrac{pR}{t} \\ \sigma_\theta = \sigma_\theta^N + \sigma_\theta^M = -0.85\,\dfrac{pR}{t} \pm 0.47\,\dfrac{pR}{t} \end{cases} \tag{2 - 30}$$

将式（2 - 30）的弯曲解与式（2 - 10）的薄膜解叠加，得到与厚圆平板连接的圆柱壳中的最大应力为

$$\begin{cases} \left(\sum\sigma_x\right)_{\max} = \dfrac{pR}{2t} + 1.55\,\dfrac{pR}{t} = 2.05\,\dfrac{pR}{t}（在 \beta x = 0 处，内表面） \\ \left(\sum\sigma_\theta\right)_{\max} = \dfrac{pR}{t} - 0.85\,\dfrac{pR}{t} + 0.47\,\dfrac{pR}{t} = 0.62\,\dfrac{pR}{t}（在 \beta x = 0 处，内表面） \end{cases} \tag{2 - 31}$$

可见，与厚平板连接的圆柱壳边缘处的最大应力为壳体内表面的经向应力，远大于远离结构不连续处圆柱壳中的薄膜应力。

4. 不连续应力的特性

不同结构的组合壳在连接边缘处具有不同的边缘应力，有的边缘效应显著，其应力可达到很大的数值，这些应力只存在于连接处附近的局部区域，它们都有一个共同的特性，即影响范围很小。例如，受边缘力和力矩作用的圆柱壳上，随着边缘距离 x 的增加，各内力呈指数函数迅速衰减直至消失，这种性质称为不连续应力的局部性，当 $x = \dfrac{\pi}{\beta}$ 时，圆柱壳中产生的纵向弯矩的绝对值为

$$\left| (M_x)_{x=\frac{\pi}{\beta}} \right| = e^{-\pi} M_0 = 0.043 M_0$$

可见，在离开边缘 $\dfrac{\pi}{\beta}$ 处，其纵向弯矩已衰减了 95.7%；若离边缘的距离大于 $\dfrac{\pi}{\beta}$，则可忽略边缘力和边缘弯矩的作用。对于一般钢材 $\mu = 0.3$，则 $x = \dfrac{\pi}{\beta} = \dfrac{\pi\sqrt{Rt}}{\sqrt[4]{3(1-\mu^2)}} = 2.5\sqrt{Rt}$。

在多数情况下，$2.5\sqrt{Rt}$ 与 R 相比是一个很小的数值，这说明边缘应力具有很强的局部性。

不连续应力的另一个特性是自限性。不连续应力是由相邻壳体在连接处的薄膜变形不相等，且两壳体连接边缘的变形受到弹性约束所致。因此对于用塑性材料制造的壳体，当连接边缘的局部区域产生塑性变形，这种弹性约束即开始缓解，变形不会连续发展，不连续应力也产生自动限制，这种性质称为不连续应力的自限性。

由于不连续应力具有局部性和自限性两种特性，对于受静载荷作用的塑性材料壳体，在设计中一般不作具体计算，仅在结构上作局部处理以限制其应力水平。这些方法不外是在连接处采用挠性结构，如不同形状壳体的圆弧过渡、不等厚壳体的削薄连接等；其次是采取局部加强措施；第三是减少外界引起的附加应力，如焊接残余应力、支座处的集中应力、开孔接管的应力集中等。但对于脆性材料制造的壳体、经受疲劳载荷或低温的壳体等，因其对过大的不连续应力十分敏感，可能导致壳体的疲劳失效或脆性破坏，因而在设计中应按有关规定计算并限制不连续应力。

综上所述，设计中是否计算不连续应力的影响，要根据容器的重要性、材料和载荷的性质等方面综合考虑。但是，不论设计中是否计算不连续应力，都要尽可能地改进连接边缘的结构，使不连续应力处于较低水平。

2.3 圆平板应力分析

2.3.1 概述

过程设备的平封头、换热器管板、人孔或手孔盖、板式塔塔盘及反应器触媒床支承板等的形状通常是圆形平板或中心有孔的圆环形平板，是组成容器的一类重要构件。

与薄壳相同，描述圆板的几何特征也采用中面、厚度和边界支承条件。如图 2-17 所示，圆平板的中面是平面，平板沿垂直于其中面方向的尺寸（即两表面之间的垂直距离）称为板的厚度，以 t 表示。按照板的厚度与其他方向的尺寸之比，以及板的挠度与板厚度之

比，平板可分为：厚板与薄板；大挠度板和小挠度板。在常用计算精度的要求下，平板厚度 t 与直径 D 之比 $t/D \leqslant 1/5$，平板挠度 w 与厚度 t 之比 $w/t \leqslant 1/5$ 时，认为平板可按小挠度薄板计算。

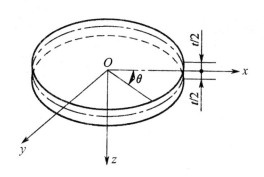

图 2-17　圆形薄平板

大多数圆板或圆环形板承受对称于圆板中心的横向载荷，所以圆板的应力和变形具有轴对称性。圆板在横向载荷的作用下，其基本受力特征是双向弯曲，即径向弯曲和周向弯曲，所以板的强度主要取决于厚度。大多数实际问题中，板弯曲后中面上的点在法线方向的位移（即挠度）远小于板厚。因此，本节主要讨论圆形薄板在轴对称横向载荷作用下小挠度弯曲的应力和变形问题。

对于弹性小挠度薄板，采用类似材料力学中直梁理论的近似假设，可大大简化理论分析。这些假设为：① 板弯曲时其中面保持中性，即板中面内各点无伸缩和剪切变形，只有沿中面法线的挠度；② 变形前位于中面法线上的各点，变形后仍位于弹性曲面的同一法线上，且法线上各点间的距离不变；③ 平行于中面的各层材料互不挤压，即板内垂直于板面的正应力较小，可忽略不计。

2.3.2　圆平板对称弯曲微分方程

半径为 R、厚度为 t、承受轴对称横向载荷 p_z 的圆平板，除满足以上假设外，还具有轴对称性。如图 2-18 所示，在 r、θ、z 圆柱坐标系中，圆平板内仅存在 M_r、M_θ、Q_r 三个内力分量，挠度 w 只是 r 的函数，与 θ 无关。

下面通过平衡、几何和物理三个方程建立圆平板的挠度微分方程，解得圆平板中的应力。

1. 平衡方程

用半径为 r 和 $r+dr$ 的两个圆柱面以及夹角为 $d\theta$ 的两个径向截面，从圆板中截出一个微元体，见图 2-18(a)、(b)。

微元体上半径为 r 和 $r+dr$ 的两个圆柱面上的径向弯矩分别为 M_r 和 $M_r + \left(\dfrac{dM_r}{dr}\right)dr$；横向剪力分别为 Q_r 和 $Q_r + \left(\dfrac{dQ_r}{dr}\right)dr$；两径向截面上所作用的周向弯矩均为 M_θ；横向载荷 p_z 作用在微元体上表面的外力为 P，其值为 $p_z r d\theta dr$，如图 2-18(c)、(d)所示。M_r、M_θ 为单位长度上的力矩，Q_r 是单位长度上的剪力，p_z 为单位面积上的外力。

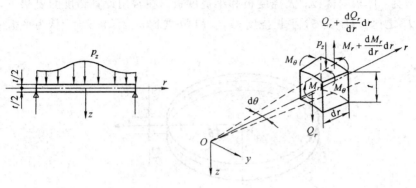

（a）承受横向轴对称载荷的圆平板　　　　（b）微元体的受力分析

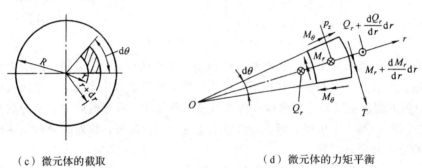

（c）微元体的截取　　　　　　　　（d）微元体的力矩平衡

图 2-18　圆平板对称弯曲时的内力分量及微元体受力

根据微元体力矩平衡条件，所有内力与外力对圆柱面切线 T 的力矩代数和应为零，即

$$\left(M_r + \frac{\mathrm{d}M_r}{\mathrm{d}r}\mathrm{d}r\right)(r+\mathrm{d}r)\mathrm{d}\theta - M_r r\mathrm{d}\theta - 2M_\theta \mathrm{d}r\sin\frac{\mathrm{d}\theta}{2} + Q_r r\mathrm{d}\theta\mathrm{d}r + p_z r\mathrm{d}\theta\mathrm{d}r\,\frac{\mathrm{d}r}{2} = 0$$

$$(2-32)$$

其中，第一、二、三项分别为径向弯矩矢量和周向弯矩矢量在切线 T 上的投影；第四、五项为剪力和外力对 T 轴的力矩。

将式(2-32)展开，取 $\sin\dfrac{\mathrm{d}\theta}{2}\approx\dfrac{\mathrm{d}\theta}{2}$，略去高阶量，可得

$$M_r + \frac{\mathrm{d}M_r}{\mathrm{d}r}r - M_\theta + Q_r r = 0 \qquad (2-33)$$

式(2-33)即为圆平板在轴对称横向载荷作用下的平衡方程，其中包含着 M_r、M_θ 和 Q_r 三个未知量，不能求解。下面利用几何和物理方程将 M_r、M_θ 用挠度 w 来表达，进而得到只含一个未知量 w 的微分方程。

2. 几何方程

受轴对称载荷的圆平板，板中面弯曲变形后的挠曲面也有轴对称性，即挠度 w 仅取决于坐标 r，与 θ 无关。因此，只需研究任一径向截面的变形情况，即可建立应变与挠度之间的几何关系。

图 2-19 中，$\overline{AB}$ 是一个径向截面上与中面相距为 z、半径为 r 与 $r+\mathrm{d}r$ 的两点 A 与 B 构成的微段，$\overline{AB}=\mathrm{d}r$。$mn$ 和 m_1n_1 分别为过 A 点和 B 点并与中面垂直的直线。在板变形

后，A 点和 B 点分别移至 A' 和 B' 位置，根据第二个假设，过 A' 和 B' 点的直线 $m'n'$ 和 $m'_1 n'_1$ 仍垂直于变形后的中曲面，但它们分别转过了角 φ 和 $\varphi + \mathrm{d}\varphi$。微段 $\overline{AB}$ 的径向应变为

$$\varepsilon_r = \frac{z(\varphi + \mathrm{d}\varphi) - z\varphi}{\mathrm{d}r} = \frac{z\,\mathrm{d}\varphi}{\mathrm{d}r} \tag{2-34}$$

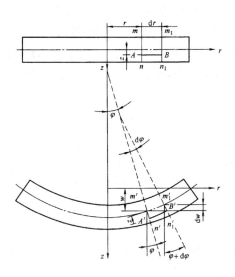

图 2 - 19　圆平板对称弯曲的变形关系

按第一个假设，中面在圆平板弯曲过程中无应变。但中面以上或以下各层弯曲后，其周长都要发生相应的变化。距中面为 z 的层面，其半径由弯曲前的 r 变为 $r + z\varphi$，因此，过 A 点的周向应变为

$$\varepsilon_\theta = \frac{2\pi(r + z\varphi) - 2\pi r}{2\pi r} = z\,\frac{\varphi}{r} \tag{2-35}$$

对于小挠度，$\varphi = -\dfrac{\mathrm{d}w}{\mathrm{d}r}$（式中负号表示随着半径 r 的增长，w 却减小），代入式(2-34)和式(2-35)，得到应变与挠度关系的几何方程，即

$$\begin{cases} \varepsilon_r = -z\,\dfrac{\mathrm{d}^2 w}{\mathrm{d}r^2} \\[3mm] \varepsilon_\theta = -\dfrac{z}{r}\,\dfrac{\mathrm{d}w}{\mathrm{d}r} \end{cases} \tag{2-36}$$

3. 物理方程

根据第三个假设，圆平板弯曲后，其上任意一点均处于两向应力状态。由广义胡克定律可得圆平板的物理方程为

$$\begin{cases} \sigma_r = \dfrac{E}{1-\mu^2}(\varepsilon_r + \mu\varepsilon_\theta) \\[3mm] \sigma_\theta = \dfrac{E}{1-\mu^2}(\varepsilon_\theta + \mu\varepsilon_r) \end{cases} \tag{2-37}$$

4. 圆平板轴对称弯曲的小挠度微分方程

将式(2-36)代入式(2-37)，可得

$$\begin{cases} \sigma_r = -\dfrac{Ez}{1-\mu^2}\left(\dfrac{\mathrm{d}^2 w}{\mathrm{d}r^2} + \dfrac{\mu}{r}\dfrac{\mathrm{d}w}{\mathrm{d}r}\right) \\[3mm] \sigma_\theta = -\dfrac{Ez}{1-\mu^2}\left(\dfrac{1}{r}\dfrac{\mathrm{d}w}{\mathrm{d}r} + \mu\dfrac{\mathrm{d}^2 w}{\mathrm{d}r^2}\right) \end{cases} \tag{2-38}$$

现通过圆平板截面上弯矩与应力的关系，将弯矩 M_r 和 M_θ 表示成 w 的函数形式。由式(2-31)可知，σ_r 和 σ_θ 沿厚度(即 z 方向)均为线性分布，中面处的应力为零。如图 2-20 所示为径向应力 σ_r 与径向弯矩 M_r 的关系图。图 2-21 为圆平板内的应力(σ_r 和 σ_θ)与合成内力矩(M_r 和 M_θ)，σ_r 和 σ_θ 的线性分布力系便形成了弯矩 M_r 和 M_θ。

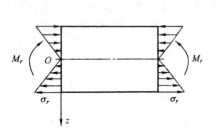 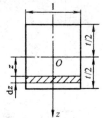 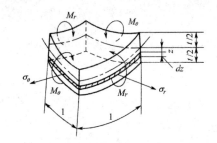

图 2-20　圆平板内的应力和内力之间的关系　　　图 2-21　圆平板内的应力和合成内力矩

单位长度上的径向弯矩为

$$M_r = \int_{-\frac{t}{2}}^{\frac{t}{2}} \sigma_r z\,\mathrm{d}z = -\int_{-\frac{t}{2}}^{\frac{t}{2}} \frac{E}{1-\mu^2}\left(\frac{\mathrm{d}^2 w}{\mathrm{d}r^2} + \frac{\mu}{r}\frac{\mathrm{d}w}{\mathrm{d}r}\right) z^2\,\mathrm{d}z \tag{2-39}$$

其中，$\dfrac{\mathrm{d}w}{\mathrm{d}r}$ 和 $\dfrac{\mathrm{d}^2 w}{\mathrm{d}r^2}$ 均为 r 的函数，与积分变量 z 无关。因此将式(2-39)积分可得

$$M_r = -D'\left(\frac{\mathrm{d}^2 w}{\mathrm{d}r^2} + \frac{\mu}{r}\frac{\mathrm{d}w}{\mathrm{d}r}\right) \tag{2-40a}$$

同理可得周向弯矩表达式为

$$M_\theta = -D'\left(\frac{1}{r}\frac{\mathrm{d}w}{\mathrm{d}r} + \mu\frac{\mathrm{d}^2 w}{\mathrm{d}r^2}\right) \tag{2-40b}$$

式中，$D' = \dfrac{Et^3}{12(1-\mu^2)}$ 与圆平板的几何尺寸及材料性能有关，称为圆平板的"抗弯刚度"。

比较式(2-38)和式(2-40)，可得到弯矩和应力的关系式为

$$\begin{cases} \sigma_r = \dfrac{12M_r}{t^3}z \\[3mm] \sigma_\theta = \dfrac{12M_\theta}{t^3}z \end{cases} \tag{2-41}$$

将式(2-40)代入到平衡方程式(2-33)中，得

$$\frac{\mathrm{d}^3 w}{\mathrm{d}r^3} + \frac{1}{r}\frac{\mathrm{d}^2 w}{\mathrm{d}r^2} - \frac{1}{r^2}\frac{\mathrm{d}w}{\mathrm{d}r} = \frac{Q_r}{D'}$$

改写为

$$\frac{\mathrm{d}}{\mathrm{d}r}\left[\frac{1}{r}\frac{\mathrm{d}}{\mathrm{d}r}\left(r\frac{\mathrm{d}w}{\mathrm{d}r}\right)\right] = \frac{Q_r}{D'} \tag{2-42}$$

式(2-42)即为受轴对称横向载荷圆形薄板小挠度弯曲微分方程式，Q_r 值可根据不同载荷情况用静力法求得。

2.3.3　圆平板中的应力

1. 承受均布载荷时圆平板中的应力

如图 2-22 所示，过程设备中，圆平板通常受到均布压力的作用，即 $p_z = p$ 为一个常量，由此可确定作用在半径为 r 的圆柱截面上的剪力 Q_r，即

$$Q_r = \frac{\pi r^2 p}{2\pi r} = \frac{pr}{2}$$

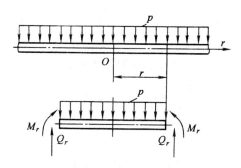

图 2-22　均布载荷作用时圆平板内剪力的分布

将 Q_r 值代入式(2-42)，可得均布载荷作用下圆平板弯曲微分方程

$$\frac{\mathrm{d}}{\mathrm{d}r}\left[\frac{1}{r}\frac{\mathrm{d}}{\mathrm{d}r}\left(r\frac{\mathrm{d}w}{\mathrm{d}r}\right)\right] = \frac{pr}{2D'} \tag{2-43}$$

将式(2-43)连续对 r 积分两次，得到挠曲面在半径方向的斜率

$$\frac{\mathrm{d}w}{\mathrm{d}r} = \frac{pr^3}{16D'} + \frac{C_1 r}{2} + \frac{C_2}{r} \tag{2-44}$$

再积分一次，得到中面弯曲后的挠度

$$w = \frac{pr^4}{64D'} + \frac{C_1 r^2}{4} + C_2 \ln r + C_3 \tag{2-45}$$

式中，C_1、C_2、C_3 均为积分常数。圆平板在板中心处($r=0$)挠曲面的斜率与挠度均为有限值，因而要求积分常数 $C_2 = 0$，则式(2-44)和式(2-45)可改写为

$$\begin{cases} \dfrac{\mathrm{d}w}{\mathrm{d}r} = \dfrac{pr^3}{16D'} + \dfrac{C_1 r}{2} \\[2mm] w = \dfrac{pr^4}{64D'} + \dfrac{C_1 r^2}{4} + C_3 \end{cases} \tag{2-46}$$

式中，C_1、C_3 由边界条件确定。

下面讨论两种典型支承(即周边固支和周边简支)情况下圆平板中的应力。

1) 周边固支圆平板

如图 2-23(a)所示，周边固支的圆平板在支承处不允许有挠度和转角，其边界条件为

$$
\begin{cases}
r = R,\ \dfrac{\mathrm{d}w}{\mathrm{d}r} = 0 \\[2mm]
r = R,\ w = 0
\end{cases}
\tag{2-47}
$$

将式(2-47)中的边界条件代入式(2-46)，解得积分常数为

$$
C_1 = -\frac{pR^2}{8D'},\ C_3 = \frac{pR^4}{64D'}
$$

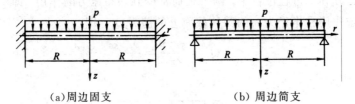

（a）周边固支 　　　　　（b）周边简支

图 2-23　承受均布横向载荷的圆平板

将 C_1、C_3 代入式(2-46)，得周边固支圆平板的斜率和挠度方程为

$$
\begin{cases}
\dfrac{\mathrm{d}w}{\mathrm{d}r} = -\dfrac{pr}{16D'}(R^2 - r^2) \\[3mm]
w = \dfrac{p}{64D'}(R^2 - r^2)^2
\end{cases}
\tag{2-48}
$$

将挠度 w 对 r 的一阶导数和二阶导数分别代入式(2-40)，得到固支条件下的弯矩表达式为

$$
\begin{cases}
M_r = \dfrac{p}{16}\left[R^2(1+\mu) - r^2(3+\mu)\right] \\[3mm]
M_\theta = \dfrac{p}{16}\left[R^2(1+\mu) - r^2(1+3\mu)\right]
\end{cases}
\tag{2-49}
$$

由此可得 r 处上、下板的应力表达式为

$$
\begin{cases}
\sigma_r = \mp\dfrac{M_r}{t^2/6} = \mp\dfrac{3}{8}\cdot\dfrac{p}{t^2}\left[R^2(1+\mu) - r^2(3+\mu)\right] \\[3mm]
\sigma_\theta = \mp\dfrac{M_\theta}{t^2/6} = \mp\dfrac{3}{8}\cdot\dfrac{p}{t^2}\left[R^2(1+\mu) - r^2(1+3\mu)\right]
\end{cases}
\tag{2-50}
$$

根据式(2-50)可作出周边固支圆平板下表面的应力分布图，如图 2-24(a)所示。最大应力分布在板边缘上、下表面，即 $(\sigma_r)_{\max} = \mp\dfrac{3pR^2}{4t^2}$。

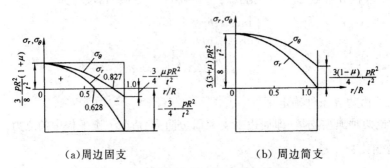

（a）周边固支 　　　　　（b）周边简支

图 2-24　圆平板的弯曲应力分析（板下表面）

2）周边简支圆平板

如图 2-23(b)所示，周边简支的圆平板的支承特点是只限制挠度而不限制转角，因而不存在径向弯矩，此时边界条件为

$$\begin{cases} r = R，w = 0 \\ r = R，M_r = 0 \end{cases} \tag{2-51}$$

利用式(2-51)中的边界条件，可得周边简支圆平板在均布载荷作用下的挠度方程为

$$w = \frac{p}{64D'}\left[(R^2 - r^2)^2 + \frac{4R^2(R^2 - r^2)}{1 + \mu}\right] \tag{2-52}$$

弯矩表达式为

$$\begin{cases} M_r = \dfrac{p}{16}(3 + \mu)(R^2 - r^2) \\ M_\theta = \dfrac{p}{16}[R^2(3 + \mu) - r^2(1 + 3\mu)] \end{cases} \tag{2-53}$$

应力表达式为

$$\begin{cases} \sigma_r = \mp\dfrac{3}{8}\dfrac{p}{t^2}(3 + \mu)(R^2 - r^2) \\ \sigma_\theta = \mp\dfrac{3}{8}\dfrac{p}{t^2}[R^2(3 + \mu) - r^2(1 + 3\mu)] \end{cases} \tag{2-54}$$

周边简支圆平板下表面的应力分布曲线见图 2-24(b)，最大弯矩和相应的最大应力均在板中心 $r = 0$ 处，表达式为

$$\begin{cases} (M_r)_{\max} = (M_\theta)_{\max} = \dfrac{pR^2}{16}(3 + \mu) \\ (\sigma_r)_{\max} = (\sigma_\theta)_{\max} = \dfrac{3(3 + \mu)}{8} \cdot \dfrac{pR^2}{t^2} \end{cases}$$

3）支承对平板刚度和强度的影响

通过周边固支和周边简支圆平板的挠度与应力的讨论，分析支承对板刚度与强度的影响。

(1) 挠度。由式(2-48)和式(2-52)可知，周边固支和周边简支圆平板的最大挠度都在板中心。

周边固支时，最大挠度为

$$w^f_{\max} = \frac{pR^4}{64D'} \tag{2-55}$$

周边简支时，最大挠度为

$$w^s_{\max} = \frac{5 + \mu}{1 + \mu} \cdot \frac{pR^4}{64D'} \tag{2-56}$$

二者之比为

$$\frac{w^s_{\max}}{w^f_{\max}} = \frac{5 + \mu}{1 + \mu}$$

对于钢材，取 $\mu = 0.3$，则

$$\frac{w^s_{\max}}{w^f_{\max}} = \frac{5 + 0.3}{1 + 0.3} = 4.08$$

这表明，周边简支板的最大挠度远大于周边固支板的最大挠度。

（2）应力。

周边固支圆平板中的最大正应力为支承处的径向应力，其值为

$$(\sigma_r)^f_{\max} = \frac{3pR^2}{4t^2} \qquad (2-57)$$

周边简支圆平板中的最大正应力为板中心处的径向应力，其值为

$$(\sigma_r)^s_{\max} = \frac{3(3+\mu)}{8} \cdot \frac{pR^2}{t^2} \qquad (2-58)$$

二者之比为

$$\frac{(\sigma_r)^s_{\max}}{(\sigma_r)^f_{\max}} = \frac{3+\mu}{2}$$

对于钢材，取 $\mu = 0.3$，则

$$\frac{(\sigma_r)^s_{\max}}{(\sigma_r)^f_{\max}} = \frac{3.3}{2} = 1.65$$

这表明，周边简支板的最大正应力大于周边固支板的最大正应力。

圆平板受载后，除产生正应力外，还存在由内力 Q_r 引起的切应力。在均布载荷 p 作用下，圆平板柱面上的最大剪力 $(Q_r)_{\max} = \frac{pR}{2}(r=R$ 处$)$。近似采用矩形截面梁中最大切应力公式，可得

$$\tau_{\max} = \frac{3}{2} \cdot \frac{(Q_r)_{\max}}{1 \times t} = \frac{3}{4} \cdot \frac{pR}{t}$$

将其与最大正应力公式对比，最大正应力与 $(R/t)^2$ 处于同一量级；而最大切应力则与 R/t 处于同一量级。因而对于 $R \gg t$ 的薄板，板内的正应力远比切应力大。

通过对最大挠度和最大应力的比较，可以看出周边固支的圆平板在刚度和强度两方面均优于周边简支的圆平板。

通常最大挠度和最大应力与圆平板的材料（E、μ）、半径 R、厚度 t 有关。因此，若构成圆平板的材料和载荷已确定，则减小半径或增加厚度都可减小挠度或降低最大正应力。当圆平板的几何尺寸和载荷一定时，则选用 E、μ 较大的材料，可以减小最大挠度。然而，在工程实际中，由于材料的 E、μ 变化范围较小，故采用此法不能获得所需要的挠度和应力状态。通常采用改变其周边支承结构的方法，使圆平板更趋近于固支条件；也可增加圆平板厚度或用正交栅格、圆环肋加固平板等方法来提高圆平板的强度与刚度。

4）薄圆平板应力的特点

（1）板内为二向应力 σ_r 和 σ_θ，平行于中面各层相互之间的正应力 σ_z 及剪力 Q_r 引起的切应力 τ 均可予以忽略；

（2）应力 σ_r 和 σ_θ 沿板厚呈直线分布，在板的上、下表面有最大值，是纯弯曲应力；

（3）应力沿半径的分布与周边支承方式有关，工程实际中的圆平板周边支承是介于固支和简支两者之间的形式；

（4）薄板结构的最大弯曲应力 $\sigma_{\max}$ 与 $(R/t)^2$ 成正比，而薄壳的最大拉（压）应力 $\sigma_{\max}$ 与 R/t 成正比，故在相同的 R/t 条件下，薄板所需厚度比薄壳大。

2. 承受集中载荷时圆平板中的应力

圆平板轴对称弯曲中的一个特例是板中心作用一个横向的集中载荷 F。挠度微分方程式(2-42)中，剪力 Q_r 可由图 2-25 中的平衡条件确定，即 $Q_r = \dfrac{F}{2\pi r}$。采用与求解均布载荷圆平板应力相同的方法，可求得周边固支与周边简支圆平板的挠度和弯矩方程及应力表达式。感兴趣的读者可自行导出计算公式。

图 2-25　圆平板中心承受集中载荷时板中的剪力

2.4　典型局部应力

2.4.1　概述

除受到介质压力的作用外，过程设备还承受通过接管或其他附件传递而来的局部载荷，如设备的自重、物料的重量、管道及附件的重量、支座的约束反力、温度变化引起的载荷等。这些载荷通常仅对附件与设备相连的局部区域产生影响。此外，压力容器在材料或结构不连续处，如截面尺寸或几何形状突变的区域、两种不同材料的连接处等，当有压力作用时也会在局部区域产生附加应力。上述两种情况下产生的应力，均称为局部应力。

局部应力的危害性与材料的韧性和载荷形式密切相关。对于韧性好的材料，当局部应力达到屈服强度时，该处材料的变形继续增加，而应力却不再增大，当载荷继续增大时，增加的力就会由其他尚未屈服的材料来承担，这种应力再分配可使局部高应力得到缓解，或通过几次载荷循环使结构趋于稳定，故在一定条件下局部高应力是允许的。但是，过大的局部应力会使结构处于不稳定状态；在变动载荷（包括冲击载荷）作用下，局部应力处易形成裂纹，有可能导致疲劳失效。因此，清楚了解局部应力产生的原因，掌握一些简便的计算方法和测试手段，懂得如何采取相应的措施来降低局部应力是十分必要的。

值得注意的是，不连续应力虽具有局部性，但这是针对沿壳体轴向延伸长度范围而言的。然而从周向范围来看，只要结构与载荷轴对称，则沿整个圆周都存在这种不连续应力。因此不连续应力常被视为沿着壳体的圆周方向整体作用的力，而非局部作用的力。

局部应力不仅与载荷大小有关，而且与载荷作用处的局部结构形状和尺寸密切相关，很难甚至无法对其进行精确的理论分析。在大多数情况下，必须依靠有限元、边界元等数值计算方法和实验应力测试方法，以数值解或（和）实测值为基础，整理、归纳出经验公式和图表，供设计计算时使用。

下面以受内压壳体与接管连接处局部应力的分析为例，介绍局部应力求解的基本思路和常用方法，以及降低局部应力的措施。

2.4.2 受内压壳体与接管连接处的局部应力

由于几何形状及尺寸的突变，受内压壳体与接管连接处附近的局部范围内会产生较大的局部应力。现以球壳与圆管连接为例加以说明。如图 2-26 所示，在内压作用下，球壳与接管各自在自由状态下的薄膜变形如图 2-26(a)中的虚线所示，球壳上的 A 点将变到 B 点，接管上的 A 点将变到 C 点。然而变形后球壳与圆管实际上还是连在一起的，这是变形协调的结果，即 A 点经变形协调而变到图 2-26(b)中的 D 点。经图 2-26(c)的进一步分析，在球壳开孔处的边缘弯矩 M_0 和边缘剪力 Q_0 均会对球壳和接管产生附加的弯曲应力，该应力是局部的，且衰减很快。这种情况下的最大应力是球壳开孔外侧的周向应力，应力集中系数在 2 以上。

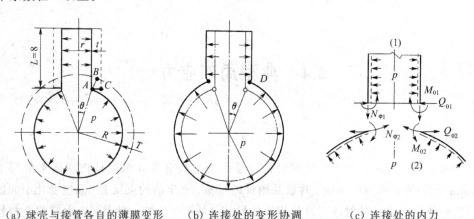

(a) 球壳与接管各自的薄膜变形　　(b) 连接处的变形协调　　(c) 连接处的内力

图 2-26　球壳开孔接管处的变形协调与内力

这类应力的求解相当复杂，工程上常采用应力集中系数法、数值计算、实验测试法和经验公式计算局部应力。

1. 应力集中系数法

在计算壳体与接管连接处的最大应力时，常采用应力集中系数法。受内压壳体与接管连接处的最大弹性应力 σ_{max} 与该壳体不开孔时的周向薄膜应力 σ_θ 之比称为应力集中系数 K_t，即

$$K_t = \frac{\sigma_{max}}{\sigma_\theta} \tag{2-59}$$

(1) 应力集中系数曲线。

为了方便设计，通过理论计算，往往将不同直径、不同厚度的壳体与不同直径和厚度接管的应力集中系数综合成一系列曲线，即应力集中系数曲线。利用这种曲线可以方便地计算出最大应力。图 2-27～图 2-29 分别为在内压作用下，球壳带平齐式接管、球壳带内伸式接管和圆柱壳开孔接管的应力集中系数曲线图。

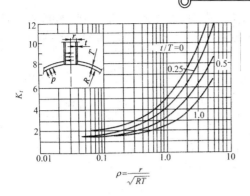

图 2 - 27　球壳带平齐式接管的应力
集中系数曲线

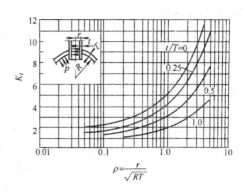

图 2 - 28　球壳带内伸式接管的应力
集中系数曲线

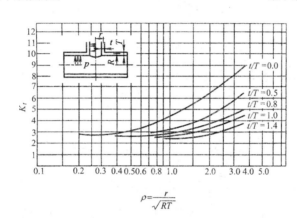

图 2 - 29　圆柱壳开孔接管的应力集中系数曲线

上述图中，采用了两个与应力集中系数相关的无因次几何参数，即开孔系数 ρ、接管厚度 t 与壳体厚度 T 之比 t/T。开孔系数 ρ 与壳体平均半径 R、厚度及接管平均半径 r 有关，其表达式为 $\rho=\dfrac{r}{\sqrt{RT}}$，$\sqrt{RT}$ 为边缘效应的衰减长度，故开孔系数表示开孔大小和壳体局部应力衰减长度的比值。从图中可以看出，应力集中系数 K_t 随着开孔系数 ρ 的增大而增大，随厚度比 t/T 的增大而减小。内伸式接管的应力集中系数较小。也就是说，增大接管和壳体的厚度，减小接管半径，有利于降低应力集中系数。

值得注意的是，当开孔太大或太小、厚度太大或太小时，应力集中系数并非只是开孔系数的单一函数，应力集中系数曲线是有一定的适用范围的。例如，球壳带接管的应力集中系数曲线，对开孔大小和壳体厚度的限制范围为 $0.01 \leqslant r/R \leqslant 0.4$ 且 $30 \leqslant R/T \leqslant 150$。

计算椭圆形封头上接管连接处的局部应力时，只要将椭圆曲率半径折算成球的半径，就可采用球壳上接管连接处局部应力的计算方法进行求解。

（2）应力指数法。

对于内压壳体（球壳和圆柱壳）与接管连接处的最大应力，美国压力容器研究委员会以大量实验分析为基础，提出了一种简易的计算方法，称为应力指数法，该方法已列入中国、美国、日本等国家的压力容器分析设计标准中。与应力集中系数曲线不同，该方法考虑了连接处的三个应力：经向应力 σ_t、径向应力 σ_r 和法向应力 σ_n（见图 2-30）。应力指数 I 是指所考虑的各应力分量与壳体在无开孔接管时的周向应力之比，其含义类似于前述的应力集中系数。

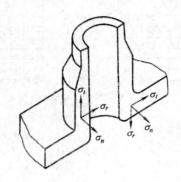

图 2-30　接管连接处的各向应力分量

对球壳和成形封头：

$$\sigma = I\,\frac{pD}{4T} \qquad\qquad (2-60)$$

对圆柱壳：

$$\sigma = I\,\frac{pD}{2T} \qquad\qquad (2-61)$$

式中：D 为壳体的平均直径；p 为内压；T 为壳体的名义厚度。

该法仅适用于单个开孔接管，且 $D/T \leqslant 100$，$d/D \leqslant 0.5$，此外接管根部的内外侧均需按规范给出足够的过渡圆角及加强高的尺寸。

虽然应力指数 I 与应力集中系数 K_t 具有相似的定义，但两者是有区别的。K_t 具有代表结构特性的含义，一个局部区域只有一个 K_t 值（最大值），K_t 的大小可以衡量结构应力集中的优劣。结构的应力指数 I 可以有多个值（如拐角的内侧、外侧、不同方向），而且不一定是最大值。

2. 数值计算

应力数值计算有很多方法，如差分法、变分法、有限单元法和边界元法等，目前使用最广泛的是有限单元法。

有限单元法的基本思路是将连续体离散为有限个单元的组合体，以单元结点的参量为基本未知量，单元内的相应参量用单元结点上的数值及其插值函数来表达，将一个连续体的无限自由度问题变成有限自由度的问题，再利用整体分析求出未知量。显然，随着单元数量的增加，解的近似程度将不断改进，如单元满足收敛要求，近似解也最终收敛于精确解。

进入 20 世纪 90 年代以来，有限元法程序的开发得到了迅速的发展，涌现出了一批大型通用有限元软件，如：ANSYS，ABAQUS，NASTRAN，COSMOS 等。软件的前后处理功能和人机交互性能也有了很大的改进，使得有限元法不仅可以解决一般结构的弹性问题，而且可以解决弹塑性、断裂力学、动力学、传质和传热等问题。

3. 实验测试

理论计算或数值计算模型经过一定的简化，用实验应力分析方法直接测量计算部位的应力，这是验证计算结果可靠性的有效方法。实验应力分析的方法很多，最常用的两种方法是电测法和光弹性法。

（1）电测法。金属电阻丝承受拉伸或压缩变形时，电阻也将发生改变。将电阻丝往复绕成特殊形状（如栅状），即可做成电阻应变片。测量前，将电阻应变片用特殊的胶合剂粘贴在欲测应变的部位，当壳体受到载荷作用发生变形时，电阻应变片中的电阻丝随之一起变形，导致电阻丝长度及截面积改变，从而引起其电阻值的变化。可见，电阻的变化与应变有一定的对应关系。通过电阻应变仪，就可测得相应的应变。利用胡克定律或其他理论公式，就可求得应力值。

（2）光弹性法。光弹性法是一种光学的应力测量方法，采用一种具有双折射性能的透明塑料（如环氧树脂或聚碳酸酯）制成与被测试结构几何形状相似的模型，模拟实际零件的受载情况，将受载后的塑料模型置于偏振光场中，即可获得干涉条纹图。根据光弹性原理，计算出模型中各点的应力大小及其方向，而实际被测试结构上的应力可根据模型相似理论求得。

光弹性法直观性强，可直接观察到应力集中的部位，从而能迅速求出应力集中系数。利用光弹性法，不仅能解决二维问题，而且能有效地解决三维问题；不仅能得到边界上的应力分布，而且还能获得内部截面的应力分布。而电测法只能获得构件表面的应力分布。

4. 经验公式

大量的试验研究、数值计算和理论分析表明，受内压壳体与接管连接处的应力集中系数 K_t 一般可表示为三个无因次变量的函数。这三个无因次参数分别是：接管中面直径 d 与壳体中面直径 D 之比 d/D，接管厚度 t 与壳体厚度 T 之比 t/T，以及壳体中面直径 D 与其厚度 T 之比 D/T。到目前为止，许多应力集中系数的经验公式已被提出，且各有不同的适用范围。对于具体的计算公式，有兴趣的读者可参阅相关文献。

2.4.3　降低局部应力的措施

降低局部应力可以从以下几个方面进行考虑。

1. 合理的结构设计

（1）减少两连接件的刚度差。两连接件变形不协调会产生边缘应力。壳体的刚度与材料的弹性模量、曲率半径、厚度等因素有关。设法减少两连接件的刚度差，是降低边缘应力的有效措施之一。例如，直径和材料都相同的两圆筒连接在一起，若两者的厚度不同，在内压作用下，连接处附近会产生较大的边缘应力。将厚圆筒在一定范围内进行削薄过渡，并尽可能使两圆筒的中面重合，可以降低边缘应力，且便于焊接。厚度差较小时，可采用如图 2-31(a) 所示的单面削薄过渡。此时，两圆筒中面的径向距离为 $(\delta_1-\delta_2)/2$，会产生附加的弯矩和弯曲应力，所以，当厚度差较大时，宜采用如图 2-31(b) 所示的双面削薄，使两圆筒的中面尽可能重合。

（2）尽量采用圆弧过渡。几何形状或尺寸的突然改变是产生应力集中的主要原因之一。在结构不连续处应尽可能采用圆弧或经形状优化的特殊曲线过渡。例如，在平盖内表面，其最大应力点位于内侧拐角处，如图 2-32 所示的 A 点附近。因而，在 A 点应尽可能做成光滑圆弧过渡，圆弧半径一般应不小于 $0.5\delta_p$ 和 $D_c/6$。

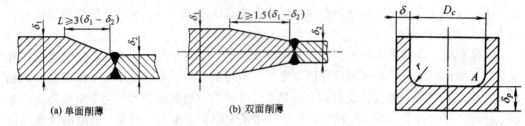

(a) 单面削薄　　　　(b) 双面削薄

图 2-31　不同厚度筒体的连接　　　　图 2-32　平盖内表面的圆弧过渡

（3）部区域补强。在有局部载荷作用的壳体处，例如，壳体与吊耳的连接处、卧式容器与鞍式支座连接处，可在壳体与附件之间加一块垫板适当给以补强（见图 2-33），或直接采用局部区域增加厚度的方法（见图 2-34），都可以有效地降低局部应力。

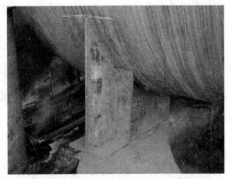

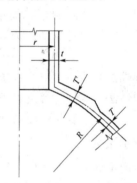

图 2-33　卧式容器支座处垫板补强　　　　图 2-34　球壳局部补强

（4）选择合适的开孔方位。根据载荷的情况，选择适当的开孔位置、方向和形状，如图 2-35 所示，椭圆孔的长轴应与开孔处的最大应力方向平行，孔尽量开在原来应力水平比较低的部位，可以降低局部应力。

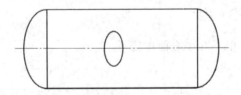

图 2-35　合适的开孔方位

2. 减少附件传递的局部载荷

对与壳体相连的附件采取一定的措施，就可以减少附件所传递的局部载荷对壳体的影响，从而降低局部应力。如对管道、阀门等设备附件设置支承或支架，可降低这些附件的重量对壳体的影响；对接管等附件加设热补偿元件，可降低因热胀冷缩所产生的热载荷。

3. 尽量减少结构中的缺陷

在压力容器制造过程中，由于制造工艺和操作等原因，可能在容器中留下气孔、夹渣、未焊透等缺陷，这些缺陷会造成较高的局部应力，应尽量避免。

2.5　中低压容器设计

本章第 2 小节和第 3 小节阐述了回转薄壁容器的应力求解方法。本节将在该基础上介绍承受内压(设计压力不大于 35 MPa)的容器筒体和封头等元件的强度设计方法,即常规设计方法。和其他工程设计一样,容器设计应根据工艺过程的要求和条件,进行包括结构设计和强度计算两个方面的内容。结构设计需要选择适用、合理、经济的结构形式,同时满足制造、检测、装配、运输和维修等要求;强度计算的内容包括选择容器的材料,确定主要结构尺寸,满足强度、刚度和稳定性等要求,以保证容器安全可靠地运行。

2.5.1　概述

1. 设计要求

压力容器设计的基本要求体现在安全性和经济性上。安全是前提,经济是目标,在确保安全的前提下应尽可能做到经济。安全性主要是指结构的完整性和密封性。结构完整性主要是指容器在满足功能要求的基础上,满足强度、刚度、稳定性、耐久性等要求;密封性是指容器的泄漏率应控制在允许的范围内。经济性包括效率高、原材料消耗较少、制造方法经济、操作和维修费用低等。

2. 设计文件

压力容器的设计文件包括设计计算书、设计图样、制造技术条件,必要时还应当包括安装及使用维修说明。

设计计算书的内容至少应包括:设计条件、所用规范和标准、材料、腐蚀裕量、计算厚度、名义厚度、计算结果等。装设安全泄放装置的压力容器还应计算其安全泄放量、安全阀排量和爆破片泄放面积。

设计图样包括总图和零部件图。压力容器总图上至少应注明下列内容:压力容器的名称、类别;设计、制造所依据的主要法规、标准;工作条件;设计条件;主要受压元件材料的牌号及标准;主要特性参数(如容积、换热器换热面积与程数等);压力容器设计寿命;特殊制造要求;热处理要求;无损检测要求;耐压试验和泄漏试验要求;预防腐蚀要求;安全附件的规格和订购的特殊要求;压力容器铭牌的位置;包装、运输、现场组焊和安装要求;以及其他特殊要求。

3. 设计条件

压力容器的设计条件至少包含以下内容:

(1) 操作参数(包括工作压力、工作温度范围、液位高度、接管载荷等)。

(2) 压力容器使用地及其自然条件(包括环境温度、抗震设防烈度、风和雪载荷等)。

(3) 介质组分和特性(介质学名或分子式、密度和危害性等)。

(4) 预期使用年限(设计委托方提出的预期使用期限,设计者应当与委托方进行协商,根据压力容器使用工况、选材、安全性和经济性合理确定压力容器的设计寿命)。

(5) 几何参数和管口方位(可用常用容器结构简图表示,在图中示意性地画出容器本体与几何尺寸、主要内件形状、接管方位、支座形式等)。

(6) 设计需要的其他必要条件(包括选材要求、防腐蚀要求、表面、特殊试验、安装运输要求等)。

为便于填写和表达,设计条件图又分为容器基本条件图、换热器条件图、塔器条件图和搅拌容器条件图四种。表 2-1 列出了容器的基本设计条件。

表 2-1 压力容器的基本设计参数及要求

		容器内	夹套(盘管)内	触媒容积		m³
工作介质	名称			触媒密度		kg/m³
	组分			传热面积		m²
	密度			盘管规格/级别		
	特性			基本风压		N/m²
	燃点			地震设防烈度		
	毒性			环境温度		℃
	黏度			场地类别		
				操作方式		
工作压力		MPa	MPa	保温材料	名称	
设计压力		MPa	MPa		厚度	mm
壁温		℃	℃		容重	kg/m³
工作温度		℃	℃	密封要求		
设计温度		℃	℃	液位计		
安全泄放装置	位置			紧急切断		
	形式			防静电		
	规格			热处理		
	数量			安装检修要求		
	安全阀开启压力	MPa	MPa	预期使用寿命		年
	爆破片爆破压力	MPa	MPa	设计规范		
				设计标准		
推荐材料	筒体			其他要求		
	内件					
	衬里					
腐蚀速率		mm/a	mm/a	说明		
腐蚀裕量		mm	mm			
全容积		m³	m³			
操作容积		m³	m³			

其他类型的容器设计条件除应包括容器的基本要求外，还应注明各自的特殊要求。如换热器应注明换热器规格、管长及根数、排列形式、换热面积与程数等；塔器应注明塔型、塔板数量及间距、基本风压、地震设防烈度和场地土类别等；搅拌容器应注明搅拌器的形式、转速及转向、轴功率等。

2.5.2 内压薄壁容器设计

我们已经知道，中国压力容器常规设计依据的是 GB150《压力容器》，属常规设计标准。该标准以弹性失效为设计准则，即认为容器只有完全处于弹性状态才是安全的，一旦结构中某一点的最大应力进入塑性范围，就认为整个容器失效了。因此设计准则就是限制壳体主体的基本(薄膜)应力不超过材料的许用应力值。而对于结构不连续引起的附加应力，则以应力增强系数的形式引入壁厚计算式，或在结构上加以各种限制，亦或在材料选择、制造工艺等方面给以不同要求的控制。

实际的容器不仅受内部介质压力的作用，还受到容器及其物料和内件的重量、风载荷、地震载荷、附加载荷、温度差的作用。设计中一般以介质压力作为确定壁厚的基本载荷，然后校核在其他载荷作用下器壁中的应力，使容器有足够的安全裕度。

为区别于分析设计，常规设计又称"按规则设计"。常规设计只考虑单一的最大载荷工况，按一次施加的静力载荷处理，不考虑交变载荷，也不区分短期载荷和永久载荷，因而不涉及容器的疲劳寿命问题。

压力容器材料的韧性较好，在弹性失效设计准则中，采用第三强度理论或第四强度理论较为合理，但是第一强度理论在容器设计历史上应用最早，有成熟的实践经验，而且由于强度条件不同而引起的误差已考虑在安全系数内，所以至今在容器常规设计中仍采用第一强度理论，即

$$\sigma_1 \leqslant [\sigma] \tag{2-62}$$

对于压力容器常用的内压薄壁回转壳体，在远离结构不连续处，周向应力 σ_θ、经向应力 σ_φ 和径向应力 σ_r 为三个主应力。与 σ_θ 和 σ_φ 相比，σ_r 可以忽略不计，因此采用第三强度理论和第一强度理论所得到的结果相一致。

1. 内压薄壁圆筒的设计

对于承受内压的薄壁圆筒，由式(2-10)可得周向和经向薄膜应力分别为

$$\begin{cases} \sigma_\theta = \dfrac{pD}{2\delta} \\[2mm] \sigma_\varphi = \dfrac{pD}{4\delta} \end{cases}$$

式中：δ 为计算厚度，mm；D 为圆筒中面直径，mm。

需要注意的是，第 2、3 小节应力分析中的厚度 t 是指圆筒的实际厚度，与设计中需要确定的厚度不是同一概念，因此这里用 δ 代替 t。

显然，对于薄壁容器，$\sigma_1 = \sigma_\theta$，由式(2-62)可得

$$\sigma_1 = \sigma_\theta = \frac{pD}{2\delta} \leqslant [\sigma]^t \tag{2-63}$$

工艺设计中一般已知内直径，将 $D = D_i + \delta$ 代入式(2-63)并取等号，得到圆筒厚度计

算式为

$$\delta = \frac{pD_i}{2\,[\sigma]^t - p} \tag{2-64}$$

式(2-64)称为中径公式。

承受内压的薄壁圆筒计算厚度的求解可直接采用式(2-64)，但式中压力 p 应采用计算压力 p_c，同时考虑焊接可能引起的强度削弱，$[\sigma]^t$ 应乘以焊接接头系数 ϕ，得到圆筒的厚度计算式为

$$\delta = \frac{p_c D_i}{2\,[\sigma]^t \phi - p_c} \tag{2-65}$$

式中：p_c 为计算压力，MPa；ϕ 为焊接接头系数，无量纲；$[\sigma]^t$ 为设计温度下材料的许用应力，MPa。

当已知圆筒尺寸 D_i、δ_n，需对圆筒进行强度校核时，其应力强度判别可按式(2-66)进行：

$$\sigma^t = \frac{p_c(D_i + \delta_e)}{2\delta_e} \leqslant [\sigma]^t \phi \tag{2-66}$$

式中：δ_e 为有效厚度，$\delta_e = \delta_n - C$，mm；δ_n 为名义厚度，mm；C 为厚度附加量，mm；σ^t 为设计温度下圆筒的计算应力，MPa。

式(2-65)是由圆筒的薄膜应力按最大拉应力准则导出的，因而只能用于一定的厚度范围，如厚度过大，则由于实际应力情况与应力沿厚度均布的假设相差过大而不能使用。按照薄壳理论，它仅能在 $\delta/R \leqslant 0.1$ 即径比 $K = D_o/D_i \leqslant 1.2$ 范围内适用。但在工程设计中，由于采用了最大拉应力准则，且在确定许用应力时引入了安全系数，故可将其适用的厚度范围略微扩大，即扩大到最大承压(液压试验)时圆筒内壁的应力强度在材料屈服强度以内。若圆筒径比不超过 1.5，仍可按式(2-65)计算圆筒厚度。因为在液压试验($p_T = 1.25p$)时，圆筒内表面的实际应力仍未达到屈服强度，处于弹性状态。

当 $K = 1.5$ 时，$\delta = D_i(K-1)/2 = 0.25D_i$，将其代入式(2-65)中，有

$$0.25D_i = \frac{p_c D_i}{2\,[\sigma]^t \phi - p_c}$$

即 $p_c = 0.4\,[\sigma]^t \phi$。这就是将式(2-65)的适用范围规定为 $p_c = 0.4\,[\sigma]^t \phi$ 的依据所在。

圆筒除了承受由压力引起的应力外，当容器在较高温度下操作时，还将不可避免地承受较大的热应力，理论上在圆筒设计时应考虑热应力的影响。但由于热壁容器大都采取了良好的保温设施，且在使用过程中，一般均严格控制其加热和冷却速度，以降低热应力。因而，热应力一般不会影响圆筒的强度，所以在常规设计中不对圆筒的热应力进行校核计算。

2. 内压薄壁球壳的设计

对于承受内压的薄壁球壳，由式(2-9)可得周向和经向薄膜应力为

$$\sigma_\theta = \sigma_\varphi = \frac{pD}{4\delta}$$

显然，对于薄壁球壳，有

$$\sigma_1 = \sigma_\theta = \sigma_\varphi = \frac{pD}{4\delta} \leqslant [\sigma]^t \tag{2-67}$$

将计算压力 p_c 代入式(2-67)，同时考虑焊接接头系数 ϕ，内压薄壁球壳的厚度计算公式为

$$\delta = \frac{p_c D_i}{4[\sigma]^t \phi - p_c} \tag{2-68}$$

校核应力时，可按式(2-69)进行：

$$\sigma^t = \frac{p_c(D_i + \delta_e)}{4\delta_e} \leqslant [\sigma]^t \phi \tag{2-69}$$

比较式(2-65)与式(2-68)可知，当压力、直径相同时，球壳的壁厚仅为圆筒的一半，因此用球壳做容器节省材料，且占地面积小；但球壳为非可展曲面，拼接工作量大，制造工艺较圆筒复杂，对焊接技术的要求也高，一般大型带压的液化气储罐常采用球罐形式。

3. 设计技术参数的确定

压力容器设计技术参数主要包括设计压力、设计温度、厚度及其附加量、焊接接头系数和许用应力等。

1) 设计压力

设计压力系指设定的容器顶部的最高压力与相应的设计温度一起作为设计载荷条件，其值不得低于工作压力。而工作压力系指容器在正常工作过程中顶部可能产生的最高压力。这里的压力均为表压力。

当容器上装有安全泄放装置时，其设计压力应根据不同形式的安全泄放装置确定。考虑到安全阀开启动作滞后造成容器不能及时泄压，装设安全阀的容器的设计压力不应低于安全阀的开启压力，通常可取最高工作压力的 1.05～1.10 倍；装设爆破片时，容器的设计压力不得低于爆破片的爆破压力。

对于盛装液化气体的容器，由于容器内介质的压力为液化气体的饱和蒸气压，在规定的装量系数范围内，该压力与体积无关，仅取决于温度的变化，故设计压力与周围的大气环境温度密切相关。此外，还要考虑容器外壁是否安装有保冷设施，可靠的保冷设施能有效地保证容器内的温度不受环境温度的影响，即设计压力应根据工作条件下可能达到的最高金属温度确定。

计算压力是指在相应的设计温度下，用以确定元件最危险截面厚度的压力。通常情况下，计算压力等于设计压力加上液柱静压力。当元件所承受的液柱静压力小于 5% 的设计压力时，可忽略不计。

2) 设计温度

设计温度是压力容器的设计载荷条件之一，是指容器在正常工作情况下设定的元件的金属温度(沿元件金属截面的温度平均值)。当元件金属温度不低于 0 ℃时，设计温度不得低于元件金属可能达到的最高温度；当元件金属温度低于 0 ℃时，其值不得高于元件金属可能达到的最低温度。GB150 规定设计温度等于或低于 −20 ℃的容器属于低温容器。元件的金属温度可以通过传热计算或实测得到，也可按内部介质的最高(最低)温度确定，或在此基准上增加(或减少)一定的数值求得。

设计温度与设计压力存在对应关系。当压力容器具有不同的操作工况时，应按最苛刻的压力与温度的组合设定容器的设计条件，而不能按其在不同工况下各自的最苛刻条件确定设计温度和设计压力。

3）厚度及厚度附加量

式(2-53)和式(2-55)所给出的厚度为计算厚度，并未包括厚度的附加量。因此，设计时要考虑由钢材的厚度负偏差 C_1 和腐蚀裕量 C_2 组成的厚度附加量 C，即 $C = C_1 + C_2$，但其中不包括加工减薄量 C_3。加工减薄量 C_3 一般根据具体的制造工艺和板材的实际厚度由制造厂而非设计人员确定。因此，出厂时的实际厚度可能和图样厚度不完全一致。

计算厚度 δ 是按强度计算公式采用计算压力得到的厚度。必要时还应计入其他载荷对厚度的影响。

设计厚度 δ_d 是计算厚度与腐蚀裕量之和，即 $\delta_d = \delta + C_2$。

名义厚度 δ_n 指设计厚度加钢材厚度负偏差后向上圆整至钢材标准规格的厚度，即标注在图样上的厚度，$\delta_n = \delta_d + C_1 + 圆整量$。

有效厚度 δ_e 指名义厚度减去腐蚀裕量和钢材负偏差，$\delta_e = \delta_n - C_1 - C_2$。

成形后厚度指制造厂考虑加工减薄量并按钢板厚度规格第二次向上圆整得到的坯板厚度，然后减去实际加工减薄量后所得到的厚度，也为出厂时容器的实际厚度。一般情况下，只要成形后厚度大于设计厚度就可满足强度要求。

对于压力较低的容器，按强度公式计算出的厚度很薄，往往会给制造、运输和吊装带来困难，为此对壳体元件规定了不包括腐蚀裕量的最小厚度 δ_{min}。对碳素钢、低合金钢制容器，δ_{min} 不应小于 3 mm；对高合金钢制容器，δ_{min} 不应小于 2 mm。各种厚度间的关系见图 2-36。

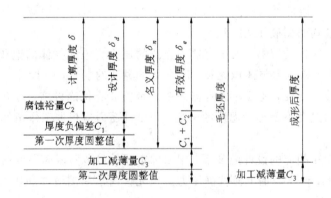

图 2-36 厚度关系示意图

钢板或钢管厚度负偏差 C_1 应按相应钢材标准的规定选取。当钢材的厚度负偏差不大于 0.25 mm，且不超过名义厚度的 6% 时，可取 $C_1 = 0$。按 GB/T 709《热轧钢板和钢带的尺寸、外形、重量及允许偏差》的规定，热轧钢板按厚度偏差可分为 N、A、B、C 四个类别，其中 N 类为正偏差与负偏差相等；A 类可按公称厚度规定负偏差；B 类固定负偏差为 0.30 mm；C 类固定负偏差为零，可按公称厚度规定正偏差。厚度负偏差不仅与钢板厚度有关，还会随着钢板宽度的变化有所不同，钢板宽度增加，允许的负偏差也增大。根据 GB 713《锅炉和压力容器用钢板》和 GB3531《低温压力容器用低合金钢板》中列举的压力容器专用钢板的厚度负偏差，按 GB/T709 中的 B 类要求，Q245R、Q345R 和 16MnDR 等压力容器常用钢板的负偏差均为 −0.30 mm。

腐蚀裕量主要用于防止容器受压元件由于均匀腐蚀、机械磨损而导致的厚度削弱减薄。与腐蚀介质直接接触的筒体、封头、接管等受压元件，均应考虑材料的腐蚀裕量。腐蚀裕量一般可根据钢材在介质中的均匀腐蚀速率和容器的设计寿命确定。在无特殊腐蚀情况下，对于碳素钢和低合金钢，$C_2 \geqslant 1$ mm；对于不锈钢，当介质的腐蚀性极微时，可取 $C_2 = 0$。

腐蚀裕量只对防止发生均匀腐蚀破坏有意义。对于应力腐蚀、氢脆和缝隙腐蚀等非均匀腐蚀，用增加腐蚀裕量的办法来防止腐蚀效果不佳，此时应着重于选择耐腐蚀材料或进行适当的防腐蚀处理。

4）焊接接头系数

通过焊接制成的容器，焊缝中可能存在夹渣、未熔透、裂纹、气孔等焊接缺陷，且在焊缝的热影响区极易形成粗大晶粒而使母材强度或塑性有所降低，因此焊缝往往成为容器强度比较薄弱的环节。为弥补焊缝对容器整体强度的削弱，在强度计算中需引入焊接接头系数。焊接接头系数表示焊缝金属与母材金属强度的比值，可反映容器强度受削弱的程度。

影响焊接接头系数大小的因素较多，但主要与焊接接头形式、焊缝无损检测的要求及长度比例有关。中国钢制压力容器的焊接接头系数可按表 2-2 选取。

表 2-2　钢制压力容器的焊接接头系数 ϕ 值

焊接接头形式	无损检测比例	ϕ 值	焊接接头形式	无损检测比例	ϕ 值
双面焊对接接头和相当于双面焊的全焊透对接接头	100%	1.00	单面焊对接接头（沿焊缝根部全长有紧贴基本金属的垫板）	100%	0.90
	局部	0.85		局部	0.80

5）许用应力

许用应力是容器壳体、封头等受压元件的材料许用强度，其值等于材料的极限强度与相应的材料安全系数之比。

材料的极限强度可由实验求得，有各种不同的表示方式，如屈服强度 R_{eL}（或 $R_{p0.2}$）、抗拉强度 R_m、持久强度 R_D、蠕变极限 R_n 等。应根据材料的失效类型来确定极限强度。

在蠕变温度以下，通常取材料常温下最低抗拉强度 R_m、常温或设计温度下的屈服强度 R_{eL} 或 R_{eL}^t 三者除以各自的安全系数后所得到的最小值，作为压力容器受压元件设计的许用应力，即

$$[\sigma] = \min\left\{ \frac{R_m}{n_b}, \ \frac{R_{eL}}{n_s}, \ \frac{R_{eL}^t}{n_s} \right\} \tag{2-70}$$

也就是说在设计受压元件时，以抗拉强度和屈服强度同时来控制许用应力。但对韧性材料制造的容器，按弹性失效设计准则，容器总体部位的最大应力强度应低于材料的屈服强度，故许用应力应以屈服强度为基准。目前在压力容器设计中，不少规范同时用抗拉强度作为计算许用应力的基准，其目的是能在一定程度上防止断裂失效。

当碳素钢或低合金钢的设计温度超过 420 ℃，铬钼合金钢设计温度高于 450 ℃，奥氏

体不锈钢设计温度高于 550 ℃时，有可能产生蠕变，因而必须同时考虑基于高温蠕变极限 R_n^t 或持久强度 R_D^t 的许用应力，即

$$[\sigma]^t = \frac{R_n^t}{n_n} \qquad (2-71)$$

或

$$[\sigma]^t = \frac{R_D^t}{n_D} \qquad (2-72)$$

安全系数是一个强度"保险"系数，主要是为了保证受压元件强度有足够的安全储备量，其大小与应力计算的准确性、材料性能的均匀性、载荷的确切程度、制造工艺和使用管理的先进性以及检验水平等因素有着密切关系。安全系数数值的确定，不仅需要一定的理论分析，更需要长期的实践经验积累。近年来，随着生产的发展和科学研究的深入，人们对压力容器设计、制造、检验和使用的认识日益全面、深刻，安全系数也随之逐步降低。对于常规设计，20 世纪 50 年代我国取值为 $n_b \geqslant 4.0$，$n_s \geqslant 3.0$；90 年代为 $n_b \geqslant 3.0$，$n_s \geqslant 1.6$（或 1.5）；而现在则降为 $n_b \geqslant 2.7$，$n_s \geqslant 1.5$。

GB150 给出了钢板、钢管、锻件以及螺栓材料在设计温度下的许用应力值，同时也列出了确定钢材许用应力的依据，表 2-3 所示为 GB150 中规定的钢材许用应力（螺栓材料除外）。对奥氏体高合金钢制受压元件，当设计温度低于蠕变范围，且允许有微量的永久变形时，可适当提高许用应力至 $0.9R_{p0.2}^t$，但不超过 $R_{p0.2}^t/1.5$ 即 $R_{p0.2}^t/1.5$。此规定不适用于法兰或其他微量永久变形即发生泄漏或故障的场合。

表 2-3　钢材(螺栓材料除外)许用应力的取值(摘自 GB150 — 2011《压力容器》)

材　　料	许用应力/MPa（取下列各值中的最小值）				
碳素钢、低合金钢	$\dfrac{R_m}{2.7}$,	$\dfrac{R_{eL}}{1.5}$,	$\dfrac{R_{eL}^t}{1.5}$,	$\dfrac{R_D^t}{1.5}$,	$\dfrac{R_n^t}{1.0}$
高合金钢	$\dfrac{R_m}{2.7}$,	$\dfrac{R_{eL}(R_{p0.2})}{1.5}$,	$\dfrac{R_{eL}^t(R_{p0.2}^t)}{1.5}$,	$\dfrac{R_D^t}{1.5}$,	$\dfrac{R_n^t}{1.0}$

4. 内压封头的设计

压力容器封头的种类较多，包括凸形封头、平盖和锥形封头等。

对受均匀内压封头的强度计算，由于封头和圆筒相连接，所以不仅需要考虑封头本身因内压引起的薄膜应力，还要考虑与圆筒连接处的不连续应力。连接处总应力的大小与封头的几何形状和尺寸、封头与圆筒厚度的比值大小有关。但在导出封头厚度设计公式时，主要依据内压薄膜应力，将因不连续效应产生的应力增强影响以应力增强系数的形式引入厚度计算式中。应力增强系数由有力矩理论解析导出，并辅以实验修正。

封头设计时，一般应优先选用封头标准中推荐的形式和参数，然后根据受压情况进行强度计算，确定合适的厚度。

1) 凸形封头

凸形封头包含半球形封头、椭圆形封头、碟形封头和球冠形封头。

(1) 半球形封头。半球形封头为半个球壳，如图 2-37(a)所示。

在均匀内压作用下，薄壁球形容器的薄膜应力为相同直径圆筒的一半，故从受力分析

来看，球形封头是最理想的结构形式。但缺点是深度大，直径小时整体冲压困难，大直径采用分瓣冲压，拼焊工作量大。半球形封头常用在高压容器中。

受内压的半球形封头厚度计算公式可采用球形壳体公式(2-68)，即

$$\delta = \frac{p_c D_i}{4\,[\sigma]^t\phi - p_c}$$

式中：D_i——球壳的内直径，mm。

同时为满足弹性要求，将该式的适用范围限于 $p_c \leqslant 0.6\,[\sigma]^t\phi$，相当于 $K \leqslant 1.33$。

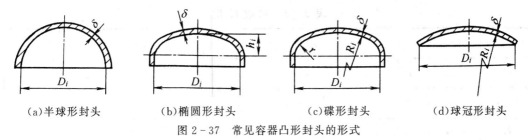

（a）半球形封头　　　（b）椭圆形封头　　　（c）碟形封头　　　（d）球冠形封头

图 2-37　常见容器凸形封头的形式

（2）椭圆形封头。椭圆形封头由半个椭球面和短圆筒组成，如图 2-37(b)所示。直边段的作用是避免封头和圆筒的连接焊缝处出现经向曲率半径突变，以改善焊缝的受力状况。由于封头的椭球部分经线曲率变化平滑连续，故应力分布比较均匀，且椭圆形封头深度较半球形封头小得多，易于冲压成型，是目前中、低压容器中应用较多的封头之一。

受内压椭圆形封头中的应力包括由内压引起的薄膜应力和封头与圆筒连接处的不连续应力。椭圆形封头中的最大应力和圆筒周向薄膜应力的比值，与椭圆形封头长轴与短轴之比 a/b 的值有关，见图 2-38 中的虚线，封头中最大应力的位置和大小均随 a/b 的改变而变化。在 $a/b = 1.0 \sim 2.6$ 范围内，工程设计采用以下简化式近似代替该曲线：

$$K = \frac{1}{6}\left[2 + \left(\frac{D_i}{2h_i}\right)^2\right] \tag{2-73}$$

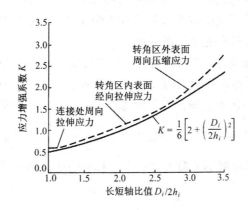

图 2-38　椭圆形封头的应力增强系数

K 称为应力增强系数或形状系数（取值见表 2-4），即 $\dfrac{\text{封头上最大总应力}}{\text{圆筒上周向薄膜应力}} = K$，相当

于 $\dfrac{\text{封头上最大总应力}}{\text{球壳上薄膜应力}} = 2K$，因而，对于 $\dfrac{a}{b} = 1.0 \sim 2.6$ 的椭圆形封头，其最大总应力为半径

等于椭圆形封头直径的半球形封头的薄膜应力的 K 倍。故其厚度计算式可以用半径为 D_i 的半球形封头厚度乘以 K 求得，即

$$\delta = \frac{K p_c D_i}{2 [\sigma]^t \phi - 0.5 p_c} \tag{2-74}$$

当 $D_i / 2h_i = 2$ 时，为标准椭圆形封头，此时 $K = 1$，厚度计算式为

$$\delta = \frac{p_c D_i}{2 [\sigma]^t \phi - 0.5 p_c} \tag{2-75}$$

表 2-4　系数 K 值

$D_i / 2h_i$	2.6	2.5	2.4	2.3	2.2	2.1	2.0	1.9	1.8
K	1.46	1.37	1.29	1.21	1.14	1.07	1.00	0.93	0.87
$D_i / 2h_i$	1.7	1.6	1.5	1.4	1.3	1.2	1.1	1.0	
K	0.81	0.76	0.71	0.66	0.61	0.57	0.53	0.50	

式(2-75)从强度上避免了封头发生屈服。然而根据应力分析，承受内压的标准椭圆形封头在过渡转角区存在着较高的周向压应力，这样内压椭圆形封头虽然满足强度要求，但仍有可能发生周向皱褶而导致局部屈曲失效。特别是大直径、薄壁椭圆形封头，极易在弹性范围内失去稳定性而遭受破坏。目前，工程上一般都采用限制椭圆形封头最小厚度的方法避免以上问题的发生。GB150 规定：$K \leqslant 1$ 的椭圆形封头的有效厚度应不小于封头内直径的 0.15%，$K > 1$ 的椭圆形封头的有效厚度应不小于封头内直径的 0.30%。

　（3）碟形封头。碟形封头是带折边的球形封头，由半径为 R_i 的球面体、半径为 r 的过渡环壳和短圆筒等三部分组成，如图 2-37(c)所示。从几何形状来看，碟形封头是一个不连续的曲面，在经线曲率半径突变的两个曲面连接处，由于曲率的较大变化而存在着较大的边缘弯曲应力。该边缘弯曲应力与薄膜应力叠加，使该部位的应力远远高于其他部位，故受力状况不佳。但过渡环壳的存在降低了封头的深度，便于成型加工，且压制碟形封头的钢模加工简单，使碟形封头的应用范围较为广泛。

　由于存在较大的边缘应力，严格地讲受内压碟形封头的应力分析计算应采用有力矩理论，但其求解甚为复杂。对碟形封头的失效研究表明，在内压作用下，过渡环壳包括不连续应力在内的总应力总是比中心球面部分的总应力大。过渡环壳的最大总应力和中心球面部分的最大总应力之比可用 r_i / R_i 的关系式表示为 $\dfrac{20(r_i / R_i) + 3}{20(r_i / R_i) + 1}$，如图 2-39 中虚线所示的曲线。据此，可导出以球面部分最大总应力为基础的近似修正系数，用式(2-76)表示：

$$M = \frac{1}{4} \left(3 + \sqrt{\frac{R_i}{r_i}} \right) \tag{2-76}$$

式中，M 为碟形封头的应力增强系数，又称为形状系数，即碟形封头过渡区总应力为球面部分应力的 M 倍，其值见图 2-39 中的实线。据此，由半球壳厚度计算式乘以 M 可得碟形封头的厚度计算式为

$$\delta = \frac{M p_c R_i}{2 [\sigma]^t \phi - 0.5 p_c} \tag{2-77}$$

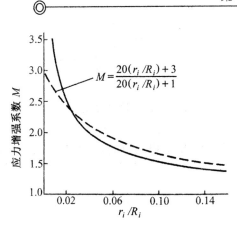

图 2 - 39　碟形封头的应力增强系数

由图 2 - 39 可知，碟形封头内的应力与过渡区半径 r_i 有关，r_i 过小，则封头内的应力过大。对于标准碟形封头，取 $R_i = 0.9D_i$，$r = 0.17D_i$，此时，$M = 1.325$。

与椭圆形封头相仿，内压作用下的碟形封头过渡区也存在着周向屈曲问题，为此GB150 规定：对于 $M \leqslant 1.34$ 的碟形封头，其有效厚度应不小于内直径的 0.15%；对 $M > 1.34$ 的碟形封头，有效厚度应不小于内直径的 0.30%。

(4) 球冠形封头。当碟形封头的 $r = 0$ 时，即成为球冠形封头，如图 2 - 37(d) 所示，其结构简单、制造方便，常用作容器中两个独立受压室的中间封头，也可用作端盖。由于球面与圆筒连接处没有转角过渡，所以在连接处附近的封头和圆筒上都存在着相当大的不连续应力，其应力分布不甚合理。承受内压的球冠形封头厚度计算可参阅 GB150《压力容器》。

2) 平盖

平盖厚度计算以圆平板应力分析为基础。在理论分析时平板的周边支承被视为固支或简支，但实际上平盖与圆筒连接时，真实的支承既非固支也非简支，而是介于两者之间的支承。因此工程计算时常采用圆平板理论为基础的经验公式，通过系数 K 来体现平盖周边的支承情况，K 值越小平盖周边越接近固支；反之则越接近简支。

平盖的几何形状有圆形、椭圆形、长圆形、矩形及正方形等几种，平盖结构与筒体常见的连接形式见表 2 - 5。工程中以圆形平盖应用最广，下面介绍圆形平盖的厚度设计方法。

前已述及，对承受横向均布载荷作用的圆形平盖，其最大应力为(取 $\mu = 0.3$)

周边固支(支承处)：$(\sigma_r)_{max} = \pm \dfrac{3}{4} p \left(\dfrac{R}{t}\right)^2 = \pm 0.19 p \left(\dfrac{D}{t}\right)^2$

周边简支(中心处)：$(\sigma_r)_{max} = \pm \dfrac{3}{8} (3+\mu) p \left(\dfrac{R}{t}\right)^2 = \pm 0.31 p \left(\dfrac{D}{t}\right)^2$

因平盖与筒体连接结构形式和筒体的尺寸参数的不同，平盖的最大应力既可能出现在中心部位，也可能出现在圆筒与平盖的连接部位，但都可表示为

$$\sigma_{max} = \pm K p \left(\dfrac{D}{\delta}\right)^2 \qquad (2-78)$$

考虑到平盖可能由钢板拼焊而成，可在许用应力中引入焊接接头系数，由强度条件得圆形平盖的厚度计算公式为

$$\sigma_{\max} = \pm Kp \left(\frac{D}{\delta}\right)^2 \leqslant [\sigma]^t \phi$$

$$\delta_p = D_c \sqrt{\frac{Kp_c}{[\sigma]^t \phi}} \qquad\qquad (2-79)$$

式中：δ_p 为平盖计算厚度，mm；K 为结构特征系数，查表 2-5；D_c 为平盖计算直径，见表 2-5 中的简图，mm。

表 2-5 平盖系数 K 选择表(摘自 GB150—2011《压力容器》)

固定方法	序号	简 图	系数 K	备注
与圆筒一体或对焊	1		0.145	仅适用于圆形平盖 $p_c \leqslant 0.6$ MPa $L \geqslant 1.1\sqrt{D_i\delta_e}$ $r \geqslant 3\delta_{ep}$
角焊缝或组合焊缝连接	2		圆形平盖：0.44 m(m=δ/δ_e)，且不小于 0.3；非圆形平盖：0.44	$f \geqslant 1.4\delta_e$
	3			$f \geqslant \delta_e$
	4		圆形平盖：0.5 m(m=δ/δ_e)，且不小于 0.3；非圆形平盖：0.5	$f \geqslant 0.7\delta_e$
	5			$f \geqslant 1.4\delta_e$
螺栓连接	6		圆形平盖或非圆形平盖：0.25	

3）锥壳

轴对称锥壳可分为无折边锥壳和折边锥壳，如图 2-40 所示。由于结构不连续，锥壳的应力分布并不理想，但其特殊的结构形式有利于固体颗粒和黏稠液体的排放，可作为不同直径圆筒的中间过渡段，因而在中、低压容器中使用较为普遍。

在结构设计时，对于锥壳大端，当锥壳半顶角 $\alpha \leqslant 30°$ 时，如图 2-40(a) 所示，可以采用无折边结构；当 $\alpha > 30°$ 时，应采用带过渡段的折边结构，如图 2-40(b) 和 (c) 所示，否则应按应力分析方法进行设计。大端折边锥壳的过渡段转角半径 r 应不小于封头大端内直径 D_i 的 10%，且不小于该过渡段厚度的 3 倍。对于锥壳小端，当锥壳半顶角 $\alpha \leqslant 45°$ 时，可以采用无折边结构；当 $\alpha > 45°$ 时，应采用带过渡段的折边结构。小端折边锥壳的过渡段转角半径 r_s 应不小于封头小端内直径 D_{is} 的 5%，且不小于该过渡段厚度的 3 倍。

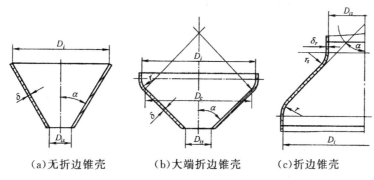

（a）无折边锥壳　　　（b）大端折边锥壳　　　（c）折边锥壳

图 2-40　锥壳结构形式

当锥壳半顶角 $\alpha > 60°$ 时，其厚度应按平盖计算，也可用应力分析方法确定。

锥壳的强度是由锥壳部分内压引起的薄膜应力和锥壳两端与圆筒连接处的边缘应力决定的。设计时，应分别计算锥壳厚度、锥壳大端和小端加强段的厚度。若考虑只有一种厚度组成时，则取上述各部分厚度中的最大值。

锥壳厚度的计算参见本书附录 C。

【例题 2-1】　试用无力矩方法求解薄壁半球形封头压力容器（见图 2-41）中 A、B、C 三点的应力。该容器筒体及封头中径 $D = 1000 \text{ mm}$，厚度 $t = 10 \text{ mm}$，内压 $p = 2 \text{ MPa}$。

解：（1）半球壳上 A 点结构连续，因此有

$$\sigma_\varphi = \sigma_\theta = \frac{pD}{4t} = \frac{2 \times 1000}{4 \times 10} = 50 \text{ MPa}$$

（2）圆筒上 B 点结构连续，因此有

轴向应力：$\sigma_\varphi = \dfrac{pD}{4t} = \dfrac{2 \times 1000}{4 \times 10} = 50 \text{ MPa}$

周向应力：$\sigma_\theta = \dfrac{pD}{2t} = \dfrac{2 \times 1000}{2 \times 10} = 100 \text{ MPa}$

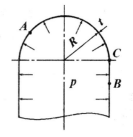

图 2-41　半球形封头圆筒

（3）封头与圆筒交界处 C 点结构不连续（第一曲率半径有突变），有

轴向应力：封头侧和筒体侧均为 $\sigma_\varphi = 50 \text{ MPa}$

周向应力：封头侧 $\sigma_\theta = 50 \text{ MPa}$；筒体侧 $\sigma_\theta = 100 \text{ MPa}$

（4）结论：对薄壁容器，封头和筒体各自部分结构连续，因此薄膜应力连续；但对封头和筒体交界部位的 C 点，由于总体结构不连续（该处的第一主曲率半径不相等，分别为 R 和 ∞），导致总体应力不连续。

【例题 2-2】 某炼油厂储罐为卧式圆柱形筒体，两端采用标准椭圆形封头，与筒体焊接，容器上装有安全阀。工作压力 $p_w = 0.8$ MPa，工作温度 $t = 120$ ℃，圆筒内径 $D_i = 2000$ mm，设备总长度 $L = 5200$ mm，盛装液体介质，介质密度 $\rho = 980$ kg/m³。圆筒材料为 Q345R，腐蚀速率 $K = 0.1$ mm/a，预期寿命 $B = 15$ 年，焊接接头系数 $\phi = 0.85$。已知设计温度下，Q345R 的许用应力在厚度为 $3 \sim 16$ mm 时，$[\sigma]^t = 189$ MPa；厚度为 $16 \sim 36$ mm 时，$[\sigma]^t = 183$ MPa。试求该储罐的厚度。

解：（1）确定计算压力 p_c。

因容器上装有安全阀，因此设计压力为

$$p = 1.1 p_w = 1.1 \times 0.8 = 0.88 \text{ MPa}$$

液柱静压力为

$$p_L = \rho g h = 980 \times 9.8 \times 2 \times 10^{-6} = 0.0192 \text{ MPa}$$

小于设计压力的 5%，可忽略。

因此计算压力为

$$p_c = p = 0.88 \text{ MPa}$$

（2）筒体的设计厚度和名义厚度。

假定材料厚度在 $3 \sim 16$ mm 之间，许用应力 $[\sigma]^t = 189$ MPa，则计算厚度为

$$\delta = \frac{p_c D_i}{2[\sigma]^t \phi - p_c} = \frac{0.88 \times 2000}{2 \times 189 \times 0.85 - 0.88} = 5.49 \text{ mm}$$

腐蚀裕量为

$$C_2 = KB = 0.1 \times 15 = 1.5 \text{ mm}$$

设计厚度为

$$\delta_d = \delta + C_2 = \delta + KB = 5.49 + 0.1 \times 15 = 6.99 \text{ mm}$$

对 Q345R，钢板负偏差 $C_1 = 0.3$ mm，因而筒体的名义厚度为

$$\delta_n = \delta_d + C_1 + 圆整量 = 6.99 + 0.3 + 0.71 = 8 \text{ mm}$$

对于低合金钢制容器，规定不包括腐蚀裕量的最小厚度应不小于 3 mm，本设计满足要求。

（3）椭圆形封头的设计。

假定材料厚度在 $3 \sim 16$ mm 之间，许用应力 $[\sigma]^t = 189$ MPa，查表 2-4 可得标准椭圆形封头的系数 $K = 1$，则计算厚度为

$$\delta = \frac{K p_c D_i}{2[\sigma]^t \phi - 0.5 p_c} = \frac{1 \times 0.88 \times 2000}{2 \times 189 \times 0.85 - 0.5 \times 0.88} = 5.49 \text{ mm}$$

同理可得封头的名义厚度为

$$\delta_n = \delta + C_2 + C_1 + 圆整量 = 5.49 + 1.5 + 0.3 + 0.71 = 8 \text{ mm}$$

对于椭圆形封头，为避免过渡区的屈曲失效，GB150 规定其有效厚度不小于封头内直径的 0.15%，即 $2000 \times 0.15\% = 3$ mm，本设计中封头的有效厚度为

$$\delta_e = \delta_n - (C_1 + C_2) = 8 - (0.3 + 1.5) = 6.2 \text{ mm}$$

满足要求。

（4）检查。

本设计中圆筒和封头的名义厚度均为 8 mm，未超出假定的 3～16 mm 范围，因此许用应力无变化，设计满足要求。

小　结

1. 内容归纳

本章内容归纳如图 2-42 所示。

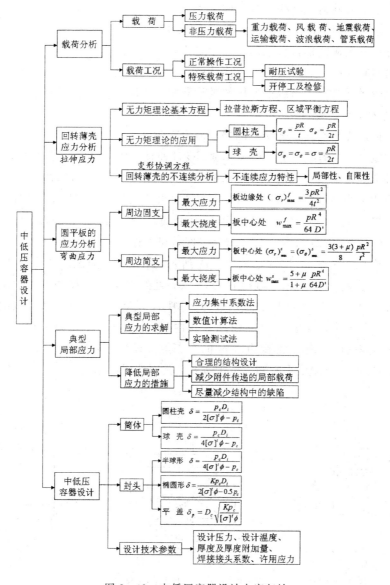

图 2-42　中低压容器设计内容归纳

2. 重点和难点

(1) 重点：薄壁壳体无力矩理论的基本方程及其应用（圆柱壳、球壳、椭球壳）；平板的弯曲及平板中应力的计算方法；中低压容器设计（圆筒，球壳，半球形封头，椭圆形封头，碟形封头，平盖）。

(2) 难点：回转薄壳的应力分析；平板的应力分析；圆筒、球壳及各类封头的设计。

思考题与习题

(1) 压力容器的载荷有哪些？试举例说明。

(2) 什么是压力容器的有力矩理论和无力矩理论？

(3) 试分析标准椭圆形封头采用长短轴之比 $a/b=2$ 的原因。

(4) 何谓回转壳的不连续效应？不连续应力有哪些重要特征？

(5) 试比较承受横向均布载荷作用的圆形薄板，在周边简支和固支情况下的最大弯曲应力和挠度的大小和位置。

(6) 求解内压壳体与接管连接处的局部应力有哪几种方法？

(7) 根据定义，用图形表示出计算厚度、设计厚度、名义厚度、有效厚度之间的关系；在上述厚度中，满足强度及使用寿命要求的最小厚度是哪一个？为什么？

(8) 试应用无力矩理论的基本方程，求解圆柱壳中的应力（壳体承受气体内压为 p，壳体中面半径为 R，壳体厚度为 t）。若壳体材料由 Q245R($R_m=400$ MPa，$R_{eL}=245$ MPa)改为 Q345R($R_m=510$ MPa，$R_{eL}=345$ MPa)时，圆柱壳中的应力如何变化？为什么？

(9) 对一个标准椭圆形封头（如图 2-43 所示）进行应力测试。该封头中面处的长轴 $D=1000$ mm，厚度 $t=10$ mm，测得 E 点($x=0$)处的周向应力为 50 MPa。此时，压力表 A 的指示数为 1 MPa，压力表 B 的指示数为 2 MPa，试问哪一个压力表已失灵，为什么？

(10) 有一个球罐，如图 2-44 所示，其内径为 20 m（可视为中面直径），厚度为 20 mm。内储有液氨，球罐上部尚有 3 m 的气态氨。设气态氨的压力 $p=0.4$ MPa，液氨密度 $\rho=640$ kg/m³，球罐沿平行圆 $A-A$ 支承，其对应中心角为 120°，试确定该球壳中的薄膜应力。

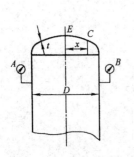

图 2-43 习题(9)附图

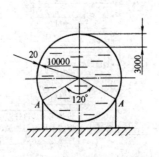

图 2-44 习题(10)附图

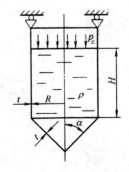

图 2-45 习题(11)附图

(11) 有一个锥形底的圆筒形密闭容器，如图 2-45 所示，试用无力矩理论求出锥形壳

中的最大薄膜应力 σ_θ 和 σ_φ 的值及相应位置。已知圆筒形容器中面半径 R，厚度 t，锥形底的半锥角 α，内装有密度为 ρ 的液体，液面高度为 H，液面上承受气体压力为 p_c。

（12）有一个周边固支的圆板，半径 $R=500$ mm，板厚 $t=40$ m，板面上承受横向均布载荷 $p=3$ MPa，试求板的最大挠度和应力（取板材的 $E=2\times10^5$ MPa，$\mu=0.3$）。

（13）将（12）题中的圆平板周边固支改为简支，试计算其最大挠度和应力，并将计算结果与（12）题进行分析比较。

（14）有一个板式塔，其内径 $D_i=2000$ mm，塔板上最大液层高度为 500 mm（液体密度 $\rho=1.2\times10^3$ kg/m³），塔板厚度 $t=18$ mm，材料为低碳钢（$E=2\times10^5$ MPa，$\mu=0.3$）。周边支承可视为简支，试求塔板中心处的挠度；若板中心处的挠度必须控制在 1 mm 以下，试问塔板的厚度应增加多少？

（15）有一个半球形封头内压容器，设计（计算）压力 $p_c=0.92$ MPa，设计温度 $t=100$ ℃；圆筒内径 $D_i=1200$ mm，对接焊缝采用双面全熔透焊接接头，并进行局部无损检测；工作介质无毒性，非易燃，但对碳素钢、低合金钢有轻微腐蚀，腐蚀速率 $K\leqslant0.1$ mm/a，设计寿命 $B=20$ 年。圆筒材料为 Q345R，在设计温度下的许用应力为：在厚度为 3～16 mm 时，$[\sigma]^t=189$ MPa；在厚度为 16～36 mm 时，$[\sigma]^t=185$ MPa。试计算该容器的厚度。

（16）有一个顶部装有安全阀的卧式圆筒形储存容器，两端采用标准椭圆形封头，没有保冷措施；内装混合液化石油气，经测试其在 50 ℃时的最大饱和蒸气压小于 1.8 MPa；圆筒内径 $D_i=2400$ mm，筒长 $L=8000$ mm，材料为 Q345R，腐蚀余量 $C_2=2$ mm，焊接接头系数 $\phi=1.0$，装量系数为 0.9，试确定：① 各设计参数；② 该容器属于第几类压力容器；③ 圆筒和封头的厚度（不考虑支座的影响）。

（17）今需制造一台分馏塔，塔内径 $D_i=2000$ mm，塔身长（圆筒长＋两端椭圆形封头直边高度）$L_1=6000$ mm，封头曲面深度 $h_i=500$ mm，塔在 300 ℃、0.8 MPa 条件下操作，顶部装有安全阀。腐蚀余量 $C_2=2$ mm，焊接接头系数 $\phi=0.85$。现库存有厚度为 8 mm、12 mm、14 mm 的 Q345R 钢板，试问能否用这三种钢板来制造这台设备（不考虑支座的影响）？最优方案为采用哪种厚度的钢板。

（18）已知某乙烯精馏塔内径 $D_i=1000$ mm，厚度 $\delta_n=8$ mm，材料为 Q345R，计算压力 $p_c=2.2$ MPa，工作温度为 20 ℃。分别用半球形、椭圆形、碟形封头和平盖作为封头计算其厚度，并比较各类封头的计算结果，最后确定该塔的最优封头结构形式。

第3章 外压容器设计

本章教学要点

知识要点	掌握程度	相关知识点
壳体失稳应力分析	熟练掌握薄壁外压容器（圆筒、封头）的稳定性分析（即临界压力）的计算方法	稳定性的概念，壳体失稳的形式，影响稳定性的因素，外压薄壁圆柱壳体的弹性失稳分析（长圆筒、短圆筒）；其他回转壳体（半球、碟形壳体、椭圆壳体及锥形壳体）的临界压力
外压圆筒设计	熟练掌握外压圆筒的设计方法	外压圆筒的工程设计方法：图算法
外压封头设计	熟练掌握外压封头的设计方法	外压封头的工程设计方法：图算法

3.1　壳体失稳应力分析

3.1.1　概述

1. 失稳现象

第2章讨论了承受内压回转薄壳的应力计算及强度设计。在内压作用下，这些壳体将产生应力和变形，当应力超过材料的屈服强度时，壳体将产生显著的变形直至断裂。在过程设备中常会遇见承受外压的壳体，其中一类是壳体外表面承受的压力高于大气压，且大于内表面所受的压力，如深海操作设备的壳体、用于加热或冷却的夹套容器的内层壳体、管壳式换热器的换热管等；另一类是壳体外表面承受大气压，而内部在真空状态下操作，如真空操作的储槽壳体、减压精馏塔的外壳等。这些承受外压壳体的失效形式不同于一般承受内压的壳体。

壳体在承受均布外压作用时，壳壁中会产生压缩应力，其大小与受相等内压时的拉伸应力相同。但此时壳体有两种可能的失效形式：一种是因强度不足，发生压缩屈服失效；另一种是因刚度不足，发生失稳破坏。本章即讨论外压容器的失稳压力计算和稳定性设计的问题。

承受外压载荷的壳体，当外压载荷增大到某一值时，壳体会突然失去原来的形状，被压扁或出现波纹；且载荷卸去后，壳体不能恢复原状，如图3-1所示。这种现象称为外压壳体的屈曲或失稳。

对于壁厚与直径比很小的薄壁回转壳体，失稳时器壁的压缩应力通常低于材料的比例极限，这种失稳称为弹性失稳；当回转壳体厚度增大时，壳壁中的压应力超过材料的屈服强度时才发生失稳，这种失稳称为非弹性失稳或弹塑性失稳。非弹性失稳的机理和理论分析远较弹性失稳复杂，工程上一般采用简化计算的方法。

图 3-1　圆筒失稳时出现的波纹

薄壁回转壳体承受均匀外压时，除周向均匀受压外，同时可能在轴向受到均匀压缩载荷。理论分析表明，轴向外压对壳体失稳影响不大。因此，本章主要讨论受周向均匀外压薄壁回转壳体的弹性失稳及外压容器的设计问题。

2. 临界压力

壳体失稳时所承受的相应压力称为临界压力，以 p_{cr} 表示；此时壳体中的应力称为临界应力，以 σ_{cr} 表示。

研究表明，薄壁圆柱壳受周向外压，当外压力达到一个临界值时，开始产生径向挠曲，沿周向被压扁或出现一些有规则的波纹。波纹数与临界压力 p_{cr} 相对应，临界压力较低时，波纹数也较少。对于给定外直径 D_o 和壳壁厚度 t 的圆柱壳，波纹数和临界压力主要取决于圆柱壳端部边缘或周向的约束形式和这些约束之间的距离，即临界压力与圆柱壳端部约束之间的距离和圆柱壳上两个刚性元件之间的距离 L 有关。临界压力还会随着壳体材料的弹性模量 E、泊松比 μ 的增大而增加。此外，非弹塑性失稳的临界压力还与材料的屈服强度有关。

3.1.2　外压薄壁圆柱壳弹性失稳分析

对外压薄壁圆柱壳失稳的分析是按照理想圆柱壳小挠度理论进行的。该理论有如下假设：① 圆柱壳的厚度与半径相比是小量，位移与厚度相比是小量，从而可得到线性平衡方程和挠曲微分方程；② 失稳时圆柱壳体的应力仍处于弹性范围。但实验表明，小挠度理论分析所得到的临界压力值与试验结果并不能很好地吻合，其原因是壳体失稳本质上是几何非线性问题，应按非线性大挠度理论进行分析。在工程实际中，仍采用小挠度理论临界压力的分析结果，但考虑到圆柱壳的实际受载和理想的受均匀外压圆柱壳的各种偏差的影响，引进稳定性安全系数来限定外压壳体安全运行的载荷。

受外压的圆柱壳，由于其几何特性的差异，失稳时会出现不同的波纹数，可将圆柱壳分成三类。当圆柱壳的 L/D_o 和 D_o/t 较大时，其中间部分将不受两端约束或刚性构件的支持作用，此时壳体的刚性较差，失稳时呈现两个波纹，即 $n=2$，这样的圆柱壳称为长圆筒。而当圆柱壳的 L/D_o 和 D_o/t 较小时，壳体两端的约束或刚性构件对圆柱壳的支持作用较为显著，壳体刚性较大，失稳时呈现两个以上的波纹数，即 $n>2$，这种圆柱壳称为短圆筒。当圆柱壳的 $L/D_\circ$ 和 $D_\circ/t$ 均很小时，壳体的刚性很大，此时圆柱壳体的失效形式已不是失稳而是压缩强度破坏，这种圆柱壳称为刚性圆筒。

1. 受均布周向外压的长圆筒的临界压力

由于长圆筒的失稳不受圆筒两端的约束作用，如从远离端部的筒体处取出单位长度的圆环，则长圆筒的临界压力可用圆环的临界压力公式计算，只是计算中采用不同的周向抗弯刚度。

（1）圆环的挠度曲线微分方程。

如图 3 - 2 所示，由长圆筒中取出一个单位长度的圆环 $abcd$，在周向外压作用下，$ABCD$ 为变形后的圆环，原半径为 R 的微段 mn 变形位移至 m_1n_1，其曲率半径变为 R_1。

圆环受周向外压弯曲，弯矩 M 与曲率变化 $\left(\dfrac{1}{R_1}-\dfrac{1}{R}\right)$ 有以下关系：

$$\frac{1}{R_1}-\frac{1}{R}=-\frac{M}{EJ} \tag{3-1}$$

式中：EJ 为圆环的抗弯刚度。

式（3 - 1）右方的负号是为了与弯矩符号保持一致，当圆环曲率减小时弯矩取正号。

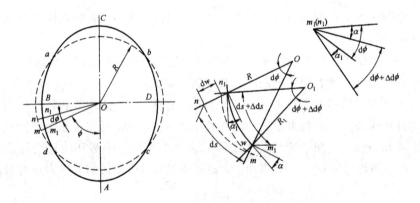

图 3 - 2　圆环变形的几何关系

由图 3 - 2 根据变形前后曲率半径以及对应的圆心角之间的关系，可推导出：

$$\frac{1}{R_1}-\frac{1}{R}=\frac{w}{R^2}+\frac{\mathrm{d}^2w}{\mathrm{d}s^2} \tag{3-2}$$

将式（3 - 1）代入式（3 - 2），得到

$$\frac{\mathrm{d}^2w}{\mathrm{d}s^2}+\frac{w}{R^2}=-\frac{M}{EJ} \tag{3-3}$$

式（3 - 3）即为圆环的挠度曲线微分方程。当半径 R 趋于无限大时，式（3 - 3）可简化为一根直梁的挠度曲线微分方程。因式中含有 w 和 M 两个未知量，还需建立力矩平衡方程后才能求解。

（2）圆环的力矩平衡方程。

沿水平对称轴切出半个圆环，切去的下半圆环对上半圆环的作用力以 F_0 和 M_0 表示。由于结构和载荷均对称，此截面无剪力，见图 3 - 3。

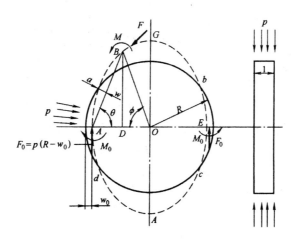

图 3 - 3　圆环的受力与变形关系

由静力平衡求得

$$F_0 = p(R - w_0) \tag{3-4}$$

由图 3 - 3 可知,在圆环任意截面 B 处的弯矩 M 为

$$M = M_0 + F_0 \cdot \overline{AD} - \frac{p}{2}\overline{AB}^2 = M_0 + p\,\overline{AO} \cdot \overline{AD} - \frac{p}{2}\overline{AB}^2 \tag{3-5}$$

在 $\triangle AOB$ 中,由余弦定理可得

$$\overline{OB}^2 = \overline{AO}^2 + \overline{AB}^2 - 2\,\overline{AO} \cdot \overline{AB}\cos\theta$$

而 $\cos\theta = \dfrac{\overline{AD}}{\overline{AB}}$,因此有

$$\overline{OB}^2 = \overline{AO}^2 + \overline{AB}^2 - 2\,\overline{AO} \cdot \overline{AD}$$

改写为

$$\frac{\overline{AB}^2}{2} - \overline{AO} \cdot \overline{AD} = \frac{1}{2}(\overline{OB}^2 - \overline{AO}^2) \tag{3-6}$$

由图 3 - 3 可知:

$$\begin{cases} \overline{OB} = R - \omega \\ \overline{AO} = R - \omega_0 \end{cases}$$

代入到式(3 - 6)中,并略去 w^2 和 w_0^2 项,得

$$\frac{\overline{AB}^2}{2} - \overline{AO} \cdot \overline{AD} = R(w_0 - w) \tag{3-7}$$

将式(3 - 7)代入式(3 - 5),可得

$$M = M_0 - pR(w_0 - w) \tag{3-8}$$

式(3 - 8)即为圆环的力矩平衡方程式。

(3)圆环的临界压力。

将式(3 - 8)代入式(3 - 3),整理后可得

$$\frac{\mathrm{d}^2 w}{\mathrm{d}\phi^2} + w\left(1 + \frac{pR^3}{EJ}\right) = \frac{-R^2 M_0 + pR^3 w_0}{EJ} \tag{3-9}$$

线性微分方程式(3－9)的通解为

$$w = c_1 \sin n\phi + c_2 \cos n\phi + \frac{-R^2 M_0 + pR^3 w_0}{EJ + pR^3} \qquad (3-10)$$

n 与 p 的关系式为

$$n^2 = 1 + \frac{pR^3}{EJ} \qquad (3-11)$$

由于圆环是封闭的，挠度 w 应是角度 ϕ 的周期函数，其周期为 2π，即应满足：

$$\sin n(2\pi + \phi) = \sin n\phi$$
$$\cos n(2\pi + \phi) = \cos n\phi$$

因此 n 必为正整数，与 n 对应的 p 的最小值就是圆环的临界压力。

当 $n = 1$ 时，由式(3－11)可知，$p = 0$，表示圆环不受外压，无实际意义。当 $n = 2$ 时，由式(3－11)和圆环截面的抗弯截面模量 $J = \frac{1 \cdot t^3}{12}$，得圆环失稳时的最小临界压力为

$$p_{cr} = \frac{3EJ}{R^3} \qquad (3-12)$$

（4）仅受周向均布外压的长圆筒临界压力计算公式。

由于圆筒的抗弯刚度大于圆环，故在式(3－12)中用圆筒的抗弯刚度 $D' = \frac{Et^3}{12(1 - \mu^2)}$ 代替 EJ，得

$$p_{cr} = \frac{2E}{1 - \mu^2} \left(\frac{t}{D} \right)^3 \qquad (3-13)$$

式中：D 为圆筒的中面直径，可近似地取圆筒外径，$D \approx D_o$。

式(3－13)即为长圆筒受周向均布外压失稳的临界压力计算公式。对于钢质圆筒，可取 $\mu = 0.3$，式(3－13)可改写为

$$p_{cr} = 2.2E \left(\frac{t}{D_o} \right)^3 \qquad (3-14)$$

由于仅受周向均布外压的作用，壳体处于单向应力状态，所以临界压力在圆筒壁中仅引起周向压缩应力，称为临界应力，其计算式为

$$\sigma_{cr} = \frac{p_{cr} D_o}{2t} = 1.1E \left(\frac{t}{D_o} \right)^2 \qquad (3-15)$$

式(3－14)和式(3－15)仅当 σ_{cr} 值小于材料的比例极限时才适用，即 $\sigma_{cr} < \sigma_p^t$；当 σ_{cr} 超过 σ_p^t 时，应力与应变不再成线性关系，筒体将发生非弹性失稳或塑性屈服失效。

2. 受均布周向外压的短圆筒的临界压力

由于短圆筒两端的约束或刚性构件对筒体变形的支持作用较为显著，筒体在失稳时会出现两个以上的波纹，故临界压力的计算要比长圆筒复杂得多。奥地利物理学家冯·米塞斯(von Mises)在 1914 年按线性小挠度理论导出的短圆筒临界压力的计算式为

$$p_{cr} = \frac{Et}{R(n^2 - 1)\left[1 + \left(\frac{nL}{\pi R}\right)^2\right]^2} + \frac{E}{12(1 - \mu^2)} \left(\frac{t}{R}\right)^3 \left[(n^2 - 1) + \frac{2n^2 - 1 - \mu}{1 + \left(\frac{nL}{\pi R}\right)^2}\right]$$

$$(3-16)$$

式中：R 为圆筒中面半径；L 为圆筒的计算长度。

式(3-16)中，对于确定几何尺寸和材料的圆筒，不同波纹数 n 会得到不同的临界压力 p_{cr}，且 p_{cr} 并不会随着 n 增大而单调增大，而是有一个极小值，该值才是真正的临界压力。用微分法求 p_{cr} 的极值相当复杂，因此常用试算法求解，经比较后确定 p_{cr} 的最小值。也可将算得的 p_{cr} 与波数 n 的关系画成曲线，曲线中 p_{cr} 的最小值即为临界压力。

为简化上述计算过程，工程中采用近似方法。在式(3-16)中，取 $1+\left(\dfrac{nL}{\pi R}\right)^2 \approx \left(\dfrac{nL}{\pi R}\right)^2$，略去第二个方括号项中的第二项，可得

$$p_{cr}=\frac{Et}{R}\left[\frac{(\pi R/nL)^4}{(n^2-1)}+\frac{t^2}{12(1-\mu^2)R^2}(n^2-1)\right] \tag{3-17}$$

式(3-17)即为短圆筒的临界压力计算简化式。

令 $\dfrac{\mathrm{d}p_{cr}}{\mathrm{d}n}=0$，并取 $n^2-1\approx n^2$，$\mu=0.3$，可得与最小临界压力相对应的波数为

$$n=\sqrt[4]{\frac{7.06}{\left(\dfrac{L}{D}\right)^2\cdot\left(\dfrac{t}{D}\right)}} \tag{3-18}$$

将式(3-18)代入式(3-17)，仍取 $n^2-1\approx n^2$ 和 $D\approx D_o$，即可得短圆筒最小临界压力近似计算式：

$$p_{cr}=\frac{2.59Et^2}{LD_o\sqrt{D_o/t}} \tag{3-19}$$

式(3-19)的计算结果比 Mises 公式低 12%，故偏于安全，仅适用于弹性失稳。

短圆筒失稳时的临界应力计算式为

$$\sigma_{cr}=\frac{p_{cr}D_o}{2t}=\frac{1.30E}{L/D_o}\left(\frac{t}{D_o}\right)^{1.5} \tag{3-20}$$

3. 临界长度

以上讨论了长圆筒和短圆筒的临界压力计算公式，那么如何区分长圆筒和短圆筒呢？对于给定 D 和 t 的圆筒，取一个特征长度作为区分 $n=2$ 的长圆筒和 $n>2$ 的短圆筒的界限，此特性尺寸称为临界长度，以 L_{cr} 表示。当圆筒的计算长度 $L>L_{cr}$ 时属长圆筒；当 $L<L_{cr}$ 时属短圆筒。如圆筒的计算长度 $L=L_{cr}$ 时，则式(3-14)与式(3-19)相等，即长、短圆筒的临界压力相等，有

$$2.2E\left(\frac{t}{D_o}\right)^3=\frac{2.59Et^2}{L_{cr}D_o\sqrt{D_o/t}}$$

得临界长度为

$$L_{cr}=1.17D_o\sqrt{\frac{D_o}{t}} \tag{3-21}$$

4. 轴向压缩载荷作用下的临界应力

圆筒所承受的外压载荷，除包含上述的均布周向外压，有时还承受轴向压缩载荷的作用。

对承受轴向均布压缩载荷作用的有限长的薄壁圆筒，当压缩应力达到某一数值时就会失去稳定性。不论是轴对称失稳还是非轴对称失稳，美籍俄罗斯力学家斯蒂芬·铁木辛柯

(Stephen P. Timoshenko)按弹性小挠度理论，得到了轴向失稳时的临界应力：

$$\sigma_{cr} = \frac{E}{\sqrt{3(1-\mu^2)}} \cdot \frac{t}{R} \qquad (3-22)$$

对于钢材，取 $\mu = 0.3$，式(3-22)可改写为

$$\sigma_{cr} = 0.605 \frac{Et}{R} \qquad (3-23)$$

由实验求得的临界应力一般只是式(3-23)计算值的 $20\%\sim25\%$，且数据分散，圆筒的初始几何缺陷是造成这种差别的重要原因。

按非线性大挠度理论和实验研究的结果可归纳出临界应力的经验公式：

$$\sigma_{cr} = C \frac{Et}{R}$$

式中，C 为修正系数，与 R/t 的比值有关，见图 3-4。工程上，一般 $R/t \leqslant 500$，取 $R/t = 500$，则 $C = 0.25$，可得

$$\sigma_{cr} = 0.25 \frac{Et}{R} \qquad (3-24)$$

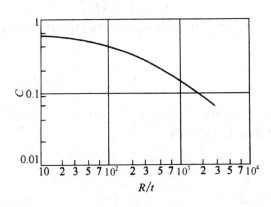

图 3-4　修正系数 C

5. 形状缺陷对圆筒稳定性的影响

圆筒的形状缺陷主要有不圆和局部区域中的实实褶皱、鼓胀或凹陷。在内压作用下，圆筒具有消除不圆度的趋势，因而这些缺陷对内压圆筒强度的影响不大。对于外压圆筒，在缺陷处会产生附加的弯曲应力，使得圆筒中的压缩应力增大，临界压力降低，这是实际失稳压力与理论计算结果不能很好吻合的主要原因之一。因此，对圆筒的初始不圆度应严格限制。

3.1.3　外压容器封头的临界压力

外压容器封头的结构形式与内压容器相同，分为凸形封头和锥壳，其中凸形封头包括半球形封头、椭圆形封头和碟形封头。在外压作用下，这些封头上的应力主要是压应力，因此与筒体一样也存在稳定性的问题。但封头的各种形状和材料的初始缺陷对其稳定性的影响较筒体更为显著，因此对成型封头的失稳研究在理论和实验上更加复杂。外压封头的

稳定性计算是建立在对球形壳体承受均布外压的弹性失稳分析的基础上的,并结合实验数据给出半经验的临界压力计算公式。现就承受外压的半球壳、椭球壳、碟形壳及锥壳的临界压力作简要分析。

1. 半球壳的临界压力

按小挠度弹性稳定理论,对于受均布外压的球壳,其临界压力经典公式为

$$p_{cr} = \frac{2E}{\sqrt{3(1-\mu^2)}} \cdot \left(\frac{t}{R}\right)^2 \qquad (3-25)$$

对于钢材,取 $\mu = 0.3$,代入式(3-25)可得

$$p_{cr} = 1.21E \left(\frac{t}{R}\right)^2 \qquad (3-26)$$

2. 碟形壳的临界压力

在均匀外压作用下,碟形壳的过渡区受拉应力的作用,而中央球壳部分受压应力的作用,可能产生失稳。因此,可用球壳临界压力计算式来计算碟形壳的临界压力,只是其中 R 须用碟形壳中央球壳部分的外半径 R_o 代替,即

$$p_{cr} = 1.21E \left(\frac{t}{R_o}\right)^2 \qquad (3-27)$$

3. 椭球壳的临界压力

在均匀外压作用下,椭球壳的赤道附近受拉应力的作用,而中央部分受压应力的作用,可能产生失稳。因此,亦可用球壳临界压力计算式来计算椭球壳的临界压力,只是其中 R 须用椭球壳中央部分的当量球壳外半径 $R_o = K_1 D_o$ 来代替,式中 K_1 是由椭圆长短轴比值 $D_o/(2h_o)$ 决定的系数,其值可由表3-1查得(中间值可由内插法求得)。

表 3-1　系数 K_1

$D_o/(2h_o)$	2.6	2.4	2.2	2.0	1.8	1.6	1.4	1.2	1.0
K_1	1.18	1.08	0.99	0.90	0.81	0.73	0.65	0.57	0.50

4. 锥壳的临界压力

圆锥壳受均布外压的稳定性问题较为复杂。试验研究表明,对于半顶角 $\alpha < 60°$ 的锥壳,其失稳类似于一个等效圆柱壳的失稳,锥壳小端和大端直径之比对其失稳有显著的影响。等效圆柱壳的高度等于锥壳母线的长度 L_x,半径等于锥壳两端第二曲率半径的平均值。如 $\alpha > 60°$ 则按圆平板计算,圆平板直径取锥壳的最大直径。具体计算方法可参阅相关文献。

3.2　外压圆筒设计

3.2.1　概述

由外压壳体的稳定性分析可知,为计算筒体的失稳外压力,首先需假设圆筒的名义厚

度 δ_n，计算有效厚度 δ_e，求出临界长度 L_{cr}，将圆筒的外压计算长度 L 与 L_{cr} 进行比较，判断圆筒属于长圆筒还是短圆筒。然后根据圆筒的类型，选用相应的公式计算临界压力 p_{cr}。再选取合适的稳定性系数 m，计算许用外压 $[p] = p_{cr}/m$，比较设计压力 p 和 $[p]$ 的大小，若 p 小于等于 $[p]$ 且较为接近，则假设的名义厚度 δ_n 符合要求；否则应重新假设 δ_n，重复上述步骤，直到满足要求为止。上述过程即为解析法求取外压容器许用压力的设计步骤，是一个反复试算的过程，比较繁琐。为避免解析法设计的不足，各国设计规范均推荐采用图算法。下面介绍外压圆筒及带加强圈圆筒图算法的原理及工程设计方法。

3.2.2 薄壁圆筒的稳定性计算

1. 图算法的原理

假设圆筒仅受径向均匀外压，不受轴向外压，处于单向（周向）应力状态。从工程设计角度，将式（3-14）中的厚度 t 改写为有效厚度 δ_e，可得长圆筒临界压力：

$$p_{cr} = 2.2E \left(\frac{\delta_e}{D_o} \right)^3$$

短圆筒临界压力按美国海军水槽公式计算：

$$p_{cr} = 2.59E \frac{\left(\dfrac{\delta_e}{D_o} \right)^{2.5}}{\dfrac{L}{D_o} - 0.45 \left(\dfrac{\delta_e}{D_o} \right)^{0.5}}$$

圆筒在 p_{cr} 作用下，产生的周向应力为

$$\sigma_{cr} = \frac{p_{cr} D_o}{2\delta_e}$$

为避开材料的弹性模量 E（因其在塑性状态时为变量），采用应变表征失稳时的特征，不论长圆筒或短圆筒，失稳时的周向应变为

$$\varepsilon_{cr} = \frac{\sigma_{cr}}{E} = \frac{p_{cr} D_o}{2E\delta_e} \tag{3-28}$$

将长、短圆筒的 p_{cr} 公式代入式（3-28）中，得到长、短圆筒的周向应变表达式分别为

长圆筒：
$$\varepsilon_{cr} = \frac{1.1}{\left(\dfrac{D_o}{\delta_e} \right)^2} \tag{3-29}$$

短圆筒：
$$\varepsilon_{cr} = \frac{1.3}{\left[\dfrac{L}{D_o} - 0.45 \left(\dfrac{D_o}{\delta_e} \right)^{-0.5} \right] \left(\dfrac{D_o}{\delta_e} \right)^{1.5}} \tag{3-30}$$

由式（3-29）和式（3-30）可知，失稳时周向应变仅与筒体结构特征参数 L/D_o、D_o/δ_e 有关，因而可以用如下函数式表示：

$$\varepsilon_{cr} = f \left(\frac{L}{D_o}, \frac{D_o}{\delta_e} \right) \tag{3-31}$$

对于径向受均匀外压以及径向和轴向受相同外压的圆筒，令外压应变系数 $A = \varepsilon_{cr}$，并将式（3-29）和式（3-30）以 A 为横坐标，L/D_o 为纵坐标，D_o/δ_e 作为参数绘制成曲线，如图3-5所示，图中与纵坐标平行的直线簇表示长圆筒，失稳时周向应变 A 与 L/D_o 无

关；图下方的斜平行线簇表示短圆筒，失稳时 A 与 L/D_o、D_o/δ_e 都有关。因该图与材料的弹性模量 E 无关，所以对任何材料的圆筒都适用。

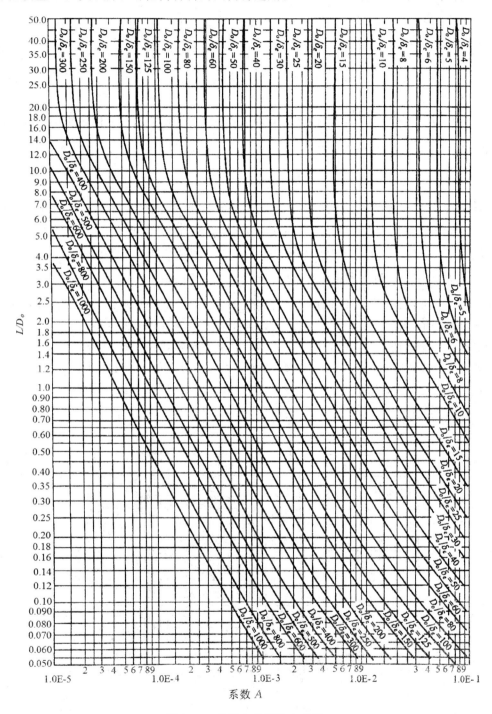

图 3-5　外压应变系数 A 曲线

若已知 L/D_o 和 D_o/δ_e 的值，即可用图 3-5 找出失稳时的周向应变 A。对于不同材料的外压圆筒，还需找出 A 与 p_{cr} 的关系，才能判断圆筒在操作外压下是否安全。

对于临界压力 p_{cr}，引入稳定性安全系数 m 从而得到许用外压力 $[p]$，因此 $p_{cr}=m[p]$，将其代入式(3-28)中，得

$$\varepsilon_{cr}=\frac{m[p]D_o}{2E\delta_e}$$

即

$$\frac{D_o[p]}{\delta_e}=\frac{2}{m}E\varepsilon_{cr} \tag{3-32}$$

令外压应力系数 $B=\dfrac{D_o[p]}{\delta_e}$，GB 150 和 ASME Ⅷ-1 均取圆筒的稳定性安全系数 $m=3$。将 B 和 m 代入式(3-32)可得

$$B=\frac{2}{3}E\varepsilon_{cr}=\frac{2}{3}\sigma_{cr} \tag{3-33}$$

B 和 A 的关系曲线是以材料单向拉伸应力 σ 和应变 ε 关系曲线为基础的。在弹性范围内，钢的弹性模量 E 为常数，将纵坐标应力按 2/3 比例缩小后，即可得到 B 与 A 的关系曲线。若圆筒失稳时发生塑性变形，工程上通常采用正切弹性模量，即应力应变曲线上任一点的斜率 $E_t=\dfrac{\mathrm{d}\sigma}{\mathrm{d}\varepsilon}$，其值随圆筒所处的应力水平而异。图 3-6～图 3-8 为几种常用钢材的外压应力系数曲线图。因为同种材料在不同温度下的应力-应变曲线不同，所以图中绘制出了不同温度下的曲线。显然，不同材料有不同的外压应力系数曲线图。

外压应力系数曲线图中的直线部分表示材料处于弹性状态，属于弹性失稳，此时 B 与 A 成正比，为节省篇幅，图 3-6～图 3-8 曲线中弹性范围仅作出了一小部分。由 A 查得 B 时，若不能与相应温度下的 B 和 A 关系曲线相交，则表明圆筒处于弹性失稳，可由 $B=\dfrac{2}{3}EA$，求得 B 值。

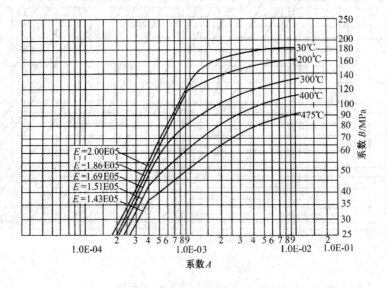

图 3-6　外压圆筒、管子和球壳的应力系数 B 曲线(用于 Q345R 钢)

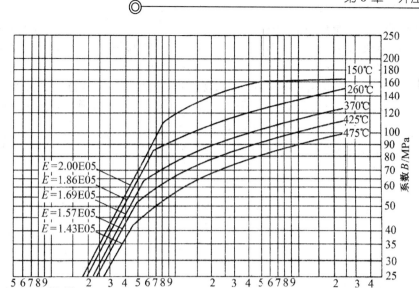

图 3 - 7　外压圆筒、管子和球壳的应力系数 B 曲线

（除 Q345R 外，材料的屈服强度 $R_e L > 207$ MPa 的碳钢、低合金钢和 S11306 钢等）

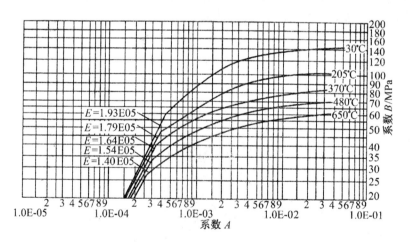

图 3 - 8　外压圆筒、管子和球壳的应力系数 B 曲线（用于 S30408 钢等）

2. 工程设计方法

工程设计中，根据 D_o/δ_e 值的大小，将外压圆筒分为厚壁圆筒和薄壁圆筒。薄壁圆筒的外压计算仅考虑失稳问题，而厚壁圆筒则要同时考虑失稳和强度失效。关于厚壁圆筒和薄壁圆筒的界限，GB 150 按 $D_o/\delta_e = 20$ 作为界限进行划分，即 $D_o/\delta_e < 20$ 时为厚壁圆筒，$D_o/\delta_e \geqslant 20$ 时为薄壁圆筒。下面按 GB 150 的规定介绍外压圆筒的图算法设计步骤。

1）薄壁圆筒

对于 $D_o/\delta_e \geqslant 20$ 的薄壁圆筒，仅需进行稳定性校核。设计步骤如下：

（1）假设名义厚度 δ_n，计算有效厚度 $\delta_e = \delta_n - C$，求出 L/D_o 和 D_o/δ_e。

（2）确定外压应变系数 A。根据 L/D_o 和 D_o/δ_e 值由图 3-5 查得外压应变系数 A 值（遇中间值用内插法），若 $L/D_o > 50$，则用 $L/D_o = 50$ 查得 A 值；若 $L/D_o < 0.05$，则用 $L/D_o = 0.05$ 查得 A 值。

（3）确定外压应力系数 B。根据圆筒材料选用相应的外压应力系数 B 曲线图（图 3-6～图 3-8），在图的横坐标上找出系数 A 值，在该 A 值和设计温度（遇中间温度用内插法）下求取相应的 B 值，见图 3-9 中的标记①。

（4）计算许用外压力 $[p]$。按式（3-34）计算许用外压力 $[p]$：

$$[p] = \frac{B}{D_o/\delta_e} \tag{3-34}$$

若所得 A 值落在设计温度下材料线的左方，见图 3-9 中的标记②，则用式（3-35）计算许用外压力 $[p]$：

$$[p] = \frac{2AE}{3(D_o/\delta_e)} \tag{3-35}$$

（5）比较计算外压力 p_c 与许用外压力 $[p]$，若 $p_c \leqslant [p]$ 且较接近，则假设的名义厚度 δ_n 合理；否则应再假设名义厚度，重复上述步骤直到满足要求为止。

2）厚壁圆筒

对于 $4 \leqslant D_o/\delta_e < 20$ 的厚壁圆筒，求取 B 值的计算步骤同 $D_o/\delta_e \geqslant 20$ 的薄壁圆筒；但对 $D_o/\delta_e < 4.0$ 的圆筒，可按式（3-36）求得 A 值。

$$A = \frac{1.1}{(D_o/\delta_e)^2} \tag{3-36}$$

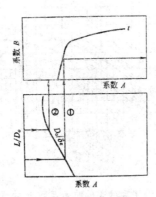

图 3-9　图算法求解过程

为满足稳定性，厚壁圆筒的许用外压力应不应低于式（3-37）的计算值。

$$[p] = \left(\frac{2.25}{D_o/\delta_e} - 0.0625\right) B \tag{3-37}$$

为满足强度，厚壁圆筒的许用外压力不应低于式（3-38）的计算值。

$$[p] = \frac{2\sigma_o}{D_o/\delta_e}\left(1 - \frac{1}{D_o/\delta_e}\right) \tag{3-38}$$

式中：σ_o 为应力，$\sigma_0 = \min\{2[\sigma]^t, 0.9R'_{eL}$ 或 $0.9R'_{p0.2}\}$ MPa。

为防止圆筒的失稳和强度失效，厚壁圆筒的许用外压力必须取式（3-37）和式（3-38）

中的较小值。

3）圆筒轴向许用压应力

许用压缩应力$[\sigma]_{cr}^t$求解步骤如下。

（1）假设δ_n，求得$\delta_e = \delta_n - C$，按式（3 - 39）计算系数A：

$$A = 0.094 \frac{\delta_e}{R_o} \tag{3 - 39}$$

（2）按圆筒材料选用相应材料的外压应力系数曲线图查取B。若A值落在设计温度下材料线的左方，则表明圆筒属于弹性失稳，可直接由式（3 - 40）计算。

$$B = \frac{2}{3} E^t A \tag{3 - 40}$$

（3）许用压缩应力$[\sigma]_{cr}^t$取B值，且不得大于$[\sigma]^t$。否则重复上述步骤，直到满足要求为止。

4）设计技术参数

外压容器的设计技术参数主要包括设计压力、稳定性安全系数和外压计算长度等。

（1）设计压力。承受外压的容器设计压力的定义与内压容器相同，但取值方法不同。确定外压容器设计压力时，应考虑在正常工作情况下可能出现的最大内外压力差；真空容器的设计压力按承受外压考虑；当装有安全控制装置（如真空泄放阀）时，设计压力取 1.25倍的最大内外压力差或 0.1 MPa 两者中的较小值；当无安全控制装置时，取 0.1 MPa。对于带夹套的容器则应考虑可能出现的最大压力差的危险工况，如内容器突然泄压而夹套内仍有压力时所产生的最大压力差。

（2）稳定性安全系数。长、短圆筒的临界压力计算公式是按理想的无初始不圆度求得的。但实际上，圆筒在经历成型、焊接或焊后热处理后存在着各种原始缺陷，如几何形状和尺寸的偏差、材料性能的不均匀等，都会直接影响临界压力计算值的准确性；加上受载可能不完全对称，因而根据线性小挠度理论得到的临界压力与试验结果有一定的误差。为此，在计算许用设计外压力时，必须考虑一定的稳定性安全系数m。GB 150 规定，对于圆筒，取$m = 3.0$；对于球壳，取$m = 14.52$。

（3）外压计算长度。外压计算长度指圆筒外部或内部两相邻刚性构件之间的最大距离，通常封头、法兰、加强圈等均可视为刚性构件。图 3 - 10 为外压计算长度取法的示意图。

对于椭圆形封头和碟形封头，应计入直边段以及封头曲面深度的 1/3，这是由于两封头与圆筒对接时，在外压作用下，封头的过渡区产生周向拉应力，因此在过渡区不存在外压失稳问题，所以可将该部位视作圆筒的一个顶端。对于带无折边锥壳的容器，则应针对锥壳与圆筒连接处的惯性矩大小进行区别对待：若连接处的截面有足够的惯性矩，不致在圆筒失稳时也出现失稳现象，则测量到锥壳和筒体间的焊缝为止，否则应测量到加强圈为止。而对于带有折边锥壳的容器，还应计入直边段和折边部分的深度。对于带夹套的圆筒，则取承受外压的圆筒长度；对于圆筒部分有加强圈（或可作为加强的构件）时，则取相邻加强圈中心线间的最大距离。

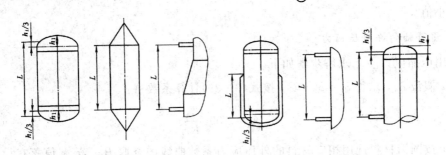

图 3 - 10　外压圆筒的计算长度

3.2.3　加强圈的设计

通过上述分析可知，在外压圆筒上设置加强圈，将长圆筒转化为短圆筒，可以有效减小圆筒的厚度，提高圆筒的稳定性。加强圈设计主要包含确定加强圈的间距、截面尺寸及结构设计，以保证筒体有足够的稳定性。

1. 加强圈的间距

在外压圆筒上设置加强圈，必须针对短圆筒才具有实际作用，当圆筒的 δ_e / D_o 已知，且计算外压 p_c 值给定时，可由短圆筒许用外压力计算公式导出加强圈的最大间距，即

$$L_{\max} = \frac{2.59ED_o}{m p_c (D_o / \delta_e)^{2.5}} \qquad (3 - 41)$$

由此可知，加强圈数量增多，$L_{\max}$ 值减小，圆筒的厚度随之减薄；反之，圆筒厚度增加。

2. 加强圈截面尺寸的确定

如图 3 - 11 所示，将加强圈当做受外压的圆环，视每个加强圈承受两侧 $L_s / 2$ 范围内的载荷，其临界载荷可按圆环失稳公式(3 - 12)来计算，但由于加强圈不是单位长度(轴向)的圆环，故式中的 p_{cr} 和 J 要做相应的改变，即

$$\bar{p}_{cr} = \frac{3EI}{R_s^3} = \frac{24EI}{D_s^3} \qquad (3 - 42)$$

式中：$\bar{p}_{cr}$ 为加强圈单位周长上的临界压力，N/mm；I 为加强圈截面对其中性轴的惯性矩，mm⁴；D_s 为加强圈中性轴的直径，mm。

加强圈间距为 L_s，假设圆筒本身无刚性，作用在加强圈中心线两侧范围内圆筒上的临界压力 p_{cr} 全部作用在加强圈上，则每个加强圈单位周长所承受的 $\bar{p}_{cr}$ 可表示为

$$\bar{p}_{cr} = \frac{p_{cr} L_s \pi D_s}{\pi D_s} = p_{cr} L_s \qquad (3 - 43)$$

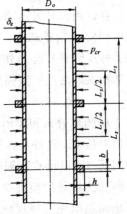

图 3 - 11　每个加强圈所承受的载荷

将式(3 - 43)代入式(3 - 42)，并取 $D_o \approx D_s$，则有

$$\overline{p}_{cr} = p_{cr}L_s = \frac{24EI}{D_o^3}$$

得到惯性矩为

$$I = \frac{p_{cr}L_sD_o^3}{24E} \qquad\qquad (3-44)$$

式(3-44)可改写为

$$I = \frac{p_{cr}D_o}{2\delta_e} \cdot \frac{\delta_eL_sD_o^2}{12E} \qquad\qquad (3-45)$$

将 $\sigma_{cr} = \dfrac{p_{cr}D_o}{2\delta_e}$ 和 $A = \varepsilon = \dfrac{\sigma_{cr}}{E} = \dfrac{p_{cr}D_o}{2E\delta_e}$ 代入式(3-45),得

$$I = \frac{\delta_eL_sD_o^2}{12E}\sigma_{cr} = \frac{\delta_eL_sD_o^2}{12}A \qquad\qquad (3-46)$$

式(3-46)是在假设外压力全部由加强圈承担的情况下得出的公式,实际上加强圈和圆筒共同承受外压力,应计算其组合惯性矩。对图 3-11 等间距设置加强圈的圆筒,可将其视作厚度为 δ_y 的当量圆筒,此当量厚度为

$$\delta_y = \delta_e + \frac{A_s}{L_s} \qquad\qquad (3-47)$$

式中:δ_y 为当量厚度,mm;A_s 为单个加强圈的截面积,mm^2;L_s 为加强圈的间距,mm。

用 δ_y 代替式(3-46)中的 δ_e,并考虑到加强圈和圆筒连接大多采用间断焊,因而增加 10% 的惯性矩以提高稳定性裕度,即将式(3-46)乘以 1.1,得到保持稳定时加强圈和圆筒组合段所需的最小惯性矩:

$$I = \frac{D_o^2L_s(\delta_e + A_s/L_s)}{10.9}A \qquad\qquad (3-48)$$

和前面介绍的圆筒稳定性计算相比,求解 A 的过程刚好和假定圆筒厚度求其许用外压力的过程相反。在加强圈设计时,通常是已知加强圈承受的外压力 p_c,进而求解其所需的惯性矩。因此先假设加强圈的个数与间距 $L_s(L_s \leqslant L_{\max})$,然后按型钢规格选择加强圈尺寸,计算或由手册查得 A_s,并计算加强圈与圆筒实际所具有的组合惯性矩 I_s,同时,根据已知的 p_c、D_o 和选择的 δ_e、I_s,即可计算当量圆筒周向失稳时的 B 值,即

$$B = \frac{p_cD_o}{\delta_y} = \frac{p_cD_o}{\delta_e + A_s/L_s} \qquad\qquad (3-49)$$

然后按相应材料的外压应力系数曲线图,由 B 值查得 A 值(若查图时无交点,则按 $A = \dfrac{3B}{2E}$ 计算),再把查得的 A 值代入式(3-48)中,即可求得所需的最小惯性矩 I。比较 I_s 和 I,若 I_s 大于并接近 I,则满足要求,否则应重新选择加强圈尺寸,重复上述计算,直至满足要求为止。

3. 加强圈与圆筒的连接结构

加强圈常由扁钢、角钢、工字钢或其他型钢制成,可以设置在容器的内部或外部,应整圈围绕在圆筒的圆周上。加强圈的材料多为碳素钢,当圆筒材料为不锈钢等贵重金属时,在圆筒外部设置碳素钢加强圈,可以节省贵重金属。

连接加强圈与圆筒可采用连续或间断的焊接,其焊接结构如图 3-12 所示。

当加强圈设置在容器外部时，加强圈每侧间断焊接的总长应不小于圆筒外圆周长的 1/2；当加强圈设置在容器内部时，焊接总长应不小于圆筒内圆周长的 1/3。焊脚高度不得小于加强圈和筒体中较薄件的厚度。加强圈两侧的间断焊缝可以错开或并排布置，但焊缝之间的最大间隙 l 对外加强圈为 $8\delta_n$，对内加强圈为 $12\delta_n$（δ_n 为圆筒的名义厚度）。

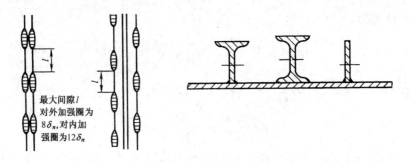

最大间隙 l
对外加强圈为
$8\delta_n$，对内加
强圈为 $12\delta_n$

图 3-12　加强圈与圆筒的连接

3.3　外压封头设计

外压容器封头的设计同外压圆筒，在工程上广泛采用图算法。本节简要介绍外压凸形封头和锥壳的设计。

3.3.1　凸形封头

1. 半球形封头

根据薄壁球壳的弹性小挠度理论，在均匀外压作用下，钢制半球形封头弹性失稳的临界压力计算式见式(3-26)，以有效厚度 δ_e 和外半径 R_o 取代厚度 t 和中面半径 R，有

$$p_{cr} = 1.21E\left(\frac{\delta_e}{R_o}\right)^2$$

引入稳定性安全系数，取 $m = 14.52$，球壳的许用外压力为

$$[p] = \frac{p_{cr}}{14.52} = \frac{0.0833E}{(R_o/\delta_e)^2} \qquad (3-50)$$

令 $B = \dfrac{[p]R_o}{\delta_e}$，根据 $B = \dfrac{2}{3}EA = \dfrac{[p]R_o}{\delta_e}$，得 $[p] = \dfrac{2EA}{3(R_o/\delta_e)}$。将 $[p]$ 代入式(3-50)可得

$$A = \frac{0.125}{(R_o/\delta_e)} \qquad (3-51)$$

此时系数 A 仅表示在设定的 $B = \dfrac{[p]R_o}{\delta_e}$ 条件下，由 $B = \dfrac{2}{3}EA$ 关系而得到的一个数值，并无物理意义，其目的是直接利用前面介绍的外压应力系数图。由 B 和 $[p]$ 的关系式，可得半球形封头的许用外压力为

$$[p] = \frac{B}{(R_o/\delta_e)} \tag{3-52}$$

用图算法设计半球形封头(或外压球壳)时,先假定名义厚度 δ_n,计算 $\delta_e = \delta_n - C$,用式(3-51)计算出 A,然后根据所用材料选择外压应力系数图,由 A 查得 B,再按式(3-52)计算许用外压力 $[p]$。如所得 A 值落在设计温度下材料线的左方,则直接用式(3-50)计算 $[p]$。若 $[p] \geqslant p_c$ 且较为接近,则该封头厚度设计合理,否则应重新假设 δ_n,重复上述步骤,直到满足要求为止。

2. 椭圆形封头

外压(凸面受压)椭圆形封头的外压稳定性计算公式和图算法步骤同受外压的半球形封头,但公式及图算法中的球面外半径 R_o 由椭圆形封头的当量球壳外半径 $R_o = K_1 D_o$ 代替,K_1 值可由表 3-1 查得。

3. 碟形封头

外压(凸面受压)碟形封头在均匀外压作用下,碟形封头的过渡区承受拉应力的作用,而球面部分承受压应力的作用,有发生失稳的潜在危险,此时为防止封头失稳的厚度计算仍可采用半球形封头外压计算公式和图算法的步骤,只是其中 R_o 须用球面部分的外半径代替。

3.3.2 锥壳

计算锥壳临界外压的理论公式相当复杂,为简化计算,对于外压锥壳工程上常根据半顶角 α 的大小近似按圆筒或平盖进行计算。当 $\alpha \leqslant 60°$ 时,按等效圆筒计算;当 $\alpha > 60°$ 时,则按平盖计算。

按等效圆筒设计外压锥壳的方法如下:首先假设锥壳的名义厚度 δ_{nc},再计算锥壳的有效厚度 $\delta_{ec} = (\delta_{nc} - C)\cos\alpha$,然后按外压圆筒的图算法进行外压校核计算。具体设计请参阅 GB 150。

【例题 3-1】 已知某炼油厂常减压装置的减压塔内径 $D_i = 3200$ mm,塔身筒体高度 $L_1 = 10\,000$ mm(不包括封头),标准椭圆形封头直边高度 $h = 40$ mm。减压塔的操作压力为 6.27 kPa(绝对压力),进料段温度为 380 ℃;材料的腐蚀裕量 $C_2 = 2$ mm。塔体与封头材料均为 Q245R,屈服强度 $R_{eL} = 245$ MPa。试设计该塔。若考虑在塔壁上增设 5 个加强圈,则塔体壁厚可减少多少?

解: (1)筒体设计。

① 初取筒体名义厚度 $\delta_n = 10$ mm。

对 Q245R,钢板负偏差 $C_1 = 0.3$ mm,因而厚度附加量

$$C = C_1 + C_2 = 2.3 \text{ mm}$$

筒体的有效厚度为

$$\delta_e = \delta_n - C = 10 - 2.3 = 7.7 \text{ mm}$$

筒体外径

$$D_o = D_i + 2\delta_e = 3200 + 15.4 = 3215.4 \text{ mm}$$

简体计算长度

$$L = 10000 + 2 \times \left(40 + \frac{1}{3} \times \frac{3215.4}{4}\right) = 10615.9 \text{ mm}$$

故

$$\frac{L}{D_o} = \frac{10\,615.9}{3215.4} = 3.30$$

$$\frac{D_o}{\delta_e} = \frac{3215.4}{7.7} = 418 > 20$$

确定外压应变系数 A。查图 3-5，得 $A = 0.000\,048$。

确定外压应力系数 B 并计算许用外压力 $[p]$。根据 Q245R，屈服强度 $R_{eL} = 245$ MPa > 207 MPa，查图 3-7，可知 $A = 0.000\,048$ 落在 380 ℃材料线的左方。由 380 ℃材料线，查得 $E = 1.67 \times 10^5$ MPa(由 370 ℃和 425 ℃材料线内插取值)，许用外压力按下式计算:

$$[p] = \frac{2AE}{3(D_o/\delta_e)} = \frac{2 \times 0.000\,048 \times 1.67 \times 10^5}{3 \times 418} = 0.013 \text{ MPa}$$

因真空容器无安全装置时，取计算压力 $p_c = 0.1$ MPa，现 $p_c > [p]$，故不满足稳定性要求，需重新假设 δ_n 进行设计。

② 假设简体名义厚度 $\delta_n = 20$ mm，则有效厚度 $\delta_e = 20 - 2.3 = 17.7$ mm;

简体外径

$$D_o = D_i + 2\delta_e = 3200 + 35.4 = 3235.4 \text{ mm}$$

简体计算长度

$$L = 10000 + 2\left(40 + \frac{1}{3} \times \frac{3235.4}{4}\right) = 10\,619.2 \text{ mm}$$

故

$$\frac{L}{D_o} = \frac{10\,619.2}{3235.4} = 3.28$$

$$\frac{D_o}{\delta_e} = \frac{3235.4}{17.7} = 183 > 20$$

确定外压应变系数 A。查图 3-5，得 $A = 0.00\,017$。

确定外压应力系数 B 并计算许用外压力 $[p]$。根据 Q245R，屈服强度 $R_{eL} = 245$ MPa > 207 MPa，查图 3-7，可知 $A = 0.00\,017$ 仍落在 380 ℃材料线的左方。许用外压力按下式计算:

$$[p] = \frac{2AE}{3(D_o/\delta_e)} = \frac{2 \times 0.00\,017 \times 1.67 \times 10^5}{3 \times 183} = 0.103 \text{ MPa}$$

因真空容器无安全装置时，取计算压力 $p_c = 0.1$ MPa，现 $p_c \leqslant [p]$ 且很接近，故满足稳定性要求，因此假设的 $\delta_n = 20$ mm 合理。考虑到 p_c 和 $[p]$ 非常接近，也可以修改名义厚度，略增大至 24 mm。

(2) 封头壁厚校核。

取封头的名义厚度与简体相同，仍取 $\delta_n = 20$ mm，有效厚度 $\delta_e = 17.7$ mm，标准椭圆

形封头的当量球壳外半径为

$$R_o = 0.9D_o = 0.9 \times (3200 + 35.4) = 2912 \text{ mm}$$

求 A：

$$A = \frac{0.125}{(R_o/\delta_e)} = \frac{0.125}{2912/17.7} = 0.000\,76$$

由 A 值查图 3 - 7，得 $B = 69$ MPa。

计算许用外压力：

$$[p] = \frac{B}{(R_o/\delta_e)} = \frac{69}{2912/17.7} = 0.419 \text{ MPa}$$

由计算结果可知 $[p] > p_c$，且差值较大，考虑到制造方便以及减少结构不连续的因素，封头板材厚度与筒体一致，因此仍取 $\delta_n = 20$ mm。这也说明，相同材质和厚度的材料，封头的稳定性较筒体高出很多，因此封头对筒体有加强作用。

如果不考虑与筒体厚度一致，则封头的名义厚度只需 12 mm 即可。感兴趣的读者可自行进行设计计算。

（3）有加强圈时的塔体壁厚计算。

设筒体名义厚度 $\delta_n = 12$ mm，则有效厚度 $\delta_e = 9.7$ mm；

筒体外径　$D_o = 3219.4$ mm

将 5 个加强圈在塔体上均布，则计算长度为

$$L = 10000 + 2\left(40 + \frac{1}{3} \times \frac{3219.4}{4}\right) = 10\,616.6 \text{ mm}$$

设置加强圈后的计算长度：

$$L' = \frac{10\,616.6}{6} = 1769.4 \text{ mm}$$

故

$$\frac{L'}{D_o} = \frac{1769.4}{3219.4} = 0.55$$

$$\frac{D_o}{\delta_e} = \frac{3219.4}{9.7} = 332$$

确定外压应变系数 A。查图 3 - 5，得 $A = 0.000\,42$。

确定外压应力系数 B 并计算许用外压力 $[p]$。查图 3 - 7，得 $B = 47$ MPa。

计算许用外压力：

$$[p] = \frac{B}{(D_o/\delta_e)} = \frac{47}{3219.4/9.7} = 0.142 \text{ MPa}$$

计算压力 $p_c = 0.1$ MPa，$p_c < [p]$，故满足稳定性要求，因此假设的 $\delta_n = 12$ mm 合理，塔体壁厚可减少 8 mm。

感兴趣的读者可自行设计加强圈的结构。

小　　结

1. 内容归纳

本章内容归纳如图 3-13 所示。

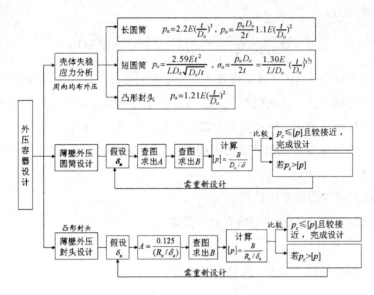

图 3-13　外压容器设计内容归纳

2. 重点和难点

(1) 重点:薄壁外压容器(圆筒、封头)的稳定性分析即临界压力的计算方法;外压圆筒及封头的设计方法。

(2) 难点:薄壁外压容器(圆筒、封头)的稳定性分析即临界压力的计算方法;外压圆筒及封头的设计方法。

思考题与习题

(1) 试述承受均布外压的回转壳体破坏的形式,并与承受内压的回转壳体相比有何异同。

(2) 试述有哪些因素影响承受均布外压圆柱壳的临界压力?提高圆柱壳弹性失稳的临界压力采用高强度材料是否正确,为什么?

(3) 外压圆筒分为几类?如何分类?

(4) 三个几何尺寸相同的承受周向外压的短圆筒,其材料分别为碳素钢($R_{eL}=$220 MPa,$E=2\times10^5$ MPa,$\mu=0.3$)、铝合金($R_{eL}=110$ MPa,$E=0.7\times10^5$ MPa,$\mu=0.3$)和铜($R_{eL}=100$ MPa,$E=1.1\times10^5$ MPa,$\mu=0.31$),试问哪一个圆筒的临界压力最大,为

什么？

（5）两个直径、厚度和材质相同的圆筒，承受相同的周向均布外压，其中一个为长圆筒，另一个为短圆筒，试问它们的临界压力是否相同，为什么？在失稳前，圆筒中周向压应力是否相同，为什么？随着所承受的周向均布外压力不断增加，两个圆筒先后失稳时，圆筒中的周向压应力是否相同，为什么？

（6）承受均布周向外压力的圆筒，只要设置加强圈均可提高其临界压力。是否正确，为什么？且采用的加强圈愈多，壳壁所需厚度就愈薄，故经济上愈合理。这句话是否正确，为什么？

（7）有一个圆筒，其内径为 1000 mm，厚度为 10 mm，长度为 20 m，材料为 Q345R（R_m＝510 MPa，R_{eL}＝345 MPa，E＝2×10^5 MPa，μ＝0.3）。① 在承受周向外压力时，求其临界压力 p_{cr}；② 在承受内压力时，求其屈服失效压力 p_s，并比较其结果。

（8）将（7）题中的圆筒长度改为 2 m，再进行（7）题中的①、②的计算，并与（7）题结果进行综合比较。

（9）今需制造一台分馏塔，塔内径 D_i＝2000 mm，塔身长（圆筒长＋两端标准椭圆形封头直边高度）L_1＝8000 mm，塔在 350 ℃ 及真空条件下操作，现库存有厚度为 8 mm、12 mm 和 14 mm 的 Q245R 钢板，试问能否用这三种钢板来制造这台设备？

（10）某厂拟设计一座真空塔，材料为 Q345R，塔内径 D_i＝2500 mm，两端为半球形封头，塔体圆筒部分高度为 20 000 mm，操作温度为 250 ℃，腐蚀裕量 C_2＝2 mm。请设计该塔。

第4章　压力容器零部件及其他设计

本章教学要点

知识要点	掌握程度	相关知识点
密封装置设计	熟练掌握密封机理及分类，影响密封性能的因素，法兰结构类型，法兰密封面形式；了解非标法兰设计思路	密封机理及分类，影响密封性能的因素，法兰结构类型及标准，公称直径、公称压力，法兰密封面形式
开孔和开孔补强设计	熟练掌握补强结构类型、等面积补强法和应力分析补强法的原理，了解等面积补强法和应力分析补强法的计算	补强结构类型，等面积补强法，应力分析补强法
支座设计	掌握立式容器、卧式容器及球形容器支座的选型设计	耳式支座，支承式支座，腿式支座，裙式支座；鞍式支座，圈式支座；柱式支座
安全泄放装置	掌握安全泄放原理及安全阀、爆破片的选用	安全泄放原理，安全阀，爆破片
压力容器的焊接结构设计	掌握压力容器常用的焊接接头形式及坡口，压力容器焊接接头分类，压力容器焊接结构设计的基本原则；了解压力容器常用焊接结构的设计方法	焊接接头形式，焊接坡口形式，压力容器焊接接头分类，压力容器焊接结构设计的基本原则
耐压试验与泄漏试验	掌握压力容器耐压试验的目的及试验压力、试验温度的确定	液压试验、气压试验；试验压力，试验温度

　　有关容器筒体和封头的设计已在第2章和第3章中进行了阐述，本章讨论容器的零部件设计，如密封装置、开孔与开孔补强、支座、检查孔、安全泄放装置等。容器的零部件是过程设备必不可少的组成部分，即使设备器壁强度足够，但如果零部件选用或设计不当，仍然可能造成设备的失效，危及生产安全，因此必须予以足够的重视。

4.1　密封装置设计

　　一般设备的壳体可以采用锻造或焊接的方法使其成为一个整体，但大多数压力容器是由可拆卸的几个部件组成的，然后通过一定的方式连接起来。这一方面是因为设备的工艺操作要求在设备上开各种孔，并使之与管道或其他附件相连接；另一方面也是为了便于制造、安装和检修。压力容器的可拆连接应满足下列基本要求：

（1）能保证在操作温度和操作压力下紧密不漏。

（2）有足够的强度，不因可拆连接的存在而削弱了整个结构的强度。

（3）能多次拆卸，装配方便。

压力容器的可拆密封装置形式多样，如螺纹连接、承插式连接和螺栓法兰连接等，其中以结构简单、强度和密封性好、装配比较方便的螺栓法兰连接应用最为广泛。图 4-1 为一台螺栓法兰连接的压力容器。

螺栓法兰连接主要由法兰、螺栓和垫片组成，如图 4-2 所示。螺栓的作用有两个：一是提供预紧力实现初始密封，并承担内压产生的轴向力；二是使螺栓法兰连接变为可拆连接。垫片装在两个法兰中间，用于防止容器发生泄漏。螺栓力、垫片反力与作用在筒体中面上的压力载荷不在同一直线上，因此法兰会受到弯矩的作用，发生弯曲变形。螺栓法兰连接设计的一般目的是：对于已知的垫片特性，确定安全、经济的法兰和螺栓尺寸，使接头的泄漏率控制在工艺和环境允许的范围内，使接头内的应力处在材料允许的范围内，即确保密封性和结构完整性。

图 4-1　螺栓法兰连接的压力容器

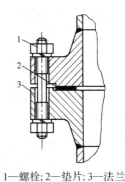

1—螺栓；2—垫片；3—法兰

图 4-2　螺栓法兰连接结构

4.1.1　密封机理及分类

1. 密封机理

流体在密封口泄漏有两条途径：一是渗透泄漏，即通过垫片材料本体毛细管的渗透泄漏，除了受介质压力、温度、黏度、分子结构等流体状态性质的影响外，主要与垫片的结构和材料性质有关；二是界面泄漏，即垫片与压紧面之间的泄漏，泄漏量大小主要与界面间隙尺寸有关。压紧面是指上、下法兰与垫片的接触面。加工时压紧面上凹凸不平的间隙及压紧力不足是造成界面泄漏的直接原因。界面泄漏是密封失效的主要途径。图 4-3 为界面泄漏和渗透泄漏示意图。

防止流体泄漏的基本方法是在密封口增加流体流动的阻力，当介质通过密封口的阻力大于密封口两侧的介质压力差时，介质就会被密封。而介质通过密封口的阻力是由施加于压紧面上的比压力来实现的，密封比压力越大，则介质通过密封口的阻力越大，越有利于密封。螺栓法兰连接的工作过程可用尚未预紧工况、预紧工况与操作工况来说明，见图4-4。

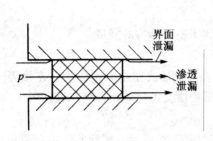

图4-3 界面泄漏和渗透泄漏

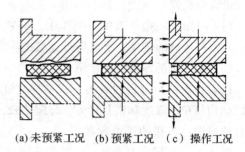

（a）未预紧工况 （b）预紧工况 （c）操作工况

图4-4 密封机理图

图4-4(a)为尚未预紧工况。将上、下法兰压紧面和垫片的接触处的微观尺寸放大，可以看到它们的表面凹凸不平，这些凹凸不平处就是流体泄漏的通道。

图4-4(b)为预紧工况。拧紧螺栓，螺栓力通过法兰压紧面作用到垫片上，由于垫片的材料为非金属、有色金属或软钢，其强度和硬度比钢制的法兰低得多，因而当垫片表面单位面积上所受的压紧力达到一定值时，垫片便产生弹性或屈服变形，填满上、下压紧面的凹凸不平处，堵塞了流体泄漏的通道，形成初始密封条件。形成初始密封条件时垫片单位面积上所受的最小压紧力，称为垫片比压力，用 y 表示，单位为 MPa。在预紧工况下，如垫片单位面积上所受的压紧力小于比压力 y，介质即发生泄漏。

图4-4(c)为操作工况。通入介质后，介质内压引起的轴向力使螺栓被拉伸，促使上、下法兰的压紧面分离，垫片在预紧工况所形成的压缩量随之减少，压紧面上的密封比压力下降；同时，垫片预紧时的弹性压缩变形部分产生回弹，其压缩变形的回弹量可补偿因螺栓伸长所引起的压紧面分离，使作用在压紧面上的密封比压力仍能维持一定值以保持密封性能。为保证在操作状态时法兰的密封性能而必须施加在垫片上的压应力，称为操作密封比压。如果垫片的回弹能力不足，密封比压下降到操作密封比压以下，密封即失效。操作密封比压往往用介质计算压力的 m 倍表示，这里的 m 称为垫片系数，无因次。

2. 密封分类

根据获得密封比压力方法的不同，压力容器的密封可分为强制式密封和自紧式密封两种。强制式密封是完全依靠连接件的作用力强行挤压密封元件达到密封，因而需要较大的预紧力，预紧力约为工作压力产生的轴向力的1.1~1.6倍。自紧式密封主要依靠容器内部的介质压力压紧密封元件实现密封，介质压力越高，密封越可靠，因而密封所需的预紧力较小，通常在工作压力产生的轴向力的 20% 以下。根据密封元件的主要变形形式，自紧式密封又可分为轴向自紧式密封和径向自紧式密封，前者的密封性能主要依靠密封元件的轴向刚度小于被连接件的轴向刚度来保证；后者则主要依靠密封元件的径向刚度小于被连接件的径向刚度来实现。

按被密封介质的压力大小，压力容器密封又可分为中低压密封和高压密封。中低压密封以螺栓法兰连接结构最为常用，广泛应用于容器的开孔接管和封头与筒体的连接处，属于强制式密封。本节主要讲述螺栓法兰连接结构的设计。

4.1.2　影响密封性能的主要因素

1. 螺栓预紧力

螺栓预紧力是影响密封的一个重要因素。预紧力必须使垫片压紧以实现初始密封。适当提高螺栓预紧力可以增加垫片的密封能力，因为加大预紧力可以使垫片在正常工况下保留较大的接触面比压力。但预紧力不宜过大，且应使预紧力尽可能均匀地作用到垫片上，否则会使垫片整体屈服而丧失回弹能力，甚至将垫片挤出连接处或压坏。通常采取减小螺栓直径、增加螺栓个数等措施来提高密封性能。

2. 垫片性能

垫片是密封结构中的重要元件，其变形能力和回弹能力是保证密封的必要条件。变形能力大的密封垫片易填满压紧面上的间隙，并使预紧力不致太大；回弹能力大的密封垫片能适应操作压力和温度的波动；因垫片与介质直接接触，还应具有能适应介质的温度、压力和耐腐蚀等性能。

几种常用垫片材料的比压力 y 和垫片系数 m 见表 4-1（表中压紧面形状和类别参见表 4-2）。这些数据大多为经验数据，仅考虑了 m、y 值与垫片材料以及结构与厚度的关系。但生产实践和广泛的研究表明，m 和 y 值还与介质性质、压力、温度、压紧面的粗糙度等因素有关，而且 m 和 y 之间也存在内在联系。尽管 m 和 y 在相当程度上掩盖了垫片材料的复杂行为，但极大地简化了法兰的设计，因此目前的螺栓法兰垫片设计中仍采用这些数据，且在一般情况下能满足生产的要求。

3. 压紧面质量

压紧面又称密封面，直接与垫片接触。压紧面的形状和粗糙度应与垫片相匹配，一般来说，使用金属垫片时其压紧面的质量要求比使用非金属垫片时高。压紧面表面不允许有刀痕和划痕；同时为了均匀地压紧垫片，应保证压紧面的平面度、压紧面与法兰中心轴线的垂直度。

4. 法兰刚度

如图 4-5 所示，因法兰刚度不足而产生过大的翘曲变形往往是实际生产中造成螺栓法兰连接密封失效的主要原因之一。刚度大的法兰变形小，可将螺栓预紧力均匀地传递给

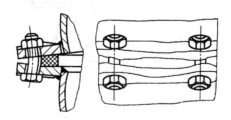

图 4-5　法兰的翘曲变形

垫片，从而提高法兰的密封性能。法兰刚度与很多因素有关，其中适当增加法兰环的厚度、缩小螺栓中心圆直径和增大法兰环外径，都能提高法兰的刚度。而采用带颈法兰或增大锥颈部分尺寸，可显著提高法兰的抗弯能力。但无原则地提高法兰刚度，将使法兰变得

笨重，且成本提高。

5.操作条件

操作条件主要是指压力、温度及介质的物理化学性质对密封性能的影响。操作条件对密封的影响很复杂，单纯的压力及介质对密封的影响并不显著，但在与温度的联合作用下，尤其是波动的高温作用下，会严重影响密封性能，甚至使密封因疲劳而完全失效。因为在高温下，介质的黏度小，渗透性大，易泄漏；介质对垫片和法兰的腐蚀作用加剧，增加了泄漏的可能性；法兰、螺栓和垫片均会产生较大的高温蠕变与应力松弛，使密封失效；某些非金属垫片还会因高温作用加速老化、变质，甚至烧毁。

表 4-1 垫片性能参数(摘自 GB150—2011《压力容器》)

垫 片 材 料		垫片系数 m	比压力 y /MPa	简图	压紧面形状 (见表 4-2)	类别 (见表 4-2)
无织物或石棉纤维含量少的合成橡胶: 肖氏硬度小于 75 肖氏硬度大于等于 75		0.50 1.00	0 1.4		1(a、b、c、d) 4、5	
具有适当加固物的石棉(石棉橡胶板)	3 mm 厚度 1.5 mm 0.75 mm	2.00 2.75 3.50	11 25.5 44.8			
内有棉纤维的橡胶		1.25	2.8			
内有石棉纤维的橡胶,具有金属加强丝或不具有金属加强丝	3 层 2 层 1 层	2.25 2.50 2.75	15.2 20.0 25.5			Ⅱ
植物纤维		1.75	7.6		1(a、b、c、d) 4、5	
内填石棉缠绕式金属	碳钢 不锈钢或蒙乃尔	2.50 3.00	69 69			
波纹金属板类壳内包石棉或波纹金属板内包石棉	软铝 软铜或黄铜 铁或软钢 蒙乃尔或 4%~ 6%铬钢 不锈钢	2.50 2.75 3.00 3.25 3.50	20 26 31 38 44.8		1(a、b)	

垫　片　材　料		垫片系数 m	比压力 y /MPa	简　图	压紧面形状（见表 4-2）	类别（见表 4-2）
波纹金属板	软铝	2.75	25.5		1(a、b、c、d)	
	软铜或黄铜	3.00	31			
	铁或软钢	3.25	38			
	蒙乃尔或 4%～6%铬钢	3.50	44.8			
	不锈钢	3.75	52.8			
平金属板内包石棉	软铝	3.25	38		1(a、b、c、d) 2	
	软铜或黄铜	3.50	44.8			
	铁或软钢	3.75	52.4			
	蒙乃尔	3.50	55.2			
	4%～6%铬钢	3.75	62.1			II
	不锈钢	3.75	62.1			
槽型金属	软铝	3.25	38		1(a、b、c、d) 2、3	
	软铜或黄铜	3.50	44.8			
	铁或软钢	3.75	52.4			
	蒙乃尔或 4%～6%铬钢	3.75	62.1			
	不锈钢	4.25	69.6			
金属平板	软铝	4.00	60.7		1(a、b、c、d) 2、3、4、5	
	软铜或黄铜	4.75	89.6			
	铁或软钢	5.50	124.1			
	蒙乃尔或 4%～6%铬钢	6.00	150.3			I
	不锈钢	6.50	179.3			
金属环	铁或软钢	5.50	124.1		6	
	蒙乃尔或 4%～6%铬钢	6.00	150.3			
	不锈钢	6.50	179.3			

表 4－2　垫片密封基本宽度(摘自 GB150 — 2011《压力容器》)

压紧面形状(简图)		垫片密封基本宽度 b_0	
		I	II
1a		$\dfrac{N}{2}$	$\dfrac{N}{2}$
1b			
1c	$\omega < N$	$\dfrac{\omega+\delta_g}{2}$ $\left(\dfrac{\omega+N}{4}\text{最大}\right)$	$\dfrac{\omega+\delta_g}{2}$ $\left(\dfrac{\omega+N}{4}\text{最大}\right)$
1d	$\omega \leqslant N$		
2	$\omega \leqslant N/2$	$\dfrac{\omega+N}{4}$	$\dfrac{\omega+3N}{8}$
3	$\omega \leqslant N/2$	$\dfrac{N}{4}$	$\dfrac{3N}{8}$
4[①]		$\dfrac{3N}{8}$	$\dfrac{7N}{16}$
5[①]		$\dfrac{N}{4}$	$\dfrac{3N}{8}$
6		$\dfrac{\omega}{8}$	

注：① 当锯齿深度不超过 0.4 mm，齿距不超过 0.8 mm 时，应采用 1b 或 1d 的压紧面形状。

4.1.3　螺栓法兰连接设计

1. 法兰结构类型及标准

法兰有多种分类方法，如按法兰接触面的宽窄，可分为宽面法兰与窄面法兰。法兰的接触面处在螺栓孔圆周以内的法兰称为窄面法兰，扩展到螺栓中心圆外侧的法兰称为宽面法兰。按应用场合法兰又可分为容器法兰和管法兰，与此相对应，法兰标准也包含容器法兰标准和管法兰标准两大类。

1）法兰结构类型

法兰的基本结构形式按组成法兰的圆筒、法兰环及锥颈三部分的整体性程度可分为松式法兰、整体法兰和任意式法兰三种，如图 4-6 所示。

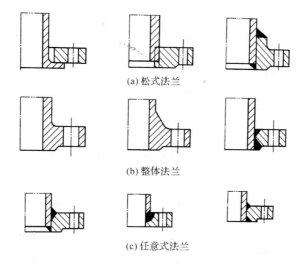

图 4-6　法兰结构类型

（1）松式法兰。松式法兰指法兰不直接固定在壳体上或者虽固定而不能保证与壳体作为一个整体承受螺栓载荷的结构，如活套法兰、螺纹法兰、搭接法兰等，见图 4-6(a)。其中活套法兰是典型的松式法兰，其法兰的力矩完全由法兰环本身来承担，对设备或管道不产生附加的弯曲应力，因而适用于有色金属和不锈钢制的设备或管道上，且法兰可采用碳素钢制作，以节约贵重金属。但活套法兰刚度小，厚度较大，一般只适用于压力较低的场合。

（2）整体法兰。将法兰与壳体锻造、铸成一体或经全熔透制成的平焊法兰称为整体法兰，见图 4-6(b)，这种结构能保证壳体与法兰同时受力，法兰厚度可适当减薄，但会在壳体上产生较大的应力。其中带颈法兰可以提高法兰与壳体的连接刚度，适用于压力、温度较高的重要场合。

（3）任意式法兰。从结构来看，任意式法兰与壳体连成一体，但刚性介于整体法兰和松式法兰之间，见图 4-6(c)。

2）法兰标准

为简化计算、降低成本、增加互换性，世界各国都制定了一系列法兰标准。实际使用时，应尽可能选用标准法兰。只有在使用大直径、特殊工作参数和结构形式的法兰时才需自行设计。法兰标准根据用途分为容器法兰和管法兰两套标准。相同公称直径、公称压力的容器法兰与管法兰的连接尺寸各不相同，二者不能相互套用。

选择法兰的主要参数是公称压力和公称直径。

(1) 公称直径。公称直径是容器和管道标准化后的尺寸系列，以 DN 表示。对容器而言是指容器的内径(用管子作筒体的容器除外)；对于管道或管件而言，公称直径指名义直径，是与内径相近的某个数值，公称直径相同的钢管，外径相同，内径不同，这是因为厚度是变化的，如 DN100 的无缝钢管有 $\phi108\times4$、$\phi108\times4.5$、$\phi108\times5$ 等规格。容器与管道的公称直径应按国家标准规定选用，表 4-3 和 4-4 分别为容器和管道的公称直径。

表 4-3　压力容器的公称直径(摘自 GB/T 9019—2001《压力容器公称直径》) mm

公称直径									
300	350	400	450	500	550	600	650	700	750
800	850	900	950	1000	1100	1200	1300	1400	1500
1600	1700	1800	1900	2000	2100	2200	2300	2400	2500
2600	2700	2800	2900	3000	3100	3200	3300	3400	3500
3600	3700	3800	3900	4000	4100	4200	4300	4400	4500
4600	4700	4800	4900	5000	5100	5200	5300	5400	5500
5600	5700	5800	5900	6000	—	—	—	—	—

注：本标准并不限制直径在 6000 mm 以上的圆筒的使用。

表 4-4　管道的公称直径　　　　　　　　　　　　　　　　mm

公称直径									
10	15	20	25	32	40	50	65	80	100
125	150	200	250	300	350	400	450	500	600
650	700	750	800	850	900	950	1000		

(2) 公称压力。公称压力是压力容器或管道的标准化压力等级，指规定温度下的最大工作压力，也是一种经过标准化后的压力数值。在容器设计选用零部件时，应选取设计压力相近且稍高一级的公称压力。

国际通用的公称压力等级有两大体系，即欧洲体系和美洲体系。欧洲体系采用 PN 系列表示公称压力等级，如 PN2.5、PN40 等。美国等一些国家习惯采用 Class 系列表示公称压力等级，如 Class150、Class600 等。PN 和 Class 都是用来表示公称压力等级系列的符号，其本身并无量纲。PN 系列的公称压力等级有 0.25 MPa、0.6 MPa、1.0 MPa、1.6 MPa、2.5 MPa、4.0 MPa、6.3 MPa、10.0 MPa、16.0 MPa、25.0 MPa 等；Class 系列中常用的公称压力等级有 2.0 MPa、5.0 MPa、11.0 MPa、15.0 MPa、26.0 MPa、42.0 MPa 等。PN 系列与 Class 系列间的相互对应关系以及所表示的公称压力值见表 4-5。

表 4-5　PN 系列与 Class 系列公称压力的对照

PN	20	50	110	150	260	420
Class	150	300	600	900	1500	2500
压力值/MPa	2.0	5.0	11.0	15.0	26.0	42.0

（3）容器法兰标准。中国压力容器法兰标准为 NB/T47020～47027—2012《压力容器法兰、垫片等固件》。标准中给出了甲型平焊法兰、乙型平焊法兰和长颈对焊法兰的分类、技术条件、结构形式和尺寸，以及相关垫片、螺栓形式等。适用于公称压力 0.25～6.4 MPa，工作温度−70～450 ℃的碳钢、低合金钢制压力容器法兰。

（4）管法兰标准。目前，中国管法兰标准较多，主要有国家标准 GB 9112～9125—2010《钢制管法兰》，机械行业标准 JB/T 74～90—1994《管路法兰和垫片》以及化工行业标准 HG/T 20592～20635—2009《钢制管法兰、垫片、紧固件》（包括欧洲体系和美洲体系）等。考虑到 HG/T 20592～20635 管法兰标准系列的适用范围广、材料品种齐全，在选用管法兰时建议优先采用该标准。

（5）标准法兰的选用。法兰应根据容器或管道的公称直径、公称压力、工作温度、工作介质特性以及法兰材料进行选用。

在选用标准法兰时，应按容器法兰或管法兰的设计温度和材料（或材料类别），在标准的压力-温度额定值表中查得法兰的最大允许工作压力（应大于法兰的设计压力），然后将该最大允许工作压力所对应的公称压力作为所选用的标准法兰的压力等级。

2. 法兰密封面和垫片的选择

螺栓法兰连接设计的关键要解决两个问题：一是保证连接处紧密不漏；二是法兰应具有足够的强度，不致因受力而破坏。实际应用中，螺栓法兰连接很少因强度不足而遭到破坏，大多因密封性能不良而导致泄漏。因此密封设计是螺栓法兰连接中的重要环节，而密封性能的优劣又与压紧面和垫片有关。

1）法兰压紧面的选择

压紧面主要应根据工艺条件、密封口径以及垫片等进行选择。如图 4-7 所示，常用的压紧面形式有全平面、突面、凹凸面、榫槽面及环连接面（或称 T 形槽）等，其中以突面、凹凸面、榫槽面最为常用。

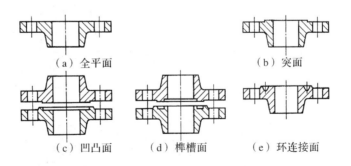

| （a）全平面 | （b）突面 |
| （c）凹凸面 | （d）榫槽面 | （e）环连接面 |

图 4-7　压紧面的形式

突面结构简单，加工方便，装卸容易，便于进行防腐衬里。压紧面可以是平面，也可以在压紧面上开 2～4 条宽×深为 0.8 mm×0.4 mm、截面为三角形的周向沟槽，能较为有效地防止非金属垫片被挤出压紧面，因而适用场合更广。一般完全平滑的突面仅适用于公称压力≤2.5MPa 的场合，带沟槽容器法兰的公称压力可达 6.4 MPa，管法兰的公称压力可达 25～42 MPa。

凹凸压紧面安装时易于对中，还能有效地防止垫片被挤出压紧面，适用于公称压力

≤6.4 MPa的容器法兰和管法兰。

榫槽压紧面是由一个榫面和一个槽面相配合构成的，垫片安放在槽内，因此不会被挤出压紧面，且不易受介质的冲刷和腐蚀作用，所需螺栓力相应较小，但结构复杂，更换垫片较难，只适用于易燃、易爆和高度或极度毒性危害介质等重要场合。

2）垫片的选择

垫片是螺栓法兰连接的核心，设计时，主要根据介质特性、压力、温度和压紧面的形状来选择垫片的结构形式、材料和尺寸，同时应兼顾价格、制造和更换是否方便等因素。选择的基本要求是垫片材料不污染工作介质、耐腐蚀、具有良好的变形能力和回弹能力，在工作温度下不易变质硬化或软化等。对于化工、石油、轻工、食品等生产中常用的介质，可以参阅表4-6选用垫片。

表4-6　垫片选用表

介质	法兰公称压力/MPa	工作温度/℃	密封面	垫片	
				形式	材料
油品、油气，溶剂（丙烷、丙酮、苯、酚、糠醛、异丙醇），石油化工原料及产品	≤1.6	≤200	突（凹凸）	耐油垫、四氟垫	耐油橡胶石棉板、聚四氟乙烯板
		201～250	突（凹凸）	缠绕垫、金属包垫、柔性石墨复合垫	0Crl3钢带-石棉板、石墨-0Cr13等骨架
	2.5	≤200	突（凹凸）	耐油垫、缠绕垫、金属包垫、柔性石墨复合垫	耐油橡胶石棉板、0Cr13钢带-石棉板
		201～450	突（凹凸）	缠绕垫、金属包垫、柔性石墨复合垫	0Crl3钢带-石棉板、石墨-0Cr13等骨架
	4.0	≤40	凹凸	缠绕垫、柔性石墨复合垫	0Crl3钢带-石棉板、石墨-0Cr13等骨架
		41～450	凹凸	缠绕垫、金属包垫、柔性石墨复合垫	0Crl3钢带-石棉板、石墨-0Cr13等骨架
	6.4 10.0	≤450	凹凸	金属齿形垫	10、0Cr13、0Cr18Ni9
		451～530	环连接面	金属环垫	0Cr13、0Cr18Ni9、0Cr17Ni12Mo2

介 质		法兰公称压力/MPa	工作温度/℃	密封面	垫 片	
					形式	材 料
氢气、氢气与油气混合物		4.0	≤250	凹凸	缠绕垫、柔性石墨复合垫	0Crl3 钢带-石棉板、石墨-0Cr13 等骨架
			251～450	凹凸	缠绕垫、柔性石墨复合垫	0Crl8Nil9 钢带-石墨带、石墨-0Cr18Nil9 等骨架
			451～530	凹凸	缠绕垫、金属齿形垫	0Crl8Nil9 钢带-石墨带、0Cr18Ni9、0Cr17Ni12Mo2
		6.4 10.0	≤250	环连接面	金属环垫	10、0Cr13、0Cr18Ni9
			251～400	环连接面	金属环垫	0Cr13、0Cr18Ni9
			401～530	环连接面	金属环垫	0Crl8Ni9、0Cr17Ni12Mo2
氨		2.5	≤150	凹凸	橡胶垫	中压橡胶石棉板
压缩空气		1.6	≤150	突	橡胶垫	中压橡胶石棉板
蒸汽	0.3 MPa	1.0	≤200	突	橡胶垫	中压橡胶石棉板
	1.0 MPa	1.6	≤280	突	缠绕垫、柔性石墨复合垫	0Crl3 钢带-石棉板、石墨-0Crl3 等骨架
	2.5 MPa	4.0	300		缠绕垫、柔性石墨复合垫、紫铜垫	0Crl3 钢带-石棉板、石墨-0Crl3 等骨架、紫铜板
	3.5 MPa	6.4	400	凹凸	紫铜垫	紫铜板
		10.0	450	环连接面	金属环垫	0Cr13、0Cr18Ni9
惰性气体		1.6	≤280	突	橡胶垫	中压橡胶石棉板
		4.0	≤60	凹凸	缠绕垫、柔性石墨复合垫	0Crl3 钢带-石棉板、石墨-0Crl3 等骨架
		6.4	≤60	凹凸	缠绕垫	0Crl3(0Cr18Ni9)钢带-石棉板
水		≤1.6	≤300	突	橡胶垫	中压橡胶石棉板
剧毒介质		≥1.6		环连接面	缠绕垫	0Crl3 钢带-石墨带

介质	法兰公称压力/MPa	工作温度/℃	密封面	垫 片	
				形式	材料
弱酸、弱碱、酸渣、碱渣	≤1.6	≤300	突	橡胶垫	中压橡胶石棉板
	≥2.5	≤450	凹凸	缠绕垫、柔性石墨复合垫	0Crl3 钢带-石棉板、石墨-0Crl3 等骨架
液化石油气	1.6	≤50	突	耐油垫	耐油石棉胶板
	2.5	≤50	突	缠绕垫、柔性石墨复合垫	0Crl3 钢带-石棉板、石墨-0Crl3 等骨架
环氧乙烷	1.0	260		金属平垫	紫铜
氢氟酸	4.0	170	凹凸	缠绕垫、金属平垫	蒙乃尔合金带-石墨带、蒙乃尔合金板
低温油气	4.0	−20～0	突	耐油垫、柔性石墨复合垫	耐油橡胶石棉板、石墨-0Crl3 等骨架

3. 非标法兰设计简介

GB 150.3 — 2011《压力容器》中明确规定，当按照《压力容器法兰标准》选用法兰时，可免除法兰计算。当需要采用非标准法兰时，必须按照 GB 150 进行设计。

螺栓法兰连接结构的失效模式既有强度失效又有密封失效，其中密封失效是主要的失效模式。但由于结构的强度失效首先被认识以及在研究基于密封失效的设计方法中所遇到的困难，长期以来，各国规范和标准主要采用了以弹性分析为基础的强度设计方法，以控制法兰中的最大应力来保证法兰的强度和刚度。目前使用最为广泛的是 Waters 法（又称为 Taylor – Forge 法）。

1）Waters 法简介

Waters 法是 1937 年由美国力学家华特斯（E.O.Waters）和芝加哥泰勒弗格（Taylor Forge）公司首先提出的，又经 Waters 等人的发展纳入 ASME 规范。这个方法基于弹性应力分析，且不考虑系统的变形特性和垫片的复杂行为，而是根据前述的 m 和 y 系数，在法兰受力确定的条件下，计算出法兰中的最大应力并控制在规定的许用应力以下，以保证法兰系统的刚度，从而达到连接的密封要求。

Waters 法的力学模型是将法兰结构分成壳体、锥颈和法兰环三部分（见图 4 – 8）。壳体、锥颈部分受到压力的作用，法兰环受到压力、垫片反力和螺栓力的作用，根据这三部分在连接处的变形协调方程求得边缘力和边缘力矩，然后分别计算壳体、锥颈、法兰环在外载荷、边缘力和边缘力矩作用下的应力。

螺栓法兰连接设计的内容包括：确定垫片材料、形式及尺寸；确定螺栓材料、规格及数量；确定法兰材料、密封面形式及结构尺寸；进行应力校核；对承受内压的窄面整体法兰和按整体法兰计算的窄面任意式法兰进行刚度校核。

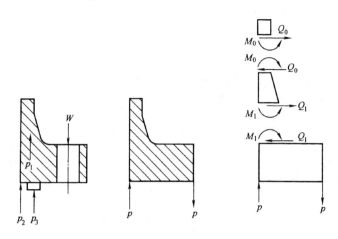

图 4 - 8　Waters 法应力分析模型

　　壳体、锥颈、法兰环之间作用的边缘力和边缘力矩可以通过三者的变形协调求得，并以法兰设计力矩 M_0 表示，通过计算可得到锥颈大、小端的应力以及法兰环中的应力，这些应力需满足法兰的强度和刚度条件。具体应力计算及校核条件可参阅 GB 150《压力容器》。

　　但是 Waters 法存在一定的局限性，主要体现在以下两方面：一方面是垫片参数 m 和 y 老旧，多年未更新，更无新型垫片材料的数据；另一方面是该方法不能对法兰结构的密封性能进行定量分析设计，无法求得各种工况下能够保证密封性能的螺栓力。

　　2）非标螺栓法兰结构设计最新进展

　　（1）PVRC 方法。PVRC 方法是 20 世纪 70 年代美国压力容器研究委员会研究的密封设计的定量方法。该方法中首次引入了紧密度的概念，将密封要求和强度要求相结合，保证达到紧密度要求时需要的垫片反力，然后按 Waters 法进行螺栓设计和法兰强度校核。但未对螺栓、垫片和法兰进行变形协调分析，因此对于螺栓预紧力仍未真正做到定量分析。

　　（2）EN 方法。欧洲标准协会于 2001 年发布标准 EN 1591《法兰及其接头——带垫片的圆形法兰连接设计规则》。该方法较完整地考虑了螺栓、垫片和法兰的相互作用及其对整个接头密封性能的影响，利用三者之间的变形协调，较准确地确定了法兰接头装配时所需的螺栓预紧力。同时，该方法还可以将垫片系数 m_1 与泄漏率相关联，从而实现一定程度上的基于密封性-紧密度要求的设计。因此 EN 方法是当前较完美的法兰设计方法。

4.2　开孔和开孔补强设计

4.2.1　概述

　　由于各种工艺和结构上的要求，在容器制造的过程中，不可避免地要在容器上开孔并安装接管。开孔会削弱器壁的强度，且在壳体和接管的连接处，因结构的连续性被破坏，还会产生很大的局部应力，给容器的安全操作带来隐患，因此压力容器设计时必须充分考虑开孔的补强问题。

1. 补强结构

压力容器接管补强结构通常采用局部补强结构，主要包括补强圈补强、厚壁接管补强和整锻件补强三种形式，如图 4-9 所示。

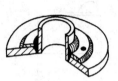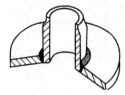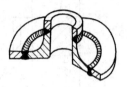

（a）补强圈补强　　　　　（b）厚壁接管补强　　　　　（c）整锻件补强

图 4-9　补强元件的基本类型

1）补强圈补强

补强圈是中低压容器中应用最多的补强结构，补强圈贴焊在壳体与接管连接处，如图 4-9(a)所示。补强圈结构简单，制造方便，使用广泛，但其与壳体金属之间不能完全贴合，传热效果差，在中温以上使用时，二者存在较大的热膨胀差，因而会使补强局部区域产生较大的热应力；另外，补强圈与壳体搭接连接，难以形成整体，所以抗疲劳性能差。这种补强结构一般使用在静载、常温、中低压、材料的标准抗拉强度下限值 $R_m < 540$ MPa、补强圈厚度小于或等于 $1.5\delta_n$、壳体名义厚度 $\delta_n \leqslant 38$ mm 的场合。图 4-10 为补强圈补强的接管。

若条件许可，推荐以厚壁接管代替补强圈进行补强，其 δ_{nt}/δ_n 宜控制在 0.5～2 范围内。

2）厚壁接管补强

厚壁接管补强即在开孔处焊上一段厚壁接管，如图 4-9(b)所示。由于接管的加厚部分正处于最大应力区域内，故比补强圈更能有效地降低应力集中系数。接管补强结构简单，焊缝少，焊接质量容易检验，因此补强效果较好。高强度低合金钢制压力容器由于材料缺口敏感性较高，一般都采用该结构，但必须保证焊缝全熔透。图 4-11 为采用厚壁接管补强的设备。

图 4-10　补强圈补强的接管　　　　　　　图 4-11　厚壁接管补强

3）整锻件补强

整锻件补强是将接管和部分壳体连同补强部分制成整体锻件，再与壳体和接管焊接所组成的结构，如图 4-9(c)所示。与补强圈补强和厚壁接管补强相比，其优点是：补强金属集中于开孔应力最大的部位，能最有效地降低应力集中系数；可采用对接焊缝，并使焊缝及其热影响区离开最大应力点,抗疲劳性能好,疲劳寿命只降低 10%～15%。其缺点是:锻件供应困难,制造成本较高,所以只在重要压力容器中应用,如核容器以及材料屈服强度在 500 MPa 以上的容器开孔、受低温、高温、疲劳载荷作用的容器的大直径开孔等。

厚壁接管补强和整锻件补强又可称为整体补强。

2. 开孔补强设计准则

开孔补强设计是指采取适当增加壳体或接管厚度的方法将应力集中系数减小到某一允许的数值。目前通用的、也是最早采用的开孔补强设计准则是基于弹性失效设计准则的等面积补强法。随着各国对开孔补强研究的深入,出现了许多新的设计思想,形成了新的设计准则,如建立了以塑性失效准则为基础的极限载荷补强法、基于弹性薄壳理论解的应力分析补强法等。设计时,对于不同的使用场合和载荷性质可采用不同的设计方法。

1）等面积补强法

等面积补强法认为受内压壳体因开孔被削弱的承载面积,须有补强材料在离孔边一定距离范围内予以等面积补偿,即壳体除本身承受内压所需截面积之外的多余金属截面积 A_e 不应少于开孔所减少的金属截面积 A:

$$A_e \geqslant A \qquad (4-1)$$

该方法是以双向受拉伸的无限大平板上开有小孔时孔边的应力集中作为理论基础的,即仅考虑壳体中存在的拉伸薄膜应力,且以补强壳体的一次应力强度作为设计准则,故对小直径的开孔安全可靠。由于该补强法未考虑开孔处的应力集中的影响,也没有考虑容器直径变化的影响,补强后对不同接管会得到不同的应力集中系数,即安全裕量不同,因此有时显得富余,有时显得不足。

等面积补强准则具有长期的实践经验,简单易行;当开孔较大时,只要对其开孔尺寸和形状等予以一定的配套限制,在一般压力容器使用条件下能够保证安全,因此不少国家的容器设计规范主要采用该方法,如 ASME Ⅷ-1 和 GB 150 等。

2）应力分析补强法

应力分析补强法是根据弹性薄壳理论得到的应力分析法,用于内压作用下具有径向平齐接管圆筒的开孔补强设计。

等面积补强法仅针对薄膜应力进行考虑,不能有效降低接管开孔部位的应力集中系数,却会消耗较多的补强材料。因此,GB 150 — 2011 新增了应力分析法的内容,这是针对大开孔率范围而提出的薄壳理论解,不涉及塑性分析方法而仅用弹性分析方法对结构进行弹性应力分析,允许接管部位的应力超过材料的屈服强度,从而局部材料会进入塑性状态,但控制该最大弹性虚拟应力不超过一定限度仍可保证安全。美国压力容器研究委员会允许的最大值为 $3[\sigma]^t$。这种应力限度是由安定性分析得出的,所谓"安定",就是结构经受第一次加载时可以允许局部区域出现塑性变形,而卸载后第二次及以后的重复加载时不再出现新的塑性变形,仅呈现出弹性行为,结构便达到"安定"状态。能保证重复加载中结构安定的最大虚拟应力为 $3[\sigma]^t$（详见第 7 章第 3 节）。

GB 150 — 2011 考虑到首次将分析补强法作为国家标准推出,为了留有一定的安全裕量,采用以下偏于保守的设计准则:

$$K\frac{pD}{2\delta_e} \leqslant 2.6[\sigma]^t \qquad (4-2)$$

式中：K 为开孔部位的应力集中系数。

该设计准则得到了许多试验结果以及精细网格三维有限元解的验证，并为国际同行所认可。本节将详细讨论分析补强设计方法。

3）压力面积补强法

压力面积补强法要求壳体的承压投影面积对压力的乘积和壳壁的承载截面积对许用应力的乘积相平衡，以欧盟标准 EN 13445 为代表。该法仅考虑开孔边缘一次总体及局部薄膜应力的静力要求，本质上与等面积补强法相同，未考虑弯曲应力的影响。

4）极限载荷补强法

极限分析是指对结构采用塑性力学的方法，在理想塑性的前提下求出容器整体或局部区域沿壁厚发生全塑性流动时的载荷，称为极限载荷，对压力容器来说就是极限压力。同时对于带有补强结构的容器接管区作极限分析后求出极限压力，若带补强接管的壳体极限压力与无接管的壳体极限压力基本相同，则认为该补强结构是可行的，此即为极限载荷补强法。

3. 允许不另行补强的最大开孔直径

压力容器常常存在各种强度裕量，例如壳体和接管的实际厚度往往大于强度需要的厚度；焊接接头系数小于 1 但开孔位置不在焊缝上等。这些因素相当于对壳体进行了局部加强，降低了薄膜应力，从而也降低了开孔处的最大应力。因此，对于满足一定条件的开孔接管，可以不予补强。

GB 150 规定，壳体上开孔满足下述全部要求时，可不另行补强：

（1）设计压力≤2.5 MPa；

（2）两相邻开孔中心的间距（对曲面间距以弧长计算）应不小于两孔直径之和；对于 3 个或以上的相邻开孔，任意两孔中心的间距（对曲面间距以弧长计算）应不小于两孔直径之和的 2.5 倍；

（3）接管外径小于或等于 89 mm；

（4）接管壁厚满足表 4-7 的要求，表中接管壁厚的腐蚀裕量为 1 mm，需要加大腐蚀裕量时，应相应增加壁厚；

（5）开孔不得位于 A、B 类焊接接头上；

（6）钢材的标准抗拉强度下限值 $R_m \geqslant 540$ MPa 时，接管与壳体的连接采用全焊透的结构形式。

表 4-7　不另行补强的接管最小厚度　　　　　　　　　mm

接管外径	25	32	38	45	48	57	65	76	89
接管壁厚	≥3.5			≥4.0		≥5.0		≥6.0	

4.2.2　等面积补强计算

等面积补强设计方法主要用于补强圈结构的补强计算。基本原则如前所述，即使有效补强的金属面积等于或大于开孔所削弱的金属面积。

容器上的开孔宜避开容器焊接接头。当开孔通过或邻近容器焊接接头时，则应保证在开孔中心 $2d_{op}$ 范围内的接头不存在任何超标缺陷。

1. 允许开孔的范围

等面积补强法是以无限大平板上开小圆孔的孔边应力分析作为理论依据的，但实际的开孔接管位于壳体上，壳体总有一定的曲率，为减少实际应力集中系数与理论分析结果之间的差异，须对开孔的尺寸和形状给予一定的限制。GB 150 对开孔最大直径的限制如下。

(1) 圆筒上开孔的限制：当其内径 $D_i \leqslant 1500$ mm 时，开孔最大直径 $d_{op} \leqslant \frac{1}{2} D_i$，且 $d_{op} \leqslant 520$ mm；当其内径 $D_i > 1500$ mm 时，开孔最大直径 $d_{op} \leqslant \frac{1}{3} D_i$，且 $d_{op} \leqslant 1000$ mm。

(2) 凸形封头或球壳上开孔最大直径 $d_{op} \leqslant \frac{1}{2} D_i$。

(3) 锥形封头上开孔最大直径 $d_{op} \leqslant \frac{1}{3} D_i$，$D_i$ 为开孔中心处的锥壳内直径。

注：对椭圆形或长圆形孔，开孔最大直径 d_{op} 指长轴尺寸。

2. 开孔补强的计算截面选取

开孔所需的最小补强面积应在下列规定的截面上求取：对于圆筒或锥壳开孔，该截面通过开孔中心点与筒体的轴线；对于凸形封头或球壳开孔，该截面通过封头开孔中心点，沿开孔最大尺寸方向，且垂直于壳体表面。

对于圆形开孔，d_{op} 取接管内直径加 2 倍厚度的附加量；对于椭圆形或长圆形孔，d_{op} 取所考虑截面的尺寸(弦长)加 2 倍厚度的附加量。

3. 所需最小补强面积 A

1）内压容器

对受内压的圆筒或球壳，所需要的补强面积 A 为

$$A = d_{op}\delta + 2\delta\delta_{et}(1 - f_r) \tag{4-3}$$

式中：A 为开孔削弱所需要的补强面积，mm^2；d_{op} 为开孔直径，mm；δ 为壳体开孔处的计算厚度，mm；δ_{et} 为接管有效厚度，$\delta_{et} = \delta_{nt} - C$，mm；$f_r$ 为强度削弱系数，等于设计温度下接管材料与壳体材料许用应力之比，当该值大于 1.0 时，取 $f_r = 1.0$；对安放式接管，取 $f_r = 1.0$。

2）外压容器

对于受外压或平盖上的开孔，开孔造成的削弱是抗弯截面模量而非指承载截面积。按照等面积补强的基本出发点，由于开孔引起的抗弯截面模量的削弱必须在有效补强范围内得到补强，所需补强的截面积仅为因开孔而引起的削弱截面积的一半。

对受外压的圆筒或球壳，所需的最小补强面积 A 为

$$A = 0.5[d_{op}\delta + 2\delta\delta_{et}(1 - f_r)] \tag{4-4}$$

3）平盖

对平盖开孔直径 $d_{op} \leqslant \frac{1}{2} D_c$（$D_c$ 为平盖计算直径）时，所需的最小补强面积 A 为

$$A = 0.5 d_{op}\delta_p \tag{4-5}$$

式中：δ_p 为平盖计算厚度，mm。

4. 有效补强范围

壳体上开孔处的最大应力位于孔边，并随着与孔边距离的增加而减少。如果在与孔边

一定距离的补强范围内加上补强材料，可有效降低应力水平。壳体进行开孔补强时，其补强区的有效范围按图 4-12 中的矩形 $WXYZ$ 范围确定，超过此范围的补强是没有作用的。

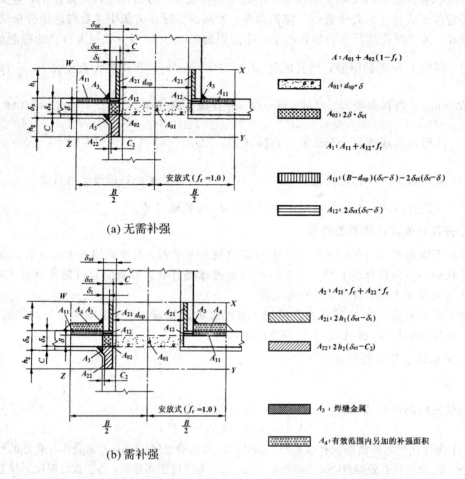

图 4-12　有效补强范围示意图

有效宽度 B 按式(4-6)计算，取二者中的较大值：

$$\begin{cases} B = 2d_{op} \\ B = d_{op} + 2\delta_n + 2\delta_{nt} \end{cases} \tag{4-6}$$

式中：B 为补强有效宽度，mm；δ_n 为壳体开孔处的名义厚度，mm；δ_{nt} 为接管名义厚度，mm。

有效高度按式(4-7)和式(4-8)计算，分别取式中的较小值：

外伸接管有效补强高度：

$$h_1 = \begin{cases} \sqrt{d_{op}\delta_{nt}} \\ \text{接管实际外伸高度} \end{cases} \tag{4-7}$$

内伸接管有效补强高度：

$$h_2 = \begin{cases} \sqrt{d_{op}\delta_{nt}} \\ \text{接管实际内伸高度} \end{cases} \tag{4-8}$$

5. 补强范围内补强金属面积 A_e

在有效补强区 $WXYZ$ 范围内，可作为有效补强的金属截面积 A_e 为

$$A_e = A_1 + A_2 + A_3 \tag{4-9}$$

其中，A_1、A_2、A_3 的计算式分别为：

A_1 为壳体有效厚度减去计算厚度之外的多余面积，mm^2，即

$$A_1 = (B - d_{op})(\delta_e - \delta) - 2\delta_{et}(\delta_e - \delta)(1 - f_r) \tag{4-10}$$

式中：δ_e 为壳体开孔处的有效厚度，mm。

A_2 为接管有效厚度减去计算厚度之外的多余面积，mm^2，即

$$A_2 = 2h_1(\delta_{et} - \delta_t)f_r + 2h_2(\delta_{et} - C_2)f_r \tag{4-11}$$

式中：δ_t 为接管计算厚度，mm。A_3 为有效补强区内焊缝金属的截面积，见图 4-12。

若 $A_e \geqslant A$，则开孔后不需另加补强。

若 $A_e < A$，则开孔后需另加补强，另加补强的金属截面积 A_4 应满足：

$$A_4 \geqslant A - A_e \tag{4-12}$$

补强材料一般需与壳体材料相同，若补强材料的许用应力小于壳体材料的许用应力，补强面积按壳体材料与补强材料许用应力之比增加。若补强材料的许用应力大于壳体材料的许用应力，则所需补强面积不得减少。

6. 接管方位

根据等面积补强设计准则，开孔所需的最小补强面积主要由 $d_{op}\delta$ 确定，其中 δ 为按壳体开孔处的最大应力计算而得的计算厚度。对于内压圆筒上的开孔，δ 为按周向应力计算而得的计算厚度。当在内压椭圆形封头或内压碟形封头上开孔时，则应注意不同的开孔位置应取不同的计算厚度。这是由于常规设计中，内压椭圆形封头和内压碟形封头的计算厚度都是由转角过渡区的最大应力确定的，而中心部位的应力比转角过渡区的应力小，因而所需的计算厚度也较小。

1）椭圆形封头

对于椭圆形封头，当开孔位于以椭圆形封头中心为中心的 80% 封头内直径的范围内时，由于中心部位可视为当量半径 $R_i = K_1 D_i$ 的球壳，计算厚度 δ 可按式(4-13)计算，即

$$\delta = \frac{K_1 p_c D_i}{2[\sigma]^t \phi - 0.5p_c} \tag{4-13}$$

式中，K_1 为椭圆形长短轴比值决定的系数，由表 3-1 查得。而在此范围以外开孔时，δ 值按椭圆形封头的厚度计算式(2-74)计算，即

$$\delta = \frac{K p_c D_i}{2[\sigma]^t \phi - 0.5p_c}$$

2）碟形封头

对于碟形封头，当开孔位于封头球面部分时，则令式(2-77)中的碟形封头形状系数 $M = 1$，即封头厚度按式(4-14)计算：

$$\delta = \frac{p_c R_i}{2[\sigma]^t \phi - 0.5p_c} \tag{4-14}$$

此范围之外的开孔，其 δ 值按碟形封头的厚度计算式(2-77)计算，即

$$\delta = \frac{M p_c R_i}{2 [\sigma]^t \phi - 0.5 p_c}$$

7. 补强圈设计

由 JB/T 4736—2002《补强圈》的规定，根据接管公称直径选取补强圈，确定补强圈内径、外径 d'、D'，则补强圈的厚度 T 为

$$T = \frac{A_4}{D' - d'} \tag{4-15}$$

4.2.3 圆筒径向接管开孔补强设计的分析法

分析法是基于弹性薄壳理论而提出的补强设计方法，其适用范围为：$d \leqslant 0.9D$ 且 $\max[0.5, d/D] \leqslant \delta_{et}/\delta_e \leqslant 2$。分析法与等面积法适用的开孔率范围比较见图 4-13。

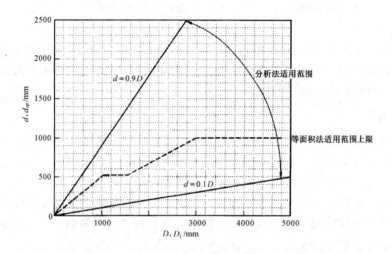

图 4-13 圆筒开孔补强分析法与等面积法的适用范围

分析法是内压作用下圆筒具有径向平齐接管开孔补强设计的另一种方法，是根据弹性薄壳理论得到的圆筒开孔补强的应力分析法，力学模型如图 4-14(a)所示。在该方法涵盖的补强适用范围内，与等面积补强法具有同样的设计可靠性。分析法有两种等效的补强计算途径，根据需要可任择其一：等效应力校核；补强结构尺寸设计。

本节只介绍等效应力校核方法，补强结构尺寸设计方法可参阅 GB 150《压力容器》。

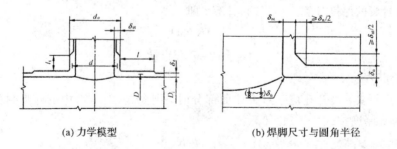

(a) 力学模型　　　　　　　　　(b) 焊脚尺寸与圆角半径

图 4-14 开孔补强设计分析法力学模型

1. 适用范围

(1) 内压作用下具有单个径向接管的圆筒。

(2) 当圆筒具有两个或两个以上开孔时，相邻两孔边缘的间距不得小于 $2\sqrt{D_i\delta_n}$。

(3) 圆筒、接管或补强件的材料的标准室温屈服强度与标准抗拉强度下限值之比 $R_{eL}/R_m \leqslant 0.8$；

(4) 接管或补强件与壳体应采用截面全熔透焊缝，从而确保补强结构的整体性。

(5) 对圆筒或接管进行整体补强，应满足补强范围尺寸(自接管、圆筒交线至补强区边缘的距离：对于圆筒 $l > \sqrt{D_i\delta_n}$，对于接管 $l_t > \sqrt{d_o\delta_{nt}}$)或整体加厚圆筒体；补强范围内的 A、B 类焊接接头不得有任何超标缺陷，必要时应对此提出无损检测要求。

(6) 圆筒与接管之间角焊缝的焊脚尺寸应分别不小于 $\delta_n/2$ 和 $\delta_{nt}/2$，接管内壁与圆筒内壁交线处圆角半径在 $\delta_n/8$ 和 $\delta_n/2$ 之间，见图 4-14(b)。

(7) 本设计方法适用下列参数范围：$\rho \leqslant 0.9$ 且 $\max[0.5, \rho] \leqslant \delta_{et}/\delta_e \leqslant 2$。

2. 等效应力校核

1) 计算步骤

(1) 按式(4-16)式(4-17)分别计算圆筒与接管中面直径 D、d：

$$D = D_i + \delta_e + 2C \tag{4-16}$$

$$d = d_o - \delta_{et} \tag{4-17}$$

(2) 令开孔参数 $\lambda = \rho\sqrt{D/\delta_e} = d/\sqrt{D\delta_e}$，计算 ρ、λ、δ_{et}/δ_e。

(3) 由 ρ、λ、δ_{et}/δ_e 查曲线图 4-15，得系数 K_m 和 K。

(4) 按式(4-18)和式(4-19)计算等效薄膜应力 S_{II} 和等效总应力 S_{IV}：

$$S_{II} = K_m \frac{pD}{2\delta_e} \tag{4-18}$$

$$S_{IV} = K \frac{pD}{2\delta_e} \tag{4-19}$$

(5) 按式(4-20)和式(4-21)进行校核计算：

$$S_{II} \leqslant n_{II}[\sigma]^t \tag{4-20}$$

$$S_{IV} \leqslant n_{IV}[\sigma]^t \tag{4-21}$$

式中：n_{II} 为取 2.2(对有特殊要求的压力容器，可取 1.5～2.2)；n_{IV} 为取 2.6；$[\sigma]^t$ 为设计温度下材料的许用应力，MPa；圆筒、接管和补强件的材料不同时，取其中的较小值。

2) 厚度调整

当不能满足式(4-20)和式(4-21)的等效应力校核条件时，考虑结构设计的合理性，有以下两种可能的方式调整接管或圆筒的厚度：

(1) 直接适当增加圆筒的厚度，按第 1)部分的计算步骤重新计算，直到满足校核条件为止。

(2) 首先增加接管厚度，必要时再增加圆筒厚度。

① 确定圆筒的计算厚度 δ：

$$\delta = \frac{pD}{2[\sigma]_s^t} \tag{4-22}$$

② 针对不满足校核条件的 S_{II}（或 S_{IV}）计算：

$$K'_m = n_{II} \frac{\delta_e}{\delta} \cdot \frac{[\sigma]^t}{[\sigma]^t_s} \left(\text{或 } K' = 2.6 \frac{\delta_e}{\delta} \cdot \frac{[\sigma]^t}{[\sigma]^t_s} \right) \quad\quad (4-23)$$

式中：$[\sigma]^t_s$ 为设计温度下圆筒材料的许用应力，MPa。

③ 根据图 4-15，在开孔率 $\rho = d/D$ 的曲线纵坐标 K_m（或 K）上找到 K'_m（或 K'）值，过此点沿水平线向右移，与对应的 λ 值竖直线相交，由交点得到该族曲线参数 $[\delta_{et}/\delta_e]$ 值（遇中间值时采用内插法）。

④ 以 $[\delta_{et}/\delta_e]$ 比例增加接管厚度。

⑤ 在步骤③中，如果交点超出了 $[\delta_{et}/\delta_e]$ 曲线族的范围，不允许外延取值，应考虑增加圆筒厚度 δ_e，再按第 1) 部分的计算步骤重新计算，直到满足校核条件为止。

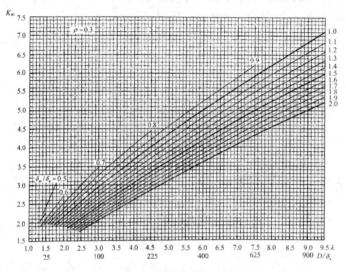

(a) $\rho = 0.3$ 时的 K_m

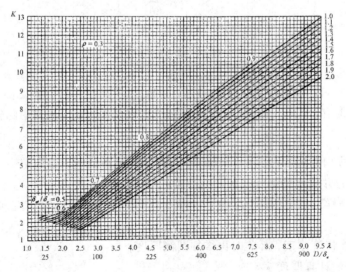

(b) $\rho = 0.3$ 时的 K

116

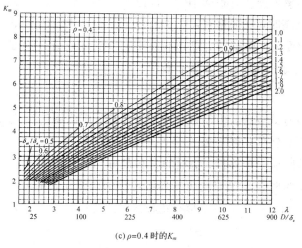

(c) $\rho=0.4$ 时的 K_m

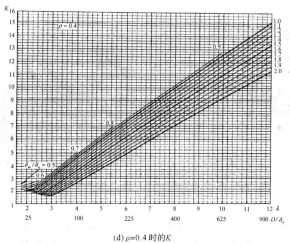

(d) $\rho=0.4$ 时的 K

图 4 - 15   系数 K_m 和 K（摘自 GB 150 — 2011）

4.3   支 座 设 计

支座是用来支承容器及设备重量，并使其固定在某一位置的压力容器附件。在某些场合下还受到风载荷、地震载荷等动载荷的作用，室外设备的支座还承受雪载荷的作用。支座的结构形式和尺寸主要取决于设备的重量、形式、构造材料和其他动载荷。压力容器支座的结构形式很多，根据容器自身的结构及安装形式，支座可以分为立式容器支座、卧式容器支座和球形容器支座三大类。

4.3.1   立式容器支座

立式容器或设备主要指塔器，此外还有反应器、蒸发器及立式储罐等。常用的立式设备支座有耳式支座、支承式支座、腿式支座和裙式支座等四种类型。中小型直立容器常采用前三种支座，高大的塔设备则广泛采用裙式支座。四种支座中，除裙座外，其余三种支座均已标准化，感兴趣的读者可查阅 JB/T 4712.1～4712.4 — 2007《容器支座》。

选用立式容器支座时，先根据容器公称直径 DN 和总质量选取相应的支座号和支座数量，然后计算支座承受的实际载荷，使其不大于支座允许载荷。除容器总质量外，实际载荷还应综合考虑风载荷、地震载荷和偏心载荷。

1. 耳式支座

耳式支座又称悬挂式支座，由筋板和支脚板组成，广泛用于反应釜及立式换热器等直立设备。优点是简单、轻便，但对器壁会产生较大的局部应力。当容器较大或器壁较薄时，应在支座与器壁间加一个垫板，垫板的材料最好与筒体材料相同。例如：不锈钢容器用碳素钢作支座时，为防止器壁与支座在焊接过程中合金元素的流失，应在支座与器壁间加一个不锈钢垫板。图 4-16 是一个带有垫板的耳式支座，图 4-17 为立式换热器的耳式支座图。

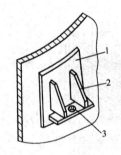

1—垫板；2—筋板；3—支脚板

图 4-16　耳式支座

图 4-17　立式换热器的耳式支座

耳式支座的标准为 JB/T 4712.3 — 2007《容器支座　第 3 部分：耳式支座》。耳式支座分为 A 型（短臂）、B 型（长臂）和 C 型（加长臂）三类。耳式支座通常应设置垫板，当容器的公称直径 DN≤900 mm 时，可不设置垫板但必须满足以下两个条件：① 容器壳体的有效厚度大于 3 mm；② 容器壳体与支座材料具有相同或相近的化学成分和力学性能。

2. 支承式支座

对于高度不大、安装位置距基础面较近且具有凸形封头的立式容器，可采用支承式支座，它是在容器封头底部焊上数根支柱，直接支承在基础地面上的支座，如图 4-18 所示。支承式支座的主要优点是结构简单、使用方便，但它对容器封头会产生较大的局部应力，因此当容器较大或壳体较薄时，必须在支座和封头间加设垫板，以改善壳体局部的受力情况。

支承式支座的标准为 JB/T 4712.4 — 2007《容器支座　第 4 部分：支承式支座》。支承式支座分为 A 型和 B 型，A 型支座由钢板焊制而成，B 型支座采用钢管作为支柱。支承式支座适用于 DN800 mm～DN4000 mm，圆筒长径比 L/DN≤5，且容器总高度小于 10 m 的钢制立式圆筒形容器。

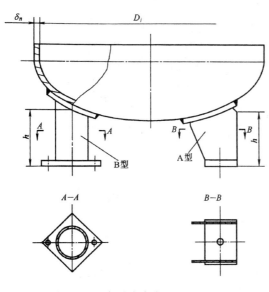

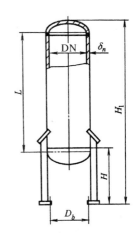

图 4 - 18　支承式支座　　　　　　　　图 4 - 19　腿式支座

3. 腿式支座

腿式支座简称支腿，多用于高度较小的中小型立式容器，它与支承式支座的最大区别在于：支承式支座是支承在容器的底封头上的，而腿式支座是支承在容器的圆柱体部分的，如图 4 - 19 所示。腿式支座具有结构简单轻巧、安装方便等优点，并在容器下留有较大的操作维修空间。但当容器上的管线直接与产生脉动载荷的机器设备刚性连接时，不宜选用腿式支座。

腿式支座的标准为 JB/T 4712.2 — 2007《容器支座　第 2 部分：腿式支座》。腿式支座分为 A 型、B 型和 C 型三大类，其中 A 型支腿选用角钢作为支柱，与容器圆筒吻合度较好，焊接安装较为容易；B 型支腿采用钢管作为支柱，在所有方向上都具有相同的截面系数，具有较高的抗受压失稳能力；C 型支腿则采用焊接 H 型钢作为支柱，比 A 型和 B 型具有更大的抗弯截面模量。腿式支座适用于 DN400 mm～DN1600 mm、圆筒长径比 L/DN ≤5(L 为切线长度，如图 4 - 19 所示)、且容器总高度 H_1≤5 m(对 C 类支腿 H_1≤8 m)的钢制立式圆筒形容器。

4. 裙式支座

对于比较高大的立式容器，特别是塔器，应采用裙式支座。裙式支座有两种形式：圆筒形裙座和圆锥形裙座。裙式支座为非标准部件，需自行设计。裙座的结构及强度设计将在第 10 章中进行详细介绍。

4.3.2　卧式容器支座

卧式容器包含卧式储罐、换热器等，其支座主要有鞍座、圈座及支腿三种形式，见图 4 - 20。鞍座是应用最为广泛的一种卧式容器支座，已经标准化。但对于大直径的薄壁容器和真空容器，为增加筒体支座处的局部刚度常采用圈座。重量较轻的小型容器采用结构简单的支腿。对于应用广泛的鞍座，将在第 8 章进行详细介绍。

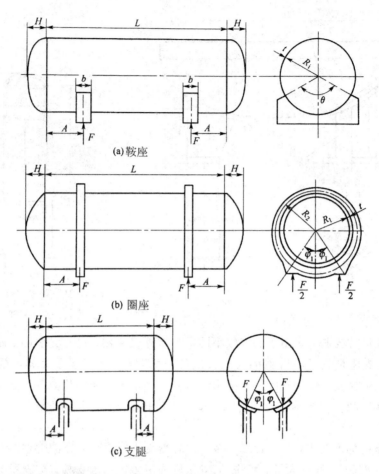

(a)鞍座

(b)圈座

(c)支腿

图 4-20　卧式容器支座

4.3.3　球形容器支座

　　球形容器又称球罐，壳体呈球形，是储存和运输各种气体、液体、液化气体的一种有效、经济的压力容器。支座是球罐中用以支撑本体重量和物料重量的重要结构部件。由于球罐设置在室外，会受到各种环境的影响，如风载荷、地震载荷和环境温度变化的作用，因此支座的结构形式多样。球罐的支座分为柱式支座和裙式支座两大类，柱式支座中又以赤道正切柱式支座应用广泛。球罐及其支座的设计详见第 8 章。

4.4　安全泄放装置

　　安全泄放装置是一种保证压力容器安全运行，超压时能自动泄压，防止发生超压爆炸而装设在容器上的附属结构，是压力容器的安全附件之一。安全泄放装置主要包括安全阀、爆破片以及两者的组合装置。

4.4.1 安全泄放原理

压力容器在运行过程中，由于种种原因，可能出现压力超过容器最高许用压力的情况，超压运行是不允许的，也是十分危险的。为此，除了采取措施消除或减少可能引起压力容器超压的各种因素外，一个很重要的预防措施是在压力容器上配置安全泄放装置。

当容器在正常工作压力下运行时，安全泄放装置可以保持容器严密不漏；若容器内的压力一旦超过限定值，则能自动、迅速地排泄出容器内的介质，使容器内的压力始终保持在许用压力范围以内。安全泄放装置除了具有自动泄压这一主要功能外，还兼有自动报警的能力。这是因为在安全泄放装置排放气体时，介质以高速喷出，常常发出较大的响声，相当于发出了压力容器超压的报警音响讯号。

但并非每台容器都必须直接配置安全泄放装置。当压力源来自压力容器外部，且得到可靠控制时，安全泄放装置可以不直接安装在压力容器上。安全泄放装置的额定泄放量应不小于容器的安全泄放量。只有这样，才能保证安全泄放装置完全开启后，容器内的压力不会继续升高。安全泄放装置的额定泄放量是指在全开状态时，安全泄放装置在排放压力下单位时间内所能排出的气量。容器的安全泄放量则是指容器超压时为保证其压力不会再升高，而在单位时间内所必须泄放的气量。

压力容器的安全泄放量包含：容器在单位时间内由产生气体压力的设备（如压缩机、蒸汽锅炉等）所能输入的最大气量；容器在受热时，单位时间内容器内所能蒸发、分解出的最大气量；容器内部工作介质发生化学反应，在单位时间内所能产生的最大气量。

4.4.2 安全阀

安全阀（又称泄压阀）是阀门中比较特殊的一类，不同于其他阀门的开关作用，安全阀更重要的作用是保护设备安全。安全阀是锅炉、压力容器和其他受压设备上重要的安全附件，一般安装于封闭系统的设备或管路上以保护系统安全，防止发生意外，减少损失。安全阀广泛应用于压力容器、压力管道、蒸汽锅炉、液化石油气汽车槽车或液化石油气铁路罐车等。安全阀口径一般都不大，通常为 DN15 mm～DN80 mm，超过 150 mm 的安全阀称为大口径安全阀。

安全阀的作用是通过阀门的自动开启排出气体来降低容器内过高的压力。其优点是仅排放容器内高于规定值的部分压力，当容器内的压力降至稍低于正常操作压力时，能自动关闭，避免一旦容器超压就会把全部气体排出而造成浪费甚至中断生产；可重复使用多次，安装调整也比较容易。但密封性能较差，阀门的开启有滞后现象，泄压反应较慢。

1. 结构与类型

安全阀主要由阀座、阀瓣和加载机构组成。阀瓣与阀座紧扣在一起，形成一个密封面，加载机构位于阀瓣上方。当容器内的压力处于正常工作压力时，容器内的介质作用于阀瓣上的力小于加载机构施加在其上的力，两力之差在阀瓣与阀座之间构成密封比压，使阀瓣紧压着阀座，容器内的气体无法排出；当容器内的压力超过额定压力并达到安全阀的开启压力时，介质作用于阀瓣上的力大于加载机构加在其上的力，于是阀瓣离开阀座，安全阀开启，容器内的气体通过阀座排出。经一段时间泄放后，容器内的压力会降到正常工作压力以下（即回座压力），此时介质作用于阀瓣上的力已低于加载机构施加在其上的力，阀瓣又回落到阀座上，安全阀停止排气，容器可继续工作。安全阀通过作用在阀瓣上的两个力的不平衡作用，使其关闭或开启，达到自动控制压力容器超压的目的。

安全阀有多种分类方式，按加载机构的不同，可分为弹簧式和重锤杠杆式（见图 4 - 21 和图 4 - 22）；按阀瓣开启高度的不同，可分为微启式和全启式；按气体排放方式的不同，可分为全封闭式、半封闭式和开放式等。其中弹簧式安全阀应用最为普遍。

图 4 - 21 弹簧式安全阀   图 4 - 22 重锤杠杆式安全阀

图 4 - 23 为弹簧式安全阀的结构图，它利用弹簧压缩力来平衡作用在阀瓣上的力。调节弹簧的压缩量，就可以调整安全阀的开启（整定）压力。图 4 - 23 所示为带上下调节圈的弹簧全启式安全阀。装在阀瓣外的上调节圈和装在阀座上的下调节圈在密封面周围形成一个很窄的缝隙，当开启高度不大时，气流两次冲击阀瓣，使其继续升高，开启高度增大后，上调节圈又迫使气流弯转向下，反作用力使阀瓣进一步开启。因此改变调节圈的位置可用于调整安全阀的开启压力和回座压力。弹簧式安全阀具有结构紧凑、灵敏度高、安装方位不受限制以及对振动不敏感等优点，随着结构的不断改进和完善，其使用范围越来越广。

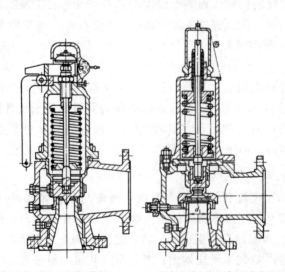

(a)有提升把手及上下调节阀   (b)无提升把手，有反冲盘及下调节圈

图 4 - 23 弹簧式安全阀的结构

2. 安全阀的选用

安全阀的选用应综合考虑压力容器的操作条件、介质特性、载荷特点、容器的安全泄放量、防超压动作的要求（动作特点、灵敏性、可靠性、密闭性）、生产运行特点、安全技术要求，以及维修更换等因素。一般应掌握下列基本原则：

（1）对于易燃、毒性程度为中度以上危害的介质，必须选用封闭式安全阀，如需带有手动提升机构，须采用封闭式带扳手的安全阀；对空气或其他不会污染环境的非易燃气体，可选用敞开式安全阀。

（2）对于高压容器及安全泄放量较大而壳体的强度裕度不太大的容器，应选用全启式安全阀；微启式安全阀宜用于排量不大，要求不高的场合。

（3）对于高温容器宜选用重锤杠杆式安全阀或带散热器的安全阀，不宜选用弹簧式安全阀。

4.4.3 爆破片

爆破片是一种断裂型安全泄放装置，利用爆破片在标定的爆破压力下即发生断裂以达到泄压的目的，泄压后的爆破片不能继续有效使用，容器也会被迫停止运行。与安全阀相比，爆破片具有两个特点：一是密闭性能好，能做到完全密封；二是破裂速度快，泄压反应迅速。因此，当安全阀不能起到有效的保护作用时，必须使用爆破片或爆破片与安全阀的组合装置。

1. 结构与类型

爆破片由爆破片元件和夹持器等组成。爆破片元件是重要的压力敏感元件，要求在标定的爆破压力和爆破温度下能够迅速断裂或脱落。夹持器是固定爆破片元件位置的辅助部件，具有额定的泄放口径。

爆破片分类方法较多，常用的分类方法包括：按其破坏时的受力形式分为拉伸型、压缩型、剪切型和弯曲型；按产品外观分为正拱形、反拱形和平板形；按破坏动作分为爆破型、触破型及脱落型等。下面介绍最常见的普通正拱形爆破片的结构特点。

如图 4-24 所示，普通正拱形爆破片的压力敏感元件是一张完整的膜片，事先经液压预拱成如图 4-24(a)与(b)所示的凸形，装在如图 4-24(c)所示的由螺栓紧固的夹持器内。其中，膜片按周边夹持方式分为锥面夹持和平面夹持，分别见图 4-24(a)和图 4-24(b)。

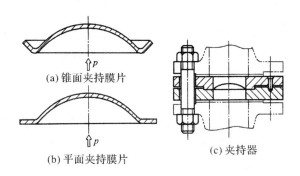

(a) 锥面夹持膜片

(b) 平面夹持膜片

(c) 夹持器

图 4-24 正拱形爆破片及夹持器

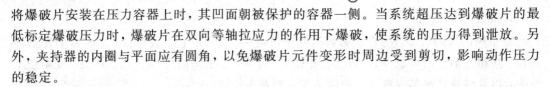

将爆破片安装在压力容器上时，其凹面朝被保护的容器一侧。当系统超压达到爆破片的最低标定爆破压力时，爆破片在双向等轴拉应力的作用下爆破，使系统的压力得到泄放。另外，夹持器的内圈与平面应有圆角，以免爆破片元件变形时周边受到剪切，影响动作压力的稳定。

2. 爆破片的选用

目前，绝大多数压力容器都使用安全阀作为泄放装置，然而安全阀一直潜在"关不严、打不开"的隐患，因而在某些场合应优先选用爆破片作为安全泄放装置。这些场合主要包括：

（1）盛装不洁净气体的压力容器。该类介质易堵塞安全阀通道或使安全阀开启失灵。

（2）由于物料的化学反应可能使容器内的压力迅速上升的压力容器。这类容器内的压力可能会急剧增加，而安全阀动作滞后，不能有效地起到安全泄放的作用。

（3）毒性程度为极度、高度危害的气体介质或盛装贵重介质的压力容器。因为对安全阀来说，微量泄漏是难免的，故为防止污染环境或不允许存在微量泄漏的情况发生，宜选用爆破片。

（4）介质为强腐蚀性气体的压力容器。对于腐蚀性强的介质，用耐腐蚀的贵重材料制造安全阀成本高，而用其制造爆破片，成本则非常低廉。

4.5 压力容器的焊接结构设计

压力容器各受压部件的组装大多采用焊接方式，焊缝的接头形式和坡口形式的设计直接影响焊接的质量与容器的安全，因而必须对容器焊接接头的结构进行合理设计。

4.5.1 焊接接头及坡口形式

1. 焊接接头形式

焊缝系指焊件经焊接所形成的结合部分，而焊接接头是焊缝、熔合线和热影响区的总称。焊接接头的形式一般由被焊接的两个金属件的相互结构位置来决定，通常分为对接接头、角接接头及 T 形接头、搭接接头。

1）对接接头

对接接头为两个相互连接的零件在接头处的中面处于同一平面或同一弧面内进行焊接的接头，见图 4-25(a)。这种焊接接头受热均匀，受力对称，便于无损检测，焊接质量容易得到保证，因此，是压力容器中最常用的焊接结构形式。

2）角接接头和 T 形接头

角接接头和 T 形接头为两个相互连接的零件在接头处的中面相互垂直或相交成某一角度进行焊接的接头，见图 4-25(b)。两构件成 T 字形焊接在一起的接头，称为 T 形接头。角接接头和 T 形接头都可形成角焊缝。

对于角接接头和 T 形接头，在接头处的构件结构是不连续的，承载后的受力状态不如对接接头，应力集中比较严重，且焊接质量也不易得到保证。但是在容器的某些特殊部

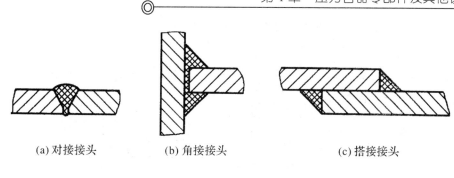

(a) 对接接头　　　　　(b) 角接接头　　　　　(c) 搭接接头

图 4 - 25　焊接接头

位，由于结构的限制，只能采用这种焊接结构，如接管、法兰、夹套、管板和凸缘的焊接，在这些部位采用角接接头或 T 形接头。

3）搭接接头

搭接接头为两个相互连接的零件在接头处有部分构件重合、中面相互平行而进行焊接的接头，见图 4 - 25(c)。

搭接接头的焊缝属于角焊缝，与角接接头相同，在接头处的结构明显不连续，承载后的接头部位受力情况较差。在压力容器中，搭接接头主要用于加强圈与壳体、支座垫板与器壁以及凸缘与容器的焊接。

2. 坡口形式

为了保证全熔透和焊接的质量，减少焊接变形，施焊前，一般需将焊件连接处预先加工成各种形状，这些不同的形状称为焊接坡口。不同的焊接坡口适用于不同的焊接方法和焊件厚度。

基本的坡口形式有 5 种，即 I 形、V 形、单边 V 形、U 形和 J 形，如图 4 - 26 所示。基本坡口可以单独使用，也可采用两种或两种以上的组合，如 X 形坡口是由两个 V 形坡口和一个 I 形坡口组合而成的，见图 4 - 27。

压力容器的对接接头、角接接头和 T 形接头，在焊接前，一般应开设坡口，而搭接接头无需开坡口即可焊接。

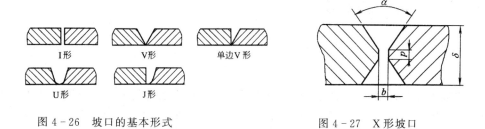

图 4 - 26　坡口的基本形式　　　　　　　图 4 - 27　X 形坡口

4.5.2　压力容器焊接接头分类

对于不同类别的焊接接头，相关标准在对口错边量、热处理、无损检测、焊缝尺寸等方面有针对性地提出不同的要求，GB 150 根据焊接接头在容器上的位置，即根据该焊接接头所连接两元件的结构类型以及由此而确定的应力水平，把压力容器中受压元件之间的焊接接头分成 A、B、C、D、E 五类，如图 4 - 28 所示。

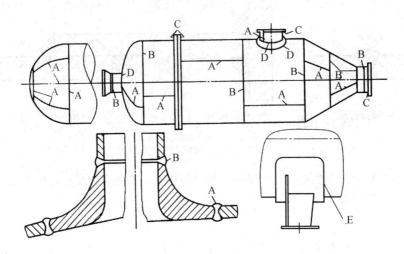

图 4 - 28　压力容器焊接接头分类

（1）A 类焊接接头。圆筒部分（包括接管）和锥壳部分的纵向接头（多层包扎容器层板层纵向接头除外），球形封头与圆筒连接的环向接头，各类凸形封头和平封头中的所有拼焊接头以及嵌入式接管或凸缘与壳体对接连接的接头，均属 A 类焊接接头。

（2）B 类焊接接头。壳体部分的环向接头，锥形封头小端与接管连接的接头，长颈法兰与壳体或接管连接的接头，平盖或管板与圆筒对接连接的接头以及接管间的对接环向接头，均属 B 类焊接接头，但已规定为 A 类的焊接接头除外。

（3）C 类焊接接头。球冠形封头、平盖、管板与圆筒非对接连接的接头，法兰与壳体或接管连接的接头，内封头与圆筒的搭接接头以及多层包扎容器层板层纵向接头，均属 C 类焊接接头，但已规定为 A、B 类的焊接接头除外。

（4）D 类焊接接头。接管（包括人孔圆筒）、凸缘、补强圈等与壳体连接的接头，均属 D 类焊接接头，但已规定为 A、B、C 类的焊接接头除外。

非受压元件和受压元件的焊接接头为 E 类焊接接头。

4.5.3　压力容器焊接结构设计

1. 压力容器焊接结构设计的基本原则

1）尽量采用对接接头

对接接头易于保证焊接质量，因而对于所有 A、B 类焊接接头，即容器壳体上所有的纵向及环向焊接接头、凸形封头上的拼接焊接接头，必须采用对接接头；除此之外，其他位置的焊接结构也应尽量采用对接接头。

例如，压力容器壳体和接管的连接焊缝一般都是角焊缝，但对于重要的压力容器，如改用整锻件补强接管，就可把连接焊缝由如图 4 - 29(a)所示的角接改为如图 4 - 29(b)所示的对接。这样不但减小了结构的应力集中程度，而且方便了无损检测，故有利于保证焊接接头的内部质量，提高设备运行周期内的安全性。

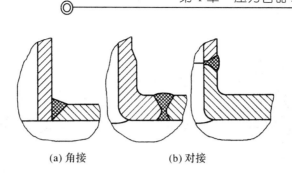

(a) 角接　　　　　　　(b) 对接

图 4 - 29　容器接管的角接和对接

2) 尽量采用全熔透的结构

压力容器焊接时要求采用全熔透结构且不允许出现未熔透缺陷。未熔透是指基体金属和焊缝金属局部未完全熔合而留下空隙的现象。容器的未熔透处往往是脆性破坏的起裂点，在交变载荷作用下，未熔透也可能诱发疲劳。为避免发生未熔透，在结构设计时应选择合适的坡口形式，一般双面焊的对接接头不易发生未熔透。当容器直径较小且无法从容器内部清根时，应选用单面焊双面成型的对接接头，如用氩弧焊打底，或采用带垫板的坡口等。

如图 4 - 30 所示的固定管板式换热器，对于兼作法兰的管板与壳体的连接(见图 4 - 30 中Ⅰ处)，工程中常用的焊接方式见图 4 - 31。不同结构的处理方式主要依据焊缝的可焊透性和焊缝的受力，以适用于不同的操作条件。图 4 - 31(a)中在管板上开环槽，壳体嵌入槽内后施焊，壳体对中性好，适用于壳体厚度 $\delta \leqslant 12$ mm、壳程压力 $p_s \leqslant 1$ MPa 的容器，不宜用于易燃、易爆、易挥发及有毒介质的场合。图 4 - 31(b)、(c)中焊缝坡口形式优于图 4 - 31(a)的结构，焊透性好，焊缝强度提高，使用压力相应提高，适用于设备直径较大、管板较厚的场合。图 4 - 31(d)、(e)中管板上带有凸肩，焊接形式由角接变为对接，改善了焊缝的受力，适用于压力更高的场合。

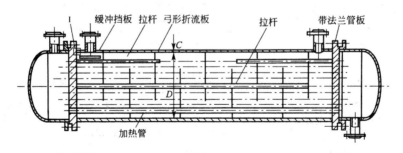

图 4 - 30　换热器中兼作法兰的管板与壳体的连接

焊缝根部加垫板可提高焊缝的焊透性，见图 4 - 31(c)、(e)，若壳程介质无间隙腐蚀作用，应选择带垫板的焊接结构。管板上的环形圆角则起到减小焊接应力的作用。

3) 尽量减少焊缝处的应力集中

焊接接头常常是脆性断裂和疲劳的起源处，因此，在设计焊接结构时必须尽量减少应力集中。如对接接头应尽可能采用等厚度焊接；对于不等厚钢板的对接，应将较厚板削薄过渡，然后再进行焊接，以避免形状突变，减缓应力集中程度。一般当薄板厚度 δ_2 不大于

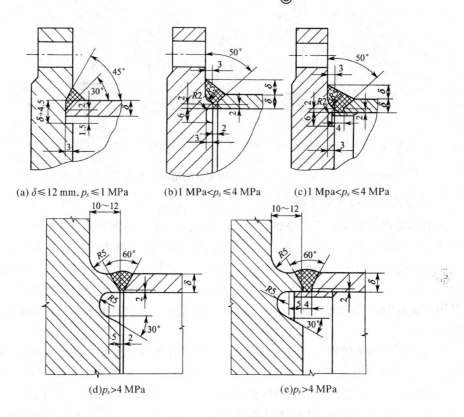

(a) $\delta \leqslant 12$ mm, $p_s \leqslant 1$ MPa   (b) 1 MPa$<p_s \leqslant 4$ MPa   (c) 1 Mpa$<p_s \leqslant 4$ MPa

(d) $p_s>4$ MPa   (e) $p_s>4$ MPa

图 4-31　兼作法兰的管板与壳体的连接结构

10 mm，两板厚度差超过 3 mm；或当薄板厚度大于 10 mm，两板厚度差超过薄板的 30%（或超过 5 mm）时，均需按图 4-32 的要求削薄厚板的边缘。

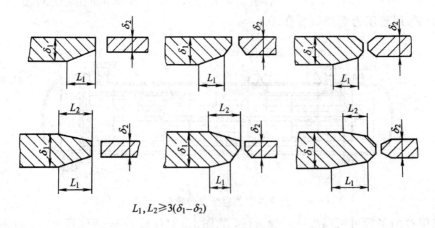

$L_1, L_2 \geqslant 3(\delta_1-\delta_2)$

图 4-32　板厚不等时的对接接头

2. 压力容器常用的焊接结构设计

　　焊接结构设计的基本内容是确定接头类型、坡口形式和尺寸以及检验要求。工程中常用的焊接结构设计如下。

1）A、B 类焊接接头结构

筒体、封头拼接及其相互间的连接纵、环焊缝必须采用对接接头。

（1）常见 A、B 类对接接头。对于 A、B 类对接接头，当两侧钢材厚度相等时，可采用表 4-8 中的连接形式。对于 B 类焊接接头，当两侧钢材厚度不等时，可单面或双面削薄厚板的边缘，或采用堆焊的方法将薄板边缘焊成斜面，具体参见 GB 150.4 的相关规定。

（2）圆筒与封头的连接。圆筒与封头的对接接头可采用如图 4-33 所示的连接形式。

2）接管、补强圈与壳体的连接结构

接管、补强圈与壳体之间的焊接一般只能采用角接焊和搭接焊，具体的焊接结构还与容器的强度和安全性要求有关。这些结构的焊接接头形式多样，涉及是否开坡口、单面焊与双面焊、熔透与不熔透等问题。设计时，应根据压力高低、介质特性、是否低温、是否需要考虑交变载荷与疲劳问题等，选择合理的焊接结构。坡口形式的选择应考虑元件结构、厚度以及材料焊接性等因素的影响。附录 D 中介绍了常用的几种接管、补强圈与壳体的焊接结构，包括不带补强圈的插入式接管焊接结构；带补强圈的插入式接管焊接结构；嵌入式接管焊接结构；安放式接管的焊接结构等。

表 4-8　等厚钢材的 A、B 类焊接接头形式和尺寸(摘自 GB 150 — 2011《压力容器》)

名　称	简　图	坡口尺寸			适用范围
V 形		δ	5～10	12～20	钢板拼接、筒体纵、环焊缝
		α	60°±5°	50°±5°	
		b	1±1	2±1	
		P	1^{+1}	2^{+1}	
U 形		δ	20～60		厚壁筒体的环焊缝
		β	12°±4°		
		b	2^{+1}_{-2}		
		P	2±1		
		R	6^{+2}_{-1}		
X 形		δ	16～60		钢板拼接、筒体的纵焊缝
		α	55°±5°		
		b	2±1		
		P	2^{+1}		
带垫板的 V 形		δ	5～30		不能进行双面焊且有焊透要求的环焊缝
		β	40°±5°		
		b	7^{+1}		

129

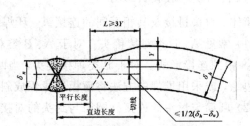

(a) 封头与圆筒等厚　　　　　　　(b) 封头厚度大于圆筒厚度，且中心线偏移

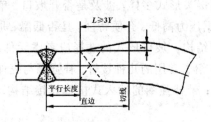

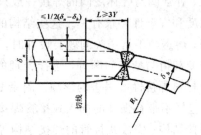

(c) 封头厚度大于圆筒厚度　　　　　(d) 封头厚度小于圆筒厚度，且中心线偏移

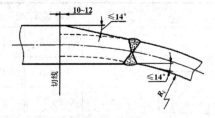

(e) 封头厚度小于圆筒厚度

图 4-33　圆筒与封头的对接接头形式（摘自 GB 150—2011）

4.6　耐压试验与泄漏试验

4.6.1　耐压试验

1. 实验目的

除材料本身的缺陷外，容器在制造（特别是焊接过程）和使用过程中会产生各种缺陷。为考查缺陷对压力容器安全性的影响，压力容器制成后或定期检验（必要时）过程中，需要进行耐压试验。耐压试验是在超设计压力下进行的，可分为液压试验、气压试验及气液组合压力试验。

对于内压容器，耐压试验的目的是：在超设计压力下，考查缺陷是否会发生快速扩展造成破坏或发生开裂以至容器泄漏，并检验密封结构的密封性能。对于外压容器，在外压作用下，容器中的缺陷受压应力的作用不可能发生开裂，且外压临界失稳压力主要与容器的几何尺寸、制造精度有关，跟缺陷无关，一般不用外压试验来考核容器的稳定性，而以内压试验进行"试漏",检查是否存在穿透性缺陷。

2. 试验介质

耐压试验是容器在使用之前的第一次承压,且试验压力大于容器的最高工作压力,容器发生爆破的可能性比使用时大。由于在相同压力和容积下,试验介质的压缩系数越大,容器所储存的能量越大,爆炸时的危害性也就越大,故应选用压缩系数小的流体作为试验介质。常温时,水的压缩系数比气体要小得多,且来源丰富,成本低廉,是常用的试验介质。只有因结构或支承等原因,不能向容器内充灌水或其他液体,以及运行条件不允许残留液体时,才采用气压试验。

气液组合压力试验是近年来为适应容器大型化的需要新增的试验种类。需进行气液组合压力试验的容器多指压力低、容积大、主要盛装气态介质的容器,这类容器需在使用现场制造或组装并进行耐压试验。由于承重等原因,这类容器可能无法进行液压试验;若进行气压试验,则因气体的可压缩性大,造成试验耗时过长,甚至难以实现。气液组合压力试验则是解决这一问题的有效途径,可根据容器及其基础的承重能力,先向容器内部注入一定量的液体,然后再注入气体直至达到指定的试验压力。考虑到气液组合压力试验存在一定的气相空间,为安全起见,其压力系数、试验前的应力校核、安全防护要求以及合格标准等均应符合气压试验的有关要求。

以水为介质进行液压试验时,所用的水应当是洁净的。氯离子能破坏奥氏体不锈钢表面的钝化膜,使其在拉应力作用下发生应力腐蚀破坏。因此奥氏体不锈钢制压力容器进行水压试验时,还应将水中的氯离子含量控制在 25 mg/L 以内,并在试验后立即将水渍清除干净。新制造的压力容器液压试验完毕后,应当用压缩空气将其内部吹干。

气压试验时,试验所用的气体应当为干燥洁净的空气、氮气或者其他惰性气体。

3. 耐压试验温度

一般情况下,为防止材料发生低应力脆性破坏,耐压试验时容器器壁的金属温度应当比容器器壁金属的韧脆转变温度高 30 ℃。器壁金属温度可按有关产品标准取值。如果因板厚等因素造成材料韧脆转变温度升高,则需相应提高试验温度。考虑到气体快速充放有可能引起温度升降,必要时还应在气压试验或者气密性试验过程中监测器壁的金属温度,并考虑温度变化对容器强度的影响。小容积容器尤应注意这种温度的变化。

4. 耐压试验压力

1）内压容器

压力容器的试验压力应当符合设计图样的要求,并且不小于式(4-24)或式(4-25)的计算值。

（1）液压试验：

$$p_T = 1.25p\,\frac{[\sigma]}{[\sigma]^t} \tag{4-24}$$

（2）气压试验或气液组合压力试验：

$$p_T = 1.10p\,\frac{[\sigma]}{[\sigma]^t} \tag{4-25}$$

式中：p 为压力容器的设计压力或压力容器铭牌上规定的最大允许工作压力,MPa；p_T 为耐压试验压力,MPa,当设计考虑液体静压力时,应当加上液体静压力;$[\sigma]$ 为试验时器壁金属温度下材料的许用应力,MPa;$[\sigma]^t$ 为设计温度下材料的许用应力,MPa,不应低于材料受抗拉强度和屈服强度限制的最小值。

当压力容器各元件(圆筒、封头、接管、法兰等)所用的材料不同时,应取各元件材料 $[\sigma]/[\sigma]^t$ 比值中的最小者。

2)外压容器

由于耐压试验是以内压代替外压进行的试验,试验时已将工作时趋于闭合状态的器壁和焊缝中的缺陷改以"张开"状态接受检验,因而无须考虑温度修正。其试验压力可按式(4-26)和式(4-27)确定。

(1)液压试验:

$$p_T = 1.25p \qquad (4-26)$$

(2)气压试验或气液组合压力试验:

$$p_T = 1.10p \qquad (4-27)$$

3)多腔压力容器

对于两个或两个以上压力室组成的多腔压力容器,每个压力室的试验压力应按其设计压力确定,且各压力室应分别进行耐压试验。试验前,需校核公用元件在试验压力下的稳定性,如不能满足稳定性要求,则应先进行泄漏检查,合格后方可进行耐压试验。在进行耐压试验时,相邻压力室应保持一定的压力,以便在整个试验过程中(包括升压、保压和卸压)的任一时刻,各压力室的压力差不超过允许压差,图样上应注明这一要求和允许压差值。

4)耐压试验应力校核

为保证耐压试验时容器材料处于弹性状态,在耐压试验前必须按式(4-28)校核试验时筒体的薄膜应力 σ_T,即

$$\sigma_T = \frac{p_T(D_i + \delta_e)}{2\delta_e} \qquad (4-28)$$

式中:σ_T 为试验压力下圆筒的应力,MPa;δ_e 为圆筒的有效厚度,mm。

液压试验时,σ_T 应满足式(4-29)的要求,即

$$\sigma_T \leqslant 0.9\phi R_{eL} \qquad (4-29)$$

气压试验和气液组合压力试验时,σ_T 应满足式(4-30)的要求,即

$$\sigma_T \leqslant 0.8\phi R_{eL} \qquad (4-30)$$

式中:R_{eL} 为壳体材料在试验温度下的屈服强度(或 0.2%非比例延伸强度),MPa。

4.6.2 泄漏试验

1.试验目的

泄漏试验的目的是考核容器的密封性能,检查的重点部位是可拆的密封装置和焊接接头等。泄漏试验应在耐压试验合格后进行。并非每台压力容器在制造过程中都必须进行泄

漏试验，因为多数容器没有严格的致密性要求，且耐压试验也同时具备一定的检漏功能。当介质毒性程度为极度、高度危害或设计上不允许有微量泄漏（如真空度要求较高时）的压力容器，必须进行泄漏试验。

2. 试验方法

根据试验介质的不同，泄漏试验可分为气密性试验、氨检漏试验、卤素检漏试验和氦检漏试验等。

（1）气密性试验。

气密性试验一般采用干燥洁净的空气、氮气或者其他惰性气体作为试验介质，试验压力为压力容器的设计压力。

应根据具体情况，确定气密性试验时是否应当装配安全阀、爆破片等安全附件。如果安全附件由制造单位选购，气密性试验时应装配所有安全附件。通常情况下安全附件的动作压力低于设计压力，气密性试验难以进行。这种情况下，应采用设计给出的容器最高允许工作压力作为安全附件动作压力的最高值，以保证试验能够进行。如果安全附件由用户选购并现场安装，在制造单位进行气密性试验时则无法安装安全附件，安全附件接口应使用强度足够的盲板封闭，但制造单位应在安装使用说明书或者产品质量文件中注明，并要求在现场进行气密性试验或者进行试验时，再安装安全附件，对其连接处的密封性能进行检测。

（2）氨泄漏试验。

由于氨具有较强的渗透性且极易在水中扩散、溶解，因此对有较高致密性要求的容器，如液氨蒸发器、衬里容器等，常进行以氨为试验介质的泄漏试验。具体可根据设计要求选用氨-空气法、氨-氮气法和100％氨气法等方法之一。试验前在待检部位贴上5％硝酸亚汞或酚酞水溶液浸渍过的试纸，试验后若试纸变为黑色或红色，即表示该部位有泄漏。

（3）卤素检漏试验。

卤素检漏试验是一种高灵敏度的检漏方法，常用于不锈钢及钛设备的泄漏检测。试验时需将容器抽成真空，利用氟利昂和其他卤素压缩气体作为示踪气体，在容器待检部位用铂离子吸气探针进行探测，用以发现泄漏与否。

（4）氦检漏试验。

氦检漏试验是一种特高灵敏度的检漏方法，试验费用也较高，一般仅用于对泄漏有特殊要求的场合。试验时需将容器抽成真空，利用氦压缩气体作为示踪气体，在待检部位用氦质谱分析仪的吸气探针进行探测，用以发现泄漏与否。该方法对试验容器和试验环境的清洁度有很高的要求。

气压试验合格的容器在某些情况下还必须进行泄漏试验，主要是考虑到空气、氨、卤素及氦的渗透性强弱差异较大，用空气进行气压试验时不泄漏，并不能保证用氨、卤素或氦进行泄漏试验时也不泄漏。这类容器是否还需进行泄漏试验，需要设计者根据气压试验与泄漏试验所选择的介质进行判断，如二者选择的试验介质相同，则气压试验合格的容器无需再进行泄漏试验。

小　结

1. 内容归纳

本章内容归纳如图 4-34 所示。

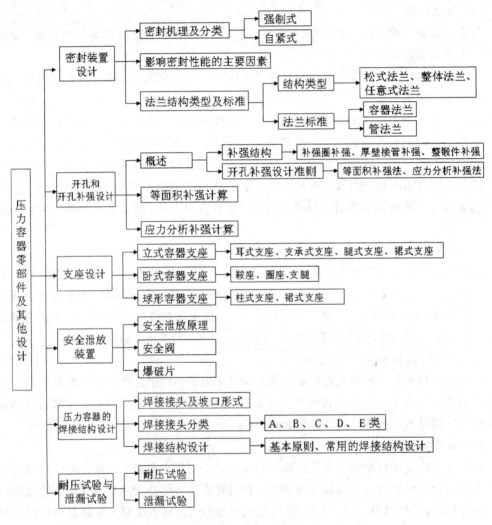

图 4-34　压力容器零部件及其他设计内容归纳

2. 重点和难点

（1）重点：压力容器的密封机理及分类，开孔补强设计准则及计算方法（包括等面积法和应力分析法），支座选型，安全泄放原理及安全阀、爆破片的选用，压力容器常用的焊接接头形式及坡口，压力容器焊接接头分类，压力容器焊接结构设计的基本原则，常用压力容器的焊接结构设计，压力容器耐压试验的目的与试验压力、试验温度的确定。

（2）难点：压力容器的密封机理及分类，开孔补强设计准则及计算方法（包括等面积法和应力分析法)，压力容器焊接接头的分类，常用压力容器的焊接结构设计。

思考题与习题

(1) 简述压力容器密封的机理及分类。

(2) 影响密封性能的因素有哪些？

(3) 简述法兰如何分类。法兰标准化有何意义？选择法兰标准时，应按哪些因素确定法兰的公称压力？

(4) 简述强制式、径向和轴向自紧式密封的原理。

(5) 压力容器开孔后为什么要进行补强？补强结构有哪些？

(6) 等面积法补强计算中，如何理解在封头上不同方位的计算厚度？

(7) 试比较安全阀和爆破片各自的优缺点，在什么情况下必须采用爆破片装置？

(8) 简述压力容器焊接接头如何分类。

(9) 压力试验的目的是什么？为什么要尽量采用液压试验？什么情况下需进行气液组合压力试验？

(10) 现有一个承受内压的圆筒形压力容器，两端为椭圆形封头，设计压力为 3 MPa，设计温度为 300 ℃，筒体和封头的材料为 Q345R，名义厚度 $\delta_n = 16$ mm，腐蚀裕量 $C_2 = 2$ mm，焊接接头系数 $\phi = 0.85$。在圆筒和封头上焊有三个接管，接管方位见图 4-35，接管材料均为 20 号无缝钢管，接管 a 规格为 $\phi 89 \times 6$，接管 b 规格为 $\varphi 219 \times 8$，接管 c 规格为 $\phi 108 \times 6$。试问上述开孔结构是否需要补强？

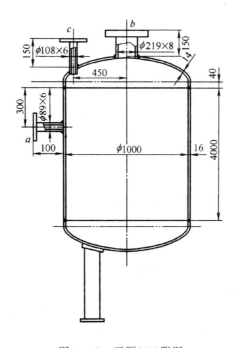

图 4-35　习题(10)附图

第 5 章　高压容器设计

本章教学要点

知识要点	掌握程度	相关知识点
概述	掌握高压容器的结构特点和构造，了解高压容器的应用	高压容器的结构特点和构造
厚壁圆筒应力分析	掌握高压容器筒体应力的特点、弹性应力的计算方法，了解弹性热应力的特点，掌握弹塑性应力的计算方法，掌握屈服压力和爆破压力的概念	高压容器筒体应力的特点、弹性应力的计算方法（拉美公式），弹性热应力，弹塑性应力，Mises 屈服失效判据，屈服压力和爆破压力
高压圆筒设计	掌握高压圆筒的强度设计准则和单层高压圆筒的设计方法，了解多层高压圆筒的设计	弹性失效设计准则，塑性失效设计准则，爆破失效设计准则，中径公式
高压密封设计	了解高压密封的特点，掌握高压密封的结构形式以及提高高压密封性能的措施	高压密封的特点，高压密封的结构形式（平垫密封、双锥密封、伍德密封、卡扎里密封、八角垫密封、椭圆垫密封以及高压管道密封），提高高压密封性能的措施
高压容器的主要零部件设计	掌握高压平盖的设计计算，了解高压筒体端部的设计、高压螺栓的设计以及高压容器的开孔补强设计方法	高压平盖的设计计算，高压筒体端部的设计、高压螺栓的设计以及高压容器的开孔补强设计方法

5.1　概　　述

工程上一般将设计压力在 10～100 MPa 之间的压力容器称为高压容器，与中国 TSG R0004《固定式压力容器安全技术监察规程》中的规定相同。一般来说，高压容器都属于第 Ⅲ 类压力容器，其在筒体结构、材料选用、制造工艺、端盖与法兰、密封结构等方面有很多特殊之处，并且在设计、制造与使用管理方面也不同于中低压设备。相对来说，高压容器的壁厚比中低压容器的大，因此工程上常称其为厚壁容器或厚壁圆筒。本章主要介绍高压容器的结构与设计方法。

5.1.1　高压容器的应用

高压容器在化工与石油化工行业应用广泛，合成氨、合成甲醇、合成尿素、油类加氢等合成反应都是在高压反应器中借助压力、温度和催化剂进行的。这类反应器不但压力高，而且还伴有高温，例如氨合成反应就常在 15～33 MPa 的压力和 500 ℃的高温下进行。高压容器的应用在其他工业部门领域亦十分广泛，核动力装置中的反应堆就采用了多种高压容器，例如第 1 章中提到的压水堆。

高压容器的设计与制造技术起源于军事工业中的炮筒。化学工业中最早应用高压容器的领域是合成氨工业。随着化工及石油化工行业的发展，高压容器的直径、厚度、吨位都在不断地增加。20 世纪 20～30 年代的氨合成塔的内径一般为 700～800 mm，重 30 吨左右；50 年代其直径增大到 800～1000 mm，长 10 m 以上，重 80 吨左右；60 年代发展到直径为 1600～1700 mm；70 年代以来由于单机大型化生产的快速发展，氨合成塔的直径已达到 3000～4000 mm，长 20 m 以上，重 300～400 吨。加氢反应器的发展亦是如此，有的加氢反应器的直径目前已达到 4500 mm，厚度达 280 mm，重约 1000 吨。

由于高压技术的复杂性，因此工艺上不应片面提高压力。大型装置更要设法限制压力的提高以避免由于高压带来的一系列问题。例如合成氨工业从中小型发展到年产 30 万吨氨的规模时，系统压力就从 32 MPa 降低到 15～20 MPa。

5.1.2　高压容器的结构特点

高压容器设计与制造技术发展的核心问题是：既要随着生产的发展能制造出大壁厚的容器，又要设法尽量减小壁厚以方便制造。因此高压容器在结构上具有以下特点：

（1）结构细长。容器直径越大，壁厚也越大，制造时就需要大的锻件、厚的钢板，相应的要有大型的冶炼、锻造设备、大型轧机和大型加工机械，同时还给焊接缺陷控制、残余应力消除、热处理设备及生产成本控制等带来了许多不利因素。另外，介质对端盖的作用力与直径的平方成正比，直径越大密封就越困难。因此高压容器在结构上设得比较细长，长径比可达 12～15，甚至高达 28，可保证制造质量及密封性。

（2）采用平盖或球形封头。早先由于制造水平和密封结构形式的限制，一般较小直径的可拆封头均为平盖，不采用凸形封头。但平盖受力条件差、材料消耗多、体积笨重，且对于大型锻件质量较难保证，故平盖仅在直径 1000 mm 以下的高压容器中采用。目前大型高压容器趋向采用不可拆的半球形封头，其受力情况好，结构更为合理经济。

（3）密封结构特殊多样。高压容器的密封结构一般采用金属密封圈，且密封元件形式多样。高压容器应尽可能利用介质的高压作用压紧密封圈，因此出现了多种形式的自紧式密封结构。另外为尽量减少可拆结构给密封带来的困难，一般高压容器仅一端封头可拆，另一端不可拆。

（4）高压筒体限制开孔。为使筒体的性能不因开孔而削弱，以往规定在筒体上不开孔，只允许将孔开在法兰或封头上，或只允许开小孔（如测温孔）。目前由于生产上的迫切需要，以及设计、制造水平的提高，对于高压筒体允许在有合理补强的条件下开较大直径的孔，孔径允许达到筒体直径的 1/3。

5.1.3 高压容器的结构形式

高压筒体各种结构形式的出现始终围绕着"如何方便经济地获得足够壁厚"这一主题，其中，制造上的可能性与经济性是关键的问题。下面结合高压容器的发展历程，对其结构形式进行介绍。

1. 整体锻造式

整体锻造式高压容器是最早采用的高压筒体形式，见图 5-1。该容器是沿用整体锻造炮筒的技术制造的高压容器，属于单层式高压容器，由于焊接技术不发达，筒体与法兰可整锻而成或用螺纹连接，显然这需要非常大的钢锭、锻压机械、车床与镗床，而且毛坯比净重大 2～2.5 倍。高压容器趋向大型化后，锻造更加困难。焊接技术发展后曾出现过分段锻造然后焊接拼合成整体的容器，称为锻焊式高压容器，但其制造过程仍受到锻造条件的限制。锻造容器的质量较好，特别适合于焊接性能较差的高强钢所制造的高压容器。受加工设备条件的限制，锻造式高压容器的直径一般为 $\phi 300 \sim 800$ mm，长度不超过 12 m。

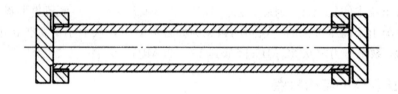

图 5-1　整体锻造式高压容器的结构形式

2. 单层式

如果有足够的卷板或锻压能力，可以制造出单层厚壁高压容器。单层高压容器主要有以下三种形式。

1）单层卷焊式

将厚钢板加热后用大型卷板机卷成圆筒，焊接纵焊缝后制成筒节，然后将几个筒节通过环焊缝组焊成高压容器。单层卷焊式工序少，制造周期短，生产效率高。

2）单层瓦片式

若无大型卷板机而有大型水压机时，可将厚板加热后在水压机上压制成半个圆筒节或小于半个圆筒节的"瓦片"，然后将"瓦片"通过纵焊缝拼成圆筒节，再通过环焊缝组焊成筒体，因此每一个筒节上至少有 2 条纵焊缝，其生产效率比单层卷焊式低，较费工费时。

3）无缝钢管式

用厚壁无缝钢管也可制造单层厚壁高压容器，生产效率高、周期短。中国小型化肥厂的许多小型高压容器即采用此种结构。

单层式高压容器的优点是结构简单，但还存在以下问题：

（1）除整体锻造式厚壁圆筒外，单层式高压容器在生产过程中还不能完全避免较薄弱的深环焊缝和纵焊缝，焊接缺陷的检测和消除比较困难，且结构本身缺乏阻止裂纹快速扩展的能力。

（2）大型锻件及厚钢板的性能不及薄钢板，不同方向的力学性能差异较大，韧脆转变温度较高，发生低应力脆性破坏的可能性也比较大。

（3）加工设备要求高。

以上因素使单层式厚壁圆筒的使用受到限制，为此人们相继研制了多种组合式圆筒进行替代。

3. 组合式

1）多层包扎式

多层包扎式圆筒是目前世界上使用最广泛、制造和使用经验最为丰富的组合式圆筒结构。筒节由厚度为 12～25 mm 的内筒和厚度为 4～12 mm 的多层层板两部分组成，筒节通过深环焊缝组焊成完整的圆筒，如图 5-2(a) 所示。为了避免裂纹沿厚度方向扩展，各层板之间的纵焊缝应相互错开 75°。筒节的长度视钢板的宽度而定，层数则随圆筒所需的厚度而定。制造时，通过专用的装置将层板逐层、同心地包扎在内筒上，并借由纵焊缝的焊接收缩力使层板和内筒、层板与层板之间互相贴紧，产生一定的预紧力。每个筒节上均开有安全孔，如图 5-2(b) 所示，这种小孔可使层间空隙中的气体在工作时因温度升高而排出；当内筒出现泄漏时，泄漏介质可通过小孔排出，起到报警作用。

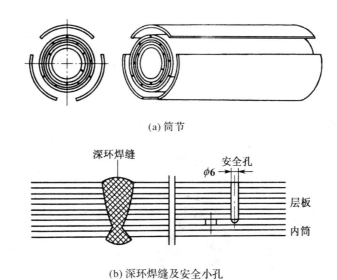

(a) 筒节

(b) 深环焊缝及安全小孔

图 5-2　多层包扎式厚壁容器筒节

多层包扎式圆筒制造工艺简单，不需要大型复杂的加工设备；与单层式圆筒相比安全可靠性高，层板间隙具有阻止缺陷和裂纹向厚度方向扩展的能力，减少了脆性破坏的可能性，且包扎预应力可有效地改善圆筒的应力分布；对介质适应性强，可根据介质的特性选择合适的内筒材料。但多层包扎式圆筒制造工序多、周期长、效率低、钢板材料的利用率低（仅 60% 左右），尤其是筒节间的深环焊缝对容器的制造质量和安全有显著影响。这是因为：

（1）无损检测困难，环焊缝的两侧均有层板，无法使用超声检测，仅能依靠射线检测。

（2）焊缝部位存在很大的焊接残余应力，且焊缝晶粒易变得粗大而韧性下降，因而焊缝质量较难保证。

（3）环焊缝的坡口切削工作量大，且焊接复杂。

2）热套式

如图 5-3 所示，热套式圆筒是采用 30 mm 以上的厚钢板卷焊成直径不同但可过盈配合的筒节，然后将外层筒节加热到计算温度进行套合，冷却收缩后便可得到紧密贴合的厚壁筒节。热套式圆筒需要有较准确的过盈量，对卷筒的精度要求很高，且套合时需选配套合。即使有过盈量，套合时筒节的贴紧程度也不会很均匀。因此，在套合或组装成整体容器后，需再进行热处理以消除套合预应力及深环焊缝的焊接残余应力。热套式圆筒除了具有包扎式圆筒的大多数优点外，还具有工序少、周期短等优点。

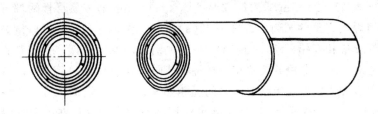

图 5-3　热套式厚壁容器筒节

3）绕板式

绕板式圆筒由内筒、绕板层和外筒三部分组成，如图 5-4 所示。绕板式圆筒是在多层包扎式圆筒的基础上发展起来的，两者的内筒相同，所不同的是：多层绕板式圆筒是在内筒外连续缠绕若干层 3～5 mm 厚的薄钢板构成的筒节；绕板层只有内外两道纵焊缝。为了使绕板的开始端和终止端能与圆筒形成光滑连接，一般需要有楔形过渡段。外筒作为保护层，由两块半圆或三块"瓦片"制成。绕板式结构的机械化程度高，制造效率高，材料的利用率也很高（可达90%以上）。但由于薄卷板往往存在中间厚两边薄的现象，卷制后筒节两端会出现明显的累积间隙，影响产品的质量。

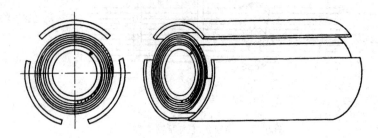

图 5-4　绕板式厚壁容器筒节

4）整体多层包扎式

整体多层包扎式是一种错开环缝并采用液压夹钳逐层包扎的圆筒结构。首先将内筒拼接到所需的长度，两端焊上法兰或封头，然后在整个长度上逐层包扎层板，待全长度都包扎好并焊完磨平后再包扎第二层，直至所需的厚度。采用这种方法包扎时各层的环焊缝可以相互错开，另外每层层板的纵焊缝也可错开一个较大的角度，避免整个圆筒上出现深环焊缝，如图 5-5 所示。将圆筒与封头或法兰间的环焊缝改为一定角度的斜面焊缝，承载面积增大，具有较高的可靠性。

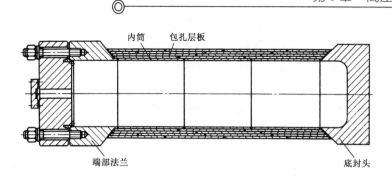

图 5-5　整体多层包扎式厚壁容器筒体

5）绕带式

绕带式是一种以钢带缠绕在内筒外获得所需厚度的圆筒的方法，主要有型槽绕带式和扁平钢带倾角错绕式两种结构形式。

（1）型槽绕带式。型槽绕带式是用特制的型槽钢带螺旋缠绕在特制的内筒上，见图

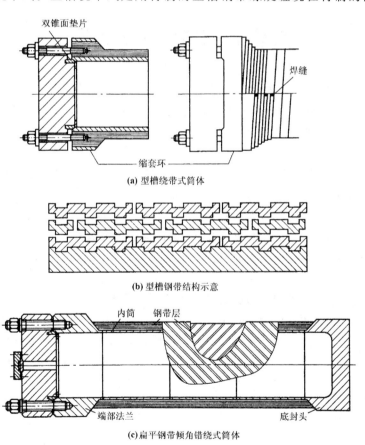

(a) 型槽绕带式筒体

(b) 型槽钢带结构示意

(c) 扁平钢带倾角错绕式筒体

图 5-6　多层绕带式厚壁容器结构形式

5-6(a)，内筒外表面上预先加工有与钢带相啮合的螺旋状凹槽。缠绕时，钢带先经电加热，再进行螺旋缠绕，绕制后依次用空气和水进行冷却，使其收缩产生预紧力，可保证每层钢带紧贴内筒。各层钢带之间靠凹槽和凸肩相互啮合，见图 5-6(b)。这种结构的圆筒

具有较高的安全性，机械化程度高，材料损耗少，缠绕层能承受一部分由内压引起的轴向力，且由于存在预紧力，在内压的作用下，筒壁应力分布较均匀。但钢带需由钢厂专门轧制，尺寸公差要求严，技术要求高；为保证邻层钢带能相互啮合，需采用精度较高的专用缠绕机床。

（2）扁平钢带倾角错绕式。这是我国首创的一种新型绕带式圆筒，结构如图 5-6（c）所示，内筒厚度约占总厚度的 1/6～1/4，采用简单的"预应力冷绕"和"压棍预弯贴紧"技术，以相对于容器环向 15°～30° 的倾角在薄内筒外交错缠绕扁平钢带。钢带宽约 80～160 mm，厚约 4～16 mm，其始末两端分别与底封头和端部法兰相焊接。大量的试验研究和长期使用实践证明，与其他类型厚壁圆筒相比，扁平钢带倾角错绕式圆筒的结构具有设计灵活、制造方便、可靠性高、在线安全监控容易等优点。

在过去的 30 多年中，我国已制造出了内径达 $\phi1500$ mm 的扁平钢带倾角错绕式氨合成塔、水压机蓄能器和气体储罐等 7000 多台设备，取得了重大的社会效益和经济效益。目前，扁平钢带倾角错绕式结构已被列入 ASME Ⅷ-1 和 ASME Ⅷ-2 标准的规范案例中。

5.2　厚壁圆筒应力分析

在第 2 章中已述及，对于圆筒，若外径与内径的比值 $(D_o/D_i)_{max} \leq 1.1～1.2$，称为薄壁圆柱壳或薄壁圆筒；反之，则称为厚壁圆柱壳或厚壁圆筒。

与薄壁圆筒相比，厚壁圆筒在承受压力和温度载荷作用时所产生的应力具有如下特点。

（1）薄壁圆筒中的应力只考虑经向（轴向）和周向两向应力而忽略径向应力，为二向应力状态；但厚壁圆筒中因压力很高，径向应力难以忽略，为三向应力状态。

（2）薄壁圆筒中视二向应力为沿壁厚均匀分布的薄膜应力；厚壁圆筒中，周向应力和径向应力沿壁厚非均匀分布，存在应力梯度，薄膜假设不能成立。

（3）随着壁厚的增加，内外壁间的温差加大，由此产生的热应力相应增大，因此应考虑器壁中的热应力。

厚壁圆筒与薄壁圆筒的应力分析方法也不相同。薄壁筒体中，由于壳壁很薄，应力沿厚度均匀分布，可根据微元平衡方程和区域平衡方程求得壳体中的应力。而对于厚壁圆筒中的三个应力分量，周向应力及径向应力沿厚度非均匀分布，仅利用微元平衡方程不能求解其应力值，必须从平衡、几何、物理等三个方面进行分析，才能确定厚壁圆筒中各点的应力大小。

厚壁圆筒有单层式和组合式两大类。本节将分析单层厚壁圆筒的弹性应力、弹塑性应力以及屈服压力和爆破压力。

5.2.1　弹性应力

如图 5-7 所示，两端封闭的厚壁圆筒受到内压 p_i 和外压 p_o 的作用，圆筒的内半径和外半径分别为 R_i、R_o，任意点的半径为 r。以轴线为 z 轴建立圆柱坐标系，现求解其远离两端位置的封头处筒壁中的三向应力。

1. 压力载荷引起的弹性应力

1）轴向（经向）应力

对两端封闭的圆筒，作一垂直于轴线的横截面，并保留圆筒的左部，见图 5-7(a)、(b)。由变形观察可知，圆筒上的横截面在变形后仍保持平面。所以，假设轴向应力 σ_z 沿厚度方向均匀分布，得到

$$\sigma_z = \frac{\pi R_i^2 p_i - \pi R_o^2 p_o}{\pi(R_o^2 - R_i^2)} = \frac{p_i R_i^2 - p_o R_o^2}{R_o^2 - R_i^2} \tag{5-1}$$

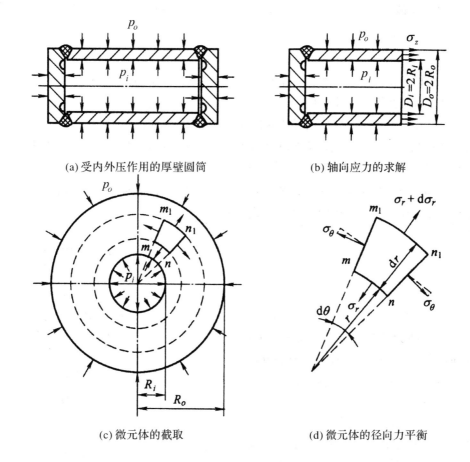

(a) 受内外压作用的厚壁圆筒　　　　　　(b) 轴向应力的求解

(c) 微元体的截取　　　　　　(d) 微元体的径向力平衡

图 5-7　厚壁圆筒中的应力

2）周向应力与径向应力

由于轴对称性，在圆柱坐标系中，周向应力 σ_θ 和径向应力 σ_r 只是径向坐标 r 的函数。应力分析就是要确定 σ_θ 和 σ_r 与 r 之间的关系。

由于应力分布的不均匀性，进行应力分析时，必须从微元体着手，分析其应力和变形及它们之间的相互关系。

（1）微元体。如图 5-7(c)、(d)所示，mn 和 $m_1 n_1$ 分别为半径 r 和半径 $r+\mathrm{d}r$ 的两个圆柱面；mm_1 和 nn_1 面为相邻的通过轴线的纵截面，其夹角为 $\mathrm{d}\theta$；微元在轴线方向的长度

143

为 1 个单位。微元体各个面上的应力如下：在 mm_1 和 nn_1 面上的周向应力均为 σ_θ；在半径为 r 的 mn 面上，径向应力为 σ_r；在半径为 $r+\mathrm{d}r$ 的 m_1n_1 面上，径向应力为 $\sigma_r+\mathrm{d}\sigma_r$。

此外，在轴线方向上相距为 1 个单位的两个横截面上还有轴向应力 σ_z 的作用，但它对微元体的平衡没有影响，图中未标出。

（2）平衡方程。如图 5-7(d) 所示，由微元体在半径 r 方向上的力平衡关系，可得

$$(\sigma_r+\mathrm{d}\sigma_r)(r+\mathrm{d}r)\mathrm{d}\theta-\sigma_r r\mathrm{d}\theta-2\sigma_\theta\mathrm{d}r\sin\frac{\mathrm{d}\theta}{2}=0 \tag{5-2}$$

因 $\mathrm{d}\theta$ 极小，故 $\sin\dfrac{\mathrm{d}\theta}{2}\approx\dfrac{\mathrm{d}\theta}{2}$，再略去高阶微量 $\mathrm{d}\sigma_r\mathrm{d}r$，式(5-2)可简化为

$$\sigma_\theta-\sigma_r=r\frac{\mathrm{d}\sigma_r}{\mathrm{d}r} \tag{5-3}$$

式(5-3)即为微元平衡方程。式中存在两个未知数，无法求解。因此必须建立补充方程，可借助于几何方程和物理方程。

（3）几何方程。几何方程是微元体的位移与其应变之间的关系方程。

由于结构和受力的对称性，横截面上的各点只在原半径位置上发生径向位移，微元体各面位移如图 5-8 所示。其中 mm_1n_1n 为变形前的位置，$m'm_1'n_1'n'$ 为变形后的位置。若半径为 r 的 mn 面的径向位移为 w，则半径为 $r+\mathrm{d}r$ 的 m_1n_1 面的径向位移为 $w+\mathrm{d}w$。

根据应变的定义，得到径向应变与周向应变的表达式为

$$\begin{cases}\varepsilon_r=\dfrac{(w+\mathrm{d}w)-w}{\mathrm{d}r}=\dfrac{\mathrm{d}w}{\mathrm{d}r}\\[2mm]\varepsilon_\theta=\dfrac{(r+w)\mathrm{d}\theta-r\mathrm{d}\theta}{r\mathrm{d}\theta}=\dfrac{w}{r}\end{cases} \tag{5-4}$$

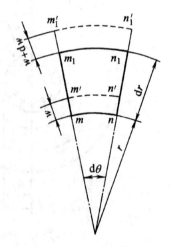

式(5-4)即为微元体的几何方程，表明 ε_r 和 ε_θ 都是径向位移 w 的函数，因而二者是相互联系的。对式(5-4)中的第二式求导并变换可得

$$\frac{\mathrm{d}\varepsilon_\theta}{\mathrm{d}r}=\frac{1}{r}(\varepsilon_r-\varepsilon_\theta) \tag{5-5}$$

式(5-5)称为变形协调方程，表明微元体的应变不是任意的，而是相互有关联的，即必须满足上述变形协调方程。

图 5-8　厚壁圆筒中微元体的位移

（4）物理方程。根据广义胡克定律，在弹性范围内，微元体的应力与应变必须满足：

$$\begin{cases}\varepsilon_r=\dfrac{1}{E}\left[\sigma_r-\mu(\sigma_\theta+\sigma_z)\right]\\[2mm]\varepsilon_\theta=\dfrac{1}{E}\left[\sigma_\theta-\mu(\sigma_r+\sigma_z)\right]\end{cases} \tag{5-6}$$

式(5-6)即为物理方程。

（5）微分方程——平衡、几何和物理方程的综合方程。将式(5-6)中的两式相减可得

$$\varepsilon_r - \varepsilon_\theta = \frac{(1+\mu)}{E}(\sigma_r - \sigma_\theta) \tag{5-7}$$

同时对式(5-6)的第二式求导,可得(σ_z 为沿 r 均匀分布的常量,导数为 0)

$$\frac{d\varepsilon_\theta}{dr} = \frac{1}{E}\left(\frac{d\sigma_\theta}{dr} - \mu\frac{d\sigma_r}{dr}\right) \tag{5-8}$$

将式(5-7)代入式(5-5)得

$$\frac{d\varepsilon_\theta}{dr} = \frac{1+\mu}{rE}(\sigma_r - \sigma_\theta) \tag{5-9}$$

由式(5-8)及式(5-9)中的 $\dfrac{d\varepsilon_\theta}{dr}$ 的表达式,可得

$$\frac{d\sigma_\theta}{dr} - \mu\frac{d\sigma_r}{dr} = \frac{1+\mu}{r}(\sigma_r - \sigma_\theta) \tag{5-10}$$

从式(5-3)中求出 σ_θ,再代入式(5-10),整理得到

$$r\frac{d^2\sigma_r}{dr^2} + 3\frac{d\sigma_r}{dr} = 0 \tag{5-11}$$

解式(5-11)的微分方程,可得 σ_r 的通解。将 σ_r 再代入到式(5-3)即可求得 σ_θ,即

$$\begin{cases} \sigma_r = A - \dfrac{B}{r^2} \\[2mm] \sigma_\theta = A + \dfrac{B}{r^2} \end{cases} \tag{5-12}$$

边界条件为: $\qquad\qquad \sigma_r\big|_{r=R_i} = -p_i, \qquad \sigma_r\big|_{r=R_o} = -p_o$

将边界条件代入式(5-12),解得积分常数 A 和 B 为

$$\begin{cases} A = \dfrac{p_iR_i^2 - p_oR_o^2}{R_o^2 - R_i^2} \\[3mm] B = \dfrac{(p_i - p_o)R_i^2R_o^2}{R_o^2 - R_i^2} \end{cases} \tag{5-13}$$

在内、外压力的作用下,厚壁圆筒的周向应力 σ_θ、径向应力 σ_r 和轴向应力 σ_z 的表达式为

$$\begin{cases} \sigma_\theta = \dfrac{p_iR_i^2 - p_oR_o^2}{R_o^2 - R_i^2} + \dfrac{(p_i - p_o)R_i^2R_o^2}{R_o^2 - R_i^2}\cdot\dfrac{1}{r^2} \\[3mm] \sigma_r = \dfrac{p_iR_i^2 - p_oR_o^2}{R_o^2 - R_i^2} - \dfrac{(p_i - p_o)R_i^2R_o^2}{R_o^2 - R_i^2}\cdot\dfrac{1}{r^2} \\[3mm] \sigma_z = \dfrac{p_iR_i^2 - p_oR_o^2}{R_o^2 - R_i^2} \end{cases} \tag{5-14}$$

式(5-14)即为 1833 年法国数学家加布里埃尔·拉美(Gabriel Lamè)首次对厚壁圆筒进行应力分析时提出的应力计算式,称为拉美公式。厚壁圆筒中的应力值和应力分布分别如表 5-1 和图 5-9 所示。表 5-1 中各式采用了径比 $K = R_o/R_i$,K 值表示了厚壁圆筒的厚度特征。

表 5-1　厚壁圆筒的筒壁应力值

受力情况及位置 应力	仅受内压 $p_o=0$			仅受外压 $p_i=0$		
	任意半径 r 处	内壁处 $r=R_i$	外壁处 $r=R_o$	任意半径 r 处	内壁处 $r=R_i$	外壁处 $r=R_o$
σ_r	$\dfrac{p_i}{K^2-1}\left(1-\dfrac{R_o^2}{r^2}\right)$	$-p_i$	0	$\dfrac{-p_o K^2}{K^2-1}\left(1-\dfrac{R_i^2}{r^2}\right)$	0	$-p_o$
σ_θ	$\dfrac{p_i}{K^2-1}\left(1+\dfrac{R_o^2}{r^2}\right)$	$p_i\left(\dfrac{K^2+1}{K^2-1}\right)$	$p_i\left(\dfrac{2}{K^2-1}\right)$	$\dfrac{-p_o K^2}{K^2-1}\left(1+\dfrac{R_i^2}{r^2}\right)$	$-p_o\left(\dfrac{2K^2}{K^2-1}\right)$	$-p_o\left(\dfrac{K^2+1}{K^2-1}\right)$
σ_z	$p_i\left(\dfrac{1}{K^2-1}\right)$			$-p_o\left(\dfrac{K^2}{K^2-1}\right)$		

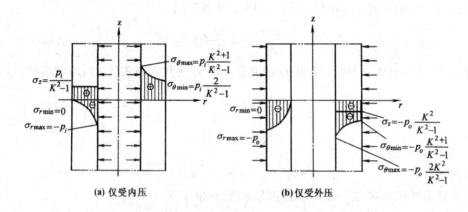

(a) 仅受内压　　　　**(b) 仅受外压**

图 5-9　厚壁圆筒中的应力分布

由图 5-9 可知，仅在内压作用下，筒壁中的应力分布规律可归纳为以下几点：

① 周向应力 σ_θ 及轴向应力 σ_z 均为拉应力（正值），径向应力 σ_r 为压应力（负值）。在数值上有如下规律：内壁处周向应力 σ_θ 有最大值，其值为 $\sigma_{\theta\max}=p_i\left(\dfrac{K^2+1}{K^2-1}\right)$，而在外壁处减至最小，其值为 $\sigma_{\theta\min}=p_i\dfrac{2}{K^2-1}$，内外壁 σ_θ 之差为 p_i；径向应力 σ_r 在内壁处为 $-p_i$，随着 r 增加，径向应力绝对值逐渐减小，在外壁处 $\sigma_r=0$。

② 轴向应力 σ_z 为常量，沿壁厚均匀分布，且为周向应力与径向应力之和的一半，即 $\sigma_z=\dfrac{1}{2}(\sigma_\theta+\sigma_r)$。

③ 除 σ_z 外，其他应力沿厚度的不均匀程度与径比 K 值有关。以 σ_θ 为例，外壁与内壁的周向应力 σ_θ 之比为 $\dfrac{(\sigma_\theta)_{r=R_o}}{(\sigma_\theta)_{r=R_i}}=\dfrac{2}{K^2+1}$，$K$ 值愈大不均匀程度愈严重，当内壁材料开始出现屈服时，外壁材料尚未达到屈服，因此筒体材料的强度不能得到充分的利用。当 K 值趋近于 1 时，该容器即为薄壁容器，其应力沿厚度接近于均布。$K=1.1$ 时，内、外壁应力只相差 10%；$K=1.2$ 时，内、外壁应力相差 18%；而当 $K=1.3$ 时，内、外壁应力差则达

35%。由此可见，在 $K=1.1$ 时，采用薄壁应力公式进行计算，其结果与精确值相差不大；当 $K=1.3$ 时，若仍用薄壁应力公式计算，误差较大，所以工程上一般以 $K=1.1\sim1.2$ 作为区别厚壁与薄壁容器的界限。

2. 温度变化引起的弹性热应力

1）热应力

因温度变化引起的自由膨胀或收缩受到约束时，在弹性体内所引起的应力称为热应力。例如，对于沿径向存在温度梯度的厚壁圆筒，若内壁面温度高于外壁面，内层材料的自由热膨胀变形大于外层，但内层变形受到外层材料的限制，因而内层材料会出现压缩热应力，外层材料会出现拉伸热应力（径向应力除外）；对于固定管板式换热器，管束与外壳都固定在管板上，若管束温度大于外壳，由于管束与外壳的热变形相互牵制，管束会出现压缩热应力，外壳会出现拉伸热应力。

2）厚壁圆筒的热应力

为求解厚壁圆筒中的热应力，须先确定筒壁中的温度分布，再根据平衡方程、几何方程和物理方程，结合边界条件求解。

当厚壁圆筒处于与中心轴对称且沿轴向不变的温度场时，在稳态传热状态下，三向热应力（周向热应力 σ_θ^t、径向热应力 σ_r^t 和轴向热应力 σ_z^t）的表达式为（详细推导见参考文献[13]）

$$\begin{cases} \sigma_\theta^t = \dfrac{E\alpha\,\Delta t}{2(1-\mu)}\left(\dfrac{1-\ln K_r}{\ln K}-\dfrac{K_r^2+1}{K^2-1}\right) \\[3mm] \sigma_r^t = \dfrac{E\alpha\,\Delta t}{2(1-\mu)}\left(-\dfrac{\ln K_r}{\ln K}+\dfrac{K_r^2-1}{K^2-1}\right) \\[3mm] \sigma_z^t = \dfrac{E\alpha\,\Delta t}{2(1-\mu)}\left(\dfrac{1-2\ln K_r}{\ln K}-\dfrac{2}{K^2-1}\right) \end{cases} \tag{5-15}$$

式中：Δt 为筒体内、外壁的温差，℃，$\Delta t=t_i-t_o$；t_i 为内壁面温度，℃；t_o 为外壁面温度，℃；K 为筒体的外半径与内半径之比，$K=R_o/R_i$；K_r 为筒体的外半径与任意半径之比，$K_r=R_o/r$。

厚壁圆筒各处的热应力分布如图 5-10 所示，厚壁圆筒中的热应力及其分布规律包括以下几点：

（1）热应力的大小与内、外壁温差 Δt 成正比。Δt 取决于厚度，径比 K 值越大 Δt 值也越大。

（2）热应力沿厚度方向是变化的。径向热应力 σ_r^t 在内、外壁处均为零，在任意半径处的数值均很小，且内加热时均为压应力，外加热时均为拉应力。对于周向热应力 σ_θ^t 和轴向热应力 σ_z^t，在内加热时，外壁处拉伸应力有最大值，内壁处为压应力；反之，在外加热时，内壁处拉伸应力有最大值，外壁处为压应力。同时，内壁处的 σ_θ^t 与 σ_z^t 相等，外壁处的 σ_θ^t 与 σ_z^t 也相等。

3）热应力的特点

（1）热应力随约束程度的增大而增大。

（2）热应力与零外载相平衡，是由热变形受约束引起的自平衡应力，在高温下发生压缩变形，在低温下发生拉伸变形。由于温度场不同，热应力既有可能在整台容器中出现，也有可能在局部区域产生。

（3）热应力具有自限性，屈服流动或高温蠕变可使热应力降低。对于塑性材料，热应力不会导致构件断裂，但交变热应力有可能导致构件发生疲劳失效或塑性变形累积。

需要注意的是：热壁设备在开车、停车或变动工况时，温度分布随时间而改变，即处于非稳态温度场，此时的热应力往往要比稳态温度场时大得多，这种现象在温度急剧变化时尤为显著。因此，应严格控制热壁设备的加热、冷却速度。除此之外，为减少热应力，工程上应尽量采取以下措施：避免外部对热变形的约束、设置膨胀节（或柔性元件）、采用良好的保温层等。

4）内压与温差同时作用引起的弹性应力

在厚壁圆筒中，如果由内压引起的应力与温差所引起的热应力同时存在，在弹性变形的前提下，筒壁的总应力为两种应力的叠加，即

$$\begin{cases} \sum \sigma_\theta = \sigma_\theta + \sigma'_\theta \\ \sum \sigma_z = \sigma_z + \sigma'_z \\ \sum \sigma_r = \sigma_r + \sigma'_r \end{cases} \qquad (5-16)$$

叠加后的筒壁应力分布情况见图 5-11。由图 5-11 可知，内加热情况下，内壁应力叠加后得到改善，而外壁应力有所恶化。外加热时则相反，内壁应力恶化，而外壁应力得到很大改善。

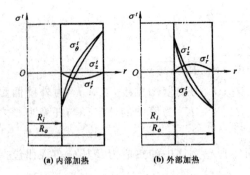

图 5-10　厚壁圆筒中的热应力分布

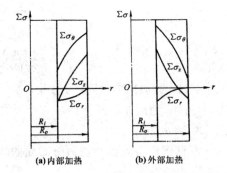

图 5-11　厚壁圆筒内的综合应力分布

5.2.2　弹塑性应力

1. 弹塑性应力

理想状态下，对于承受内压的厚壁圆筒，随着内压的增大，内壁材料先开始屈服，内壁面呈塑性状态。若内压继续增加，则屈服层向外扩展，从而在近内壁处形成塑性区，塑性区之外仍为弹性区，塑性区与弹性区的交界面为一个与厚壁圆筒同心的圆柱面。

为分析塑性区与弹性区内的应力分布，从厚壁圆筒远离边缘处的筒体中取出一个筒节，筒节由塑性区与弹性区组成，如图 5-12 所示。设两区分界面的半径为 R_c，界面上的压力为 p_c（即相互间的径向应力），则塑性区所受的外压为 p_c，内压为 p_i；而弹性区所受的外压为零，内压为 p_c。

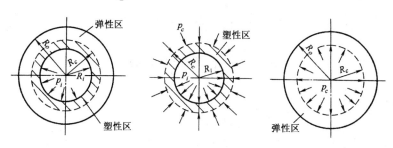

图 5-12　处于弹塑性状态的厚壁圆筒

为了简化分析，假定材料在屈服阶段的塑性变形过程中不发生应变硬化，即材料为理想弹塑性材料。

（1）塑性区应力。

塑性区筒体材料处于塑性状态，式(5-3)的微元平衡方程仍可适用，即

$$\sigma_\theta - \sigma_r = r\frac{\mathrm{d}\sigma_r}{\mathrm{d}r}$$

由于圆筒为理想弹塑性材料，且 $\sigma_z = \frac{1}{2}(\sigma_\theta + \sigma_r)$，按 Mises 屈服失效判据（又称为形状改变比能屈服失效判据或第四强度理论）可得

$$\sigma_\theta - \sigma_r = \frac{2}{\sqrt{3}}R_{eL} \tag{5-17}$$

式中：R_{eL} 为材料的屈服强度，MPa。

由式(5-3)和式(5-17)，得

$$\mathrm{d}\sigma_r = \frac{2}{\sqrt{3}}R_{eL}\frac{\mathrm{d}r}{r} \tag{5-18}$$

对式(5-18)积分得

$$\sigma_r = \frac{2}{\sqrt{3}}R_{eL}\ln r + A \tag{5-19}$$

式中，A 为积分常数，由边界条件确定。在内壁面处，有

$$\sigma_r\big|_{r=R_i} = -p_i \tag{5-20}$$

将式(5-20)代入式(5-19)中，求得积分常数 A 为

$$A = -p_i - \frac{2}{\sqrt{3}}R_{eL}\ln R_i$$

将积分常数 A 代入式(5-19)，可得 σ_r 的表达式为

$$\sigma_r = \frac{2}{\sqrt{3}}R_{eL}\ln\frac{r}{R_i} - p_i \tag{5-21}$$

将式(5-21)代入式(5-17)，得到 σ_θ 的表达式为

$$\sigma_\theta = \frac{2}{\sqrt{3}}R_{eL}\left(1 + \ln\frac{r}{R_i}\right) - p_i \tag{5-22}$$

由 $\sigma_z = \dfrac{1}{2}(\sigma_\theta + \sigma_r)$，得到塑性区内轴向应力 σ_z 的表达式为

$$\sigma_z = \frac{R_{eL}}{\sqrt{3}}\left(1 + 2\ln\frac{r}{R_i}\right) - p_i \tag{5-23}$$

在弹塑性交界面，有

$$\sigma_r\big|_{r=R_c} = -p_c \tag{5-24}$$

将式(5-24)代入式(5-21)中，得到弹塑性两区交界面上的压力 p_c 为

$$p_c = -\frac{2}{\sqrt{3}}R_{eL}\ln\frac{R_c}{R_i} + p_i \tag{5-25}$$

由于式(5-25)中 R_c 未知，因此不能直接求得 p_c。

(2) 弹性区应力。

弹性区相当于承受内压为 p_c 的厚壁圆筒，设 $K_c = \dfrac{R_o}{R_c}$，由表 5-1 得到弹性区内壁 $r = R_c$ 处的应力表达式为

$$\begin{cases} \sigma_r\big|_{r=R_c} = -p_c \\[2mm] \sigma_\theta\big|_{r=R_c} = p_c\left(\dfrac{K_c^2 + 1}{K_c^2 - 1}\right) \end{cases} \tag{5-26}$$

因弹性区内壁处于屈服状态，应符合 Mises 屈服失效判据，即

$$\sigma_\theta\big|_{r=R_c} - \sigma_r\big|_{r=R_c} = \frac{2}{\sqrt{3}}R_{eL} \tag{5-27}$$

将式(5-26)代入式(5-27)，化简后得弹塑性区交界面的压力 p_c 的表达式为

$$p_c = \frac{R_{eL}}{\sqrt{3}}\cdot\frac{R_o^2 - R_c^2}{R_o^2} \tag{5-28}$$

考虑到弹性区与塑性区是同一连续体内的两个部分，界面上的 p_c 应为同一数值，因此式(5-25)与式(5-28)应相等，于是可导出内压与所对应的塑性区圆柱面半径间的关系式：

$$p_i = \frac{R_{eL}}{\sqrt{3}}\left(1 - \frac{R_c^2}{R_o^2} + 2\ln\frac{R_c}{R_i}\right) \tag{5-29}$$

式(5-29)中，根据圆筒的内压 p_i 即可求得相对应的 R_c。

由拉美公式(5-14)，可导出在弹性区内半径 r 处，以 R_c 表示的各应力表达式为

$$\begin{cases} \sigma_r = \dfrac{R_{eL}}{\sqrt{3}}\cdot\dfrac{R_c^2}{R_o^2}\left(1 - \dfrac{R_o^2}{r^2}\right) \\[3mm] \sigma_\theta = \dfrac{R_{eL}}{\sqrt{3}}\cdot\dfrac{R_c^2}{R_o^2}\left(1 + \dfrac{R_o^2}{r^2}\right) \\[3mm] \sigma_z = \dfrac{R_{eL}}{\sqrt{3}}\cdot\dfrac{R_c^2}{R_o^2} \end{cases} \tag{5-30}$$

现将弹塑性分析中所导出的各种应力表达式列于表 5-2 中。

表 5 - 2　仅承受内压时厚壁圆筒中弹塑性区的应力

屈服失效判据	应力	塑性区 $R_i \leq r \leq R_c$	弹性区 $R_c \leq r \leq R_o$
Mises $\sigma_\theta - \sigma_r = \dfrac{2}{\sqrt{3}} R_{eL}$	径向应力	$\sigma_r = \dfrac{2}{\sqrt{3}} R_{eL} \ln \dfrac{r}{R_i} - p_i$	$\sigma_r = \dfrac{R_{eL}}{\sqrt{3}} \cdot \dfrac{R_c^2}{R_o^2} \left(1 - \dfrac{R_o^2}{r^2}\right)$
	周向应力	$\sigma_\theta = \dfrac{2}{\sqrt{3}} R_{eL} \left(1 + \ln \dfrac{r}{R_i}\right) - p_i$	$\sigma_\theta = \dfrac{R_{eL}}{\sqrt{3}} \cdot \dfrac{R_c^2}{R_o^2} \left(1 + \dfrac{R_o^2}{r^2}\right)$
	轴向应力	$\sigma_z = \dfrac{R_{eL}}{\sqrt{3}} \left(1 + 2\ln \dfrac{r}{R_i}\right) - p_i$	$\sigma_z = \dfrac{R_{eL}}{\sqrt{3}} \cdot \dfrac{R_c^2}{R_o^2}$
	p_i 与 R_c 关系	$p_i = \dfrac{R_{eL}}{\sqrt{3}} \left(1 - \dfrac{R_c^2}{R_o^2} + 2\ln \dfrac{R_c}{R_i}\right)$	

2. 残余应力

当厚壁圆筒进入弹塑性状态后，这时若将内压 p_i 全部卸除，塑性区因存在残余变形不能恢复原来的尺寸，而弹性区由于本身的弹性收缩，力图恢复原来的形状，但受到塑性区残余变形的阻挡，从而在塑性区中出现压缩应力，在弹性区内产生拉伸应力，这种自平衡的应力就是残余应力。这种卸载后保留下来的变形称为残余变形。

残余应力的计算需根据卸载定理进行。卸载定理是：以载荷的改变量为假想载荷，按弹性理论计算该载荷所引起的应力和应变，此应力和应变实际是应力和应变的改变量。用卸载前的应力和应变减去这些改变量即可得到卸载后的应力和应变。

本节讨论的内容基于理想弹塑性材料的假设，但实际上由于材料本身的各向异性以及加工制造方法的影响（如焊接、卷板等），材料难以完全达到理想状态，因此残余应力的计算也相当复杂。有兴趣的读者可参阅参考文献[1]、[14]。

5.2.3　屈服压力和爆破压力

1. 爆破过程

对于塑性材料制造的压力容器，压力与容积变化量的关系曲线如图 5 - 13 所示。在弹性变形阶段（OA 线段），器壁内应力较小，产生弹性变形，内压与容积变化量成正比，到 A 点时容器内表面开始屈服，与 A 点对应的压力为初始屈服压力。在弹塑性变形阶段（AC 线段），随着内压的持续增大，材料从内壁向外壁屈服，此时，一方面因塑性变形而使材料强化导致承压能力提高，另一方面因厚度不断减小而使承压能力下降，但材料强化的作用大于厚度减小的作用，到 C 点时两种作用已十分接近，C 点对应的压力是容器所能承受的最

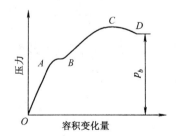

图 5 - 13　厚壁圆筒中压力与容积变化量的关系

大压力，称为塑性垮塌压力。在爆破阶段（CD 线段），容积突然急剧增大，容器继续膨胀所需的压力也相应减小，压力降落到 D 点，容器爆炸，D 点所对应的压力为爆破压力。

对于内压容器，爆破过程中内压和容积变化量的关系与材料塑性、加载速率、容器容积和厚度等因素有关。脆性材料不会出现弹塑性变形阶段。虽然塑性垮塌压力大于爆破压

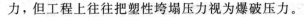

力，但工程上往往把塑性垮塌压力视为爆破压力。

2. 屈服压力

受内压作用的厚壁圆筒，由式(5-29)的内压 p_i 与弹塑性交界面半径 R_c 的关系式可求得容器内壁最初屈服时的初始屈服压力 p_s 和容器整个壁厚全部屈服时的压力 p_{so}。

1）初始屈服压力

令 $p_i = p_s$，$R_c = R_i$，可得基于 Mises 屈服失效判据的厚壁圆筒初始屈服压力 p_s 的表达式为

$$p_s = \frac{R_{eL}}{\sqrt{3}} \cdot \frac{K^2 - 1}{K^2} \tag{5-31}$$

2）全屈服压力

假设材料为理想弹塑性材料，当承受内压的厚壁圆筒的筒壁达到整体屈服状态时所承受的压力，称为全屈服压力或极限压力，用 p_{so} 表示。

筒壁整体屈服时，弹塑性界面的半径等于外半径，即 $R_c = R_o$，代入式(5-29)中，得

$$p_{so} = \frac{2}{\sqrt{3}} R_{eL} \ln K \tag{5-32}$$

全屈服压力和塑性垮塌压力含义不同，前者是假设材料为理想弹塑性时求得的压力，后者则是利用材料的实际应力和应变关系求得的压力。

3. 爆破压力

厚壁圆筒爆破压力的计算公式较多，但真正在工程设计中应用的并不多，最有代表性的是 Faupel 公式。

20 世纪 50～70 年代，美国学者约瑟夫·福贝尔(Joseph H·Faupel)曾对碳素钢、低合金钢、不锈钢及铝青铜等材料制成的厚壁圆筒作过爆破试验，材料的抗拉强度范围 $R_m = 460 \sim 1320$ MPa，断后伸长率范围 $A = 12\% \sim 80\%$。在整理数据后，Faupel 发现爆破压力的上、下限值分别为

$$p_{b\max} = \frac{2}{\sqrt{3}} R_m \ln K$$

$$p_{b\min} = \frac{2}{\sqrt{3}} R_{eL} \ln K$$

且爆破压力随材料的屈强比呈线性规律变化。于是，Faupel 将爆破压力归纳为

$$p_b = p_{b\min} + \frac{R_{eL}}{R_m}(p_{b\max} - p_{b\min})$$

即

$$p_b = \frac{2}{\sqrt{3}} R_{eL} \left(2 - \frac{R_{eL}}{R_m}\right) \ln K \tag{5-33}$$

Faupel 公式形式简单，计算方便，中国、日本等国将其作为厚壁圆筒强度设计的基本方程进行应用。其缺点是计算值与实测值之间的相对误差较大，最大误差可达 $\pm 15\%$。为提高厚壁圆筒爆破压力的计算精度，研究者提出了许多爆破压力的计算公式。有兴趣的读者可参阅参考文献[23]。

5.3　高压圆筒设计

压力容器设计时，应先确定容器最有可能发生的失效形式，选择合适的设计准则，确定适用的设计规范标准，再按规范标准的要求进行设计和校核。

由于高压容器承受的压力高，因此其壁厚较大，工程中又称为厚壁容器或厚壁圆筒。

在高压容器的使用周期内可能遇到的失效类型包括：强度不足引起的塑性变形甚至韧性破坏、材料脆性或严重缺陷引起的脆性破坏、环境因素引起的腐蚀失效、高温下的蠕变失效及交变载荷下的疲劳失效等。就高压容器常规设计而言，主要考虑的是使高压容器具有足够的防止发生过度的塑性变形及爆破等强度失效的能力，其核心是要具有足够的强度。

防止高压筒体的强度失效，应考虑厚壁圆筒应力分布的两个重要特点：

（1）厚壁圆筒沿壁厚的应力分布不均匀，弹性状态下内壁的应力状态最为恶劣。

（2）器壁内的应力为三向应力状态，即周向应力 σ_θ、轴向应力 σ_z 和径向应力 σ_r，径向应力 σ_r 不能忽略。

5.3.1　高压圆筒的强度设计准则

针对强度失效的设计准则一般有三种，即弹性失效设计准则、塑性失效设计准则和爆破失效设计准则。三向应力的应力强度（也称相当应力）一般可由第一强度理论、第三强度理论和第四强度理论求出。下面简要介绍三种强度失效的设计准则。

1. 弹性失效设计准则

弹性失效设计准则将容器总体部位的初始屈服视为失效。对于高压容器，即是以内壁的应力强度达到屈服状态时视为发生强度失效。因此应将容器内壁的应力强度限制在弹性范围以内，此即为弹性失效设计准则。这是目前世界各国使用最多的设计准则，我国高压容器设计也采用此准则。

设计计算时如何表达容器内壁三向应力的应力强度？这就需要采用各种强度理论。将应力强度限制在设计许用应力之内，以此作为强度条件，即可防止容器的筒体发生弹性失效，并有足够的安全裕度。

（1）第一强度理论（最大拉应力理论）。

对于韧性材料，在单向拉伸应力 σ 的作用下，屈服失效判据的数学表达式为

$$\sigma = R_{eL} \tag{5-34}$$

用许用应力 $[\sigma]^t$ 代替式（5-34）中的材料屈服强度，可得到相应的设计准则：

$$\sigma \leqslant [\sigma]^t \tag{5-35}$$

由于历史原因，压力容器设计中常用最大拉应力 σ_1 来代替式（5-35）中的应力 σ，以此建立设计准则，即

$$\sigma_1 \leqslant [\sigma]^t \tag{5-36}$$

式（5-36）为基于最大拉应力的弹性失效设计准则，简称为最大拉应力准则。

对于处在任意应力状态的韧性材料，工程上常采用的屈服失效判据主要包括 Tresca

屈服失效判据和 Mises 屈服失效判据。

（2）第三强度理论。

第三强度理论又称为 Tresca（法国机械工程师亨利·埃杜阿尔·屈雷斯卡 Henri Edouard Tresca）屈服失效判据或最大切应力屈服失效判据，这一判据认为：材料屈服的条件是最大切应力达到某个极限值，其数学表达式为

$$\tau_{max} = \frac{\sigma_1 - \sigma_3}{2} = \frac{R_{eL}}{2} \qquad (5-37)$$

相应的设计准则为

$$\sigma_1 - \sigma_3 \leqslant [\sigma]^t \qquad (5-38)$$

式（5-38）即为最大切应力屈服失效设计准则，简称为最大切应力准则。

（3）第四强度理论。

第四强度理论又称为 Mises 屈服失效判据或形状改变比能屈服失效判据，这一判据认为：引起材料屈服的是与应力变量有关的形状改变比能，其数学表达式为

$$\sqrt{\frac{1}{2}[(\sigma_1 - \sigma_2)^2 + (\sigma_2 - \sigma_3)^2 + (\sigma_3 - \sigma_1)^2]} = R_{eL} \qquad (5-39)$$

相应的设计准则为

$$\sqrt{\frac{1}{2}[(\sigma_1 - \sigma_2)^2 + (\sigma_2 - \sigma_3)^2 + (\sigma_3 - \sigma_1)^2]^2} \leqslant [\sigma]^t \qquad (5-40)$$

式（5-40）为形状改变比能屈服失效设计准则，简称为形状改变比能准则。

工程上，常常将强度设计准则中直接与许用应力 $[\sigma]^t$ 比较的量，称为应力强度或相当应力，用 σ_{eqi} 表示。其中，$i=1,3,4$ 分别表示了最大拉应力、最大切应力和形状改变比能准则的序号。有的文献将许用应力称为设计应力强度。弹性失效设计准则用统一形式表示为

$$\sigma_{eqi} \leqslant [\sigma]^t \qquad (5-41)$$

应力强度是由三个主应力按一定形式组合而成的，其本身没有确切的物理含义，只是为了方便而引入的名词和记号。与最大拉应力、最大切应力和形状改变比能准则相对应的应力强度分别为

$$\sigma_{eq1} = \sigma_1$$

$$\sigma_{eq3} = \sigma_1 - \sigma_3$$

$$\sigma_{eq4} = \sqrt{\frac{1}{2}[(\sigma_1 - \sigma_2)^2 + (\sigma_2 - \sigma_3)^2 + (\sigma_3 - \sigma_1)^2]^2}$$

2. 塑性失效设计准则

弹性失效设计准则是以危险点的应力强度达到许用应力为依据的。对于各处应力相等的构件，如内压薄壁圆筒，这种设计准则是合理的。但对于应力分布不均匀的构件，如内压厚壁圆筒，由于材料韧性较好，当危险点（内壁）发生屈服时，其余各点仍处于弹性状态，不会导致整个截面的屈服，因而构件仍能继续承载。在这种情况下，弹性失效设计准则就显得有些保守了。

设材料为理想弹塑性，以整个危险面屈服作为失效状态的设计准则称为塑性失效设计准则。对内压厚壁圆筒，整个截面屈服时的压力就是全屈服压力 p_{so}，塑性失效判据为

$$p = p_{so} \tag{5-42}$$

式中：p 为设计压力，MPa。

引入全屈服安全系数 n_{so}，则相应的塑性失效设计准则为

$$p \leqslant \frac{p_{so}}{n_{so}} \tag{5-43}$$

3. 爆破失效设计准则

压力容器韧性材料一般具有应变硬化现象，且爆破压力大于全屈服压力。爆破失效设计准则以容器爆破作为失效状态，相应的设计准则为

$$p \leqslant \frac{p_b}{n_b} \tag{5-44}$$

式中：p_b 为爆破压力，MPa；n_b 为爆破安全系数。

5.3.2　单层高压圆筒设计

1. 径比 $K \leqslant 1.5$ 的单层高压圆筒

各国设计规范所采用的设计准则和设计公式各不相同，ASME Ⅷ-1 和中国压力容器标准 GB150 均采用弹性失效设计准则，设计公式为第一强度理论计算公式。但具体采用以 Lamè 公式中的应力表达式为基础的第一强度理论式还是中径公式(2-64)采用的应力表达式，可作如下分析。

对中径公式，薄膜应力强度为

$$\sigma_{eqm} = \sigma_\theta = \frac{pD}{2\delta} \tag{5-45}$$

将 $D = D_i + \delta$，$\delta = \dfrac{D_o - D_i}{2}$ 以及径比 $K = D_o/D_i$ 代入式(5-45)中，得

$$\sigma_{eqm} = p\,\frac{K+1}{2(K-1)}$$

相应的设计准则为

$$p\,\frac{K+1}{2(K-1)} \leqslant [\sigma]^t \tag{5-46}$$

将本章第 2 节表 5-1 中受内压作用时，Lamè 公式计算的厚壁圆筒内壁处的三向应力计算式，代入弹性失效设计准则的式(5-36)、式(5-38)和式(5-40)(分别为第一、第三和第四强度理论设计式)，求得相应设计准则下的径比和圆筒厚度的计算公式，计算结果见表5-3。

当表 5-3 中的应力强度等于材料屈服强度 R_{eL} 时，所对应的压力为内壁初始屈服压力 p_s。p_s/R_{eL} 代表圆筒的弹性承载能力，与径比 K 的关系见图 5-14。

由图 5-14 可知：

(1) 按形状改变比能屈服失效设计准则计算的内壁初始屈服压力与实测值最为接近。

(2) 在厚度较薄即压力较低时，各种设计准则计算出的壁厚差别不大。

(3) 在同一承载能力下，最大切应力准则计算出的厚度最厚，中径公式计算出的厚度最薄。

表 5‑3 按弹性失效设计准则的内压厚壁圆筒强度计算式

设计准则	应力强度 σ_{eqi}	筒体径比 K	筒体计算厚度 δ
最大拉应力准则	$p\dfrac{K^2+1}{K^2-1}$	$\sqrt{\dfrac{[\sigma]^t+p}{[\sigma]^t-p}}$	$R_i\left(\sqrt{\dfrac{[\sigma]^t+p}{[\sigma]^t-p}}-1\right)$
最大切应力准则	$p\dfrac{2K^2}{K^2-1}$	$\sqrt{\dfrac{[\sigma]^t}{[\sigma]^t-2p}}$	$R_i\left(\sqrt{\dfrac{[\sigma]^t}{[\sigma]^t-2p}}-1\right)$
形状改变比能准则	$p\dfrac{\sqrt{3}K^2}{K^2-1}$	$\sqrt{\dfrac{[\sigma]^t}{[\sigma]^t-\sqrt{3}p}}$	$R_i\left(\sqrt{\dfrac{[\sigma]^t}{[\sigma]^t-\sqrt{3}p}}-1\right)$
中径公式	$p\dfrac{K+1}{2(K-1)}$	$\dfrac{2[\sigma]^t+p}{2[\sigma]^t-p}$	$R_i\left(\dfrac{2p}{2[\sigma]^t-p}\right)$

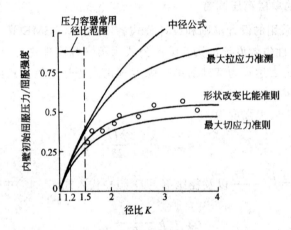

图 5‑14 各种强度理论的比较（图中○表示实验值）

通过表 5‑3 和图 5‑14 的分析，对径比 $K\leqslant1.5$ 的单层高压圆筒，仍可采用薄壁容器设计式(2‑65)（即中径公式）计算圆筒的厚度：

$$\delta=\frac{p_cD_i}{2[\sigma]^t\phi-p_c}$$

式中，各参数的定义及取值同第 2 章。

GB 150《压力容器》中规定，当设计压力低于 35 MPa 时可以采用中径公式，此规定是基于前面分析制定的。特别是当选用的钢材强度越高时，径比 K 值会降低，内外壁的应力差将缩小，更接近于薄壁容器，因此采用中径公式更为合适。设计压力大于 35 MPa 的高压容器则应考虑采用前述介绍的 Lamé 公式为基础的强度设计方法，或者采用塑性失效设计方法、爆破失效设计方法，而不应再采用中径公式。

2. 径比 $K>1.5$ 的单层高压圆筒

对于径比 $K>1.5$ 的单层厚壁圆筒，常采用塑性失效设计准则或爆破失效设计准则进行设计。

对于内压厚壁圆筒，与 Mises 屈服失效判据相对应的全屈服压力可按式(5-32)计算。将式(5-32)代入式(5-43)，得

$$n_{so} p = \frac{2}{\sqrt{3}} R_{eL} \ln K$$

圆筒的计算厚度为

$$\delta = R_i (K-1) = R_i (e^{\frac{\sqrt{3} n_{so}}{2 R_{eL}} p} - 1) \tag{5-47}$$

式中，n_{so} 的取值范围为 2.0～2.2。ASME Ⅷ-3 采用了式(5-47)的表达方式。

当采用爆破失效设计准则时，若采用 Faupel 公式计算爆破压力，将式(5-33)代入式(5-44)，可得圆筒计算厚度为

$$\delta = R_i (K-1) = R_i \left[e^{\frac{\sqrt{3} n_b}{2 R_{eL} (2 - \frac{R_{eL}}{R_m})} p} - 1 \right] \tag{5-48}$$

式中，n_b 的取值范围为 2.5～3.0。日本的《超高压圆筒容器设计规则》和我国的《超高压容器安全监察规程》等都采用了式(5-48)的表达方式。

5.3.3　多层高压圆筒设计

多层高压圆筒在制造过程中，都被施加了一定大小的预应力。在内压作用下，这些预应力将使圆筒内壁应力降低，外壁应力增加，厚度方向的应力分布趋向于均匀，从而提高了圆筒的弹性承载能力。但由于结构和制造上的原因，要定量地控制预应力的大小是十分困难的。例如，多层包扎式圆筒的预应力主要是由焊缝冷却收缩所造成的，其大小在制造时不易控制。因为焊缝的宽度、数量、焊接温度、材料等因素对预应力的大小有所影响，层板间摩擦力的存在也会使焊缝收缩所产生的压力不能均匀地分布于整个圆筒表面。设计计算时，往往偏于安全而不考虑预应力的影响，仅作强度储备之用。

热套式、多层包扎式、绕板式、扁平钢带倾角错绕式圆筒的厚度计算方法与单层厚壁圆筒基本相同，即在径比 $K \leqslant 1.5$ 时，按式(2-65)计算。不同之处是许用应力以组合许用应力代替。多层圆筒的组合许用应力 $[\sigma]^t \phi$ 为

$$[\sigma]^t \phi = \frac{\delta_i}{\delta_n} [\sigma_i]^t \phi_i + \frac{\delta_o}{\delta_n} [\sigma_o]^t \phi_o \tag{5-49}$$

式中：δ_i 为多层圆筒内筒的名义厚度，mm；δ_o 为多层圆筒层板或钢带层总厚度，mm；$[\sigma_i]^t$ 为设计温度下多层圆筒内筒材料的许用应力，MPa；$[\sigma_o]^t$ 为设计温度下多层圆筒层板或带层材料的许用应力，MPa，对扁平钢带倾角错绕式筒体，应乘以同层钢带间隙引起的削弱系数 0.98；ϕ_i 为多层圆筒内筒的焊接接头系数，一般取 $\phi_i = 1.0$；ϕ_o 为多层圆筒层板层或带层的焊接接头系数，取 $\phi_o = 1.0$。

圆筒除了承受由压力引起的应力外，当容器在较高温度下操作时，还将不可避免地承受较大的热应力。理论上，在圆筒设计时应考虑热应力的影响，但由于热壁容器大都采取了良好的保温设施，且在使用过程中，一般均严格控制其加热和冷却速度，以降低热应力。因而，热应力一般不会影响圆筒的强度，所以在常规设计中不对圆筒的热应力进行校核计算。

5.4 高压密封设计

5.4.1 概述

由于高压作用，高压密封装置的重量约占容器总重的 $10\%\sim30\%$，而成本则占总成本的 $15\%\sim40\%$，高压密封装置的设计是高压容器设计的重要组成部分。

由于压力高于中低压容器，高压容器的密封显得十分困难。如果容器直径大，操作温度高，就会更加困难。所以在进行高压容器总体结构的设计时，必须首先考虑减小密封口的直径，选用不易发生松弛变形、强度高的材料，并合理选用密封结构，这样才能得到可靠的密封设计。

高压密封装置的结构形式多种多样，但都具有下列特点：

（1）一般采用金属密封元件。因为高压密封接触面上所需的密封比压很高，非金属密封元件无法达到如此大的密封比压。金属密封元件的常用材料是退火铝、退火紫铜和软钢。

（2）采用窄面或线接触密封。因压力较高，为使密封元件达到足够的密封比压往往需要较大的预紧力，如若减小密封元件和密封面的接触面积，则可大大降低预紧力并减小螺栓的直径，从而减小整个法兰与封头的结构尺寸。为减小法兰与封头的结构尺寸，有时甚至采用线接触密封。

（3）尽可能采用自紧或半自紧式密封。尽量利用操作压力压紧密封元件实现自紧密封，预紧螺栓仅提供初始密封所需的压紧力。操作压力越高，密封越可靠，因而比中低压容器常用的强制式密封更为可靠、紧凑。

5.4.2 高压密封的结构形式

高压密封有多种结构形式，总体可以分为强制式与自紧式密封两大类。常用的结构形式包括平垫密封、双锥密封、伍德密封、卡扎里密封和高压管道密封。表 5-4 为各密封结构的适用范围。

表 5-4　几种高压密封结构的适用范围(摘自 GB 150 — 2011《压力容器》)

密封结构形式	设计温度/℃	设计压力/MPa	内直径 D_i/mm
金属平垫密封	$0\sim200$	$\leqslant16$	$\leqslant1000$
		$>16\sim22$	$\leqslant800$
		$>22\sim35$	$\leqslant600$
双锥密封	$0\sim400$	$6.4\sim35$	$400\sim3200$
伍德密封 卡扎里密封		$\leqslant35$	

1. 平垫密封

平垫密封的结构形式如图 5-15 所示，属于强制式密封，圆筒端部与平盖之间的密封依靠主螺栓的预紧作用，使金属平垫片产生一定的塑性变形，并填满压紧面的高低不平处，从而达到密封的目的。该结构与中低压容器中常用的螺栓法兰连接结构相似，只是将宽面非金属垫片改为窄面金属平垫片。平垫片的材料常用退火铝、退火紫铜或 10 号钢。为防止垫片发生塑性变形咬死密封口而无法拆卸，常在平盖上配 4～6 个起卸螺栓。平盖和筒体端部的密封面上应各有两条深 1 mm 的三角形沟槽，防止垫片被挤出。

平垫密封结构一般只适用于温度不超过 200 ℃、内径不超过 1000 mm 的中小型高压容器。平垫密封的结构简单，在压力不高、直径较小时密封可靠。但其主螺栓直径过大，不适用于温度与压力波动较大的场合。

2. 双锥密封

双锥密封保留了主螺栓但具有径向自紧作用，属半自紧式密封结构，见图 5-16。预紧时，拧紧主螺栓使衬于双锥环两锥面上的软金属垫片和平盖、筒体端部上的锥面相接触并压紧，使两锥面上的软金属垫片达到足够的预紧密封比压。同时，双锥环本身产生径向收缩，使其内圆柱面和平盖凸出部分外圆柱面间的间隙 g 值消失，则内圆柱面会紧靠在平盖凸出部分上。内压升高时，平盖有向上抬起的趋势，使施加在两锥面上的、预紧时所达到的比压趋于减小；双锥环在预紧时的径向收缩产生回弹，使两锥面上继续保留一部分比压；在介质压力的作用下，双锥环内圆柱表面向外扩张，导致两锥面上的比压进一步增大，实现径向自紧作用。为保持良好的密封性，两锥面上的比压必须大于软金属垫片所需要的操作密封比压。

该结构中双锥环可选用 35、16Mn、20MnMo、15CrMo、S30408 和 S32168 等Ⅲ级或Ⅳ级压力容器所用的锻件，在其两个密封面上均开有两条半径为 1～1.5 mm、深 1 mm 的半圆形沟槽或深 1 mm 的三角形沟槽，并衬有软金属垫，如退火铝或退火紫铜等。

双锥密封结构简单，密封可靠，加工精度要求不高，制造容易，可用于直径大、压力和温度高的容器。在压力和温度波动的情况下，密封性能良好。

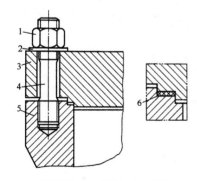

1—主螺母；2—垫圈；3—平盖；
4—主螺栓；5—圆筒端部；6—平垫片

图 5-15　平垫密封结构

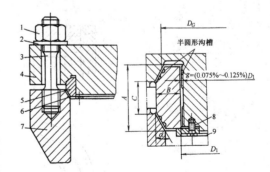

1—主螺母；2—垫圈；3—主螺栓；4—平盖；5—双锥环；
6—软金属垫片或金属丝；7—圆筒端部；8—螺栓；9—托环

图 5-16　双锥密封结构

3. 伍德密封

伍德密封是一种最早使用的自紧式密封结构，如图 5-17 所示。牵制螺栓可通过牵制环拧入顶盖。在预紧状态，拧紧牵制螺栓，使压垫、顶盖及筒体端部之间产生预紧密封力。内压作用后，三者之间相互作用的密封力随压力升高、顶盖向上顶起而迅速增大，同时可卸去牵制螺栓与牵制环的部分甚至全部载荷。因此伍德密封为轴向自紧式密封。

伍德密封结构中压垫和顶盖之间按线接触密封设计。压垫与圆筒端部接触的密封面略有夹角（$\beta = 5°$），另一个与端盖球形部分接触的密封面被制成倾角较大的斜面（$\alpha = 30° \sim 35°$）。

伍德密封无主螺栓连接，密封可靠，开启速度快，压垫可多次使用；对顶盖安装误差要求不高；在温度和压力波动的情况下，密封性能良好。但其结构复杂，装配要求高，高压空间占用较多。

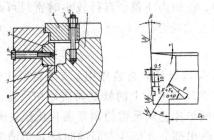

1—顶盖；2—牵制螺栓；3—螺母；4—牵制环；
5—四合环；6—拉紧螺栓；7—压垫；8—筒体端部

图 5-17　伍德密封结构

4. 卡扎里密封

卡扎里密封属强制式密封，有外螺纹、内螺纹和改良卡扎里密封三种结构形式。图 5-18 为外螺纹卡扎里密封结构图，利用压环和预紧螺栓将三角形垫片压紧以保证密封，装卸方便，安装时预紧力较小。介质产生的轴向力由螺纹套筒承担，不需要大直径主螺栓。螺纹套筒与顶盖和筒体端部的连接螺纹为间断螺纹，每隔一定的角度（$10° \sim 30°$）螺纹会断开，装配时只要将螺纹套筒旋转相应的角度即可。这种密封结构适用于大直径和较高的压力范围，但锯齿形螺纹加工精度要求高，造价较高。

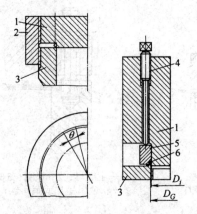

1—平盖；2—螺纹套筒；3—圆筒端部；
4—预紧螺栓；5—压环；6—密封垫片

图 5-18　外螺纹卡扎里密封结构

图 5-19 为内螺纹卡扎里密封结构图，与外螺纹卡扎里密封相比，筒体端部和顶盖直接通过螺纹连接，未设置螺纹套筒，但垫片的预紧力要靠主螺栓施加。图 5-20 为改良卡扎里密封结构图，改良卡扎里密封结构主要用于改善套筒螺纹锈蚀拆卸困难的情况，仍旧采用主螺栓，但预紧仍靠预紧螺栓来完成，主螺栓无需拧得很紧，使装拆较为省力。

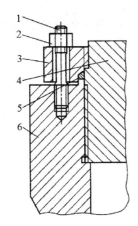

1—螺栓；2—螺母；3—压环；
4—平盖；5—密封垫；6—筒体端部

图 5-19　内螺纹卡扎里密封结构

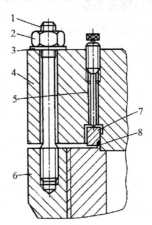

1—主螺栓；2—主螺母；3—垫圈；4—平盖
5—预紧螺栓；6—筒体端部法兰；7—压环；8—密封垫

图 5-20　改良卡扎里密封结构

5. 高压管道密封

与容器密封一样，高压管道密封要求具有密封性能良好、制造容易、结构简单合理、安装维修方便等特点。此外，高压管道密封还有其特殊之处：① 除内压外，管道往往还承受其他附加的外载荷或弯矩，如管道现场安装时，常出现强制连接的情况，将产生很大的附加弯矩或剪力；② 因管线延续较长，热膨胀值大，故温度波动的影响也较大；③ 管道接头的拆装次数比容器多，要求管道的密封结构更便于拆装。

高压管道密封有强制式和自紧式两种。强制式密封主要为平垫密封，而自紧式多采用径向自紧式密封。下面介绍工程中使用较多的透镜自紧式高压管道密封结构。

透镜式密封结构如图 5-21 所示，将管端加工成 $\beta = 20°$ 的锥面作为密封面，透镜垫圈有两个球面，预紧时拧紧螺栓，使透镜球面与管端锥面形成线接触密封，因而单位面积上的压紧力会很大，使透镜垫与管端锥面之间有足够的弹性变形和局部塑性变形。升压后透镜垫径向膨胀，产生自紧作用，使密封面贴合得更为紧密。

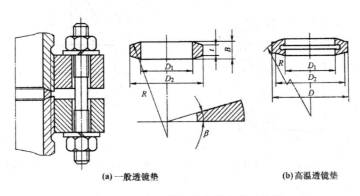

(a) 一般透镜垫　　　　　　　　**(b) 高温透镜垫**

图 5-21　高压管道的透镜式密封结构

5.4.3　提高高压密封性能的措施

为提高高压密封性能，常采取以下三种技术措施：

1. 改善密封接触表面

在保持密封元件原有的力学性能和回弹性能等特性的前提下，通过改善密封表面接触状况来提高密封元件的密封性能。常用的方法有：

① 在密封面上电镀或喷镀软金属、塑料等，以提高密封面的耐磨性能，保护密封面不受擦伤，同时可降低密封所需的密封比压，减小预紧力，如在空心金属"O"形环表面镀银；

② 在密封接触面之间衬软金属或非金属薄垫片，如在双锥密封面衬垫退火铝或退火紫铜等；

③ 在密封面上镶软金属丝或非金属材料。

2. 改进垫片结构

采用由弹性件和塑性软垫组合而成的密封元件，依靠弹性件获得良好的回弹能力和必要的密封比压，同时依靠塑性软垫获得良好的密封接触面。图 5-22 为超高压聚乙烯反应釜采用的组合"B"形环，其特点是在"B"环中镶入软材料以改善"B"形环的低压密封性能。工作时，利用软材料与过盈配合，建立初始密封来实现低压密封(60 MPa 以下)，当压力继续升高，则"B"形环和密封面的接触比压也随之上升，构成了高压密封。该结构还可减小"B"形环的过盈量，易于安装。

3. 采用焊接密封元件

当容器或管道内盛装易燃、易爆、剧毒介质，或处于高温、高压、温度压力波动频繁等场合，要求封口完全密封时，可采用焊接密封元件结构，如图 5-23 所示，在两法兰面上先焊接不同形式的密封焊元件，装配时再将密封焊元件的外缘予以焊接。当容器或管道内洁净、无需更换内件时也可采用该方法。

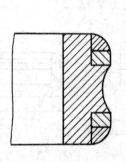 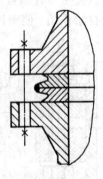

图 5-22　组合式"B"形环　　　　图 5-23　焊接垫片密封结构

5.5　高压容器的主要零部件设计

5.5.1　高压平盖的设计计算

大型容器的不可拆的高压端盖一般采用半球形封头或焊接带缩口的平底锻制封头（见图 2 - 32）。压力不超过 35 Mpa 的半球形封头的设计方法同中低压容器的封头设计。

高压容器上的可拆式封头大多采用锻造平盖。由于不需焊接，常采用 35 钢，强度中等，锻造性能、塑性与韧性都能达到高压容器锻件的要求。

可拆式平盖是一种整体受均布压力载荷、周边受螺栓力和垫片反力两圈集中载荷作用的圆平板，四周的支承情况介于固支与简支之间，较接近于简支。GB 150.3 — 2011 附录 C 中规定，平垫密封和双锥密封的平盖均采用中低压容器可拆平盖的强度计算方法，即基于弹性薄圆平板小挠度解的方法，厚度计算按式（2 - 79），即

$$\delta_p = D_c \sqrt{\frac{K p_c}{[\sigma]^t \phi}}$$

式中，各参数参见第 2 章。

5.5.2　高压螺栓的设计

对于高压容器的主螺栓及高压管道法兰连接的螺栓，在结构设计上与中低压螺栓有许多不同之处，分析如下。

1. 高压螺栓设计要求

高压螺栓承受的载荷包括压力载荷和温差载荷，压力和温度存在波动，甚至有时还因各种变化引起冲击载荷，因此螺栓的工作条件较为复杂，在结构设计时应予以特殊考虑。

（1）采用中部较细的双头细牙螺栓。如图 5 - 24 所示，这种结构的螺栓温差应力较小，柔度大，耐冲击，抗疲劳。中间部分直径应等于或略小于螺栓根径。细牙螺纹有利于自锁，且根径比粗牙螺纹大。对于容器法兰的主螺栓，埋入法兰的一端常凸出一点，便于在预埋时顶紧螺栓孔的底部，使螺栓工作时各圈螺纹受力均匀。主螺栓的螺母端可以钻注油孔，便于加油润滑螺纹。埋入部分的螺纹长度一般等于螺纹部分的公称直径。

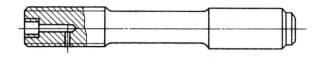

图 5 - 24　高压螺栓结构图

（2）要求有较高的加工精度。一般高压螺栓螺纹的公差精度应达到精密的要求，螺栓与螺母有较好的配合。

（3）螺母与垫圈采用球面接触。当螺栓孔与法兰面的垂直度有偏差时，为防止产生附加

的弯矩而采用螺母和垫圈的球面接触，可进行自位调节，并可大大减少螺栓的附加弯矩。

（4）螺栓与螺母材料的选用。一般在强度上选用比中低压容器螺栓强度更高的材料，并要具有足够的塑性与韧性。主螺栓及管道法兰螺栓最常用的材料是 35CrMoA 或 40MnB。两种材料适用的温度范围分别为 $-20\sim500$ ℃和 $-20\sim400$ ℃。其相匹配的螺母材料应为强度与硬度稍低的 30CrMoA 及 35（或 40Mn）钢，以免螺纹粘连。当使用温度超过 500 ℃时，可选用铬钼钢如 S45110（1Cr5Mo），使用温度可达到 600 ℃；或选用奥氏体钢 S30408（0Cr18Ni9），使用温度可达到 700 ℃。

2. 高压螺栓的设计计算

设计螺栓时，以各种密封结构分析计算出的螺栓载荷或按预紧载荷和工作载荷中的最大螺栓载荷 W 为依据，在计算方法上与中低压容器的螺栓设计方法相同（最大螺栓载荷 W 的具体计算参见 GB 150 — 2011），螺栓的根径 d_0 应为

$$d_0 = \sqrt{\frac{4W}{\pi [\sigma]_b^t n}} \tag{5-50}$$

式中：n 为螺栓个数，应为 4 的倍数；$[\sigma]_b^t$ 为螺栓材料的许用应力，MPa。

根据计算出的 d_0 选择标准螺纹尺寸，最终确定的实际根径不应小于计算的 d_0 值。

5.5.3 高压容器的开孔补强

高压容器开孔补强不采用补强圈的形式，而是采用接管补强或整锻件补强的形式，可使补强更加有效。补强设计的强度准则仍可采用等面积法，但更应重视应力分析补强法和极限载荷补强法的使用。

1. 高压容器补强件的结构

高压容器补强件的基本形式如图 5-25 所示，其中（a）为只补强接管，（b）为密集补强，（c）为只补强筒体。密集补强是在应力最大的区域内给予最有效的补强。

补强件的结构尺寸，如各过渡圆弧的半径 r 及角度 θ 等，在有关设计规范中都有具体的规定（详见参考文献[3]、[5]），读者可自行参阅。

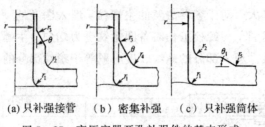

（a）只补强接管　（b）密集补强　（c）只补强筒体

图 5-25　高压容器开孔补强件的基本形式

图 5-25 中，除（a）可采用厚壁接管补强件外，图中（a）、（b）、（c）三种补强构件均可采用整锻件。虽然加工制造较为困难，但在重要的结构（如承受交变载荷的高压容器）中仍有必要采用。需要注意的是，补强件与筒体焊接时应采用对接焊，尽量避免采用填角焊，这样不但受力情况好，而且便于进行无损检测，可有效保证焊缝的质量。对接焊的结构形式如图 5-26 所示。

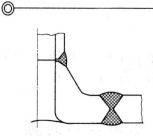

图 5-26 高压容器开孔补强件与筒体的焊接

2. 高压容器接管补强的强度设计准则

中低压容器常用的等面积补强设计法也可用于高压容器，具体设计计算方法可参阅参考文献[3]、[5]。但是该方法仅考虑了薄膜应力，不能有效地降低接管开孔部位的应力集中系数，而且会消耗较多的补强材料。目前备受重视的是应力分析补强法和极限载荷补强法。应力分析补强法已在第 4 章中进行了详细讨论，这里不再赘述。

小   结

1. 内容归纳

本章内容归纳如图 5-27 所示。

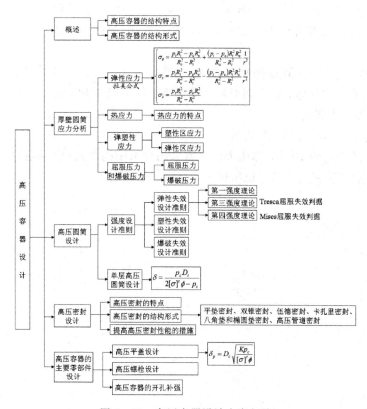

图 5-27 高压容器设计内容归纳

2. 重点和难点

(1) 重点:厚壁圆筒的应力分析;高压圆筒设计;高压封头设计。

(2) 难点:厚壁圆筒的应力分析;高压圆筒设计。

思考题与习题

(1) 单层厚壁圆筒承受内压时,其应力分布有哪些特征?

(2) 单层厚壁圆筒同时承受内压 p_i 与外压 p_o 作用时,能否将压差 $\Delta p = p_o - p_i$ 代入厚壁单层圆筒筒壁应力计算式来计算筒壁的应力? 为什么?

(3) 单层厚壁圆筒在内压与温差同时作用下,其综合应力沿壁厚如何分布? 筒壁屈服发生在何处? 为什么?

(4) 为什么厚壁圆筒微元体的平衡方程 $\sigma_\theta - \sigma_r = r\dfrac{\mathrm{d}\sigma_r}{\mathrm{d}r}$ 在弹塑性应力分析中同样适用?

(5) 试推导厚壁圆筒的形状改变比能失效判据(Mises 屈服失效判据)、最大切应力失效判据(Tresca 失效判据)、及设计准则的表达式。

(6) 与中低压密封相比,高压密封有哪些特点?

(7) 高压密封的结构形式有哪些? 各属于强制式还是自紧式密封?

(8) 现有一个单层厚壁圆筒,承受内压力 $p_i = 32$ MPa 时,测得筒壁外表面的径向位移 $w_o = 0.520$ mm,圆筒外径 $D_o = 900$ mm,$E = 2 \times 10^5$ MPa,$\mu = 0.3$。试求圆筒内外壁面的应力值。

(9) 一台内压 $p_i = 30$ Mpa 的厚壁圆筒,内盛装干燥氮气。筒体内径 $D_i = 500$ mm,若采用 Q345R 材料制造筒体,试求圆筒的计算厚度;若采用 15MnNbR 材料制造筒体,求计算厚度。并回答以下问题:

① 你认为选用哪种材料比较合理?

② 该容器的长度约 10 m,你认为该容器采用什么结构形式(单层卷焊、单层锻焊、整体锻造、多层包扎等)较为合理,说出理由。

第6章　压力容器材料

本章教学要点

知识要点	掌握程度	相关知识点
压力容器用钢的基本类型	掌握压力容器用钢的基本类型以及中低压压力容器常用材料	碳素钢、低合金钢和高合金钢；常用压力容器专用钢板
压力容器材料选择	熟练掌握压力容器用钢的基本要求以及压力容器用钢选择时考虑的因素	压力容器用钢的基本要求；压力容器用钢选择时考虑的因素

应力分析是压力容器选材和确定结构尺寸的基础，但应力分析并不能提高容器的安全性。决定压力容器安全性的内在因素是结构和材料的性能，外在因素是载荷、时间和环境条件。材料是构成设备的物质基础，合理选材是压力容器设计的基本任务之一。影响材料性能的因素很多，合理选材更依赖于定性分析和经验积累，往往是压力容器设计的难点。

制造压力容器的材料很多，有黑色金属、有色金属、非金属材料以及复合材料，但使用最多的还是钢材。选择压力容器受压元件用钢时，应考虑容器的使用条件（如设计温度、设计压力、介质特性和操作特点等）、材料的性能（如力学性能、工艺性能、化学性能和物理性能）、容器的制造工艺性以及经济合理性。本章主要从压力容器的角度讨论钢材的选用问题。

6.1　压力容器用钢的基本类型

6.1.1　钢材形状

钢材的形状包括板材、管材、棒材、锻件和铸件等。压力容器的本体主要采用板材、管材和锻件，紧固件采用棒材。

1. 钢板

钢板是压力容器最常用的材料，如圆筒一般由钢板卷焊而成，封头一般由钢板通过冲压或旋压制成。在制造过程中，钢板要经过各种冷热加工，如下料、卷板、焊接、热处理等，因此，钢板应具有良好的加工工艺性能。

2. 钢管

压力容器的接管、换热管等常用无缝钢管制造。当压力容器直径较小(一般为 $DN1000$ mm 以下)时,可采用无缝钢管作为容器的筒体。

3. 锻件

高压容器的平盖、端部法兰、中低压设备法兰、接管法兰等常用锻件制造。根据锻件检验项目和数量的不同,我国压力容器锻件标准 NB/T 47008 — 2010《承压设备用碳素钢和合金钢锻件》将锻件分为Ⅰ、Ⅱ、Ⅲ、Ⅳ四个级别,各级别的检验项目如表 6-1 所示。

表 6-1 锻件的检验项目(摘自 NB/T 47008 — 2010《承压设备用碳素钢和合金钢锻件》)

锻件级别	检验项目	检验数量
Ⅰ	硬度	逐件检验
Ⅱ	拉伸和冲击	同冶炼炉号、同炉热处理的锻件组成一批,每批抽检一件
Ⅲ	拉伸和冲击	
	超声检测	逐件检验
Ⅳ	拉伸和冲击	逐件检验
	超声检测	逐件检验

压力容器用钢锻件的级别由设计文件规定,并应在图样上注明(在钢号后附上级别符号,如 16MnⅡ、09MnNiDⅢ等)。

6.1.2 压力容器用钢的基本类型

压力容器用钢可分为碳素钢、低合金钢和高合金钢三大类。

1. 碳素钢

碳素钢又称碳钢,是含碳量为 $0.02\%\sim2.11\%$(一般低于 1.35%)的铁碳合金。

压力容器用碳素钢主要有三类:

(1)碳素结构钢,如 Q235-B 和 Q235-C 钢板,屈服强度级别为 235 MPa,强度不高,通常不作为压力容器用钢标准中的容器专用钢,但 GB150 标准中允许用于制造低参数压力容器。这主要是因其使用历史悠久,价格低廉,来源广泛,所以至今仍有应用。这两种钢板都要求保证其化学成分和力学性能,但 B 类钢不要求验收冲击韧性,C 类钢要保证冲击韧性。

(2)优质碳素结构钢,如 10、20 钢钢管,20、35 钢锻件,与普通碳素结构钢相比,硫、磷及其他非金属夹杂物的含量较低。

(3)压力容器专用钢板,如 Q245R。Q245R 是在 20 钢基础上发展起来的,要求既保证其化学成分,又保证其力学性能,并且对硫、磷等有害元素的控制更加严格,对钢材的表面质量和内部缺陷控制的要求也较高。

碳素钢强度较低,塑性和可焊性较好,价格低廉,故常用于常压或中低压容器的制造,也可用作支座、垫板等零部件的材料。

2. 低合金钢

低合金钢是在碳素钢的基础上加入少量合金元素(如 Mn、V、Mo、Nb 等)制成的合金钢。合金元素的加入使其在热轧或热处理状态下除具有高的强度外,还具有优良的韧性、焊接性能、成形性能和耐腐蚀性能。同时,低合金钢的低温韧性和高温强度亦明显优于碳素钢,从而扩大了使用的温度范围。采用低合金钢,不仅可以减小容器的厚度,减轻重量,节约钢材,而且能解决大型压力容器在制造、检验、运输、安装中因厚度过大所带来的各种困难,且成本增加不多。

压力容器常用的低合金钢包括:专用钢板 Q345R、15CrMoR、16MnDR、15MnNiDR、09MnNiDR、07MnCrMoNbR、07MnCrMoNbDR;钢管 16Mn、09MnD;锻件 16Mn、20MnMo、16MnD、09MnNiD、12Cr2Mo。符号 D 表示低温用钢。下面简要介绍几种常用的钢板。

(1) Q345R。Q345R 是屈服强度为 340 MPa 级的压力容器专用钢板,也是我国压力容器行业使用量最大的钢板,具有良好的综合力学性能和制造工艺性能,主要用于制造中低压压力容器和多层高压容器。

(2) 16MnDR、15MnNiDR 和 09MnNiDR。这三种钢板是使用温度小于等于-20 ℃的压力容器专用钢板。16MnDR 是制造-40 ℃压力容器的经济且技术成熟的钢板,可用于制造液氨储罐等设备。在 16MnDR 的基础上,降低碳含量并加入 Ni 和微量 V 而制成的 15MnNiDR,提高了低温韧性,常用于制造-40 ℃级的低温球形容器。09MnNiDR 是一种-70 ℃级的低温压力容器用钢,常用于制造液丙烯储罐(-47.7 ℃)、液硫化氢储罐(-61 ℃)等设备。

(3) 15CrMoR。15CrMoR 为低合金珠光体热强钢,属于中温抗氢钢板,常用于设计温度不超过 550 ℃的压力容器。

(4) 20MnMo、09MnNiD 和 12Cr2Mo 锻件。20MnMo 锻件具有良好的热加工和焊接工艺性能,常用于设计温度为-19~470 ℃的重要大中型容器。09MnNiD 锻件有优良的低温韧性,常用于设计温度为-70~-45 ℃的低温容器。12Cr2Mo 锻件及其加 V 的改进型锻件具有较高的热强性、抗氧化性和良好的焊接性能,常用于制造高温(350~480 ℃)、高压(约 25 MPa)、临氢的压力容器,如热壁加氢反应器。我国已将此钢用于制造直径达 4800 mm、重达 2100 吨的煤液化加氢反应器。

3. 高合金钢

压力容器中采用的低碳或超低碳高合金钢大多是耐腐蚀、抗氧化和耐高温钢,很多高合金钢在低温下具有良好的韧性,可用于低温场合。常用的高合金钢有以下三种类型:

(1) 铁素体类不锈钢。铬钢 0Cr13(S11306)是常用的铁素体不锈钢,有较高的强度、塑性、韧性和良好的切削加工性能,对室温下的稀硝酸以及弱有机酸有一定的耐腐蚀性,但不耐硫酸、盐酸、热磷酸等介质的腐蚀。

(2) 奥氏体类不锈钢。奥氏体类不锈钢的耐腐蚀性能主要靠合金元素 Cr 的作用,其形成的氧化膜非常致密,起到了对金属的保护作用。而 Ni 是奥氏体的形成元素,不锈钢在被奥氏体化之后主要被韧化,具有很好的塑性与韧性及冷加工变形能力。同时奥氏体不锈钢的焊接性能、高温强度和抗氧化性均很好，也不存在低温韧脆转变的问题。

0Cr18Ni9(S30408)、0Cr18Ni10Ti(S32168)、00Cr19Ni10(S30403)均属于奥氏体不锈钢。0Cr18Ni9 在固溶态下具有良好的塑性、韧性和冷加工性能，在氧化性酸和大气、水、蒸汽等介质中的耐腐蚀性亦佳。但长期在高温水及蒸汽环境下，0Cr18Ni9 有晶间腐蚀的倾向，并且在氯化物溶液中易发生应力腐蚀开裂。0Cr18Ni10Ti 具有较高的抗晶间腐蚀能力，它与 0Cr18Ni9 可在 $-196 \sim 600$ ℃温度范围内长期使用。00Cr19Ni10 为超低碳不锈钢，具有更好的耐腐蚀性和低温性能。

(3) 双相不锈钢。奥氏体不锈钢最致命的弱点是在含 Cl^- 溶液、湿 H_2S 等介质以及应力作用下会出现应力腐蚀开裂。针对这一问题，国外率先使用了双相不锈钢。原则上只要在奥氏体不锈钢的基础上适当降低 Ni 含量，使不锈钢中的奥氏体相和铁素体相大致各占一半即可。由于铁素体相具有阻止应力腐蚀裂纹扩展的能力，因而双相不锈钢具有很好的抗应力腐蚀开裂的能力。我国较为成熟的双相不锈钢是 00Cr18Ni5Mo3Si2(S21953)，兼有铁素体不锈钢的强度与耐氯化物应力腐蚀的能力和奥氏体不锈钢的良好的韧性与焊接性能。

除上述钢材外，耐腐蚀压力容器亦可采用复合板。复合板由复层和基层组成。复层与介质直接接触，要求与介质有良好的相容性，通常为不锈钢、有色金属等耐腐蚀材料，其厚度一般为基层厚度的 $1/10 \sim 1/3$。基层与介质不接触，主要起承载作用，通常为碳素钢和低合金钢。采用复合板制造耐腐蚀压力容器，可节省大量昂贵的耐腐蚀材料，从而降低压力容器的制造成本。但复合钢板的冷热加工及焊接通常比单层钢板复杂。

压力容器的材料除上述钢材外，还包括有色金属(如铜和铜合金、铝和铝合金、镍和镍合金以及钛和钛合金)、非金属材料(如涂料、工程塑料、陶瓷、搪瓷等)。有色金属在退火状态下塑性好，综合指标均衡且性能稳定，低温下性能好，耐腐蚀。非金属材料耐腐蚀性好、品种多、资源丰富，在容器制造上有着广阔的应用前景，既可单独用作结构材料，也可用作金属材料的保护衬里或涂层，还可用作设备的密封材料、保温材料和耐火材料。

6.2　压力容器材料选择

压力容器的材料费用占总成本的比例很大，一般超过了 30%。材料性能对压力容器运行的安全性有显著的影响。选材不当，不仅会增加总成本，而且有可能导致压力容器破坏事故。

过程生产的多样性和过程设备的多功能性给选材带来了一定的复杂性；材料科学所具有的半科学半经验(技艺)性质给选材增加了难度；材料在过程设备设计、制造、检验各环节中相对处于比较落后的状态。因此，合理选材是压力容器设计的难点之一。

选材要综合考虑板材、管材、锻材、棒材等不同类型钢材之间的匹配，而不仅仅是确定钢材牌号及其相应的标准。必要时，还要根据实际需要，确定钢材采购的附加保证要求，如敏感元素的控制、较高性能的要求、由供需双方商议确定的检测检验项目等。

6.2.1　压力容器用钢的基本要求

压力容器用钢的基本要求是有较高的强度，良好的塑性、韧性、制造性能和与介质的相容性。

由于承受压力或其他载荷，容器的材料应具有足够的强度。材料强度过低，势必使容器过厚，但强度过高又将影响材料的其他力学性能和焊接性能。

在结构上，容器不可能没有任何结构突变处，焊接接头也不可能没有任何缺陷，如气孔、夹渣、未焊透、未熔合、甚至裂纹，这些缺陷都可形成应力集中。这就要求材料具有良好的韧性，将不致因载荷突然波动、冲击、过载或低温而造成断裂。此外，有时还要求材料在交变载荷作用下具有抗疲劳破坏的能力，使容器具有足够的安全使用寿命。

容器的制造过程均需要焊接，因此材料必须具有良好的可焊性。增加碳含量和某些合金元素可提高材料的强度，但会使钢材的可焊性变差。

现对压力容器用钢的基本要求作进一步分析。

1. 化学成分

钢材化学成分对其性能和热处理有较大的影响。提高碳含量可能使强度增加，但又使可焊性变差，焊接时易在热影响区出现裂纹。因此，压力容器用钢的含碳量一般不大于0.25%。在钢中加入 V、Ti、Nb 等元素，可提高钢的强度和韧性。

硫和磷是钢中最主要的有害元素。硫能促进非金属夹杂物的形成，使钢材塑性和韧性降低；磷能提高钢的强度，但会增加钢的脆性，特别是低温脆性。将硫和磷等有害元素含量控制在很低的水平，即可大大提高钢材的纯净度、韧性、抗中子辐照脆化能力，改善抗应变时效性能、抗回火脆化性能和耐腐蚀性能。因此，与一般结构钢相比，压力容器用钢对硫、磷、氢等有害杂质元素含量的控制更加严格。例如，我国压力容器专用碳素钢和低合金钢的硫和磷的含量分别应低于0.020%和0.030%。随着冶炼水平的提高，目前已可将硫的含量控制在0.002%以内。

2. 力学性能

材料的力学性能是指材料在不同环境（温度、介质等）下，承受各种外加载荷时所表现出的力学行为。

钢材的力学性能主要是表征强度、韧性和塑性变形能力的判据，是机械设计时选材和强度计算的主要依据。压力容器设计中，常用的强度判据包括抗拉强度 R_m、屈服强度 R_{eL}、持久极限 R_D^t、蠕变极限 R_n^t 和疲劳极限；塑性判据包括断后伸长率 A、断面收缩率 Z；韧性判据包括冲击吸收功 A_{KV}、韧脆转变温度、断裂韧度等。按机械设计的观点，对于静载荷作用下的零件，其主要失效形式是断裂或塑性变形。因此，对于塑性材料，许用应力由材料屈服强度 R_{eL} 和相应的材料设计系数确定；对于脆性材料，许用应力由材料抗拉强度 R_m 和相应的材料设计系数确定。压力容器则采用了与上述观点不同的设计理念。压力容器用钢具有良好的塑性，确定许用应力时综合考虑了抗拉强度 R_m 和屈服强度 R_{eL}，许用应力取抗拉强度 R_m、屈服强度 R_{eL} 除以各自的材料设计系数 n_b、n_s 后所得的较小值。以抗拉强度 R_m 为判据是为了防止容器的断裂失效；以屈服强度 R_{eL} 为判据是为了防止塑性失效，体现了在满足韧性的前提下提高强度、提高塑性储备量的压力容器选材原则。

韧性对压力容器的安全运行具有重要意义。韧性是材料在断裂前吸收变形能量的能力，是衡量材料对缺口敏感性的力学性能指标，尤其能反映材料在低温或有冲击载荷作用时对缺口的敏感性。韧性是材料的强度和塑性的综合反映。塑性好的材料其韧性值一般也较高,强度高而且塑性好的材料其韧性值更高。在载荷作用下,压力容器中的裂纹常会发生扩展,当裂纹扩展到某一临界尺寸时将会引起断裂事故,此临界裂纹尺寸的大小主要取决于钢的韧性和应力水平。如果钢材的韧性高,压力容器所允许的临界裂纹尺寸就越大,安全性也越高。因此,为防止发生脆性断裂和裂纹的快速扩展,压力容器常选用韧性好的钢材。

V 形缺口冲击吸收功 A_{KV} 对温度变化十分敏感,能较好地反映材料的断裂韧性。世界各国压力容器规范标准都对钢材的冲击试验温度和 A_{KV} 提出了相应的要求。如对于 Q345R 钢板,要求在 0 ℃时的横向(指冲击试件的取样方向)A_{KV} 不小于 34 J。钢材的 A_{KV} 与钢材种类、应力水平、热处理状态、使用温度、钢材厚度等因素有关。钢制压力容器产品大都采用焊接制造,与母材相比焊接接头是薄弱环节,设计中需要考虑对接接头冲击韧性相对较低这一因素。应当要求焊接接头在低温冲击试验时的冲击功不低于其母材在设计规定中的相应值,否则容器的最低使用温度应高于低温冲击试验温度。

在一般设计中,力学性能判据数值可从相关的规范标准中查得。但这些数据仅为规定的必须保证值,实际使用的材料是否满足要求,除要查看质量证明书外,有时还要对材料进行复验;必要时,还应模拟使用环境进行测试。现行最基本的试验方法是拉伸试验和冲击试验,其目的是测量钢材的抗拉强度 R_m、屈服强度 R_{eL}、断后伸长率 A、断面收缩率 Z 和冲击吸收功 A_{KV}。

为测定钢材的化学成分和金相组织,对比分析化学成分、金相组织和力学性能的关系,有时还要进行化学分析和金相检验。

3. 制造工艺性能

材料制造工艺性能的要求与容器结构形式和使用条件密切相关。制造过程中进行冷卷、冷冲压加工的零部件,要求其钢材有良好的冷加工成形性能和塑性,其断后伸长率 A 应在 17%以上。为检验钢板承受弯曲变形的能力,一般应根据钢板的厚度,选用合适的弯心直径,在常温下做弯曲角度为 180°的弯曲实验。试样外表面无裂纹的钢材方可用于压力容器制造。

压力容器各零件间主要采用焊接连接,良好的可焊性是压力容器用钢的一项极重要的指标。可焊性是指在一定焊接工艺的条件下,获得优质焊接接头的难易程度。钢材的可焊性主要取决于其化学成分,其中影响最大的是含碳量。含碳量愈低,愈不易产生裂纹,可焊性愈好。各种合金元素对可焊性亦有不同程度的影响,这种影响通常用碳当量 C_{eq} 来表示。碳当量的估算公式较多,国际焊接学会推荐采用的公式为

$$C_{eq} = C + \frac{Mn}{6} + \frac{Ni+Cu}{15} + \frac{Cr+Mo+V}{5} \qquad (6-1)$$

式中的元素符号表示该元素在钢中的百分含量。一般认为,C_{eq} 小于 0.4%时,可焊性优良;C_{eq} 大于 0.6%时,可焊性差。我国《锅炉压力容器制造许可条件》中规定,碳当量的计算公式为

$$C_{eq} = C + \frac{Mn}{6} + \frac{Si}{24} + \frac{Ni}{40} + \frac{Cr}{5} + \frac{Mo}{4} + \frac{V}{14} \qquad (6-2)$$

按上式计算的碳当量不得大于 0.45%。

6.2.2 压力容器用钢的选择

压力容器所承受的压力载荷与非压力载荷是影响强度、刚度和稳定性计算的主要因

素,通常不是影响选材的主要因素。压力容器零件材料的选择应综合考虑容器的使用条件、相容性、零件的功能和制造工艺、材料使用经验(历史)、综合经济性和规范标准。

1. 压力容器的使用条件

使用条件包括设计温度、设计压力、介质特性和操作特点,材料选择主要由使用条件决定。例如,容器使用温度低于 0 ℃时,不得选用 Q235 系列钢板;对于高温、高压、临氢的压力容器,材料必须满足高温下的热强性(蠕变极限、持久强度)、抗高温氧化性能、氢脆性能,应选用抗氢钢,如 15CrMoR、12Cr2Mo1R 等。

对于压力很高的容器,常选用高或超高强度钢。由于钢材的韧性往往随着强度的提高而降低,此时应特别注意强度和韧性的匹配,在满足强度要求的前提下,尽量采用塑性和韧性好的材料。这是因为塑性、韧性好的高强度钢,能有效降低脆性破坏的概率。

2. 相容性

相容性一般是指材料必须与其相接触的介质或其他材料相容。对于腐蚀性介质,应选用耐腐蚀材料。当压力容器的零部件由多种材料制造时,各种材料必须相容,特别是需要焊接连接的材料。当电负性相差较大的金属在电解质溶液中被不恰当地组合在一起时,会加快腐蚀速率。例如,钢在海水中与铜合金接触时,腐蚀速率会明显加快。

3. 零件的功能和制造工艺

制造前,首先应明确零件的功能和制造工艺,据此提出相应的材料性能要求,如强度、耐腐蚀性等。例如,筒体和封头的功能主要是形成所需要的承压空间,属于受压元件,且与介质直接接触,对于盛装强腐蚀性介质的中低压压力容器,应选用耐腐蚀的压力容器专用钢板;而支座的主要功能是支承容器并将其固定在基础上,属于非受压元件,且不与介质接触,除垫板外,可选用一般结构钢,如普通碳素钢。

选材时还应考虑制造工艺的影响。例如,主要用于强腐蚀场合的搪玻璃压力容器,其耐腐蚀性能主要靠搪玻璃层来保证,由于含碳量超过 0.19％时玻璃层不易搪牢,且沸腾钢的搪玻璃效果比镇静钢好,因此应选用沸腾钢。

4. 材料的使用经验(历史)

对成功的材料使用实例,应清楚所用材料化学成分(特别是硫和磷等有害元素)的控制要求、载荷作用下的应力水平和状态、操作规程和最长使用时间等。因为这些因素会影响材料的性能。即使使用相同钢号的材料,由于上述因素的改变,也会使材料具有不同的力学行为。

5. 综合经济性

影响材料价格的因素主要有冶炼要求(如化学成分、检验项目和要求等)、尺寸要求(厚度及其偏差、长度等)和可获得性等。

一般情况下,相同规格的碳素钢的价格低于低合金钢,低合金钢的价格低于不锈钢,不锈钢的价格低于大多数有色金属。综合考虑腐蚀裕量、设备规模及重要性、结构复杂程度、加工难度等因素后,当各种复合结构成本明显低于不锈钢或有色金属成本时,选择复合结构才是合理的。在有些场合,虽然有色金属的价格高,但由于耐腐蚀性强,使用寿命长,采用有色金属可能更加经济。

6. 规范标准

和一般结构钢相比，压力容器用钢有不少特殊要求，应符合相应国家标准和行业标准的规定。钢材设计温度上限和下限、使用条件应满足标准的要求。钢材的使用温度下限，除奥氏体钢或另有规定的材料外，均高于－20 ℃。许用应力也应按标准选取或计算。

采用境外牌号材料时，应选用境外压力容器现行标准规范允许使用且已有成功使用实例的材料，其使用范围应符合材料境外相应产品标准的规定。境外牌号材料的技术要求不得低于境内相近牌号材料的技术要求。

小　结

1. 内容归纳

本章内容归纳如图 6-1 所示。

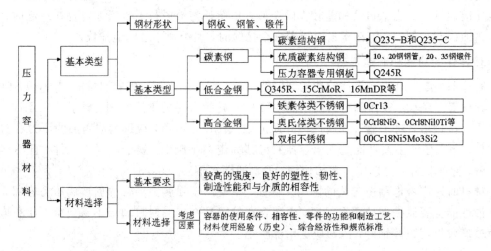

图 6-1　压力容器材料内容归纳

2. 重点和难点

(1) 重点：压力容器用钢的基本类型，压力容器材料选择。

(2) 难点：压力容器材料选择。

思　考　题

(1) 压力容器用钢有哪些基本类型？试各举出一个例子。

(2) 压力容器用钢有哪些基本要求？

(3) 为什么要控制压力容器用钢中的硫、磷含量？

(4) 钢材的力学性能一般由哪些参数表征？

(5) 压力容器选材应考虑哪些因素？

第 7 章　压力容器设计技术进展

本章教学要点

知识要点	掌握程度	相关知识点
概述	了解压力容器设计规范的主要进展；了解近代的一些设计方法	分析设计规范，疲劳设计规范，防脆断设计规范，高温容器蠕变设计的发展；可靠性设计，优化设计，计算机辅助设计
压力容器的设计准则	熟练掌握压力容器的失效形式；掌握压力容器常用的强度失效设计准则和失稳失效设计准则；了解刚度失效设计准则和泄漏失效设计准则	强度失效、刚度失效、失稳失效、泄漏失效；弹性失效设计准则、塑性失效设计准则、爆破失效设计准则、弹塑性失效设计准则、疲劳失效设计准则、蠕变失效设计准则
压力容器的分析设计	掌握常规设计的局限性及分析设计的基本思想；熟练掌握压力容器的应力分类，了解应力强度计算及应力强度限制	一次应力 P、二次应力 Q、峰值应力 F；应力强度，极限分析和安定性分析，应力强度限制

7.1　概　　述

　　20 世纪 50 年代以来，过程工业的蓬勃发展使压力容器出现了向大型化、高参数（高压、高温、低温）及选用高强材料转变的趋向，从而在压力容器的设计、制造与安全管理等方面都出现了一系列的新问题，如疲劳失效、低应力脆断、高温蠕变失效等。按照常规的容器设计方法无法解决这些问题，而这些工程问题的出现大大推动了容器设计理论的发展，同时又由于世界主要工业国家大规模发展核电工业，对核容器的研究也大大促进了压力容器设计理论的发展。本章对近年来已逐步列入容器设计规范的一些新的设计理论作出简要的介绍。

7.1.1　压力容器设计规范的主要进展

　　近代压力容器设计方法的发展，从总体上看主要是考虑到各种重要的失效形式，在理论研究的基础上结合工程实践的经验，至今已不同程度地发展成为相应的设计规范，主要的设计规范进展反映在以下几个方面。

1. 分析设计规范的出现

　　如何将近代出现的大型、高参数及高强材料的压力容器设计得更安全而又合理，一方面要依靠详细的应力分析，另一方面更为重要的是要正确地评估各种应力对容器失效的不同影响,在此基础上才能正确地将不同类型的应力分别按不同的强度设计准则进行限制。为此 ASME 锅炉和压力容器规范委员会率先在 1955 年专门设立了评述规范应力基准特别委员会,专门负责对当时设计规范中的许用应力基准进行研究,以求制定出对不同类型的应力采用不同设计准则的新规范。至 1965 年便制定了 ASME 规范的第Ⅲ篇《核电厂部件建造规则》第一版,规范中规定了在核电站的核容器设计中采用以应力分析为基础的设计方法,这一方法的基本思想是考虑容器中不同种类的应力对容器的失效起着不同的作用,对容器各危险部位的应力进行详细的分析,根据各种应力产生的原因和性质对其进行分类,然后根据各类应力对容器失效的危害性的差异采用不同的设计准则加以限制。这种设计方法也就是"以应力分析为基础的"设计方法,简称"分析设计"(Design by Analysis)。除未列入蠕变设计外,其他的设计准则(即弹性失效、塑性失效、弹塑性失效、疲劳失效的设计准则)均被列入规范。在稍后的 1971 年版中 ASME Ⅲ 还增加了以断裂准则为基础的"防脆断设计"内容。

分析设计规范的出现适应了压力容器大型化发展的需要,给压力容器设计带来了很大的影响。1968 年 ASME 规范第Ⅷ篇《压力容器》正式分为两册,第一册(ASME Ⅷ-1)为传统的"规则设计"(Design by Rules)规范,而第二册(ASME Ⅷ-2)即为"分析设计"规范,亦称为与规则设计规范相并行的"另一规程"。

分析设计规范的出现在国际上产生了很大影响,不但影响到各主要工业国家核容器的设计,也影响到压力容器的设计。英国从 1976 年开始就在 BS 5500 规范中列入了压力容器分析设计的内容;日本的 JIS 8250 规范(即压力容器构造另一标准)在 1983 年也正式生效。

我国自 20 世纪 70 年代开始,应用分析设计的准则和方法对容器封头、开孔与开孔补强、换热器管板等受压部件进行了大量的应力分析与计算工作,也多次应用分析设计方法校核引进设备中的容器及其部件的强度,为我国制定容器的分析设计标准奠定了基础。

1984 年国家标准局发文,要求全国压力容器标准化技术委员会组织人员着手制定分析设计标准;尔后,"容标委"组织有关专家开始编制压力容器分析设计标准,于 1994 年 8 月完成报批稿。

JB 4732《钢制压力容器——分析设计标准》为压力容器专业强制性标准,由全国压力容器标准化委员会审查通过,并由原劳动部、化工部、机械部与中国石油化工总公司联合批准,在国家技术监督局备案,1995 年 10 月在全国实施。

2. 疲劳设计规范的制定

在交变载荷作用下容器应力集中区域特别容易发生疲劳失效,压力容器的这种疲劳问题不同于一般的疲劳问题,属于高应变(即在屈服点以上的)低周次的疲劳问题,亦称低周疲劳。安全应力幅(S_a)与许用循环周次(N)的低周疲劳设计曲线(即 $S-N$ 曲线)是根据大量的实验研究和理论分析建立的,该曲线是压力容器疲劳设计的基础。疲劳设计必须以应力分析和应力分类为基础,因此疲劳设计也可以说是压力容器分析设计的重要组成部分。目前各主要工业国家都先后吸收 ASME Ⅷ-2 的方法制定了疲劳设计规范。

3. 防脆断设计规范的建立

低应力脆断是压力容器的主要失效形式之一,特别容易发生在由较高强度制成的厚壁焊接容器中。在断裂力学取得重要成就的基础上，将低应力脆断引入到容器设计中便构成了"防脆断设计"的内容。美国于 1971 年率先在 ASME Ⅲ 的附录 G 中列入了核容器设计时应考虑的防止因裂纹性缺陷导致压力容器发生低应力脆断的防脆断设计内容。在 ASME 规范第Ⅺ篇附录 A 中引入了核容器在役检验时如何用断裂力学方法对裂纹缺陷进行安全评定的内容，这一方法现已应用于其他压力容器。

4. 高温容器蠕变设计的发展

高温容器常规的设计方法仅体现在按高温蠕变强度或持久强度选取许用应力的过程中，但不足以体现高温容器的寿命设计问题。对高温蠕变失效问题的深入研究，将高温下蠕变的变形速率及变形量作为高温容器寿命设计的主要内容，形成了近代高温容器设计的新准则。由于高温问题的复杂性，这一设计方法目前尚未被纳入规范中。

7.1.2　近代设计方法的应用

为提高压力容器的安全性和经济性，在压力容器的设计领域相继出现了一些新的设计方法和设计规范。本节仅就压力容器的可靠性设计、优化设计和计算机辅助设计等方面的进展作一些简要介绍。

1. 可靠性设计

前面在介绍压力容器的设计方法时，总是把各种参数，如材料的强度、零部件的尺寸、所受的载荷等看成是确定量，忽略了由于各种条件的变化而使这些参数发生变化的随机因素。由于对这些参数的统计规律缺乏了解，对其取值往往偏于保守，使所设计的压力容器及零部件的结构尺寸偏大，造成不必要的浪费。

在设计中考虑各种随机因素的影响，将全部或部分参数作为随机变量处理，对其进行统计分析并建立统计模型，运用概率统计方法进行设计计算，可更全面地描述设计对象，所得的结果更符合实际情况，通常把这种用概率统计方法进行的设计称为可靠性设计。

在可靠性设计中，一般认为所设计的对象总是存在着一定的失效可能。施加于设备或零部件上的物理量，如各种机械载荷、热载荷、介质特性等，所有可能引起设计对象失效的因素统称为应力。所有阻止设计对象失效的因素，即设备或零部件能够承受应力的程度，称为强度或抗力。如果应力作用效果大于强度，则设计对象失效；反之，设计对象可靠。

2. 优化设计

传统的压力容器设计过程往往是先拟定一个设计方案，对形状较为规则的承压元件，利用规范标准中的计算公式确定其尺寸，而对局部结构则根据经验确定形状并估算尺寸，再进行结构分析，计算出各种载荷作用下的结构响应，并判断其是否满足规范和预先规定的要求。如果不满足要求，则需调整形状或尺寸，重新进行计算校核，直到满足要求为止。有时，则先拟定多个方案，对每个方案进行结构分析和计算，并作比较，选择最满意的方案作为最终设计。因此，传统设计方法仅限于方案比较，是一个试凑的过程。

压力容器优化设计是在给定基本结构形式、材料和载荷的情况下，确定结构的形状或尺寸，使某项或多项设计指标取得最优值，其实质是在满足一定的约束条件下，选取适当的设计变量，使目标函数的值最小。目标函数可以是最轻重量、最低寿命周期费用、最小应力集中系数和其他指标。优化设计可以在保证压力容器安全的情况下，有效减轻压力容器的重量、降低成本、延长寿命。如对于标准椭圆形封头的圆筒形立式储罐，为节省材料，优化设计时常以最小质量为目标函数，因为质量是内直径、长度、厚度等设计变量的函数。约束条件一般包括：满足容积要求；封头和圆筒的厚度应满足强度、最小厚度和钢板规格的要求；内直径应在容器公称直径中选取等。这些约束常用等式或不等式来表示。

3. 计算机辅助设计

随着计算机技术的发展，CAD（Computer Aided Design）技术已经在许多领域得到了普遍推广和应用。压力容器属于多品种、单件或小批量生产的产品，采用 CAD 技术，设计师可以更方便地表达设计思想，减少简单重复的劳动，缩短设计周期和交货期，提高设计的效率和质量。

目前在压力容器的 CAD 系统中主要采用模块化与参数化设计技术。所谓模块化设计是指在功能分析的基础上，划分并设计出一系列功能模块，通过模块选择与组合，在一定范围内根据不同功能构成不同性能、不同规格的系列产品。模块化设计可以缩短概念设计的周期，并可使产品具有很大的灵活性和适应性，能快捷地响应用户多品种、小批量的需求。参数化设计对象的结构形状一般比较固定，尺寸关系可以用一组参数来确定。特别适用于一些定型的系列机械产品和标准零部件（如圆筒、封头、支座、法兰等）的设计。参数化设计技术具备强有力的草图设计、尺寸驱动等功能，已成为概念设计、系列化设计的有效手段。目前，许多 CAD 系统也具有一定的参数化设计功能，如国际上流行的 Pro/ Engineer、I‐DEAS 等系统。

不论压力容器零部件的个数多少、功能和用途如何，压力容器在结构上都具有相似性，如圆筒形容器主要由圆筒、封头、接管、法兰和支座等组成。因此，通过对压力容器的主要零部件进行分析和归类，提取出其特征参数，利用由特征参数和主要尺寸参数构成的数据文件开发零部件的程序化绘图软件，并通过与其他系统模块相结合，可以形成一个包含容器设计计算内容的"软件包"，设计时只需输入相应的信息与指令，即可很方便地完成压力容器的设计与绘图工作，可以大大提高设计效率，从根本上解决繁重的绘图工作，并有利于压力容器设计的系列化、标准化。

传统的计算机辅助设计（CAD）正在逐步向计算机辅助工程（CAE）的方向发展。随着计算机性能的增强及其分析手段的提高，设计者在结构设计阶段就可以预见到诸如焊接过程中产生的残余应力、设备组装和运输过程中可能会出现的问题等，并在设计中解决这些问题。利用 CAE 技术进行结构优化设计和分析设计会促进压力容器设计技术迅速进步，使压力容器的安全性和经济性得到更充分的保障。

7.2　压力容器的失效形式及设计准则

近几十年来，各种材料和结构的焊接容器在工业生产中被大量应用，积累了很多经验，但是压力容器在使用时仍有许多事故发生。引起事故的原因大体上有以下几类：超压引起的过度变形；材料中存在原始缺陷造成的低应力脆断；环境影响造成的腐蚀；交变载荷导致的疲劳断裂等。压力容器事故中危害性最大的是在运行过程中发生突然的断裂，因此压力容器安全的核心问题是防止容器发生断裂事故。现代容器设计需分析容器可能出现的各种形式的失效，并进一步确定应采用的相应的设计准则。

7.2.1　压力容器的失效形式

压力容器在规定的使用环境和时间内，因尺寸、形状或者材料性能变化而危及安全或者丧失正常功能的现象，称为压力容器失效。尽管压力容器失效的原因多种多样，但失效的最终表现形式均为过度变形、断裂和泄漏。压力容器失效大致可分为强度失效、刚度失效、失稳失效和泄漏失效等四类。

1. 强度失效

因材料屈服或断裂引起的压力容器失效称为强度失效，包括韧性断裂、脆性断裂、疲劳断裂、蠕变断裂、腐蚀断裂等。

1）韧性断裂

韧性断裂是压力容器在载荷作用下，产生的应力达到或接近所用材料的强度极限而发生的断裂。其特征是断后有肉眼可见的宏观变形，如整体鼓胀，周长延伸率可达 10%～30%，断口处厚度显著减薄；没有碎片，或偶尔有碎片；按实测厚度计算的爆破压力与实际爆破压力十分接近。如图 2-8 所示的压力容器爆破实验裂纹外观，其断口形式即为韧性断裂。

厚度过薄和内压过高是引起压力容器韧性断裂的主要原因。厚度过薄大致包括两种情况：厚度未经设计计算；厚度因腐蚀、冲蚀等原因而减薄。操作失误、液体受热膨胀、化学反应失控等都会引起超压。

若能严格按照规范对压力容器进行设计、选材，配备相应的安全附件，且运输、安装、使用、检修遵循有关的规定，在其设计寿命内可以避免韧性断裂。

2）脆性断裂

脆性断裂是指变形量很小、且在壳壁中的应力值远低于材料的强度极限时发生的断裂。这种断裂是在较低应力状态下发生的，故又称为低应力脆断。其特征是断裂时容器没有鼓胀，即无明显的塑性变形；断口平齐，并与最大应力方向垂直；断裂的速度极快，易形成碎片。由于脆性断裂时容器的实际应力值往往很低，爆破片、安全阀等安全附件不会动作，其后果要比韧性断裂严重得多。图 7-1 为压力容器脆性断裂外观图片。

材料自身的脆性和缺陷都会使压力容器发生脆性断裂。除材料选用不当、焊接与热处理不当会使材料脆化外，低温、长期在高温下运行、应变时效等也会使材料脆化。压力容器用钢一般韧性较好，但若存在严重的原始缺陷（如原材料的夹渣、分层、折叠等）、制造缺陷（如焊接引起的未熔透、裂纹等）或使用中产生的缺陷，也会导致脆性断裂发生。

图 7-1　压力容器脆性断裂外观

3）疲劳断裂

压力容器在交变载荷作用下经过一定周期后发生的断裂，称为疲劳断裂。交变载荷是指大小和(或)方向随时间周期性(或无规则)变化的载荷,包括运行时的压力波动、开车和停车、加热或冷却时温度变化引起的热应力变化、振动引起的应力变化、容器接管引起的附加载荷的交变而形成的交变载荷等。

压力容器疲劳断裂一般包含裂纹萌生、扩展和断裂三个阶段,因而其断口一般由裂纹源、裂纹扩展区和最终断裂区组成。裂纹源往往位于接管根部、焊接接头等高应力区或有缺陷的部位。裂纹扩展区是疲劳断口最重要的特征区域,常呈现贝纹状(如图7-2所示),是疲劳裂纹扩展过程中留下的痕迹。最终断裂区为裂纹扩展到一定程度时的快速断裂区,是由于剩余截面不能再承受施加的载荷所造成的。

图 7-2 压力容器疲劳断裂断口外观

焊接接头容易产生应力集中、焊接缺陷、残余应力和微裂纹。这些因素的综合作用,使得疲劳断裂成为焊接接头的主要失效形式之一。疲劳断裂时容器的总体应力水平较低,断裂往往在容器正常工作条件下发生,没有明显的征兆,是突发性破坏,危险性很大。

4)蠕变断裂

压力容器在高温下长期受载,随时间的增加材料不断发生蠕变变形,造成厚度明显减薄与鼓胀变形,最终导致压力容器发生断裂的现象,称为蠕变断裂。按断裂前的变形来划分,蠕变断裂具有韧性断裂的特征;按断裂时的应力来划分,蠕变断裂又具有脆性断裂的特征。

5)腐蚀断裂

因均匀腐蚀导致的厚度减薄或局部腐蚀造成的凹坑所引起的断裂一般有明显的塑性变形,具有韧性断裂的特征;因晶间腐蚀、应力腐蚀等引起的断裂没有明显的塑性变形,具有脆性断裂特征。

2. 刚度失效

由于压力容器的变形大到足以影响其正常工作而引起的失效,称为刚度失效。例如,露天立置的塔在风载荷等的作用下,若发生过大的弯曲变形,由于塔盘的倾斜会影响塔的正常工作。

3. 失稳失效

在压应力的作用下,压力容器突然失去原有的规则几何形状而引起的失效称为失稳失效。容器弹性失稳的一个重要特征是弹性挠度与载荷不成比例,且临界压力与材料的强度无关,主要取决于容器的尺寸和材料的弹性性质。但当容器中的应力水平超过材料的屈服强度而发生非弹性失稳时,临界压力还与材料的强度有关。

4. 泄漏失效

由于泄漏而引起的失效称为泄漏失效。泄漏不仅有可能引起中毒、燃烧和爆炸等事故,而且会造成环境污染。设计压力容器时,应重视各可拆式接头和不同压力腔之间连接接头的密封性能。

7.2.2　压力容器的设计准则

求得压力容器在稳态或瞬态工况下的力学响应(如应力、应变、固有频率等)后,必须根据压力容器最可能发生的失效形式,确定力学响应的限制值,以判断压力容器能否安全使用,能否获得满意的使用效果。

1. 失效判据

应力、应变或与其相关的量可以用来衡量压力容器受力和变形的程度。压力容器之所以按某种方式失效,是因为应力、应变或与它们相关的量中的某个量过大或过小。无论是简单还是复杂的应力状态,只要这个量达到某一数值,压力容器就会失效。这个数值可通过简单的试验测量得到,如拉伸试验中测得的屈服强度和抗拉强度等。将力学分析结果与简单试验测量结果相比较,就可判别压力容器是否会失效。这种判据称为失效判据。

2. 设计准则

失效判据一般不能直接用于压力容器的设计计算。这是因为压力容器存在许多不确定因素,如材料性能的不稳定、计算模型所引起的不确定性、制造水平的高低、检验方法的不同等。为有效地利用现有材料的强度或刚度,工程上在考虑上述不确定因素时,较为常用的方法是引入安全系数,得到与失效判据相对应的设计准则。压力容器设计准则大致可分为强度失效设计准则、刚度失效设计准则、失稳失效设计准则和泄漏失效设计准则。

压力容器设计时,应先确定容器最有可能发生的失效形式,选择合适的失效判据和设计准则,确定适用的设计规范标准,再按规范标准的要求进行设计和校核。

1) 强度失效设计准则

在常温、静载荷作用下,屈服和断裂是压力容器强度失效的两种主要形式。下面介绍几种常用的压力容器强度失效设计准则。

(1) 弹性失效设计准则。为防止容器总体部位发生屈服变形,应将总体部位的最大设计应力限制在材料的屈服强度以下,以保证容器的总体部位始终处于弹性状态而不会发生弹性失效。这是最传统的设计方法,也是现今容器设计首先应遵循的原则,本书第 2 章、第 5 章对此已详细介绍,这里不再赘述。

(2) 塑性失效设计准则。容器某处(如厚壁圆筒的内壁)弹性失效后并不意味着容器失去承载能力。将容器总体部位进入整体屈服时的状态或局部区域沿整个壁厚进入全域屈服的状态称为塑性失效状态。若材料符合理想弹塑性假设,此时不需继续增加载荷,其变形也会无限制地发展下去,故称此载荷为极限载荷。将极限载荷作为设计的依据并加以限制,以防止发生总体塑性变形,称为极限设计。这种极限设计准则即为塑性失效设计准则。第 5 章中的式(5-43)即为塑性失效设计准则的应用。

(3) 爆破失效设计准则。非理想塑性材料在屈服后尚有增强的能力,对于容器(主要是厚壁容器)在整体屈服后仍有继续增强的承载能力,直到容器达到爆破时的载荷才是最大载荷。若以容器爆破作为失效状态,以爆破压力作为设计的依据并加以限制,以防止发生爆破,这就是容器的爆破失效设计准则。第 5 章中的式(5-44)就是这一设计准则的体现。

(4) 弹塑性失效设计准则。弹塑性失效设计准则又称为安定性准则,适用于各种载荷不按同一比例递增、载荷大小反复变化的场合。压力容器内最大应力点开始屈服时的载荷称为初始屈服载荷。当容器承受稍大于初始屈服载荷的载荷时，容器内将产生少量的局部塑性变形。因局部塑性区周围的广大区域仍处于弹性状态，会制约塑性变形，当载荷卸除后会形成残余应力场。若容器所受的载荷较小，即载荷引起的应力和残余应力叠加后总是小于屈服强度，则容器在载荷的反复作用下，始终保持弹性行为，不会产生新的塑性变形，处于"安定"状态。随着载荷的继续增大，卸载时的残余应力可能超过屈服强度而导致反向屈服，或者加载时的应力与残余应力之和也可能超过屈服强度，从而导致塑性变形的累积，于是容器就会丧失安定，出现渐增塑性变形。与安定和不安定的临界状态相对应的载荷变化范围称为安定载荷。

弹塑性失效认为只要载荷变化范围达到安定载荷，容器就会失效。由于超过安定载荷后容器并不立即损坏，因而危险性较小。工程上一般取安定载荷的安全系数为 1.0，即压力容器承受的最大载荷变化范围不大于安定载荷。

（5）疲劳失效设计准则。压力容器疲劳一般属于低周疲劳。低周疲劳时，每次循环中材料都将产生一定的塑性应变，疲劳失效时的循环次数较低，一般在 10^5 次以下。根据试验研究和理论分析结果，可以得到虚拟应力幅与许用循环次数之间的关系曲线，即低周疲劳设计曲线。由容器应力集中部位的最大虚拟应力幅，按低周疲劳设计曲线可以确定许用循环次数，只要该循环次数不小于容器所需的循环次数，容器就不会发生疲劳失效，这就是疲劳失效设计准则。该准则是 20 世纪 60 年代由美国发展起来的。

（6）蠕变失效设计准则。将应力限制在由蠕变极限和持久强度确定的许用应力范围以内，便可防止容器在使用寿命内发生蠕变失效，这就是蠕变失效设计准则。

（7）脆性断裂失效设计准则。传统强度设计准则假设材料是无缺陷的均匀连续体，因而难以解释脆性断裂现象。由于压力容器在制造和使用过程中难以避免裂纹的产生，包括制造裂纹（特别是焊接裂纹）和使用中产生或扩展的裂纹（如疲劳裂纹、应力腐蚀裂纹等），为防止因严重缺陷而导致发生低应力脆断，可按断裂力学原理来限制缺陷的尺寸或对材料提出韧性指标，这便是防脆断设计。脆性断裂失效设计准则是在 20 世纪 70 年代初进入核容器设计规范的。

需要指出，采用防脆断设计方法，并不意味着容器在制造时允许存在裂纹，而是指容器万一有裂纹时（漏检或在使用中产生）要确保不发生脆性断裂事故，其实质是要求材料在使用环境中必须有足够的断裂韧性。

2）刚度失效设计准则

在载荷作用下，要求构件的弹性位移和（或）转角不超过规定的数值，这就是刚度失效设计准则，即

$$\begin{cases} w \leqslant [w] & (7-1) \\ \theta \leqslant [\theta] & (7-2) \end{cases}$$

式中：w 为载荷作用下产生的位移，mm；$[w]$ 为许用位移，mm；θ 为载荷作用下产生的转角，°；$[\theta]$ 为许用转角，°。

3）失稳失效设计准则

外压容器的失稳需按照稳定性理论进行稳定性校核，这就是失稳失效设计准则。压力容器在设计时应防止失稳发生。大型直立设备（如塔设备）在风载荷与地震载荷作用下的纵

向稳定性校核也属于失稳失效设计准则。本书第3章已介绍了按照失稳失效设计准则设计外压容器的方法。

4）泄漏失效设计准则

上述提及的强度失效、失稳失效和刚度失效设计准则都是基于压力容器结构完整性范畴内的失效形式而选定的设计准则。而泄漏失效不仅是由于压力容器遭受机械性损伤，也是容器本身或附件连接部位失去密封功能发生的失效形式，是直接引发设备燃烧、爆炸、中毒和环境污染等事故的必要条件。

对于泄漏，常用紧密性这一概念来比较或评价密封的有效性。紧密性用被密封流体在单位时间内通过泄漏通道的体积或质量（即泄漏率）来表示。漏与不漏是相对于某种泄漏检测仪器的灵敏度范围而言的，不漏是指容器泄漏率小于所用泄漏检测仪器可以分辨的最低泄漏率，因此，泄漏只是一个相对的概念。

压力容器泄漏失效设计准则是指容器发生的泄漏率（L）不超过允许泄漏率（$[L]$），即

$$L \leqslant [L] \tag{7-3}$$

一般根据容器内介质的价值、对人员和设备的危害性以及环境保护的要求，确定允许泄漏率。介质危害性越大，环保要求越高，密封设计的要求也越严格。

由于泄漏是一个受众多因素（包括安装、设计、制造和检验、运行和维护等）影响的复杂问题，现有的设计规范中有关密封装置或连接部件的设计多数未与泄漏发生定量的关系，而是用强度或（和）刚度失效设计准则替代泄漏失效设计准则，并结合使用经验，以满足设备接头的密封要求。

7.3　压力容器的分析设计

7.3.1　概述

1. 常规设计的局限性

常规设计方法以弹性失效为准则、平均应力为基础，经过了长期的实践考验，经验成熟，简便易行，目前仍为各国压力容器设计规范所采用。但是，常规设计方法对部分压力容器的受力及强度分析不够精确，具有一定的局限性，主要表现为以下几方面：

（1）常规设计将容器承受的"最大载荷"按一次施加的静载荷处理，不涉及容器的疲劳寿命问题，不考虑局部区域（如筒体与封头连接处）的局部应力、温度或压力的波动引起的交变应力、热应力、材料中因裂纹存在引起的峰值应力等。特别是热载荷引起的热应力对容器失效的影响是不能通过提高材料设计系数或加大厚度的办法来有效改善的，有时厚度的增加还会起相反的作用。例如，厚壁容器的热应力是随厚度的增加而增大的；交变载荷引起的交变应力对容器的破坏作用是不能通过静载分析来作出合理评定和预防的。

（2）常规设计以材料力学及弹性力学中的简化模型为基础，确定筒体与部件中平均应力的大小，只要该值在以弹性失效设计准则所确定的许用应力范围之内，就认为筒体和部件是安全的。若没有区分整体和局部应力的不同，没有对容器重要区域或局部不连续区域

的应力进行严格而详细的计算，因而也就无法对不同部位、由不同载荷引起、对容器失效有不同影响的应力加以不同的限制。同时，由于不能确定实际的应力、应变水平，也就难以进行疲劳分析。例如，在一些结构不连续的局部区域，由于影响的局部性，该处的应力即使超过材料的屈服强度也不会造成容器整体强度失效，可以给予较高的许用应力。但是，由于应力集中，该区域往往又是容器疲劳失效的"源区"，因此又可能需要进行疲劳强度校核。

（3）常规设计规范中规定了具体的容器结构形式，无法应用于规范中未包含的其他容器结构和载荷形式，因此，不利于新型设备的开发和使用。

2. 分析设计的基本思想

随着压力容器设计技术的发展与实践经验的累积，人们逐渐认识到并不一定需要将总应力的最大值限于材料的屈服强度以下，因为总应力可以包含各类应力，不同类别的应力对压力容器失效的影响并不相同，所以采用了应力分类及其评定的概念进行设计。将不同载荷引起的应力进行详细分析，根据其应力产生的原因、存在区域的大小、分布性质等，有针对性地规定其各自的许用应力范围，以达到保证容器在各种复杂条件下具有安全可靠性的同时节省材料的目的。这就是压力容器分析设计的总体思想。

分析设计是指以塑性失效准则为基础、采用精细的力学分析手段的压力容器设计方法。目前，分析设计主要包括应力分类法（ASME）和基于失效模式的直接法（EN 13445）。本节主要介绍基于应力分类法的分析设计方法。

设计压力容器时，必须先进行详细的弹性应力分析，即通过理论解、数值计算或者试验测量，分别计算出各种载荷作用下产生的弹性应力，然后根据塑性失效准则对弹性应力进行分类，再按等安全裕度原则限制各类应力，保证容器在预期的使用寿命内不发生失效。这种以弹性应力分析和塑性失效准则为基础的压力容器设计方法称为应力分类法。进行弹性应力分析时，假设容器始终处于弹性状态，即应力应变关系是线性的。这样算出来的应力超过材料屈服强度时，不是容器中的实际应力，而是"虚拟应力"。

应力分类法具有简单、通用、成熟等优点，是当今压力容器分析设计的主流方法。

常规设计和分析设计之间既有独立性又有互补性。两者的独立性表现为：常规设计能独立完成的设计可以直接应用，而不必再作分析设计；分析设计所完成的设计也不受常规设计能否通过的影响。两者的互补性表现为：常规设计不能独立完成的设计（如疲劳分析、复杂几何形状和载荷情况），可以用分析设计来补充完成；反之，分析设计也常借助常规设计的公式来确定部件的初步设计方案，然后再作详细分析。

7.3.2 压力容器的应力分类

1. 容器的载荷与应力

压力容器应力分类的依据是应力对容器强度失效所起作用的大小。这种作用又取决于下列两个因素：① 应力产生的原因，即应力是外载荷直接产生的还是在变形协调过程中产生的，外载荷是机械载荷还是热载荷；② 应力的作用区域与分布形式，即应力的作用是总体范围还是局部范围的，沿厚度的分布是均匀的还是非均匀的、是线性的还是非线性的。下面进行具体的讨论。

1）压力载荷引起的应力

压力载荷引起的应力是指容器内外部介质的均布压力载荷在壳体中产生的应力，可根据载荷与内力的平衡关系求解。在薄壁容器中这种应力即为沿壁厚均匀分布的薄膜应力，并在容器的总体范围内存在。

内压产生的应力可使容器在总体范围内发生弹性失效或塑性失效，即薄膜应力可使筒体屈服变形，以致发生爆破。外压则引起容器总体的刚性失稳。

2）机械载荷引起的应力

机械载荷引起的应力主要是指由压力以外的其他机械载荷（如重力、支座反力、管道推力等）直接产生的应力。这种应力虽求解复杂，但也符合外载荷与内力的平衡关系。这类载荷引起的应力往往仅存在于容器的局部，亦可称为局部应力。风载荷与地震载荷也属于压力以外的其他机械载荷，满足载荷与内力的平衡关系，但作用范围不是局部的，而且与时间有关，作为静载荷处理时遍及容器整体，是非均布、非轴对称的载荷。

由其他机械载荷产生的局部应力可使容器发生局部范围内的弹性失效或塑性失效。

3）不连续效应引起的不连续应力

不连续应力在第 2 章中已进行了讨论，以下三种情况均会产生不连续应力：几何不连续（如曲率半径产生突变）；载荷不连续（包括机械载荷不连续和温度载荷不连续）；材质不连续。需注意的是，这种结构不连续应力不是由压力载荷直接引起的，而是由结构的变形协调引起的。它在壳体上的分布范围较大，可称为总体结构不连续。它沿壁厚的分布可能是线性分布，也可能是均匀分布。

对于总体结构不连续应力，由于相邻部位存在相互约束，有可能使部分材料屈服进入弹塑性状态，可造成弹塑性失效。

4）温差产生的热应力

由于壳壁温度沿轴向或径向存在温差，会在这些方向引起热膨胀差，通过变形协调便产生了应力，称为热应力或温差应力。引起热应力的载荷是温差，温差的大小表明该类载荷的强度，故称为热载荷，以区别于机械载荷。热应力在壳体上的分布取决于温差在壳体上的作用范围，有的是总体范围，有的是局部范围。热应力沿壁厚方向的分布可能是线性的或非线性的，有些则可能是均布的。

总体热应力也会造成容器的弹塑性失效。

5）应力集中引起的应力

容器上的开孔边缘的接管根部、小圆角过渡处因应力集中而形成的集中应力，其峰值可能比基本应力高出数倍。集中应力的数值虽大，但分布范围很小。应力集中问题的求解一般不涉及壳体中性面的总体不连续问题，主要是由局部结构不连续问题引起的，可依靠弹性力学方法求解。但实际很难求得理论的弹性解，常用试验方法测定或采用数值解求得。

应力集中（局部结构不连续）及局部热应力可使局部材料屈服，虽然也可造成弹塑性失效，但只涉及范围极小的局部，不会造成容器的过度变形。但在交变载荷的作用下，这种应力再叠加上压力载荷产生的应力及不连续应力，会使容器出现疲劳裂纹，因此其主要危害是导致容器的疲劳失效。

既然容器上存在不同类型的载荷及不同性质的应力，且对容器失效的影响各不相同，因此应当更为科学地将应力进行分类，并按不同的失效形式和设计准则进行应力强度校核。

2. 压力容器的应力分类

目前，比较通用的应力分类方法是将压力容器中的应力分为三大类：一次应力、二次应力和峰值应力。

1) 一次应力 P

一次应力是指为平衡外加机械载荷所必需的应力。一次应力必须满足外载荷与内力及内力矩的静力平衡关系，其值随外载荷的增加而增加，不会因达到材料的屈服强度而自行限制，所以一次应力的基本特征是非自限性。另外，当一次应力超过屈服强度时将引起容器总体范围内的显著变形或破坏，对容器的失效影响最大。一次应力可分为以下三种形式。

(1) 一次总体薄膜应力 P_m。在容器总体范围内存在的薄膜应力即为一次总体薄膜应力。一次总体薄膜应力达到材料的屈服强度意味着筒体或封头在整体范围内发生屈服，应力不会重新分布，而是直接导致结构破坏，危害最大。其特点是：分布于整个壳体中；沿厚度方向均匀分布，其值等于沿厚度方向的应力平均值；不具有自限性。一次总体薄膜应力的实例包括：薄壁圆筒或球壳中远离结构不连续部位由内压力引起的薄膜应力；厚壁圆筒中由内压力产生的轴向应力以及周向应力沿厚度的平均值。

(2) 一次弯曲应力 P_b。一次弯曲应力是指沿厚度线性分布的应力。一次弯曲应力在内、外表面上大小相等、方向相反。由于沿厚度呈线性分布，其值随外载荷的增大而增加，故首先是内、外表面进入屈服状态，但此时内部材料仍处于弹性状态。若载荷继续增大，应力沿厚度的分布将重新调整，因此这种应力对容器强度失效的危害性没有一次总体薄膜应力那样大。一次弯曲应力的典型实例是平封头中部在压力作用下产生的弯曲应力。

(3) 一次局部薄膜应力 P_L。在结构不连续区域，由内压或其他机械载荷产生的薄膜应力和结构不连续效应产生的薄膜应力统称为一次局部薄膜应力。一次局部薄膜应力的作用范围是局部区域。由于包含了结构不连续效应产生的薄膜应力，一次局部薄膜应力还具有一些自限性，表现出二次应力的一些特征，不过从保守角度考虑，仍将它划为一次应力。一次局部薄膜应力的实例包括：壳体和封头连接处的薄膜应力；在容器的支座或接管处由外部的力或力矩引起的薄膜应力。

一次总体薄膜应力和一次局部薄膜应力是按薄膜应力沿经线方向的作用长度来划分的。若薄膜应力强度超过 $1.1S_m$ 的区域沿经线方向延伸的距离小于 $1.0\sqrt{R\delta}$，则认为其是局部的。此处 R 为该区域内壳体中面的第二曲率半径，δ 为该区域的最小厚度，S_m 为设计应力强度。若两个超过 $1.1S_m$ 的一次局部薄膜应力区域沿经线方向的间距不小于 $2.5\sqrt{R_m\delta_m}$，则可以认为它们是局部的，否则应划为总体的。其中 $R_m=(R_1+R_2)/2$，$\delta_m=(\delta_1+\delta_2)/2$，$R_1$ 与 R_2 分别为所考虑的两个区域的壳体中面第二曲率半径，δ_1 与 δ_2 分别为所考虑的两个区域的最小厚度。

2) 二次应力 Q

二次应力是指由相邻部件的约束或结构的自身约束所引起的正应力或切应力。二次应力不是由外载荷直接产生的，其作用不是为平衡外载荷，而是使结构在受载时可以变形协调。二次应力的基本特征是具有自限性，当局部范围内的材料发生屈服或小量的塑性流动时，相邻部分之间的变形约束得到缓解而不再继续发展，应力可自动地限制在一定的范围内。

二次应力的实例包括：① 总体结构不连续处的弯曲应力，总体结构不连续对结构总体应力分布和变形有显著的影响，如筒体与封头、筒体与法兰、筒体与接管以及不同厚度筒体的连接处；② 总体热应力，是指解除约束后会引起结构显著变形的热应力，例如圆筒壳中轴向温度梯度所引起的热应力，壳体与接管间的温差所引起的热应力，厚壁圆筒中径向温度梯度引起的当量线性热应力。

3）峰值应力 F

峰值应力是由局部结构不连续和局部热应力的影响叠加到一次加二次应力之上的应力增量，因介质温度急剧变化而在器壁或管壁中引起的热应力也属于峰值应力范围。峰值应力最主要的特点是高度的局部性，因而不引起任何明显的变形。其有害性仅是可能引起疲劳或脆性断裂，一般设计中不予考虑，只在疲劳设计中加以限制。

局部结构不连续是指几何形状或材料在很小区域内的不连续，只在很小范围内引起应力和应变增大（即应力集中），但对结构总体应力分布和变形没有显著的影响。结构上的小半径过渡圆角、未熔透、咬边、裂纹等都会引起应力集中，因此在这些部位存在峰值应力。例如，受均匀拉应力 σ 作用的平板，若缺口的应力集中系数为 K_t，则 $F = \sigma(K_t - 1)$。

局部热应力是指解除约束后不会引起结构显著变形的热应力，例如结构上的小热点处（如加热蛇管与容器壳壁连接处）的热应力、碳素钢容器内壁奥氏体堆焊层或衬里中的热应力、复合钢板中因复层与基体金属线膨胀系数不同而在复层中引起的热应力、厚壁圆筒中径向温度梯度引起的热应力中的非线性分量。

应当指出的是，只有材料具有较高的韧性，允许出现局部塑性变形，上述应力分类才有意义。对于脆性材料，一次应力和二次应力的影响没有明显不同，对应力进行分类也就毫无意义了。压缩应力主要与容器的稳定性有关，亦不需要进行分类。

3. 容器典型部位的应力分类

为了便于设计时对压力容器进行应力分类，分析设计标准一般都会给出与表 7-1 类似的典型部位应力类别。

表 7-1　压力容器典型部位的应力分类

容器部件	位置	应力的起因	应力的类型	符号
圆筒或球形壳体	远离不连续处的壳体	内压	一次总体薄膜应力 沿厚度的应力梯度：二次应力	P_m Q
		轴向温度梯度	薄膜应力：二次应力 弯曲应力：二次应力	Q Q
	与封头或法兰的连接处	内压	局部薄膜应力：一次应力 弯曲应力：二次应力	P_L Q
	在接管或其他开孔的附近	外部载荷、力矩或内压	局部薄膜应力：一次应力 弯曲应力：二次应力 峰值应力	P_L Q F

容器部件	位置	应力的起因	应力的类型	符号
碟形封头或锥形封头	顶部	内压	一次总体薄膜应力	P_m
			一次弯曲应力	P_b
	过渡区或与筒体连接处	内压	局部薄膜应力：一次应力	P_L
			弯曲应力：二次应力	Q
平盖	中心区	内压	一次总体薄膜应力	P_m
			一次弯曲应力	P_b
	与筒体连接处	内压	局部薄膜应力：一次应力	P_L
			弯曲应力：二次应力	Q
接管	接管壁	内压	一次总体薄膜应力	P_m
			局部薄膜应力：一次应力	P_L
			弯曲应力：二次应力	Q
			峰值应力	F
		膨胀差	薄膜应力：二次应力	Q
			弯曲应力：二次应力	Q
			峰值应力	F
任何部件	任意	径向温度梯度	当量线性应力：二次应力	Q
			应力分布的非线性部分：峰值应力	F

下面举例说明压力容器的应力分类方法。如图 7-3 所示的高压容器，外载荷包括：内压 p；端部法兰的螺栓力 T、力矩 M_0 和推力 Q_0；沿壁厚的径向温差 Δt。现分析 A、B、C 三个部位的应力并加以分类。

1）部位 A

部位 A 远离结构不连续区域，受内压及径向温差载荷的作用。由内压产生的应力分两种情况考虑：筒体为薄壁容器时，其应力为一次总体薄膜应力 P_m；筒体为厚壁容器时，内外壁应力的平均值为一次总体薄膜应力 P_m，而沿壁厚的应力梯度划为二次应力 Q。

以厚壁圆筒为例分析如下：厚壁圆筒可以看成由无数个同心但半径不等的薄壁圆筒组合而成，因而在各薄壁圆筒之间存在总体结构不连续。分析设计认为沿厚度方向的平均应力是满足与外载荷的平衡关系所必需的，属于一次总体薄膜应力 P_m，而沿厚度的应力梯度是满足筒壁各层结构连续所需要的自平衡应力，因此划分为二次应力 Q，如图 7-4 所示。另外，径向温度梯度产生的热应力沿厚度呈非线性分布，可分为当量线性应力和峰值应力两部分，如图 7-5 所示。所谓当量线性应力，是指和实际应力有相同弯矩的线性分

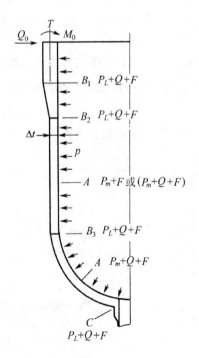

图 7-3　容器各部位应力的分类

布应力。由于热应力具有自限性，危害性比一次应力小，所以分析设计将当量线性应力划分为二次应力 Q，而将余下的非线性分布应力划为峰值应力 F。

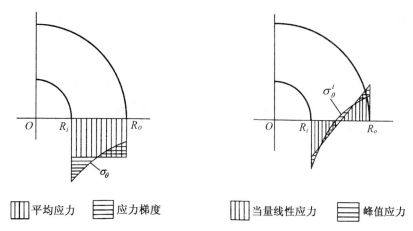

图 7-4　内压厚壁圆筒周向应力的分解　　图 7-5　外加热厚壁圆筒周向热应力的线性化处理

2）部位 B

部位 B 包括部位 B_1、B_2、B_3 三个几何结构不连续部位，均存在由内压产生的应力，但因结构不连续，该应力沿壁厚的平均值应划为一次局部薄膜应力 P_L，应力沿壁厚的梯度为二次应力 Q。由总体不连续效应产生的弯曲应力也为二次应力 Q，而不连续效应的周向薄膜应力应偏保守地划为一次局部薄膜应力 P_L。另外由径向温差产生的温差应力同部位 A 的分析，作线性化处理后分为二次应力和峰值应力（$Q+F$）。因此 B_1、B_2、B_3 三个部位的应力为 P_L+Q+F。

3）部位 C

部位 C 既有内压在球壳与接管中产生的应力（P_L+Q），有球壳与接管总体结构不连续效应产生的应力（P_L+Q），也有因径向温差产生的温差应力（$Q+F$），还有因小圆角（局部结构不连续）应力集中产生的峰值应力 F，因此总计应力为 P_L+Q+F。由于部位 C 未涉及管端的外加弯矩，管子横截面中的一次弯曲应力 P_b 便不存在。且由于部位 C 为拐角处，内压引起的薄膜应力不应划为一次总体薄膜应力 P_m，而应属于一次局部薄膜应力 P_L。

7.3.3　应力强度计算

1. 应力强度

压力容器各点的应力状态一般为二向或三向应力状态，即复合应力状态。为了与单向拉伸试验所得到的材料力学性能进行比较，分析设计中常采用与最大切应力准则相对应的应力强度，其值为该点最大主应力与最小主应力（拉应力为正值，压应力为负值）之差。

根据各类应力及其组合对容器危害程度的不同，分析设计标准划分了下列五类基本的应力强度：

（1）一次总体薄膜应力强度 S_{I}；

（2）一次局部薄膜应力强度 S_{II}；

（3）一次薄膜（总体或局部）加一次弯曲应力（P_L+P_b）强度 S_{III}；

（4）一次应力加二次应力(P_L+P_b+Q)强度 S_{IV}；

（5）峰值应力(P_L+P_b+Q+F)强度 S_V。

2. 应力强度计算步骤

除峰值应力强度外，其余四类应力强度计算步骤如下：

（1）在所考虑的点上，选取一个正交坐标系，如经向、周向与法向分别用下标 x、θ、z 表示，用 σ_x、σ_θ 和 σ_z 表示该坐标系中的正应力，$\tau_{x\theta}$、τ_{xz} 和 $\tau_{z\theta}$ 表示该坐标系中的切应力。

（2）计算各种载荷作用下的各应力分量，并根据定义将各组应力分量分别归入以下类别：一次总体薄膜应力 P_m；一次局部薄膜应力 P_L；一次弯曲应力 P_b；二次应力 Q；峰值应力 F。

（3）将各类应力按同种分量分别叠加，得到 P_m、P_L、P_L+P_b、P_L+P_b+Q 共四组应力分量，每组一般有 6 个，即三个正应力和三个切应力。

（4）由每组 6 个应力分量，计算各自的主应力 σ_1、σ_2 和 σ_3，取 $\sigma_1>\sigma_2>\sigma_3$。

（5）计算每组的最大主应力差：

$$\sigma_{13}=\sigma_1-\sigma_3 \qquad\qquad (7-4)$$

式中，各组的 σ_{13} 即为与 P_m、P_L、P_L+P_b、P_L+P_b+Q 相对应的应力强度 S_I、S_{II}、S_{III}、S_{IV}。

在应力分类及应力强度的计算中，对于二次应力，无需区分薄膜成分及弯曲成分，因为二者许用值相同。如果设计载荷与工作载荷不相同，计算 S_{IV} 和 S_V 时应采用工作载荷，若按设计载荷则过于保守。此外，在大多数容器的计算中，$\tau_{x\theta}=\tau_{z\theta}=0$，$\tau_{xz}$ 和 σ_x、σ_θ 相比是一个较小值，一般可略去，x、θ、z 的方向与主应力方向近似相同，因而 σ_x、σ_θ 和 σ_z 即为三个主应力。

7.3.4 应力强度限制

1. 设计应力强度

设计应力强度是由材料的短时拉伸性能除以相应的材料设计系数所得的值，又称为许用应力，取 $\dfrac{R_{eL}}{n_s}$、$\dfrac{R_{eL}^t}{n_s^t}$ 和 $\dfrac{R_m}{n_b}$ 中的最小值，通常以符号 S_m 表示。R_{eL} 和 R_m 分别表示常温下材料的最低屈服强度和最低抗拉强度；R_{eL}^t 表示设计温度下材料的屈服强度；n_s、n_s^t 和 n_b 分别表示相应的材料设计系数（又称安全系数）。

由于分析设计中对容器重要区域的应力进行了严格而详细的计算，且在选材、制造和检验等方面也有更严格的要求，因而设计时采取了比常规设计低的材料设计系数。我国 JB 4732《钢制压力容器——分析设计标准》规定的材料设计系数为 $n_s=n_s^t \geqslant 1.5$，$n_b \geqslant 2.6$。

对于相同的材料，分析设计中的设计应力强度大于常规设计中的许用应力，这意味着采用分析设计可以适当减薄容器的厚度、减轻容器的重量。

2. 极限分析和安定性分析

在分析设计中，确定各应力强度许用值的依据是极限分析、安定性分析及疲劳分析。下面介绍极限分析和安定性分析。

1）极限分析

极限分析假定结构所用的材料为理想弹塑性材料。在某一载荷下结构进入整体或局部区域的全域屈服状态后，变形将无限制地增大，结构达到了其极限承载能力，这种状态即为塑性失效的极限状态，该载荷即为塑性失效时的极限载荷。下面以纯弯曲梁为例进行说明。

设有一个矩形截面梁，宽度为 b，高度为 h，受弯矩 M 作用，如图 7-6 所示。由材料力学可知，矩形截面梁在弹性情况下，截面应力呈线性分布，即上、下表面处应力最大，一边受拉，一边受压。最大应力为 $\sigma_{\max} = \dfrac{6M}{bh^2}$。当 $\sigma_{\max} = R_{eL}$，上、下表面屈服时梁达到了弹性失效状态，对应的载荷为弹性失效载荷，即 $M_e = R_{eL}\dfrac{bh^2}{6}$。

但从塑性失效观点看，此梁除了上、下表面材料屈服外，其余材料仍处于弹性状态，还可继续承载。随着载荷增大，梁内弹性区减少，塑性区扩大，当达到全塑性状态时，由平衡关系可得极限载荷为 $M_p = 2 \times \left[R_{eL}\left(b \cdot \dfrac{h}{2} \right) \cdot \dfrac{h}{4} \right]$。显然 $M_p = 1.5 M_e$，即塑性失效时的极限载荷为弹性失效时载荷的 1.5 倍。若按弹性应力分布，则极限载荷下的虚拟应力（图 7-6 中虚线）为

$$\sigma'_{\max} = \frac{6M_p}{bh^2} = 1.5R_{eL} \tag{7-5}$$

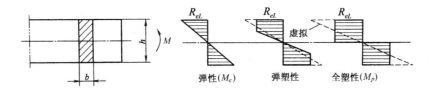

图 7-6　纯弯曲矩形截面梁的极限分析

若仍用 1.5 倍的安全系数，便可得到弯曲应力的上限值，即屈服强度 R_{eL}。由于 $R_{eL} \geqslant 1.5 S_m$，因此分析设计标准中取一次弯曲应力 P_b 的上限值为 $1.5 S_m$。

对拉弯组合的情形可以进行类似的分析。在极限状态下，拉弯组合应力仍可采用纯弯曲的应力限制条件。

2）安定性分析

如果一个结构经几次反复加载后，其变形趋于稳定，不再出现渐增的非弹性变形，则认为此结构是安定的。丧失安定后的结构会在反复加载、卸载中引起新的塑性变形，并可能因塑性疲劳或大变形而发生破坏。

若虚拟应力超过材料的屈服强度，则局部高应力区由塑性区和弹性区两部分组成。塑性区被弹性区包围，弹性应力图使塑性区恢复原状，从而在塑性区中出现残余压缩应力。残余压缩应力的大小与虚拟应力有关。设结构由理想弹塑性材料制造，现根据虚拟应力 σ_1 的大小简单分析结构处于安定状态的条件。

（1）$R_{eL} < \sigma_1 < 2R_{eL}$。如图 7-7(a) 所示，当结构第一次加载时，塑性区中应力-应变关系按 OAB 线变化，虚拟应力-应变线为 OAB'；卸载时，在周围弹性区的作用下，塑性区中

的应力沿 BC 线下降，且平行于 OA，塑性区便存在了残余压缩应力 $E(\varepsilon_1-\varepsilon_s)$，即纵坐标上的 OC 值。若载荷大小不变，则在之后的加载、卸载循环中，应力将分别沿 CB、BC 线变化，不会出现新的塑性变形，在新的状态下将保持弹性行为，这时的结构是安定的。

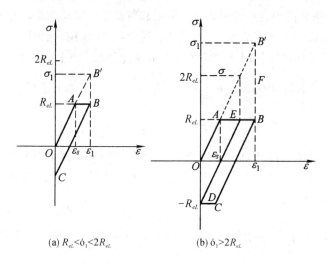

(a) $R_{eL}<\sigma_1<2R_{eL}$ (b) $\sigma_1>2R_{eL}$

图 7 - 7 安定性分析图

(2) $\sigma_1 \geqslant 2R_{eL}$。如图 7 - 7(b)所示，第一次加载时，塑性区中的应力-应变关系按 OAB 线变化，卸载时沿 BC 线下降，在 C 点发生反向压缩屈服到达 D 点。在之后的加载、卸载循环中，应力将沿 $DEBCD$ 回线变化。如此多次循环，即反复出现拉伸屈服和压缩屈服，将引起塑性疲劳或塑性变形逐次递增而导致破坏，这时的结构是不安定的。

可见，保证结构安定的条件是 $\sigma_1 \leqslant 2R_{eL}$，由于 $R_{eL} \geqslant 1.5S_m$，分析设计标准中，应将一次加二次应力强度限制在 $3S_m$ 以内。

由于实际材料并非理想弹塑性材料，屈服后还有应变强化能力，因此以上由极限分析和安定性分析导出的应力限制条件是偏于保守的，使结构增加了一定的安全裕度。

3. 应力强度限制

由于各类应力对容器失效的危害程度不同，所以其限制条件也各不相同，不采用统一的许用应力值。在分析设计中，一次应力的许用值由极限分析确定，主要目的是防止韧性断裂或塑性失稳；二次应力的许用值由安定性分析确定，目的在于防止塑性疲劳或过度塑性变形；而峰值应力的许用值是由疲劳分析确定的，目的在于防止由大小和(或)方向改变的载荷引起的疲劳。下面具体给出五类应力强度的安全判据。

(1) 一次总体薄膜应力强度 S_{I}。总体薄膜应力是容器承受外载荷的应力成分，在容器的整体范围内存在，没有自限性，对容器失效的影响最大。一次总体薄膜应力强度 S_{I} 的许用值是以极限分析原理来确定的，其限制条件为 $S_{\mathrm{I}} \leqslant KS_m$。$K$ 为载荷组合系数，其值和容器所受的载荷和组合方式有关，取值范围为 1.0～1.25。

(2) 一次局部薄膜应力强度 S_{II}。局部薄膜应力是相对于总体薄膜应力而言的，其影响仅限于结构局部区域，同时，由于包含了边缘效应所引起的薄膜应力，局部薄膜应力还具有二次应力的性质。因此，在设计中，对局部薄膜应力允许有比一次总体薄膜应力高、但比二次应力低的许用应力。一次局部薄膜应力强度 S_{II} 的限制条件为 $S_{\mathrm{II}} \leqslant 1.5KS_m$。

(3) 一次薄膜(总体或局部)加一次弯曲应力强度 S_{III}。弯曲应力沿厚度线性变化，危害性比薄膜应力小。矩形截面梁的极限分析表明，在极限状态时，拉弯组合应力的上限是材料屈服强度的 1.5 倍。因此，在满足 $S_I \leqslant S_m$ 及 $S_{II} \leqslant 1.5KS_m$ 的前提下，一次薄膜（总体或局部）加一次弯曲应力强度 S_{III} 许用值取设计应力强度的 1.5 倍，即 $S_{III} \leqslant 1.5KS_m$。

（4）一次加二次应力强度 S_{IV}。根据安定性分析，一次加二次应力强度 S_{IV} 许用值为 $3S_m$，即 $S_{IV} \leqslant 3S_m$。

（5）峰值应力强度 S_V。由于峰值应力同时具有自限性与局部性，不会引起明显的变形，其危害性在于可能导致疲劳失效或脆性断裂。按疲劳失效设计准则，峰值应力强度应由疲劳设计曲线得到的应力幅 S_a 进行评定，即 $S_V \leqslant S_a$。压力容器的疲劳设计参见附录 E。

表 7-2 总结了各应力强度的限制条件。

表 7-2　应力分类和应力强度极限值

应力分类	一次应力			二次应力	峰值应力
	总体薄膜应力	局部薄膜应力	弯曲应力		
符号	P_m	P_L	P_b	Q	F
应力分量的组合和应力强度的许用极限	P_m $S_I \leqslant KS_m$	P_L $S_{II} \leqslant 1.5KS_m$	$P_L + P_b$ $S_{III} \leqslant 1.5KS_m$	$P_L + P_b + Q$ $S_{IV} \leqslant 3S_m$	$P_L + P_b + Q + F$ $S_V \leqslant S_a$

注：表中实线为采用设计载荷；虚线为采用工作载荷。

7.3.5　分析设计的应用

1. 应力分析设计一般步骤

压力容器应力分析设计的一般步骤如下：

（1）结构设计。根据设计要求确定压力容器的结构形式，利用分析设计标准中的厚度计算公式或图表，计算壳体、封头、法兰等受压元件的厚度，再详细考虑需要进行应力分析的部位。

（2）建立力学分析模型。根据容器结构、载荷及边界条件的复杂性选用合适的分析方法，较简单的可用解析法，复杂的采用数值方法。力学分析模型包括几何模型、容器所承受的载荷及边界条件。

（3）应力分析。按弹性理论分析容器各重要部位的应力。

（4）应力分类。将计算出的应力按 P（P_m、P_L、P_b）、Q 及 F 进行分类。

（5）应力强度计算。按本节 7.3.3 列出的步骤计算应力强度。

（6）应力强度校核。按表 7-2 进行应力强度校核。若校核不合格，应加大厚度或改变结构，并重新进行应力分析。

2. 分析设计标准的应用

与常规设计比较，应力分析设计的材料设计系数相对较低、许用应力相对较高，但对容器的材料、设计、制造、试验和检验等方面都提出了较高的要求和较多的限制条件。常规设计标准和分析设计标准各为一个整体，两个设计标准可以任选其一。一般认为在下列情况之一时，可考虑采用分析设计方法：

（1）作为常规设计的替代方法。

（2）常规设计适用范围以外的压力容器，如结构或者载荷特殊的压力容器等，因为分析设计标准可适用于更多的容器结构形式。

（3）压力高、直径大的高参数压力容器，这类容器若按分析设计可节约材料 20％～30％，使成本降低。

（4）受疲劳载荷作用的容器，这类容器无法按常规设计标准进行设计。

小　　结

1. 内容归纳

本章内容归纳如图 7-8 所示。

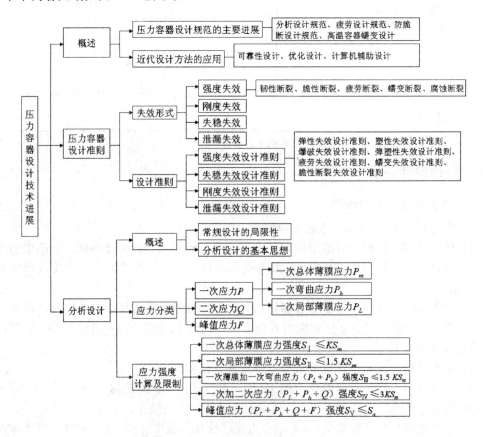

图 7-8　压力容器设计技术进展内容归纳

2. 重点和难点

（1）重点：压力容器设计准则中的强度设计准则，压力容器分析设计中的应力分类、应力强度计算及应力强度限制。

（2）难点：压力容器分析设计中的应力分类、应力强度计算及应力强度限制。

思　考　题

（1）根据失效原因，压力容器有哪些失效形式？何谓压力容器的强度失效，包含哪些失效形式？

（2）压力容器有哪些设计准则？工程上常用的强度失效设计准则包含哪些内容？

（3）弹性失效设计准则的表达式是什么？

（4）压力容器的常规设计有哪些局限性？分析设计的基本思想是什么？

（5）为什么要对压力容器中的应力进行分类？应力分类的依据和原则是什么？

（6）一次应力、二次应力和峰值应力的区别是什么？

（7）分析设计标准划分了哪五类应力强度？其许用值分别是多少？

（8）什么情况下需考虑采用分析设计？

下篇

过程设备设计

第 8 章 储 存 设 备

本章教学要点

知识要点	掌握程度	相关知识点
概述	了解装量系数的概念，了解储存介质的性质和环境对储存设备的影响	装量系数，储存介质的性质，环境对储存设备的影响
储罐的结构	熟练掌握卧式圆柱形储罐与球形储罐的结构，了解立式平底筒形储罐的结构	卧式圆柱形储罐，球形储罐
卧式储罐设计	熟练掌握卧式储罐的支座结构及布置，掌握卧式储罐的设计计算方法	标准鞍座结构及布置，设计载荷，卧式储罐的设计计算，应力校核，扁塌现象
球形储罐设计	掌握球形储罐的设计	球形储罐的设计，支柱结构，支柱与球壳的连接，拉杆结构

储存设备（又称储罐）主要是指用于储存气体、液体、液化气体等介质的设备，在石油、化工、能源、轻工、制药及食品等行业应用广泛。大多数储存设备的主体是压力容器，如加氢站用高压氢气储罐、液化石油气储罐等。储罐有多种分类方法，按几何形状分为卧式圆柱形储罐、立式平底筒形储罐、球形储罐；按温度分为低温储罐（或称为低温储槽）、常温储罐（低于 90 ℃）和高温储罐（90~250 ℃）；按所处的位置可分为地面储罐、地下储罐、半地下储罐和海上储罐等。单罐容积大于 1000 m³ 的储罐可称为大型储罐。金属制焊接式储罐是应用最多的一种储存设备，目前国际上最大的金属储罐的容量已达到 2×10^5 m³。

8.1 概 述

8.1.1 储存介质的性质

储存介质的性质是选择储罐结构形式与储存系统的一个重要因素。介质特性包括闪点、沸点、饱和蒸气压、密度、腐蚀性、毒性程度、化学反应活性等。储存介质的闪点、沸点以及饱和蒸气压与介质的可燃性密切相关，是选择储罐结构形式的主要依据。

饱和蒸气压是指在一定温度下，储存在密闭容器中的液化气体达到气液两相平衡时，气液分界面上的蒸气压力。饱和蒸气压与储存设备的容积大小无关，仅与温度的变化相关，随温度的升高而增大；对于混合储存介质，饱和蒸气压还与各组分的混合比例有关，如民用液化石油气就是一种以丙烷和异丁烷为主的混合液化气体，其饱和蒸气压由丙烷和异丁烷的百分比决定。

储存介质的密度将直接影响罐体的载荷分布及其应力大小。介质的腐蚀性是选择罐体材料的首要依据，将直接影响制造工艺和设备造价。而介质的毒性程度则直接影响储存、制造与管理的等级和安全附件的配置。

另外，介质的黏度与冰点也直接关系到储存设备的运行成本。当介质为高黏度或高冰点的液体时，为保持其流动性，就需要对储存设备进行加热或保温，使其保持易于输送的状态。

8.1.2 装量系数

当储存设备用于盛装液化气体时，还应考虑液化气体的膨胀性和压缩性。液化气体的体积会随温度的上升而膨胀，随温度的降低而收缩。当储罐装满液态液化气体时，如果温度升高，罐内压力也会升高。压力的变化程度与液化气体的膨胀系数和温度变化量成正比，而与压缩系数成反比。以液化石油气储罐为例，在满液的情况下，温度每升高 1℃，储罐压力就会上升 1～3 MPa。由此可知，对充满液化石油气的储罐，当环境温度超过设计温度一定数值时，就可能因超压而爆破。为此，在液化气体储罐使用过程中，必须严格控制储罐的储存量。液化气体储罐的设计储存量应符合式（8-1）的规定，即

$$W = \phi V \rho_t \tag{8-1}$$

式中：W 为储存量，t；ϕ 为装量系数，一般取 0.9，储罐容积若经实际测定可取 0.9～0.95；V 为储罐的容积，m^3；ρ_t 为设计温度下的饱和液体密度，t/m^3。

8.1.3 环境对储存设备的影响

对于液化气体储罐，储罐的金属温度主要受使用环境的气温条件影响，其最低设计温度可按该地区气象资料，取历年来月平均最低气温的最低值，月平均最低气温是指当月各天的最低气温值相加后除以当月天数得到的数值。随着温度的降低，液化气体的饱和蒸气压呈下降趋势，因而这类储罐的设计压力主要由可能达到的最高工作温度下液化气体的饱和蒸气压决定。一般无保冷设施时，通常取最高设计温度为 50℃，若储罐安装在天气炎热的南方地区，则在夏季中午时分必须对储罐进行喷淋冷却降温，以防止储罐金属壁温超过50℃。当所在地区的最低设计温度较低时，还应进行罐体的稳定性校核，以防止因温度降低使得罐内的压力低于大气压时发生真空失稳。

设计存储设备，首先必须满足各种给定的工艺要求，考虑储存介质的性质、容量大小、设置位置、钢材耗量以及施工条件等来确定储罐的形式；在设计中还必须考虑场地条件、环境温度、风载荷、地震载荷、雪载荷、地基条件等。因此设计者在设计储存设备时必须针对上述条件进行综合考虑，以确定最佳的设计方案。

8.2 储罐的结构

根据几何形状，储罐分为卧式圆柱形储罐、立式平底筒形储罐、球形储罐，下面对其结构进行简单的介绍。

8.2.1 卧式圆柱形储罐

卧式圆柱形储罐简称卧式储罐或卧罐，可分为地面卧式储罐与地下卧式储罐。

1. 地面卧式储罐

地面卧式储罐属于典型的卧式压力容器，其基本结构如图 8-1 所示，主要由筒体、封头、支座、接管、安全附件等组成，其支座通常采用鞍式支座。因受运输条件等的限制，这类储罐的容积一般在 100 m³ 以下，最大不超过 150 m³；若是现场组焊，其容积可更大一些。

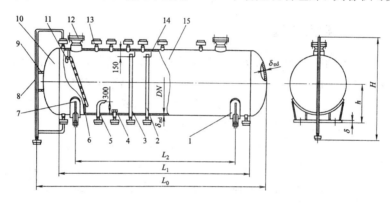

1—活动支座；2—气相平衡引入管；3—气相引入管；4—出液口防涡器；
5—进液口引入管；6—支撑板；7—固定支座；8—液位计连通管；9—支撑；
10—椭圆形封头；11—内梯；12—人孔；13—法兰接管；14—管托架；15—筒体

图 8-1 地面卧式储罐结构

2. 地下卧式储罐

地下卧式储罐结构如图 8-2 所示，主要用于储存汽油、液化石油气等液化气体。将储罐埋于地下，既可以减少占地面积，缩短安全防火间距，也可以避免环境温度对储罐的影响，以维持地下储罐内介质压力的基本稳定。

卧式储罐的埋地措施分为两种：一种是将卧式储罐安装在地下预先构筑好的空间里，实际上就是把地面罐搬到地下室内；另一种是先对卧式储罐的外表面进行防腐处理，如涂刷沥青防锈漆，设置牺牲阳极保护设施等，然后放置在地下基础上，最后采用土壤覆盖埋没并达到规定的埋土深度。

地下卧式储罐与地面卧式储罐的形状极为相似，所不同的是管口的开设位置。为了适应埋地状况下的安装、检修和维护，一般将地下卧式储罐的各种接管集中安放，即设置在一个或几个人孔盖板上。图 8-2 中，人孔 I 在不同方位有 4 根接管，其中液相进口管、液相出口管和回流管插入液体中，末端距筒体下方内表面约 100 mm，气相平衡管不插入液体，其末端在人孔接管内。

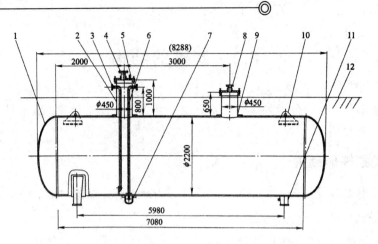

1—罐体；2—人孔Ⅰ；3—液相进口、液相出口、回流口和气相平衡口（共4根管子）；
4—出液面计接口；5—压力表与温度计接口；6—排污及倒空管；7—聚污器；
8—安全阀；9—人孔Ⅱ；10—吊耳；11—支座；12—地平面

图8-2　地下卧式储罐结构

8.2.2　立式平底圆筒形储罐

立式平底圆筒形储罐属于大型仓储式常压或减压储存设备，主要用于储存压力不大于 0.1 MPa 的消防水、石油、汽油等常温条件下饱和蒸气压较低的物料。

立式平底圆筒形储罐按其罐顶结构可分为固定顶储罐和浮顶储罐两大类。

固定顶储罐指顶部结构与罐体采用焊接方式连接，顶部固定，结构见图8-3。浮顶储罐指顶部结构随罐内储存液位的升降而升降，顶部是活动的，分为内浮顶和外浮顶，内浮顶从外观上看不见浮顶部分，是在固定罐的罐内再加一个密封的平顶，工作时，平顶与罐内液体相接触；外浮顶是指罐顶随液体的高低而上下移动。

内浮顶罐是拱顶与浮顶的结合，外部为拱顶，内部为浮顶，内部浮顶可减少油耗。外浮顶的油罐的罐顶直接放在油面上，随油品的进出而上下浮动，在浮顶与罐体内壁的环隙间设有随浮顶上下移动的密封装置。内浮顶罐几乎消除了气体空间，故油品蒸发损耗可大大减少。

一般情况下，原油、汽油、溶剂油等介质需要控制蒸发损耗及其对大气的污染，有着火灾危险的液体化学品都可采用外浮顶罐。内浮顶储罐特别适用于储存高级汽油和喷气燃料以及有毒易污染的液体化学品。

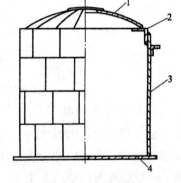

1—拱顶；2—包边角钢；
3—罐壁；4—罐底

图8-3　固定拱顶储罐结构

固定顶储罐储存的油品挥发性强，但能抵御风雪沙等气候条件；外浮顶储罐储存的油品挥发性弱，但是不能抵御风雪等气候条件，易影响油品的质量；内浮顶储罐兼具两者的优点，但造价高，维修不方便。

8.2.3　球形储罐

球形储罐通常可按照外观形状、壳体构造方式和支承方式的不同进行分类。从形状上分为圆球形和椭球形储罐；从球壳的组合方式可分为桔瓣式、足球瓣式和二者组合的混合式储罐；从支座结构上分为支柱式支座、筒形或锥形裙式支座储罐。

图 8-4 为圆球形纯桔瓣式赤道正切球罐，由罐体（包括上下极板、上下温带板和赤道板）、支柱、拉杆、操作平台、盘梯以及各种附件（包括人孔、接管、液面计、压力表、温度计、安全泄放装置等）组成。在某些特殊场合，球罐内还设有内部转梯、外部隔热或保温层、隔热或防火水幕喷淋管等附属设施。

罐体是球形储罐的主体，是储存物料、承受物料工作压力和液柱静压力的重要构件。罐体按其组合方式常分为以下三种。

1. 纯桔瓣式罐体

纯桔瓣式罐体是指球壳全部按桔瓣瓣片的形状进行分割成型后再进行组合的结构，如图 8-4 所示。纯桔瓣式罐体的特点是球壳拼装焊缝较规则，施焊组装容易，可实施自动焊。由于分块分带对称，便于布置支柱，因此罐体焊接接头受力均匀，质量较为可靠。这种罐体适用于各种容量的球罐，为世界各国普遍采用。我国自行设计、制造和组焊的球罐多为纯桔瓣式结构。这种罐体的缺点是球瓣在各带位置尺寸大小不一，只能在本带内或上、下对称的带位之间进行互换；下料及成型较复杂，板材的利用率低；球罐极板往往尺寸较小，当需要布置人孔和众多接管时可能出现接管拥挤的情况，有时焊缝不易错开。

2. 足球瓣式罐体

足球瓣式罐体的球壳划分与足球壳的划分一样，所有的球壳板片大小相同，可以由尺寸相同或相似的四边形或六边形球瓣组焊而成。图 8-5 即为足球瓣式罐体及其附件。这种罐体的优点是每块球壳板尺寸相同，下料成型规格化，材料利用率高，互换性好，组装焊缝较短，焊接及检验工作量小。缺点是焊缝布置复杂，施工组装困难，对球壳板的制造精度要求高，由于受钢板规格及自身结构的影响，一般只适用于制造容积小于 $120 \mathrm{~m}^3$ 的球罐，我国目前很少采用足球瓣式罐体。

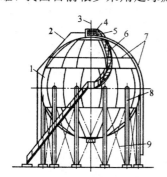

1—球壳；2—液位计导管；3—避雷针；
4—安全泄放阀；5—操作平台；6—盘梯；
7—喷淋水管；8—支柱；9—拉杆

图 8-4　赤道正切柱式支座球罐

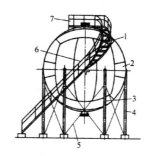

1—顶部极板；2—赤道板；
3—底部极板；4—支柱；5—拉杆；
6—扶梯；7—顶部操作平台

图 8-5　足球瓣式球罐

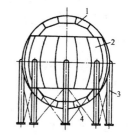

1—上极；2—赤道带；
3—支柱；4—下极

图 8-6　混合式球罐

3. 混合式罐体

混合式罐体的组成包括赤道带和温带的桔瓣式结构，以及极板的足球瓣式结构。图 8-6 为三带混合式球罐。由于这种结构具有桔瓣式和足球瓣式两种结构的优点，材料利用率较高，焊缝长度缩短，球壳板数量减少，且特别适合于大型球罐。极板尺寸比纯桔瓣式大，容易布置人孔及接管，与足球瓣式罐体相比，可使支柱避开球壳板的焊接接头，使球壳应力分布比较均匀。近年来随着石油、化工、城市煤气等工业的迅速发展，我国已全面掌握了该种球罐的设计、制造、组装和焊接技术。

桔瓣式和混合式罐体基本参数见 GB/T 17261—2011《钢制球形储罐形式与基本参数》。

8.3　卧式储罐设计

8.3.1　支座结构及布置

卧式容器常用的支座形式为鞍座和圈座，但实际工程中很少使用圈座，只有当大直径的薄壁容器或真空容器因自身重量而可能造成严重的挠曲变形时才采用圈座，以增加筒体支座处的局部刚度。鞍座应用最为广泛，且已经标准化。本节将对鞍座进行详细分析。

置于鞍式支座上的卧式容器，其情况类似于弯曲梁。由材料力学分析可知，梁弯曲产生的应力与支点的数量和位置有关。当尺寸和载荷一定时，多支点在梁内产生的应力较小，因此支座数量理论上讲应该越多越好。但在工程实际中，由于地基的不均匀沉降和制造上的外形偏差(如筒体不直不圆)等因素的影响，很难使各支座严格地保持在同一水平面上，因而多支座容器在支座处的约束反力并不能均匀分配，体现不出多支座的优点，所以一般卧式容器最好采用双鞍座结构。

采用双鞍座时，支座位置的选择一方面要考虑封头对圆筒体的加强效应，另一方面还要合理安排载荷分布，避免因荷重引起弯曲应力过大的现象。为此，要遵循以下原则。

(1) 双鞍座卧式储罐的受力状态可简化为受均布载荷的外伸简支梁。由材料力学可知，当外伸长度 $A=0.207L$ 时，跨度中央的弯矩与支座截面处的弯矩绝对值相等，所以一般近似取 $A \leqslant 0.2L$，其中 L 为两封头切线间的距离，A 为鞍座中心线至封头切线间的距离(如图 8-9 所示)。

(2) 当鞍座邻近封头时，封头对支座处的筒体有局部加强作用。为充分利用这一加强效应，在满足 $A \leqslant 0.2L$ 时应尽量使 $A \leqslant 0.5R_i$(R_i 为筒体内半径)。

卧式容器随操作温度的变化会发生热胀冷缩现象，同时容器及物料重量的变化也可影响筒体的弯曲变形并在支座处产生附加载荷，从而使容器产生轴向的伸缩。为避免由此产生的附加应力，设计双鞍座容器时，通常只允许将其中一个支座固定，而另一个支座设计为可沿轴向移动或滑动，具体做法是将滑动支座的基础螺栓孔沿容器轴向开成长圆形，如图 8-7 所示。为使滑动支座在热变形时能灵活移动，有时也采用滚动支座，见图 8-8。滚动支座克服了滑动摩擦力大的缺点，但是结构复杂，造价较高，一般用于受力大的重要设备。必须注意的是，固定支座通常设置在卧式储罐配管较多的一端，滑动支座则应设置在没有配管或配管较少的另一端。

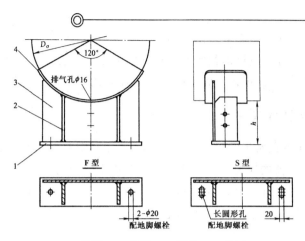

1—底板；2—筋板；3—腹板；4—垫板

图 8 - 7　重型带垫板包角 120°的鞍座结构简图

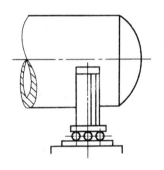

图 8 - 8　滚动支座

鞍座包角 θ 也是鞍式支座设计需要考虑的一个重要参数，其大小不仅影响鞍座处圆筒截面上的应力分布，而且还影响卧式容器的稳定性及容器-支座系统的重心高低。鞍座包角小，则鞍座重量轻，但是容器-支座系统的重心较高，且鞍座处筒体的应力较大。常用的鞍座包角有 120°、135°和 150°三种，我国标准 JB/T 4712.1 — 2007《容器支座　第 1 部分：鞍式支座》中推荐的鞍座包角为 120°和 150°两种形式。

在与设备筒体相连处，鞍座有带加强垫板和不带加强垫板两种结构，加强垫板的材料应与容器壳体材料相一致。图 8 - 7 为带加强垫板的鞍座结构，由腹板、筋板和底板焊接而成。

鞍式支座的结构和尺寸除特殊情况需要另外设计外，一般可根据容器的公称直径选用标准形式。JB/T 4731 — 2005《钢制卧式容器》中规定：当卧式容器的鞍式支座按 JB/T 4712.1 选择时，在满足 JB/ T 4712.1 所规定的条件时，可免去对鞍式支座的强度校核；否则，应对容器进行强度和稳定性的校核。

标准鞍座分为 A 型（轻型）和 B 型（重型）两种，其中 B 型又分为 BⅠ～BⅤ五种型号。A 型与 B 型的区别在于筋板、底板和垫板的尺寸不同或数量不同。根据鞍座底板上螺栓孔形状的不同，又可分为 F 型（固定支座）和 S 型（滑动支座），如图 8 - 7 所示。除螺栓孔外，F 型与 S 型各部分的尺寸相同。在一台容器上，F 型和 S 型总是配对使用，其中滑动支座的地脚螺栓采用两个螺母，第一个螺母拧紧后倒退一圈，然后用第二个螺母锁紧，以保证在温度变化时，鞍座能在基础面上自由滑动。

选用标准鞍座时，首先应根据鞍座实际承载的大小，确定选用 A 型（轻型）或 B 型（重型）鞍座，找出对应的公称直径，再结合载荷大小选择 120°或 150°包角的鞍座。

8.3.2　卧式储罐设计计算

卧式容器筒体和封头的常规设计方法见第 2 章，但设计中未考虑支座反力等因素的影响。

对于双鞍座卧式容器的应力进行精确的理论分析十分繁复，目前国内外有关容器设计规范均采用美国机械工程师齐克（L.P.Zick）于 1951 年在实验研究的基础上提出的近似分析和计算方法[20]。下面介绍该方法的基本思路、主要应力的计算公式及其控制条件。

1. 设计载荷

卧式容器的设计载荷包括长期载荷、短期载荷和附加载荷。

1）长期载荷

长期载荷包括设计压力，内压或外压（真空）；容器的质量载荷，除自身质量外，还包括容器所容纳的物料质量，保温层、梯子平台、接管等附加质量载荷。

2）短期载荷

短期载荷包括雪载荷，风载荷，地震载荷，水压试验时的充水重量。

3）附加载荷

附加载荷指容器上高度不大于 10 m 的附属设备（如精馏塔、除氧头、液下泵和搅拌器等）受重力及地震影响所产生的载荷。

2. 载荷分析

如图 8 - 9（a）所示，对称分布的双鞍座卧式容器所受的外力包括载荷和支座反力，容器受重力作用时，可以近似地认为是支承在两个铰支点上受均布载荷的外伸简支梁，梁上受到如图 8 - 9（b）所示的外力作用。

1）均布载荷 q 和支座反力 F

假设卧式容器的总重为 2F，此总重包括容器重量及物料重量，必要时还包括雪载荷。对于盛装气体或轻于水的液体的容器，因水压试验时重量最大，此时物料重量均按水的重量计算。对于半球形、椭球形或碟形等凸形封头，先折算为同直径的长度为 $\frac{2}{3}H$ 的圆筒（H 为封头的曲面深度），当容器两端为凸形封头时，重量载荷作用的总长度为

$$L' = L + \frac{4}{3}H \tag{8-2}$$

设容器总重沿长度方向均匀分布，则作用在总长度上的单位长度均布载荷为

$$q = \frac{2F}{L'} = \frac{2F}{L + \frac{4}{3}H} \tag{8-3}$$

由静力平衡条件，对称配置的双鞍座中每个支座的反力为 F，即

$$F = \frac{q\left(L + \dfrac{4}{3}H\right)}{2} \qquad (8-4)$$

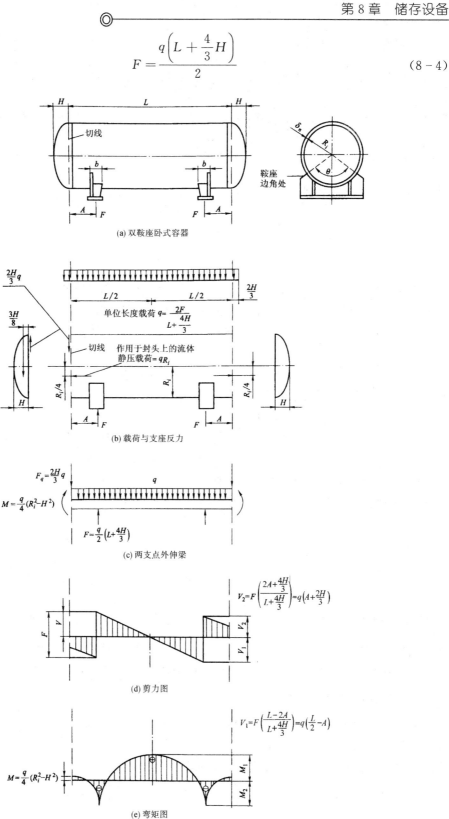

图 8-9　双鞍座卧式容器的受力分析

2）竖向剪力 F_q 和力偶 M

封头本身和封头中物料的重量为 $\dfrac{2}{3}Hq$，此重力作用在封头（含物料）的重心上。对于半球形封头，重心的位置 $e=\dfrac{3}{8}R_i$，e 为重心到封头切线的距离，R_i 为圆筒内半径。对于其他凸形封头，也近似取 $e=\dfrac{3}{8}H$。按照力平移法则，此重力可用一个作用在梁端点的剪力 F_q 和力偶 m_1 代替，即

$$F_q=\frac{2}{3}Hq \tag{8-5}$$

$$m_1=\frac{H^2}{4}q \tag{8-6}$$

此外，当封头中充满液体时，液体静压力对封头有一个向外的水平推力。因为液体压力 p_y 沿筒体高度按线性规律分布，顶部的静压为零，底部静压为 $p_0=2\rho gR_i$，所以水平推力向下偏离容器的轴线，如图 8-10 所示。水平推力和偏心距离为

$$S\approx qR_i,\qquad y_c=-\frac{R_i}{4}$$

液体静压力作用在平封头上的力矩为

$$m_2=Sy_c=(qR_i)\left(\frac{R_i}{4}\right)=\frac{R_i^2}{4}q \tag{8-7}$$

将式（8-6）中的 m_1 和式（8-7）中的 m_2 两个力偶合为一个力偶 M，作用在梁端点，表达式为

$$M=m_2-m_1=\frac{q}{4}(R_i^2-H^2) \tag{8-8}$$

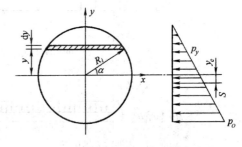

图 8-10　液体静压力及其合力

显然，对于半球形封头，$R_i=H$，$M=0$；而对于平封头，$H=0$，$M=\dfrac{q}{4}R_i^2$。

至此，双鞍座卧式容器被简化为一个受均布载荷的外伸简支梁，梁的两个端点分别受到横向剪力 F_q 和力偶 M 的作用，如图 8-9（c）所示。

3. 弯矩和剪力

根据材料力学梁弯曲的基本知识，前述的外伸梁在重量载荷作用下，梁截面上有剪力和弯矩存在，其剪力图和弯矩图分别如图 8-9（d）和（e）所示。由图可知，最大弯矩发生在梁跨中截面和支座截面上，而最大剪力出现在支座截面处。

1）弯矩

（1）跨中截面处的弯矩 M_1：

$$M_1 = \frac{q}{4}(R_i^2 - H^2) - \frac{2}{3}Hq\left(\frac{L}{2}\right) + F\left(\frac{L}{2} - A\right) - q\left(\frac{L}{2}\right)\left(\frac{L}{4}\right)$$

整理得

$$M_1 = F(C_1 L - A) \tag{8-9}$$

式中

$$C_1 = \frac{1 + 2\left[\left(\dfrac{R_i}{L}\right)^2 - \left(\dfrac{H}{L}\right)^2\right]}{4\left(1 + \dfrac{4H}{3L}\right)}$$

M_1 通常为正值，表示上半部分圆筒受压缩，下半部分圆筒受拉伸。

（2）支座截面处的弯矩 M_2：

$$M_2 = \frac{q}{4}(R_i^2 - H^2) - \frac{2}{3}HqA - qA\left(\frac{A}{2}\right)$$

整理得

$$M_2 = \frac{FA}{C_2}\left(1 - \frac{A}{L} + C_3\,\frac{R_i}{A} - C_2\right) \tag{8-10}$$

其中

$$C_2 = 1 + \frac{4}{3}\,\frac{H}{L}, \quad C_3 = \frac{R_i^2 - H^2}{2R_i L}$$

M_2 一般为负值，表示筒体上半部受拉伸，下半部受压缩。

2）剪力

这里只讨论支座截面上的剪力，因为对于承受均布载荷作用的外伸简支梁，其跨距中点截面处的剪力为零，所以不予讨论。

（1）当支座离封头切线距离 $A > 0.5R_i$ 时，应计及圆筒外伸段和封头重量的影响，此时支座截面上的剪力为

$$V = F - q\left(A + \frac{2}{3}H\right) = F\left(\frac{L - 2A}{L + \frac{4}{3}H}\right) \tag{8-11}$$

（2）当支座离封头切线距离 $A \leqslant 0.5R_i$ 时，在支座处截面上的剪力为

$$V = F \tag{8-12}$$

4. 圆筒应力计算及校核

1）圆筒的轴向应力及校核

根据齐克试验的结论，除支座附近的截面外，其他各处圆筒在承受轴向弯矩时，仍可视为抗弯截面模量为 $\pi R_i^2 \delta_e$ 的空心圆截面梁，并不承受周向弯矩的作用。如果圆筒上不设置加强圈，且支座的设置位置 $A > 0.5R_i$ 时，由于支座处截面受剪力作用而产生周向弯矩，在周向弯矩的作用下，支座处圆筒的上半部发生变形，使该部分截面实际成为不能承受轴向弯矩的"无效截面"，而剩余的圆筒下部截面才是能够承担轴向弯矩的"有效截面"，这种现象称为扁塌效应，如图 8-11 所示。齐克据实验测定结果认为，与"有效截面"弧长对应

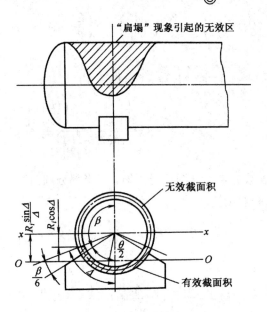

图 8-11 扁塌效应

的半圆心角 Δ 等于鞍座包角 θ 的一半加上 $\dfrac{\beta}{6}$，即

$$\Delta = \frac{\theta}{2} + \frac{\beta}{6} = \frac{1}{12}(360° + 5\theta)$$

求出有效截面后，就可以对两支座跨中截面处和支座截面处的圆筒进行轴向应力计算，各轴向应力的位置如图 8-12 所示。

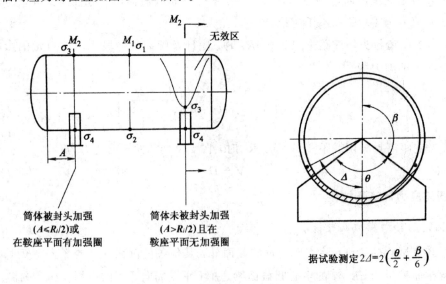

图 8-12 圆筒的轴向应力

(1) 跨中截面处圆筒的轴向应力。

截面最高点(压应力)：
$$\sigma_1 = \frac{p_c R_i}{2\delta_e} - \frac{M_1}{\pi R_i^2 \delta_e} \tag{8-13}$$

截面最低点(拉应力)：
$$\sigma_2 = \frac{p_c R_i}{2\delta_e} + \frac{M_1}{\pi R_i^2 \delta_e} \tag{8-14}$$

式中：δ_e 为圆筒有效厚度，mm。

（2）支座截面处圆筒的轴向应力。

当支座截面处的圆筒上不设置加强圈，且支座的位置 $A > 0.5R_i$ 时，圆筒既不受加强圈加强，也不受封头加强，则圆筒承受弯矩时存在扁塌现象，即仅在 2Δ 角度范围内的圆筒能承受弯矩。

支座截面最高点(拉应力)：
$$\sigma_3 = \frac{p_c R_i}{2\delta_e} - \frac{M_2}{K_1 \pi R_i^2 \delta_e} \tag{8-15}$$

支座截面最低点(压应力)：
$$\sigma_4 = \frac{p_c R_i}{2\delta_e} + \frac{M_2}{K_2 \pi R_i^2 \delta_e} \tag{8-16}$$

式中，K_1 和 K_2 为扁塌现象引起的抗弯截面模量减少系数，其值见表 8-1。对于圆筒有加强的情况，$K_1 = K_2 = 1.0$。

表 8-1 系数 K_1、K_2

条 件	鞍座包角 $\theta/(°)$	K_1	K_2
被封头加强的圆筒，即 $A \leqslant 0.5R_i$ 或在鞍座平面上有加强圈的圆筒	120	1.0	1.0
	135	1.0	1.0
	150	1.0	1.0
未被封头加强的圆筒($A > 0.5R_i$)，且在鞍座平面上无加强圈的圆筒	120	0.107	0.192
	135	0.132	0.234
	150	0.161	0.279

（3）圆筒轴向应力的校核。

计算轴向应力 $\sigma_1 \sim \sigma_4$ 时，应根据操作和水压试验时的各种危险工况，分别求出可能产生的最大应力。

在操作条件下，轴向拉应力不得超过材料在设计温度下的许用应力 $[\sigma]^t \phi$，压应力不应超过轴向许用临界应力 $[\sigma]_{cr}$ 和材料的许用应力 $[\sigma]^t$。

在水压试验条件下，轴向拉应力不得超过 $0.9\phi R_{eL}$，压应力不应超过 $\min\{0.8R_{eL},[\sigma]_{cr}\}$。

应注意，对于正压操作的容器，在盛满物料而未升压时，其压应力有最大值，故取这种工况对其稳定性进行校核；对有加强的圆筒，当 $|M_1| > |M_2|$ 时，只需校核跨中截面的应力，反之两个截面都要校核。

2）圆筒和封头切应力及校核

（1）圆筒切应力。

由剪力图 8-9(d)可知，剪力总是在支座截面处最大，该剪力在圆筒中可引起切应力，计算支座截面的切应力与该截面是否得到加强有关，可分以下三种情况：

① 支座处设置有加强圈，但未被封头加强($A>0.5R_i$)的圆筒。由于圆筒在鞍座处有加强圈加强，圆筒的整个截面都能有效地承担剪力的作用，此时支座截面上的切应力分布呈正弦函数形式，如图8-13(a)所示，在水平中心线处有最大值。

$$\tau = \frac{K_3 F}{R_i \delta_e} \left(\frac{L-2A}{L+\frac{4}{3}H} \right) = \frac{K_3 V}{R_i \delta_e} \qquad (8-17)$$

式中，系数K_3可根据圆筒被加强情况和支座包角查表8-2求得。

② 支座截面处无加强圈且$A>0.5R_i$的未被封头加强的圆筒。由于存在无效区，圆筒抗剪有效截面减少。应力分布情况如图8-13(b)所示，最大切应力在$2\Delta = 2\left(\frac{\theta}{2}+\frac{\beta}{20}\right)$处。切应力的计算式与式(8-17)相同，但系数$K_3$取值不同，见表8-2。

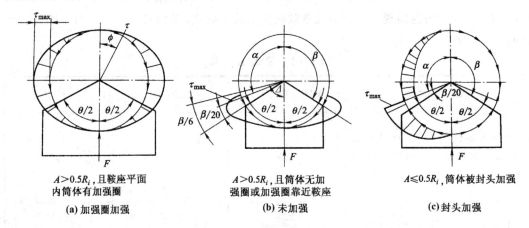

A>0.5R_i，且鞍座平面内筒体有加强圈　　A>0.5R_i，且筒体无加强圈或加强圈靠近鞍座　　A≤0.5R_i，筒体被封头加强

(a) 加强圈加强　　　　**(b) 未加强**　　　　**(c) 封头加强**

图8-13　筒体的切应力

表8-2　系数K_3、K_4

条　　件	鞍座包角θ/(°)	K_3	K_4
圆筒在鞍座平面上有加强圈，但未被封头加强($A>0.5R_i$)	120	0.319	/
	135	0.319	
	150	0.319	
圆筒在鞍座平面上无加强圈，且$A>0.5R_i$，或靠近鞍座处有加强圈	120	1.171	/
	135	0.958	
	150	0.799	
圆筒被封头加强($A\leqslant0.5R_i$)	120	0.880	0.401
	135	0.654	0.344
	150	0.485	0.297

③ 支座截面处无加强圈但$A\leqslant0.5R_i$被封头加强的圆筒。在这种情况下，大部分剪力先由支座(此处指左支座)的右侧跨过支座传至封头，然后又将载荷传回到支座靠封头的左侧筒体，此时支座截面处圆筒中切应力的分布如图8-13(c)所示的状态，最大切应力位于

$2\Delta=2\left(\dfrac{\theta}{2}+\dfrac{\beta}{20}\right)$ 的支座角点处。

最大切应力按式(8-18)计算，即

$$\tau=\frac{K_3 F}{R_i \delta_e} \tag{8-18}$$

式中，系数 K_3 可查表 8-2 求得。

(2) 封头切应力。

当筒体被封头加强(即 $A\leqslant 0.5R_i$)时，封头中的内力系在水平方向对封头产生附加拉伸应力作用，作用范围为封头的整个高度，大小按式(8-19)计算，即

$$\tau_h=\frac{K_4 F}{R_i \delta_{he}} \tag{8-19}$$

式中： K_4 为系数，根据支座包角可查表 8-2 求得； δ_{he} 为凸形封头的有效壁厚，mm。

(3) 圆筒和封头切应力的校核。

圆筒的切应力不应超过设计温度下材料许用应力的0.8倍，即满足 $\tau\leqslant 0.8[\sigma]^t$ 。

一般情况下，封头与筒体的材料均相同，其有效厚度往往不小于筒体的有效厚度，故封头中的切应力不会超过筒体的切应力，不必单独对封头中的切应力另行校核。

作用在封头上的附加拉伸应力 τ_h 和由内压所引起的拉应力 σ_h 相叠加后，应不超过 $1.25[\sigma]^t$ ，即

$$\tau_h+\sigma_h\leqslant 1.25[\sigma]^t \tag{8-20}$$

当封头承受外压时，式(8-20)中不必计算 σ_h 。

3) 支座截面处筒体的周向应力及校核

支座截面处的剪力可引起筒体中的切应力，该切应力在筒体中产生周向弯矩，从而引起筒体中的周向弯曲应力；而支座反力对筒体产生周向压缩力，进而产生周向压缩应力，见图 8-14(a)。将周向弯曲应力和周向压缩应力进行叠加，即形成支座截面处筒体中的周向应力。

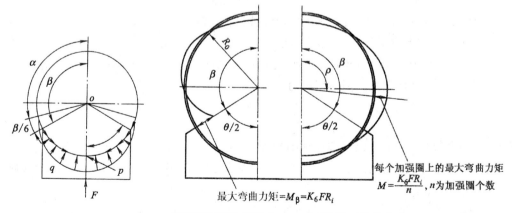

(a) 周向压缩力　　　　　　　　　　　　　(b) 周向弯矩

图 8-14　支座处圆筒的周向压缩力和周向弯矩

211

圆筒鞍座平面上的周向弯矩如图 8-14(b)所示。当无加强圈或加强圈在鞍座平面内时，其最大弯矩点在鞍座边角处，见图 8-14(b)左侧图。当加强圈靠近鞍座平面时，其最大弯矩点在靠近横截面的水平中心线处，见图 8-14(b)右侧图。计算时应按不同的加强圈情况求出最大弯矩点的周向应力。

（1）支座截面处无加强的圆筒。根据齐克的研究，支座反力在与鞍座接触的圆筒上产生周向压缩力 P。当圆筒未被加强圈或封头加强时，在鞍座边角处的周向压缩力假设为 $P_\beta = F/4$，在支座截面圆筒的最低处，周向压缩力达到最大，$P_{max} = K_5 F$，这些周向压缩力均由壳体的有效宽度 $b_2 = b + 1.56\sqrt{R_i \delta_n}$ 来承受，式中 b 为鞍座的轴向宽度。

支座反力在支座处的圆筒截面可引起切应力，这些切应力将在圆筒径向截面产生周向弯矩 M_t，周向弯矩在支座截面圆筒的最低处为 0，在鞍座边角处有最大值。理论上，最大周向弯矩为 $M_{t max} = M_\beta = K_6 F R_i$，且作用在一个有效计算宽度为 l 的圆筒抗弯截面上。l 的取值与圆筒的长径比有关：当 $l \geqslant 8R_i$ 时，$l = 4R_i$；当 $l < 8R_i$ 时，$l = 0.5L$。

系数 K_5、K_6 可根据鞍座包角查表 8-3 得到。

表 8-3　系数 K_5、K_6

鞍座包角 $\theta/(°)$	K_5	K_6	
		$A/R_i \leqslant 0.5$	$A/R_i \geqslant 1$
120	0.760	0.013	0.053
132	0.720	0.011	0.043
135	0.711	0.010	0.041
147	0.680	0.008	0.034
150	0.673	0.008	0.032
162	0.650	0.006	0.025

注：当 $0.5 < A/R_i < 1$ 时，K_6 值按表内数值线性内插求值。

因此，根据齐克的理论，无加强的圆筒和被封头加强的圆筒在截面最低处存在最大压缩力 $P_{max} = K_5 F$，周向弯矩为 0；在鞍座边角处存在最大周向弯矩 $M_{t max} = K_6 F R_i$，并存在一定的周向压缩力，$P_\beta = F/4$。由此，可计算圆筒截面最低处和鞍座边角处的周向应力。

① 圆筒截面最低点处的周向压应力 σ_5：

$$\sigma_5 = -\frac{K_5 F k}{b_2 \delta} \tag{8-21}$$

式中：k 为系数；$k=1$，支座与圆筒体不相焊；$k=0$，支座与圆筒体相焊；δ 为厚度，mm；当无垫板或垫板不起加强作用时，$\delta = \delta_e$；当垫板起加强作用时，$\delta = \delta_e + \delta_{re}$；$\delta_{re}$ 为鞍座垫板有效厚度，mm。

垫板起加强作用的条件是：要求垫板厚度不小于 0.6 倍的圆筒厚度；垫板宽度大于或等于 b_2，垫板包角不小于 $(\theta + 12°)$。一般情况下，加强圈（垫板）宜等于圆筒厚度。

② 无加强圈圆筒鞍座处最大周应力 σ_6：

当 $L \geqslant 8R_i$ 时

$$\sigma_6 = -\frac{F}{4\delta b_2} - \frac{3K_6 F}{2\delta^2} \tag{8-22}$$

当 $L<8R_i$ 时
$$\sigma_6 = -\frac{F}{4\delta b_2} - \frac{12K_6 FR_i}{L\delta^2} \qquad (8-23)$$

式中：δ 为厚度，mm；当无垫板或垫板不起加强作用时，$\delta = \delta_e$；当垫板起加强作用时，$\delta = \delta_e + \delta_{re}$，$\delta^2$ 以 $\delta_e^2 + \delta_{re}^2$ 代替。

值得注意的是，鞍座垫板边缘处的厚度和包角大小不同于鞍座边角处，因此虽然载荷变化不大（这里仍按边角处的载荷计算），但鞍座垫板边缘处圆筒中的周向应力 σ'_6 也不同于 σ_6。

当 $L \geqslant 8R_i$ 时
$$\sigma'_6 = -\frac{F}{4\delta_e b_2} - \frac{3K_6 F}{2\delta_e^2} \qquad (8-24)$$

当 $L<8R_i$ 时
$$\sigma'_6 = -\frac{F}{4\delta_e b_2} - \frac{12K_6 FR_i}{L\delta_e^2} \qquad (8-25)$$

式(8-22)~式(8-25)中，第二项为周向弯矩引起的壁厚上的弯曲应力；式(8-24)和式(8-25)中 K_6 的取值为鞍座板包角为 $(\theta+12°)$ 位置的相应值。

σ_5、σ_6 及 σ'_6 位置如图 8-15 所示。

(2) 有加强圈的圆筒。有加强圈的圆筒可分两种情况，即加强圈位于鞍座平面和加强圈靠近鞍座平面。具体应力计算及校核参见附录 F 和 JB/T 4731—2005《钢制卧式容器》。

(3) 周向应力的校核。周向压应力 σ_5 的值不得超过材料的许用应力，即 $|\sigma_5| \leqslant [\sigma]^t$。而 σ_6、σ'_6 是因周向压缩力与周向弯矩产生的合成压应力，属于局部应力，应不大于材料许用应力的 1.25 倍，即 $|\sigma_6| \leqslant 1.25[\sigma]^t$，$|\sigma'_6| \leqslant 1.25[\sigma]^t$。

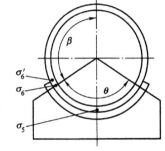

图 8-15　σ_5、σ_6 及 σ'_6 位置

8.4　球形储罐设计

球形容器又称球罐，壳体呈球形，是储存和运输各种气体、液体、液化气体的一种有效、经济的压力容器。球形容器广泛应用于化工、石油、炼油、造船及城市煤气工业等领域。与圆筒形容器相比，其主要优点是：受力均匀，在同样壁厚的条件下，球罐的承载能力最高，在相同的内压条件下，球形容器所需的壁厚仅为同直径、同材料的圆筒形容器壁厚的 1/2（不考虑腐蚀裕度）；在相同容积条件下，球形容器的表面积最小。由于壁厚薄、表面积小等原因，球形容器一般要比圆筒形容器节约 30%~40% 的钢材。其主要缺点是制造施工比较复杂。

球形容器的常规设计方法见第 2 章，同卧式容器一样，设计中未考虑支座反力等因素的影响。因此本节只针对球罐的支座、附件等进行讨论。

8.4.1　球形储罐的支座

支座是球罐中用以支承本体重量和物料重量的重要结构部件。由于球罐设置在室外，会受到各种环境的影响，如风载荷、地震载荷和环境温度变化的作用，因此支座具有多种结构形式。球罐的支座分为柱式支座和裙式支座两大类。柱式支座中又以赤道正切柱式支座应用最广,为国内外普遍采用。球罐及赤道正切柱式支座的结构简图如图8-4所示。

赤道正切柱式支座的结构特点是:多根圆柱状支柱在球壳赤道带等距离布置,支柱中心线与球壳相切或相割而被焊接。当支柱中心线与球壳相割时,支柱的中心线与球壳交点同球心连线与赤道平面的夹角约为10°~20°。为使支柱在支承球罐重量的同时,还能承受风载荷和地震载荷,保证球罐的稳定性,必须在支柱之间设置连接拉杆。这种支座的优点是受力均匀,弹性好,能承受热膨胀的变形,安装方便,施工简单,容易调整,现场操作和检修也比较方便。其缺点主要是球罐重心高,相对而言稳定性较差。

1. 支柱的结构

支柱的结构见图8-16,主要由支柱、底板和端板三部分组成。支柱可分为单段式和双段式两种。

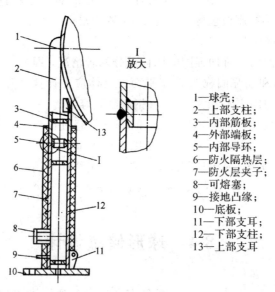

1—球壳;
2—上部支柱;
3—内部筋板;
4—外部端板;
5—内部导环;
6—防火隔热层;
7—防火层夹子;
8—可熔塞;
9—接地凸缘;
10—底板;
11—下部支耳;
12—下部支柱;
13—上部支耳

图 8-16 支柱结构

单段式支柱由一根圆管或卷制圆筒组成,其上端与球壳相接的圆弧状结构通常由制造厂完成,下端与底板焊接,然后运到现场与球罐进行组装和焊接。单段式支柱主要用于常温球罐。

双段式支柱结构适用于低温球罐(设计温度为-20~-100 ℃)、深冷球罐(设计温度小于-100 ℃)等特殊材质的支座。按低温球罐的设计要求,与球壳相连接的支柱必须选用与壳体相同的低温材料。因此,支柱设计为两段,上段支柱一般在制造厂内与球瓣进行组对焊接,并对连接焊缝进行焊后消除应力的热处理,其设计高度一般为支柱总高度的30%~40%。上、下两段支柱由相同尺寸的圆管或圆筒组成,在现场进行地面组对,下段支柱可采用一般材料。有时为了改善柱头与球壳的连接应力状况,常温球罐也常采用双段式支柱结构,不过此时不要求上段支柱采用与球壳相同的材料。双段式支柱结构较为复杂,但与球壳焊接处的应力水平较低,故得到了广泛的应用。

GB 12337—2014《钢制球形储罐》标准规定:支柱应采用钢管制作;分段长度不宜小

于支柱总长的 1/3，段间环向接头应采用带垫板的对接接头，应全熔透；支柱顶部应设有球形或椭圆形的防雨盖板；支柱应设置通气口；储存易燃物料及液化石油气的球罐，还应设置防火层；支柱底板中心应设置通孔；支柱底板的地脚螺栓孔应为径向长圆孔。

2. 支柱与球壳的连接

支柱与球壳的连接处可采用直接连接结构形式、加托板的结构形式、U 形柱结构形式和支柱翻边结构形式，如图 8-17 所示。支柱与球壳连接端部的结构可分为平板式、半球式和椭圆式三种。平板式结构的边角易造成高应力状态，不经常采用。半球式和椭圆式结构属于弹性结构，不易形成边缘高应力状态，抗拉断能力较强，故为我国球罐标准所推荐。

支柱与球壳相连采用直接连接结构，对于大型球罐比较合适；加托板结构可解决由于连接下端夹角小，间隙狭窄难以施焊的问题；U 形柱结构则特别适合低温球罐对材料的要求；翻边结构不但解决了连接部位下端施焊的困难，确保了焊接的质量，而且对该部位的应力状态也有所改善，但由于翻边工艺的问题，尚未被广泛采用。

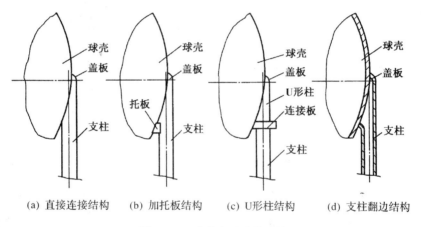

图 8-17　支柱与球壳的连接

3. 拉杆

拉杆结构分为可调式和固定式两种。拉杆是用于承受风载荷与地震载荷的作用，增加球罐的稳定性。由于拉杆可承受拉伸和压缩载荷，从而大大提高了支柱的承载能力，近年来已在大型球罐上得到了应用。

可调式拉杆包括三种型式：单层交叉可调式拉杆，每根拉杆的两段之间采用可调螺母连接，以调节拉杆的松紧度，如图 8-18 所示；双层交叉可调式拉杆和相隔一柱单层交叉可调式拉杆，均可改善拉杆的受力状况，从而获得更好的球罐稳定性，两种拉杆的结构分别见图 8-19 和图 8-20。目前，国内自行建造的球罐和引进球罐大部分都采用可调式拉杆结构。当拉杆松动时应及时调节松紧。

固定式拉杆结构如图 8-21 所示，其拉杆通常由钢管制作，管状拉杆必须开设排气孔。拉杆的一端焊在支柱的加强板上，另一端则焊在交叉节点的中心固定板上，也可以取消中心板而将拉杆直接进行十字焊接。固定式拉杆的优点是制作简单、施工方便，但不可调节。

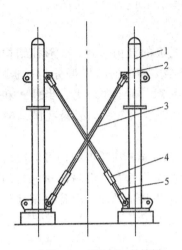

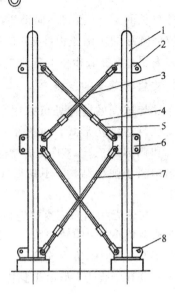

1—支柱；2—支耳；3—长拉杆；
4—调节螺母；5—短拉杆

图 8-18　单层交叉可调式拉杆

1—支柱；2—上部支耳；3—上部长拉杆；
4—调节螺母；5—短拉杆；6—中部支耳；
7—下部长拉杆；8—下部支耳

图 8-19　双层交叉可调式拉杆

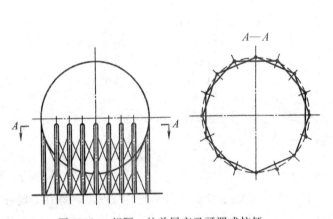

图 8-20　相隔一柱单层交叉可调式拉杆

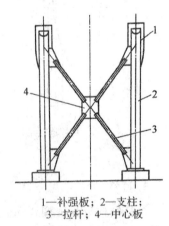

1—补强板；2—支柱；
3—拉杆；4—中心板

图 8-21　固定式拉杆

8.4.2　人孔和接管

1. 人孔

球罐上的人孔是作为工作人员进出球罐进行检验和维修之用的。球罐在施工过程中，罐内的通风、烟尘的排除、脚手架的搬运甚至内件的组装等亦需通过人孔进行操作；当球罐需进行消除应力的整体热处理时，球罐的上人孔被用于调节空气和排烟，球罐的下人孔则被用于通进柴油和放置喷火嘴。因此，人孔的位置应合理设置，其直径必须保证工作人员能携带工具方便地进出球罐。球罐应开设两个人孔，分别设置在上、下极板；若球罐必须进行焊后整体热处理，则人孔应设置在上、下极板的中心。球罐人孔直径以 $DN500$ 为宜，小于 $DN500$ 则会使人员进出不便；大于 $DN500$ 会使开孔削弱较大，往往导致补强元件结构过大。

在球罐上最好采用带整体锻件凸缘补强的回转盖或水平吊盖型人孔，在有压力的情况下，人孔法兰一般采用带颈对焊法兰，密封面大都采用凹凸面形式。

2. 接管

由于工艺操作的需要，球罐上需安装各种规格的接管。接管与球壳的连接处是强度的薄弱环节，一般采用厚壁管或整体锻件凸缘等补强措施用以提高其强度。球罐接管设计还需要采取以下措施：与球壳相焊的接管最好选用与球壳相同或相近的材质；低温球罐应选用低温配管所用的钢管，并保证在低温下具有足够的冲击韧性；球罐接管除工艺特殊的要求外，应尽量布置在上、下极板，以便集中控制，并使接管焊接能在制造厂完成制作，并在无损检测后统一进行焊后消除应力热处理；球罐上的所有接管均需设置加强筋，对于小接管群可采用联合加强，单独接管则需配置 3 块以上的加强筋，将球壳、补强凸缘、接管和法兰焊在一起，以增加接管部分的刚性；球罐接管法兰应采用凹凸面法兰。

3. 附件

进行球形储罐结构设计时，还必须考虑便于工作人员操作、安装和检查而设置的梯子和平台，其护栏高度宜为 1200 mm；为控制球罐内部物料的温度和压力，需设置水喷淋装置以及隔热或保冷设施。

球罐附件还包括液面计、压力表、安全阀和温度计等，由于这些压力容器的安全附件形式多样、性能不同、构造各异，在选用时要注意先进、安全、可靠的性能，并满足有关工艺的要求和安全规定。

球壳的设计参见 GB 12337 — 2014《钢制球形储罐》。

小　　结

1. 内容归纳

本章内容归纳如图 8 - 22 所示。

2. 重点和难点

(1) 重点：卧式储罐的设计计算方法，包括卧式储罐的载荷分析、内力分析、筒体的应力计算及强度校核等；球形储罐的结构及设计方法。

(2) 难点：卧式储罐的设计计算方法，包括卧式储罐的载荷分析、内力分析、筒体的应力计算及强度校核等。

思考题与习题

(1) 设计双鞍座卧式容器时，支座位置应按哪些原则确定？试说明理由。

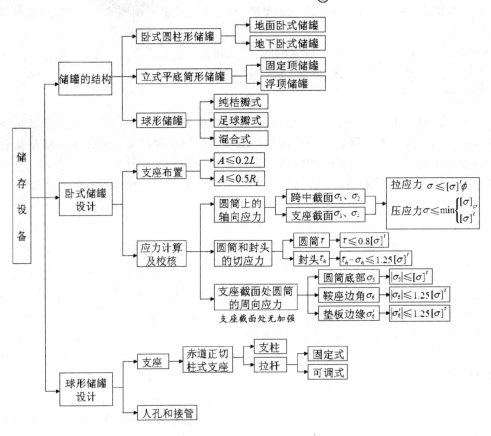

图 8-22　储存设备内容归纳

（2）为什么卧式容器支座截面上部有时会出现扁塌现象？如何防止这一现象的出现？

（3）双鞍座卧式容器设计中应计算哪些应力？试分析这些应力是如何产生的？

（4）什么情况下应对双鞍座卧式容器进行加强圈加强？

（5）球形储罐有哪些特点？设计球罐时应考虑哪些载荷？各种罐体形式有何特点？

（6）球形储罐采用赤道正切柱式支座时，应遵循哪些准则？

（7）试设计一台双鞍座卧式内压容器，设计条件如下：

容器内径 $D_i = 2000$ mm；　　　　　圆筒长度（焊缝到焊缝）$L_0 = 8000$ mm；

设计压力 $p = 0.8$ MPa；　　　　　　设计温度 $t = 100$ ℃；

焊接接头系数 $\phi = 0.85$；　　　　　　腐蚀裕量 $C_2 = 1.5$ mm；

物料密度 $\rho = 900$ kg/m³；　　　　　许用应力 $[\sigma]^t = 113$ MPa；

鞍座 JB/T 4712.1—2007 A 型，120°包角，材料 Q235-A·F；

设备材料 Q245R，设备不保温；

鞍座中心距封头切线 $A = 500$ mm。

第 9 章　换 热 设 备

本章教学要点

知识要点	掌握程度	相关知识点
概述	了解换热设备的基本要求，掌握换热设备的分类及其特点（重点为间壁式换热器）	换热设备的基本要求，间壁式换热器
管壳式换热器	熟练掌握管壳式换热器的基本类型，掌握管壳式换热器的管程、壳程结构，了解管板的设计方法，了解膨胀节的作用与设计思路	固定管板式换热器，浮头式换热器，U 形管式换热器，填料函式换热器和釜式重沸器；管程，壳程；换热管，管板，管箱，管束分程；壳体，折流板或折流杆，拉杆、防冲挡板、防短路结构；膨胀节
传热强化技术	熟练掌握传热的强化方法，掌握扩展表面及内插件强化传热措施以及壳程强化传热措施	传热强化，主动强化，被动强化，扩展表面，壳程强化传热

9.1　概　　述

换热设备是石油、化工生产中普遍应用的典型工艺设备，也是应用最为广泛的单元操作设备之一，主要用于实现热量的传递，使热量由高温流体向低温流体传递。炼油厂中换热设备的费用约占总费用的 $35\%\sim40\%$，化工厂中约占总费用的 $10\%\sim20\%$。换热设备在其他如动力、核能、冶金、食品、交通、家电等工业领域也有着广泛的应用。随着石油、化工装置的大型化，换热设备正朝着强化传热、高效紧凑、降低热阻以及防止流体诱导振动等方向发展。近 30 年来，由于人们对节约能源和环境保护的重视，换热设备的需求量随之加大，换热技术亦获得迅速的发展。随着石油化学工业的迅速发展，换热设备种类愈加繁多，而且新型结构也在不断地出现。

本章主要介绍目前广泛应用且量多面广的管壳式换热器。

管壳式换热器的设计可分为两部分：一是工艺尺寸的设计与计算；二是部件的结构设计与计算。本章重点介绍管壳式换热器的结构设计要点、重要部件的机械计算以及传热强化技术。

9.1.1　换热设备的基本要求

在工业生产过程中，换热设备通常以不同的种类和形式出现，如加热器、冷却器、蒸发器、再沸器、冷凝器、余热锅炉等。生产过程对换热设备的基本要求主要有以下四个方面：

1. 合理地实现所规定的工艺条件

一般石油化工工艺过程的条件通常包括传热量、流体的热力学参数（温度、压力、流量、相态等）与物理化学性质（密度、黏度、腐蚀性等），设计者应根据这些条件进行热力学和流体力学的计算，经过反复比较，使所设计的换热设备具有尽可能小的传热面积，在单位时间内传递尽可能多的热量。

2. 安全可靠

换热设备也是典型的压力容器，其安全性同样十分重要，对此，设计者应该遵循 GB/T 151—2014《热变换器》的规定，在合理的结构设计之后对所有受压元件进行规定内容的设计计算，以确保这些受压元件的强度、刚度以及疲劳寿命和温差应力达到规定的要求。

3. 有利于安装、操作和维修

换热设备的安装、操作和维修不仅与其结构设计有关，还与布置的方案有关。一台优良的换热设备应在制造厂和现场实现快速安装，且要有必备的气液排放口、检查孔、工艺仪表检测孔，以便实现用户的工艺操作。维修时，则要求设备可方便拆装以及提供必要的现场空间。

4. 经济合理

经济合理实际上是对换热设备从制作到运行过程的总体考察，包括固定费用和操作费用，前者指设备的购买费和安装费；后者则包含动力费、清洗费和维修费。这一指标通常作为评定一台换热设备的最终数据。

换热设备要完全满足上述要求是十分困难的，由于换热设备的特点不同、应用场合相异，在工程应用上就必须择定其最主要的优化目标。管壳式换热器在热效率、紧凑性和金属消耗量等方面均不及新型的高效换热器，但是管壳式换热器具有结构坚固、适应性强、制造工艺成熟、选材范围广泛等独特优点，因此至今仍然是石油化工生产中的主要设备。

9.1.2　换热设备的分类及其特点

在工业生产中，由于用途、工作条件和物料特性的不同，出现了各种不同形式和结构的换热设备。按热传递原理或传热方式进行分类，换热设备包括以下几种主要形式。

1. 直接接触式换热器

直接接触式换热器又称混合式换热器，是利用冷、热流体直接接触、彼此混合进行换热的换热器，如图 9-1 所示。如冷却塔、气液混合式冷凝器等都属于直接接触式换热器。为增加两流体的接触面积以达到充分换热的目的，在设备中通常采用塔状结构放置填料和栅板。直接接触式换热器具有传热效率高、单位容积提供的传热面积大、设备结构简单、价格便宜等优点，但仅用于工艺上允许两种流体混合的场合。

2. 蓄热式换热器

蓄热式换热器又称回热式换热器，是借助由固体（如固体填料或多孔性格子砖等）构成的蓄热体和冷流体交替接触，将热量从热流体向冷流体传递的换热器，如图 9-2 所示。在换热器内，介质首先通过热流体，把热量积蓄在蓄热体中，之后当冷流体通过时，蓄热体会将热量释放给冷流体。由于两种流体交替与蓄热体接触，两种流体不可避免地会产生少量的混合。若两种流体不允许混合，则不能采用蓄热式换热器。

蓄热式换热器结构紧凑、价格便宜、单位体积传热面积大，较适合用于气-气热交换的场合，如回转式空气预热器就是一种蓄热式换热器。

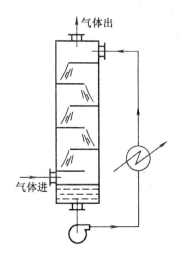

图 9-1　直接接触式换热器

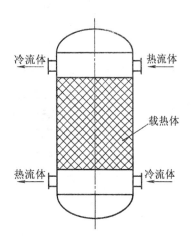

图 9-2　蓄热式换热器

3. 间壁式换热器

间壁式换热器又称表面式换热器，是利用间壁（固体间壁）将进行热交换的冷、热两种流体隔开，互不接触，热量由热流体通过间壁传递给冷流体的换热器。间壁式换热器是工业生产中应用最为广泛的换热器，其形式多样，如常见的管壳式换热器和板式换热器都属于间壁式换热器。

1）管式换热器

管式换热器是通过管壁进行传热的换热器。按传热管的结构形式不同大致可分为蛇管式换热器、套管式换热器、缠绕管式换热器和管壳式换热器。

（1）蛇管式换热器。蛇管式换热器一般由金属或非金属管弯曲成所需的形状，如圆盘形、螺旋形和长蛇形等。它是最早出现的一种换热设备，具有结构简单、操作方便等优点。按使用状态不同，蛇管式换热器又可分为沉浸式蛇管换热器和喷淋式蛇管换热器两种。

① 沉浸式蛇管换热器。如图 9-3 所示，蛇管多由金属管弯绕而成，或由弯头、管件和直管连接而成，也可制成适合不同设备形状要求的蛇管。使用时将其沉浸在盛有被加热或被冷却介质的容器中，两种流体分别在管内、外进行换热。沉浸式蛇管换热器的特点是结构简单，造价低廉，操作敏感性小，管子可承受较大的流体介质压力。但是，由于管外流体的流速很小，因而传热系数小，传热效率低，需要的传热面积大，设备显得笨重。沉浸式蛇管换热器常用于高压流体的冷却以及反应器的传热元件。

② 喷淋式蛇管换热器。如图 9-4 所示，将蛇管成排地固定在钢架上，被冷却的流体在管内流动，冷却水由管排上方的喷淋装置均匀喷洒。与沉浸式相比，喷淋式蛇管换热器的主要优点是管外流体的传热系数大，便于检修和清洗。其缺点是体积庞大，冷却水用量较大，有时喷淋效果不够理想。

221

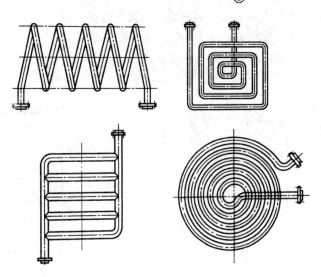

图 9-3　沉浸式蛇管换热器

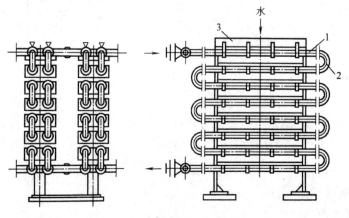

1—直管；2—U形管；3—水槽

图 9-4　喷淋式蛇管换热器

（2）套管式换热器。套管式换热器是由两种不同直径的管子组装成同心管，两端用 U 形弯管连接成排，并根据实际需要，排列组合形成传热单元，如图 9-5 所示。换热时，一种流体在内管流动，另一种流体在内外管之间的环隙流动，内管的壁面为传热面，一般按逆流方式进行换热。两种流体均可在较高的温度、压力、流速下进行换热。

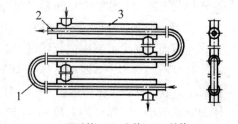

1—型肘管；2—内管；3—外管

图 9-5　套管式换热器

套管式换热器的优点是：结构简单，工作适应范围广，传热面积增减方便，两侧流体的流速均可提高，使传热面的两侧都具有较高的传热系数。缺点是：单位传热面的金属消耗量大，检修、清洗和拆卸都比较麻烦，在可拆连接处容易造成泄露。

套管式换热器一般适用于高温、高压、小流量的流体和所需传热面积不大的场合。

（3）管壳式换热器。管壳式换热器是目前应用最为广泛的换热设备，基本结构如图 9-6 所示。管壳式换热器的类型与结构将在下一节中作详细介绍。

管壳式换热器虽然在传热效率、结构紧凑性和单位传热面的金属消耗量等方面不如一些新型高效紧凑式换热器，但其结构坚固、可靠性高、适应性强、易于制造、处理能力大、生产成本低、选用的材料范围广、换热表面的清洗比较方便、能够承受较高的操作压力和温度。在高温、高压和大型换热器中，管壳式换热器仍占绝对优势。

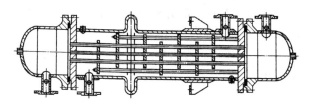

图 9-6　管壳式换热器

（4）缠绕管式换热器。缠绕管式换热器是在芯筒与外筒之间的空隙内将传热管按螺旋线的形状交替缠绕而成的，相邻两层螺旋状传热管的螺旋方向相反，并采用一定形状的定距件使之保持一定的间距，如图 9-7 所示。管内通过一种介质的缠绕管式换热器称为单通道型缠绕管式换热器，如图 9-7(a) 所示；管内分别通过几种不同的介质，且每种介质所通过的传热管均汇集在各自的管板上，便可构成多通道型缠绕管式换热器，如图 9-7(b) 所示。缠绕管式换热器适用于同时处理多种介质、在小温差下需要传递较大热量且管内介质操作压力较高的场合，如制氧等低温过程中使用的换热设备等。

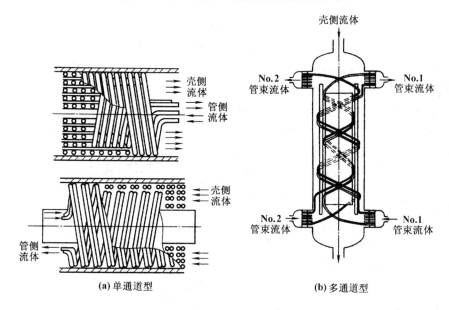

(a) 单通道型　　　　　　　　(b) 多通道型

图 9-7　缠绕管式换热器

2）板面式换热器

板面式换热器是通过板面进行传热的换热器。板面式换热器的传热性能要比管式换热器优越，由于其结构上的优点，流体能在较低的速度下达到湍流状态，从而强化了传热效果。板面式换热器由板材制作，在大规模组织生产时，可降低设备的成本，但其耐压性能比管式换热器差。板面式换热器按传热板面的结构形式可分为螺旋板式换热器、板式换热器、板翅式换热器、板壳式换热器和伞板式换热器五种形式。

(1) 螺旋板式换热器。如图 9-8 所示，螺旋板式换热器是由两张平行钢板卷制成的具有两个螺旋通道的螺旋体构成的，并在其上安装有端盖(或封板)和接管。螺旋通道的间距主要依靠焊接在钢板上的定距柱来保证。

螺旋板式换热器的结构紧凑，单位面积内的传热面积约为管壳式换热器的 2~3 倍，传热效率比管壳式高 50%~100%；制造简单；材料利用率高；流体单通道螺旋流动，有自冲刷作用，不易结垢；可呈全逆流流动，传热温差小。螺旋板式换热器适用于液-液、气-液流体换热，对于高黏度流体的加热或冷却、含有固体颗粒的悬浮液的换热，尤为适合。

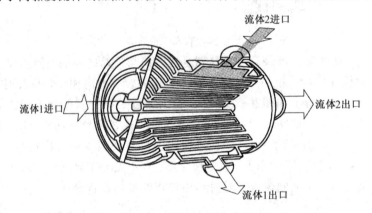

图 9-8　螺旋板式换热器

(2) 板式换热器。板式换热器是由一组长方形的薄金属传热板片、密封垫片以及压紧装置组成的，其结构类似板框压滤机。通常将板片表面压制成波纹形或槽形，以增加板的刚度，增大流体的湍流程度，提高传热效率。两相邻板片的边缘可用垫片夹紧，以防止流体泄漏，起到密封的作用，同时也使板与板之间形成一定的间隙，构成板片间的流体通道。冷、热流体交替地在板片两侧流过，通过板片进行传热，其流动方式如图 9-9 所示。

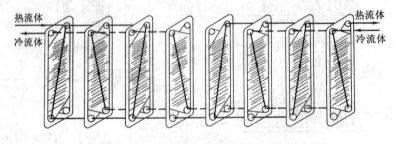

图 9-9　板式换热器流动示意图

由于板片间流通的当量直径小，板形波纹使截面变化复杂，使流体的扰动作用激化，在较低流速下即可达到湍流状态，因此板式换热器具有较高的传热效率。同时板式换热器还具有结构紧凑、使用灵活、清洗和维修方便、能精确控制换热温度等优点，应用范围广。其缺点是密封周边过长，不易密封，渗漏的可能性大；承压能力低；受密封垫片材料耐温性能的限制，使用温度不宜过高；流道狭窄，易堵塞，处理量小；流动阻力大。

板式换热器可用于处理各种液体的加热、冷却、冷凝、蒸发等过程，适用于经常需要清洗、工作环境要求十分紧凑的场合。

（3）板翅式换热器。板翅式换热器的基本结构是在两块平行金属板(隔板)之间放置一种波纹状的金属导热翅片，在其两侧边缘以封条密封而组成单元体，对各个单元体进行不同的组合和适当的排列，并用钎焊焊牢组成板束，把若干板束按需要组装在一起，便构成逆流、错流、错逆流板翅式换热器，如图 9-10 所示。

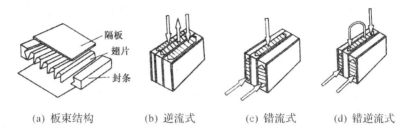

(a) 板束结构　　(b) 逆流式　　(c) 错流式　　(d) 错逆流式

图 9-10　板翅式换热器

冷、热流体分别流过间隔排列的冷流层和热流层以实现热量的交换。通常翅片传热面占总传热面的 $75\%\sim85\%$，翅片与隔板间通过钎焊连接，大部分热量由翅片经隔板传递，小部分热量直接通过隔板传递。不同几何形状的翅片使流体在流道中形成强烈的湍流，不断破坏热阻边界层，从而有效地降低热阻，提高传热效率。

板翅式换热器是一种传热效率较高的换热设备，其传热系数是管壳式换热器的 $3\sim10$ 倍。板翅式换热器结构紧凑、轻巧，单位体积内的传热面积一般都能达到 $2500\sim4370\mathrm{m}^2/\mathrm{m}^3$，是管壳式换热器的十几倍到几十倍，而相同条件下换热器的重量只有管壳式换热器的 $10\%\sim65\%$；适用性强，可用作气-气、气-液和液-液的热量交换，亦可用作冷凝和蒸发；同时适用于多种不同流体在同一设备中的操作，特别适用于低温或超低温的场合。其主要缺点是结构复杂、造价高、流道小、易堵塞、不易清洗、难以检修等。

（4）板壳式换热器。板壳式换热器主要由板束和壳体两部分组成，是介于管壳式换热器和板式换热器之间的一种换热器，如图 9-11 所示。板束相当于管壳式换热器的管束，每一个板束都由许多宽度不等的板管元件组成，每一根板管相当于一根管子，由板束元件构成的流道成为板壳式换热器的板程；板束与壳体之间的流通空间则构成板壳式换热器的壳程。

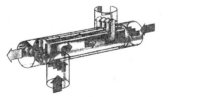

(a) 板壳式换热器　　(b) 板壳式换热器中的板束　　(c) 板壳式换热器中的板管

图 9-11　板壳式换热器

板壳式换热器具有管壳式和板式换热器的优点：结构紧凑、单位体积包含的换热面积比管壳式换热器多 70％ 左右；传热效率高，压力降小；与板式换热器相比，由于没有密封垫片，较好地解决了耐温、抗压与高效率之间的矛盾；容易清洗。其缺点是焊接技术要求高。板壳式换热器常用于加热、冷却、蒸发、冷凝等过程。

（5）伞板式换热器。伞板式换热器是我国独创的新型高效换热器，由板式换热器演变而来。伞板式换热器由伞形传热板片、异形垫片、端盖和进出口接管等组成，以伞形板片代替平板片，从而使制造工艺大为简化，成本降低。伞形板式换热器具有结构紧凑且稳定，板片间容易密封，传热效率高，便于拆洗等优点。但由于设备的流道较小，容易堵塞，因此不宜处理杂质较多的介质，目前一般只适用于液-液、液-蒸汽换热且处理量小、工作压力及工作温度较低的场合。蜂螺型伞板换热器的工作原理如图 9-12 所示，该设备的螺旋流道内具有湍流花纹，增加了流体的扰动程度，提高了传热效率。

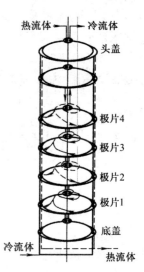

图 9-12　蜂螺型伞板换热器工作原理

3）其他形式换热器

其他形式换热器指一些具有特殊结构的换热器，一般是为满足工艺的特殊要求而设计的，如石墨换热器、聚四氟乙烯换热器等特殊材料换热器，热管换热器等。

（1）石墨换热器。石墨换热器是一种用不渗透性石墨制造的换热器。由于石墨具有优良的物理性能和化学稳定性，除强氧化性酸外，石墨换热器几乎可以处理一切酸、碱、无机盐溶液和有机物。石墨的线膨胀系数小、导热系数高，不易结垢，因而石墨换热器具有良好的耐腐蚀性和传热性能，在腐蚀性强的液体和气体场合下最能发挥其优越性。但由于石墨的抗拉和抗弯强度较低，易脆裂，在结构设计中应尽量采用实体块，以避免石墨件受拉伸和弯曲变形。同时，应在受压缩的条件下装配石墨件，以充分发挥其抗压强度高的特点。石墨换热器有管壳式、块式和板式等多种形式，其中尤以管壳式和板式应用较为广泛。

（2）聚四氟乙烯换热器。聚四氟乙烯换热器是近十几年发展起来的一种新型耐腐蚀的换热器，其主要结构形式有管壳式和沉浸式两种。由于聚四氟乙烯耐腐蚀、能制成小口径的薄壁软管，因而可使换热器具有结构紧凑、耐腐蚀等优点。其主要缺点是机械强度和导热性能较差，故使用温度一般不超过 150 ℃，使用压力不超过 1.5 MPa。

（3）热管换热器。热管换热器由壳体、热管和隔板组成，如图 9-13 所示。热管作为主要的传热元件，是一种具有高导热性能的新型传热元件。热管是一根密闭的金属管，管子内部具有用特定材料制成的多孔毛细结构和载热介质。在加热区加热管子时，介质从毛细结构中蒸发出来，带着所吸收的潜热，通过输送区沿温度降低的方向流动，在冷凝区遇到冷表面后冷凝并释放潜热，冷凝后的载热介质通过其在毛细结构中的表面张力作用，重新返回加热区，如此往复循环，连续不断地把热端的热量传送到冷端。

热管换热器的主要特点是结构简单、重量轻、经济耐用；在极小的温差下，具有极高的传热能力；通过材料的适当选择和组合，可用于较大幅度的温度范围，如在 -200～2000℃ 的温度范围内均可应用；一般没有运动部件，操作无声，无需维护，寿命长；传热效率高，可达到 90％ 以上。

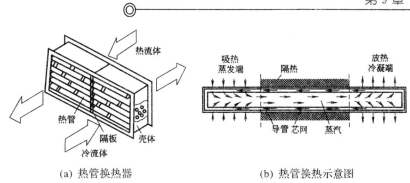

图 9 - 13　热管换热器

热管换热器的结构形式复杂多变,用途广泛,可用于传送热量、保持恒温、替代热流阀和热流转换器等,特别适用于工业尾气的余热回收。

9.2　管壳式换热器

管壳式换热器具有可靠性高、适应性强等优点,在各工业领域中得到了最为广泛的应用。近年来,尽管受到了其他新型换热器的影响,但也促进了其自身的发展。在换热器向高参数、大型化发展的今天,管壳式换热器仍处于主导地位。

9.2.1　基本类型

根据管壳式换热器的结构特点,可将其分为固定管板式换热器、浮头式换热器、U 形管式换热器、填料函式换热器和釜式重沸器五类,如图 9 - 14 所示。

1. 固定管板式换热器

固定管板式换热器的典型结构如图 9 - 14(a)所示,管束连接在管板上,管板与壳体焊接成整体。其优点是结构简单、紧凑,能够承受较高的压力,造价低,管程清洗方便,管子损坏时易于堵管或更换;缺点是当管束与壳体的壁温或材料的线膨胀系数相差较大时,壳体和管束中将产生较大的热应力。固定管板式换热器适用于壳侧介质清洁且不易结垢并能进行清洗,管程、壳程两侧温差不大或温差较大但壳侧压力不高的场合。

为减少热应力,通常在固定管板式换热器中设置柔性元件(如膨胀节、挠性管板等)来吸收热膨胀差。

2. 浮头式换热器

浮头式换热器的典型结构见图 9 - 14(b),两管板中只有一端与壳体固定连接,另一端可相对壳体自由移动,称为浮头。浮头由浮动管板、钩圈和浮头端盖组成,属于可拆连接,管束可从壳体内抽出。管束与壳体的热变形互不约束,因而不会产生热应力。

浮头式换热器的优点是管间和管内清洗方便,不会产生热应力;但结构复杂,造价比固定管板式换热器高,设备笨重,材料消耗量大,且浮头端盖在操作过程中无法检查,制造时对密封要求较高。浮头式换热器适用于壳体和管束之间壁温差较大或壳程介质易结垢的场合。

3. U 形管式换热器

U 形管式换热器的典型结构如图 9-14(c)所示。这种换热器只有一块管板,管束由多根 U 形管组成,管的两端固定在同一块管板上,管子可以自由伸缩。当壳体与 U 形换热管有温差时,不会产生热应力。

受弯管曲率半径的限制,U 形管式换热器的换热管排布较少,管束最内层的间距较大,管板利用率较低;壳程流体易形成短路,不利于传热。当管子泄漏损坏时,只有管束外围的 U 形管便于更换,内层换热管无法更换,只能堵死,而损坏一根 U 形管相当于损坏两根管,报废率较高。

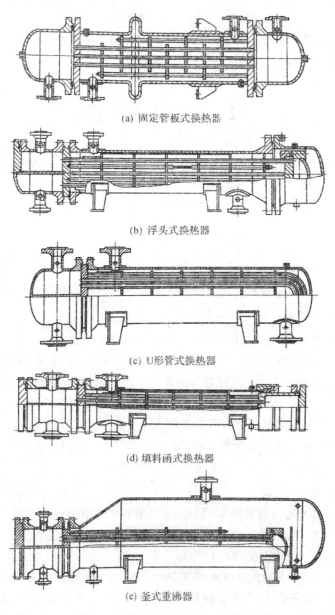

(a) 固定管板式换热器

(b) 浮头式换热器

(c) U形管式换热器

(d) 填料函式换热器

(e) 釜式重沸器

图 9-14 管壳式换热器的主要类型

4. 填料函式换热器

填料函式换热器结构如图 9 - 14(d)所示。这种换热器的结构特点与浮头式换热器相似，浮头部分露在壳体外，在浮头与壳体的滑动接触面处采用填料函式密封结构，使得管束在壳体轴向方向可以自由伸缩，不会产生由壳壁与管壁热变形差而引起的热应力。其结构较浮头式换热器简单，加工制造方便，节省材料，造价比较低廉，且管束可以从壳体内抽出，管内、管间都能进行清洗，维修方便。

因填料处易产生泄漏，填料函式换热器一般适用于 4 MPa 以下的工作条件，使用温度也受填料的物理性质限制，且不适用于易挥发、易燃、易爆、有毒及贵重介质的场合。填料函式换热器现已很少采用。

5. 釜式重沸器

釜式重沸器的结构如图 9 - 14(e)所示。这种换热器的管束可以采用浮头式、U 形管式和固定管板式结构，因此具有浮头式、U 形管式换热器的特性。在结构上与其他换热器的不同之处在于壳体上部设有一个蒸发空间，蒸发空间的大小由产气量和所要求的蒸气品质决定。产气量大、蒸气品质要求高的釜式重沸器蒸发空间大，反之则可以适当减小。

釜式重沸器与浮头式、U 形管式换热器一样，清洗、维修方便，可处理不清洁、易结垢的介质，并能承受高温、高压。

9.2.2　结构

流体流经换热管内的通道及与其相贯通部分称为管程；流体流经换热管外的通道及与其相贯通部分称为壳程。

管壳式换热器的主要组成部分包括前端管箱、壳体和后端结构(包括管束)，分别用字母表示。GB/T 151 — 2014《热交换器》中列出了 7 种主要的壳体类型、5 种前端管箱形式和 8 种后端结构形式。换热器的名称由 3 个字母的组合确定。

1. 管程结构

1) 换热管

由于换热管直接与两种换热流体相接触，因此必须根据两种流体的压力、温度和腐蚀性来选用换热管的材料。

(1) 换热管形式。除光管外，换热管还可采用各种强化传热管，如翅片管、螺旋槽管、螺纹管等。当管内、外两侧给热系数相差较大时，翅片管的翅片应布置在给热系数低的一侧。

(2) 换热管尺寸。换热管常用的尺寸(外径×壁厚)主要包括 ϕ19 mm×2 mm、ϕ25 mm×2.5 mm 和 ϕ38 mm×2.5 mm 的无缝钢管以及 ϕ25 mm×2 mm 和 ϕ38 mm×2.5 mm的不锈钢管。标准管长有 1.5 m、2.0 m、3.0 m、4.5 m、6.0 m、9.0 m 等。采用小管径管束，可使单位体积的传热面积增大、结构紧凑、金属耗量减少、传热系数提高。如将同直径换热器的换热管由 ϕ25 mm 改为 ϕ19 mm，其传热面积可增加 40% 左右，节约金属 20% 以上。但小直径管流体阻力大，不易清洗，易结垢堵塞。一般大直径管用于黏性大或污浊的流体，小直径管用于较清洁的流体。

(3) 换热管材料。常用的换热管材料有碳素钢、低合金钢、不锈钢、铜、铜镍合金、铝合金、钛等，此外还包括一些非金属材料，如石墨、陶瓷、聚四氟乙烯等。设计时应根据工作压力、温度和介质腐蚀性等选用合适的材料。

(4) 换热管排列形式及中心距。如图 9-15 所示,换热管在管板上的排列形式主要有正三角形、转角正三角形、正方形和转角正方形。采用正三角形的排列形式可以使相同的管板面积上排列的管数最多,故使用最为普遍,但管外不易清洗。为便于管外清洗,可以采用正方形或转角正方形排列的管束。

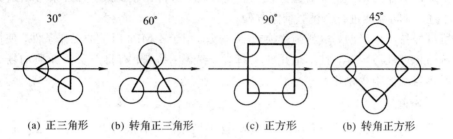

| 30° | 60° | 90° | 45° |

(a) 正三角形   (b) 转角正三角形   (c) 正方形   (b) 转角正方形

注:流向垂直于折流板缺口

图 9-15　换热管排列形式

换热管中心距要保证管子与管板连接时,管桥(相邻两管间的净空距离)有足够的强度和宽度,管间需要清洗时还要留有进行清洗的通道。换热管中心距宜不小于 1.25 倍的换热管外径,常用的换热管中心距见表 9-1。

表 9-1　常用的换热管中心距　　　　　　　　　　　　　　mm

换热管外径 d_o	12	14	19	25	32	38	45	57
换热管中心距	16	19	25	32	40	48	57	72

2) 管板

管板是管壳式换热器最重要的零部件之一,用于排布换热管,可将管程和壳程的流体进行分隔,避免冷、热流体混合,并同时受管程、壳程压力和温度的作用。

(1) 管板材料。在选择管板材料时,除力学性能外,还应考虑管程和壳程流体的腐蚀性,以及管板和换热管之间的电位差对腐蚀的影响。当流体无腐蚀性或有轻微腐蚀性时,管板一般采用压力容器用碳素钢、低合金钢板或锻件。

当流体腐蚀性较强时,管板应采用不锈钢、铜、铝、钛等耐腐蚀材料。但对于较厚的管板,若整体采用价格昂贵的耐腐蚀材料,则造价很高。为节约耐腐蚀材料,工程上常采用不锈钢＋钢、钛＋钢、铜＋钢等复合板,或堆焊衬里。

(2) 管板结构。当换热器承受高温、高压时,高温和高压对管板的要求是矛盾的。增大管板的厚度,可以提高承压能力,但当管板两侧流体温差很大时,管板内部沿厚度方向的热应力增大;减薄管板厚度,可以降低热应力,但承压能力却随之降低。此外,在开车、停车时,由于厚管板的温度变化慢,换热管的温度变化快,在换热管和管板连接处会产生较大的热应力。当迅速停车或进气温度突然变化时,热应力往往会导致管板和换热管在连接处发生破坏。因此,在满足强度的前提下,应尽量减少管板的厚度。

3) 管箱

壳体直径较大的换热器大多采用管箱结构。管箱位于管壳式换热器的两端,其作用是把从管道输送来的流体均匀地分布到各换热管,并将管内流体汇集后送出换热器。在多管程换热器中,管箱还起着改变流体流向的作用。

管箱的结构形式主要根据换热器是否需要清洗或管束是否需要分程等因素决定。图 9-16为管箱的几种结构形式。图 9-16(a)的管箱结构适用于较清洁的介质,因为在检查及清洗管子时,必须将连接管道一起拆下,很不方便;图 9-16(b)是在管箱上装设箱盖,将盖拆除后(不需拆除连接管)即可检查及清洗管子,但其缺点是用材较多;图 9-16(c)是将管箱与管板焊成一体,可以完全避免管板密封处的泄漏,但管箱不能单独拆卸,检修、清理不便,在实际工程中很少采用;图 9-16(d)为一种多程隔板的安置形式。

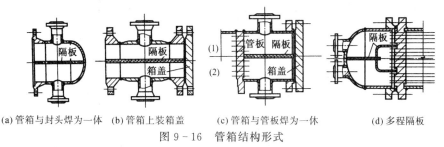

(a)管箱与封头焊为一体 (b)管箱上装箱盖   (c)管箱与管板焊为一体   (d)多程隔板

图 9-16 管箱结构形式

4)管束分程

在管内流动的流体从管子的一端流到另一端,称为一个管程。在管壳式换热器中,最简单最常用的是单管程的换热器。如果根据换热器的工艺设计要求,需加大换热面积,可以采用增加管长或者管数的方法。前者受到加工、运输、安装以及维修等方面的限制,故经常采用后一种方法。但介质在管束中的流速随着换热管数的增多而下降,其结果会使流体的传热系数降低。为使流体在管束中保持较大的流速,可将管束分成若干程数,使流体依次流过各程管子,以增加流体的速度,提高传热系数。管束分程可采用多种不同的组合方式,每一程中的管数应大致相等,且各程之间的温差不宜过大,以不超过 20 ℃为宜,否则在管束与管板中将产生很大的热应力。

表 9-2 列出了 1~6 程的管束分程布置形式。从制造、安装、操作等角度考虑,偶数管程更为方便,最常用的程数为 2、4、6。对于 4 程的分法,常采用平行和工字形两种排列法。一般为使接管方便,选用平行分法较为合适,同时平行分法亦可放尽管箱内的残液。工字形排列法的优点是比平行法密封线短,且可排列更多的管子。

表 9-2 管束分程布置图

管程数	1	2	4			6	
流动方向	○	○(1/2)	○(2/3/4)	○(1 2/4 3)	○(1/2 3/4)	○(2 3/5 4/6)	○(2 1/3 4/6 5)
前端管箱隔板 (介质进口侧)	○	○	○	○	○	○	○
后端管箱隔板 (介质返回侧)	○	○	○	○	○	○	○

5）换热管与管板的连接

换热管与管板的连接是管壳式换热器设计、制造最关键的技术之一，是换热器事故率最多的部位。所以换热管与管板连接质量的好坏，直接影响换热器的使用寿命。换热管与管板的连接主要有强度胀接、强度焊接和胀焊并用三种方法。

（1）强度胀接。强度胀接是指保证换热管与管板连接的密封性能及抗拉强度的胀接。常用的胀接有非均匀胀接（机械滚珠胀接）和均匀胀接（液压胀接、液袋胀接、橡胶胀接和爆炸胀接等）两大类。胀管时管子材料因塑性变形被胀入槽内，从而产生更大的抗拉脱力和更高的紧密性。强度胀接的结构形式和尺寸见图 9-17。当管板厚度小于 25 mm 时采用单槽，管板厚度大于 25 mm 时采用双槽。图 9-17 中 l_1 为换热管伸出管板的长度，K 为槽深，它们随换热器外径的改变而改变。最小胀接长度 l 值与管板名义厚度有关，为了保证焊接质量，必须控制胀接长度 l 值，应取下列三者中的最小值：① 管板名义厚度减去 3 mm；② 50 mm；③ 2 倍的换热管外径。

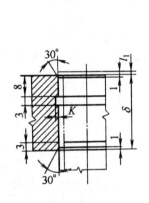 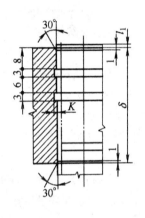 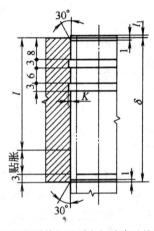

(a) 用于 $\delta \leqslant 25$ mm 的场合　　(b) 用于 $\delta > 25$ mm 的场合　　(c) 用于厚管板及避免间隙腐蚀的场合

图 9-17　强度胀接管孔结构

机械滚珠胀接是最早采用的胀接方法，目前仍在大量使用。它利用滚胀管伸入插在管板孔中管子的端部，旋转胀管器使管子直径增大并产生塑性变形，而管板只产生弹性变形。取出胀管器后，管板的弹性恢复，使管板与管子间产生一定的挤压力而贴合在一起，从而达到紧固与密封的目的。

液压胀接与液袋胀接的基本原理相同，都是利用液体压力使换热管产生塑性变形。橡胶胀接利用机械压力使特种橡胶的长度缩短，直径增大，从而带动换热管扩张达到胀接的目的。爆炸胀接利用炸药在换热管有效长度内爆炸，使换热管贴紧管板孔而达到胀接的目的。这些胀接方法具有生产率高，劳动强度低，密封性能好等特点。

强度胀接主要适用于设计压力小于等于 4.0 MPa、设计温度小于等于 300 ℃、操作中无剧烈振动、无过大温度波动及无明显应力腐蚀等场合。

（2）强度焊接。强度焊接是指保证换热管与管板连接的密封性能及抗拉脱强度的焊接。强度焊接的结构形式见图 9-18。图中 l_1 为换热管最小伸出长度，l_2 为最小坡口深度，其值与换热管的规格有关。此法目前应用较为广泛。由于管孔不需要开槽，且对管孔的粗糙度要求不高，管子端部不需要退火和磨光，因此制造加工简单。焊接结构强度高，抗拉脱力强，在高温高压下也能保证连接处的密封性能和抗拉脱能力。

换热管与管板连接处焊接后，管板与管子中存在的残余应力与应力集中在运行时可能引起应力腐蚀与疲劳。此外，管子与管板孔之间的间隙中存在的不流动液体与间隙外的液体浓度不同，易产生间隙腐蚀。

除有较大振动及有间隙腐蚀的场合，只要材料的可焊性好，强度焊可用于其他任何场合。

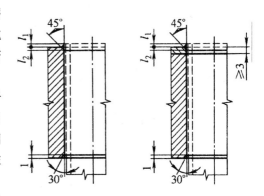

图 9-18　强度焊接管孔结构

（3）胀焊并用。在有些情况下，例如高温、高压换热器管与管板的连接处，在操作中受到反复热变形、热冲击、腐蚀及介质压力的作用，很容易发生破坏，单独采用焊接或胀接都难以解决问题。如采用胀焊并用的方法，不仅能改善连接处的抗疲劳性能，还可消除应力腐蚀和间隙腐蚀，提高使用寿命。因此目前胀焊并用的方法已得到比较广泛的应用。

胀焊并用的方法主要有强度胀＋密封焊、强度焊＋贴胀、强度焊＋强度胀等几种形式。密封焊是指保证换热管与管板连接密封性能的焊接，不保证强度；贴胀是指为消除换热管与管孔间的间隙所做的不承担拉脱力的轻度胀接。如强度胀与密封焊相结合，则胀接承受拉脱力，焊接保证紧密性。如强度焊与贴胀相结合，则焊接承受拉脱力，胀接消除管子与管板间的间隙。对于胀、焊的先后顺序，一般认为以先焊后胀为宜。因为当采用胀管器胀管时需用润滑油，胀后难以洗净，焊接时存在于缝隙中的油污会在高温下生成气体从焊面逸出，导致焊缝产生气孔，严重影响焊缝的质量。

胀焊并用主要用于密封性能要求较高、承受振动或疲劳载荷、有间隙腐蚀、需采用复合管板的场合。

6）管板与壳体及管箱的连接

管板与壳体及管箱的连接包括不可拆连接与可拆连接两种形式。不可拆连接用于固定管板式换热器，采用焊接连接。可拆连接用于浮头式、U 形管式和填料函式换热器的固定端管板，其管板在壳体法兰和管箱法兰之间夹持固定。

（1）固定管板式换热器管板与壳体及管箱的连接。

① 管板兼作法兰的连接结构。图 9-19 为常见的兼作法兰的管板与壳体的连接结构。不同的结构主要是考虑到焊缝的可焊透性以及焊缝的受力情况，以适应不同的操作条件。图 9-19(a)中，管板上开环形槽，壳体嵌入槽内后施焊，壳体对中性好，适用于壳体厚度 $\delta \leqslant 12$ mm、壳程压力 $p_s \leqslant 1$ MPa 的场合，不宜用于易燃、易爆、易挥发及有有毒介质的场合。图 9-19(b)、(c)的焊缝坡口结构形式优于图 9-19(a)，焊透性好，焊缝强度有所提高，使用压力相应提高，适用于设备直径较大、管板较厚的场合。图 9-19(d)、(e)中的管板上带有凸肩，焊接形式由角接变为对接，改善了焊缝的受力情况，适用于压力更高的场合。

连接结构中，在焊缝根部加垫板可提高焊缝的焊透性。若壳程介质无间隙腐蚀作用，应选择带垫板的焊接结构；若壳程介质有间隙腐蚀作用，应选择不带垫板的焊接结构。管板上的环形圆角则起到减小焊接应力的作用。

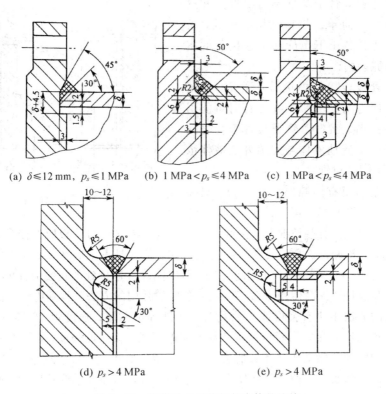

(a) $\delta \leqslant 12$ mm, $p_s \leqslant 1$ MPa (b) 1 MPa $< p_s \leqslant 4$ MPa (c) 1 MPa $< p_s \leqslant 4$ MPa

(d) $p_s > 4$ MPa (e) $p_s > 4$ MPa

图 9-19　兼作法兰的管板与壳体的连接

图 9-20 所示为常见的兼作法兰的管板与管箱法兰的连接结构。图 9-20(a) 的结构为平面密封形式，适用于管程压力 $p_t \leqslant 1.6$ MPa 且对气密性要求不高的场合。图 9-20(b) 为榫槽密封面形式，适用于气密性要求较高的场合，一般中低压情况时较少采用，当在较高压力下使用时，法兰的形式应该为长颈法兰。图 9-20(c) 为最常用的凹凸面密封形式，根据压力的高低，法兰形式可分为平焊法兰或长颈法兰，长颈法兰应用更多。

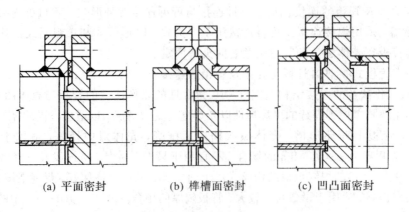

(a) 平面密封　　　　(b) 榫槽面密封　　　　(c) 凹凸面密封

图 9-20　兼作法兰的管板与管箱法兰的连接

② 管板不兼作法兰的连接结构。管板不兼作法兰的不可拆连接结构如图 9-21 所示，管板与壳体、管板与管箱的连接均采用焊接，适合于高温、高压、对密封性要求高的换热器。

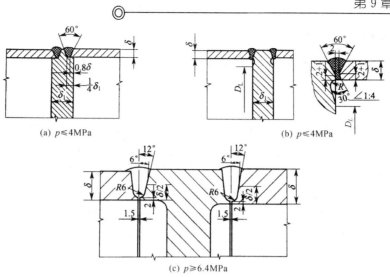

图 9-21 不兼作法兰的管板与壳体及管箱的连接

（2）浮头式、填料函式、U形管式换热器和釜式再沸器固定端管板与壳体及管箱的连接。这类换热器的一端管板用壳体法兰和管箱法兰夹持固定，称为固定端管板，属于可拆式管板；另一端管板(U形管式换热器只有一个固定端管板，另一端无管板)可自由伸缩。图 9-22 为固定端管板的连接结构。图 9-22(a)所示的形成应用广泛，管板与法兰的密封面为凹凸密封面，拆卸螺柱后管程和壳程均可拆下清洗。图 9-22(b)适用于管程需要经常清洗、壳程不用清洗的场合，带凸肩的螺柱结构使得在拆卸管箱时只需卸掉管箱侧的螺母，而壳程侧仍保持连接，这样壳程介质不必放空，有利于操作。图 9-22(c)适用于壳程需要经常拆卸清洗、管程仍保持连接的场合。图 9-22(d)中的三种结构形式适用于管程与壳程压力相差较大的场合，管板两侧采用不同的法兰密封面形式，以及两组不同形式的紧固螺柱连接。

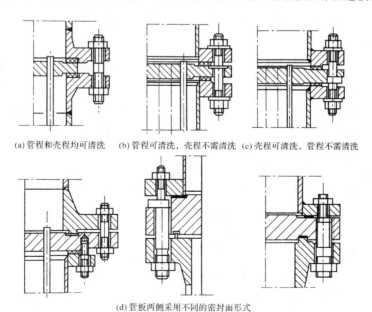

(a)管程和壳程均可清洗　(b)管程可清洗，壳程不需清洗　(c)壳程可清洗，管程不需清洗

(d)管板两侧采用不同的密封面形式

图 9-22 固定端管板的可拆式连接结构

2. 壳程结构

壳程主要由壳体、折流板或折流杆、支持板、纵向隔板、拉杆、防冲挡板、防短路结构等元件组成。

1) 壳体

壳体一般为一个圆筒,在壳壁上焊有接管,供壳程流体进入和排出之用。

为防止进口流体直接冲击管束而造成管子的侵蚀和振动,在壳程进口接管处常装设有防冲挡板(或称缓冲板)。常见的防冲挡板形式如图 9-23 所示。图 9-23(a)为防冲挡板焊在拉杆或定距管上,也可焊在靠近管板的第一块折流板上,这种形式常用于壳体内径大于 700 mm 的折流板上、下缺口的换热器上。图 9-23(b)为防冲挡板焊在壳体上,这种形式常用于壳体内径大于 325 mm 时的折流板左、右缺口和壳体内径小于 600 mm 时的折流板上、下缺口的换热器中。

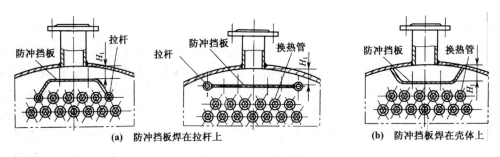

图 9-23 防冲挡板

当壳体法兰采用长颈法兰或壳程进出口接管直径较大时,壳程进出口接管距管板较远,流体停滞区过大,靠近两端管板的传热面积利用率很低。为克服这一缺点,可采用导流筒结构。导流筒除可减小流体停滞区、改善两端流体的分布、增加换热管的有效换热长度、提高传热效率外,还起防冲挡板的作用,可保护管束免受冲击。

2) 折流板

设置折流板的目的是为了提高壳程流体的流速,增加湍流程度,并使壳程流体垂直冲刷管束,以改善传热,增大壳程流体的传热系数,同时减少结垢。在卧式换热器中,折流板还起支承管束的作用。当工艺上无需设置折流板,且换热管比较细长,浮头式换热器的浮头端重量较重或 U 形管换热器的管束较长时,则应考虑设置支持板,以起到防止换热管变形的目的。

常用的折流板形式有弓形和圆盘-圆环形两种。其中弓形折流板有单弓形、双弓形和三弓形三种,各种形式的折流板如图 9-24 所示。弓形折流板缺口的高度应使流体通过缺口时与横向流过管束时的流速相近。对单弓形折流板,缺口弦高度宜取 0.20~0.45 倍的壳体内直径,最常用的是 0.25 倍的壳体内直径。

对于卧式换热器,当壳程为单相清洁流体时,折流板缺口应水平上下布置。当气体中含有少量液体时,则在缺口朝上的折流板最低处开设通液口;若液体中含有少量气体,则应在缺口朝下的折流板最高处开通气口,见图 9-25(a)。当卧式换热器的壳程介质为气液相共存或液体中含有固体颗粒时,折流板缺口应垂直左右布置,并在折流板最低处开通液口,见图 9-25(b)。

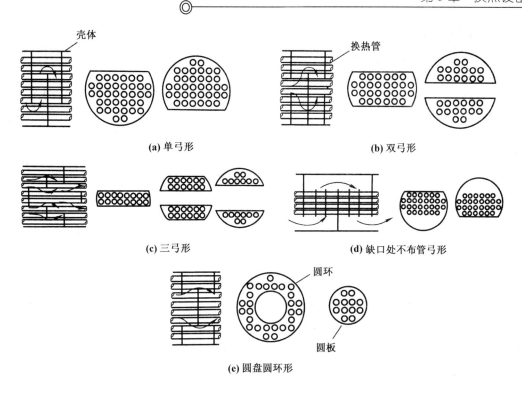

(a) 单弓形　　　　　　　　　　　**(b) 双弓形**

(c) 三弓形　　　　　　　**(d) 缺口处不布管弓形**

圆环

圆板

(e) 圆盘圆环形

图 9 - 24　折流板形式

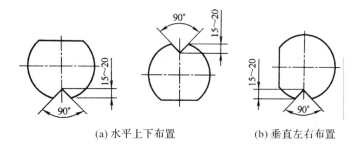

(a) 水平上下布置　　　　　(b) 垂直左右布置

图 9 - 25　折流板缺口布置

　　折流板一般应等间距布置，管束两端的折流板应尽量靠近壳程进、出口接管。折流板的最小间距应不小于壳体内直径的 1/5，且不小于 50 mm；最大间距应不大于壳体内直径。折流板上管孔与换热管之间的间隙以及折流板与壳体内壁之间的间隙应符合标准规定。间隙过大，泄漏严重，对传热不利，还易引起振动；间隙过小，安装困难。

　　从传热角度考虑，有些换热器（如冷凝器）是不需要设置折流板的。但是为了增加换热管的刚度，防止产生过大的挠度或引起管子振动，当换热器无支承跨距超过了标准规定值时，必须设置一定数量的支持板，其形状与尺寸均按折流板的规定进行处理。

　　折流板与支持板一般用拉杆和定距管连接，如图 9 - 26(a) 所示。当换热管外径小于或等于 14 mm 时，折流板与拉杆点焊为一体而不采用定距管，如图 9 - 26(b) 所示。图中 d_n 为拉杆直径，d 为换热管外径。

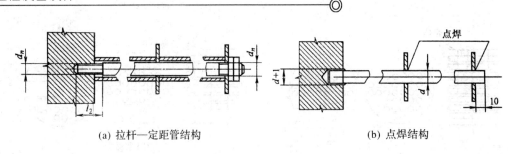

(a) 拉杆—定距管结构　　　　　　(b) 点焊结构

图 9-26　拉杆结构

在大直径的换热器中，如折流板的间距较大，流体绕到折流板背后接近壳体处，会有一部分流体停滞不前，形成了对传热不利的"死区"。为了消除这个弊病，宜采用多弓形折流板。如双弓形折流板，因流体分为两股流动，在折流板之间的流速相同时，其间距只有单弓形的一半。这种形式不仅减少了传热死区，而且提高了传热效率。

3）折流杆

传统的装有折流板的管壳式换热器存在着影响传热的死区，流体阻力大，且换热管易发生振动与破坏。为了避免传统折流板换热器中换热管与折流板的切割破坏和流体诱导振动，并强化传热，近年来开发了一种新型的管束支承结构——折流杆支承结构。该支承结构由折流圈和焊在折流圈上的支承杆所组成。折流圈可由棒材或板材加工而成，支承杆可由圆钢或扁钢制成。一般 4 块折流圈为一组，如图 9-27 所示。支承杆的直径等于或小于管子之间的间隙，因而能牢固地支承换热管，提高管束的刚性。

4）防短路结构

为了防止壳程流体流动时在某些区域发生短路，降低传热效率，需要采用防短路结构。常用的防短路结构主要有旁路挡板、挡管(或称假管)、中间挡板。

(1) 旁路挡板。为了防止壳程边缘介质短路而降低传热效率，需增设旁路挡板，以迫使壳程流体通过管束与管程流体进行换热。旁路挡板可用钢板或扁钢制成，其厚度一般与折流板相同。旁路挡板嵌于折流板槽内并与折流板焊接，如图 9-28 所示。通常当壳体公称直径 DN≤500 mm 时，设置一对旁路挡板；当 500 mm<DN<1000 mm 时，设置两对旁路挡板；DN≥1000 mm 时，设置三对旁路挡板。

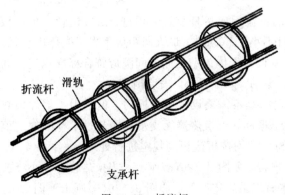

图 9-27　折流杆

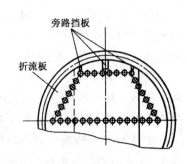

图 9-28　旁路挡板

(2) 挡管。当换热器采用多管程时，为了设置管箱分程隔板，在管中心(或在每程隔板中心的管间)不排列换热管,会导致管间短路,影响传热效率。为此,可在换热器分程隔板槽背面两管板之间设置两端堵死的管子,即为挡管。挡管一般与换热管的规格相同,可与折流板点焊固定,也可用拉杆(带定距管或不带定距管)代替。应每隔3~4排换热管设置一根挡管,但不应设置在折流板缺口处。挡管伸出第一块及最后一块折流板或支持板的长度应不大于 50 mm,如图 9-29 所示。

(3)中间挡板。在 U 形管式换热器中,U 形管束中心部分存在较大间隙,流体易短路且影响传热效率,为此应在 U 形管束的中间通道处设置中间挡板。中间挡板一般与折流板点焊固定,如图 9-30 所示。通常当壳体公称直径 DN≤500 mm 时,设置 1 块挡板;500 mm<DN<1000 mm 时,设置 2 块挡板;DN≥1000 mm 时,设置不少于 3 块挡板。

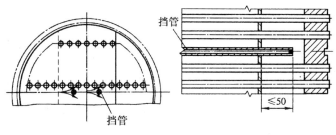

图 9-29　挡管

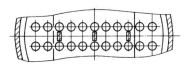

图 9-30　中间挡板

9.2.3　管板设计

管板是管壳式换热器的主要部件之一,管板的材料供应、加工工艺、生产周期往往成为整台设备生产的决定性因素。由于管板与换热管、壳体、管箱、法兰等连接在一起构成了一个复杂的弹性体系,给精确的强度分析带来了一定的困难。但是管板的合理设计,对提高换热器的安全性、节约材料、降低制造成本具有重要意义。世界各主要工业国家都十分重视并寻求先进合理的管板设计方法。在许多国家的标准或规范中,如美国的 TEMA 标准、日本工业标准 JIS、我国的 GB 151《热交换器》等中都列入了管板的计算公式。

1. 管板设计的基本考虑

GB 151《热交换器》所列入的管板公式基于以下基本考虑:把实际的管板简化为承受均布载荷、放置在弹性基础上且受管孔均匀削弱的当量圆平板。同时在此基础上还考虑了以下几方面对管板应力的影响:

(1)管束对管板挠度的约束作用,但忽略管束对管板转角的约束作用。

(2)管板周边非布管区对管板应力的影响。将管板划分为两个区域,即靠近中央部分的布管区和靠近周边处较窄的非布管区。通常管板周边的非布管区可按其面积简化为圆环形实心板。由于非布管区的存在,管板边缘的应力呈下降趋势。

(3)对于不同结构形式的换热器,在管板边缘有不同形式的连接结构,根据具体情况,考虑壳体、管箱、法兰、封头、垫片等元件对管板边缘转角的约束作用。

(4)管板兼作法兰时,应考虑法兰力矩对管板应力的影响。

2. 管板设计思路

1)管板弹性分析

按照上述基本考虑,将换热器分解为由封头、壳体、管板、螺栓、垫片等元件组成的弹性系统，各元件之间的相互作用可用内力表示，将管板简化为弹性基础上的等效均质圆平板，综合考虑壳程压力 p_s、管程压力 p_t、因管程和壳程的不同温度所引起的热膨胀差以及预紧条件下的法兰力矩等载荷的作用。对于固定管板式换热器，其力学模型及各元件之间相互作用的内力与位移见图 9 - 31。

内力共有 14 个，它们是作用在封头（管箱）与管箱法兰连接处的边缘弯矩 M_h、横向剪力 H_h、轴向力 V_h；作用在壳体与壳体法兰连接处的边缘弯矩 M_s、横向剪力 H_s、轴向力 V_s；作用在环形的非布管区与壳体法兰之间（即半径为 R 处）的弯矩 M_R、径向力 H_R、轴向剪力 V_R；作用在管板布管区与边缘环板连接处即（半径为 R_f 处）的边缘弯矩 M_f、径向剪力 H_f、边缘剪力 V_f；作用在垫片上的轴向力 V_G 与作用在螺栓圆上的螺栓力 V_b。

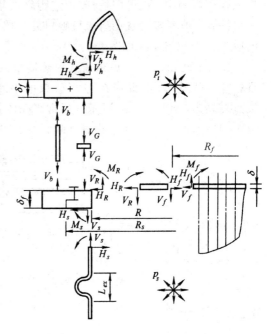

图 9 - 31　管板与其相关元件的内力分析

在设计管板时，应建立每个单独元件的位移或转角与作用在该元件上的内力之间的关系式，列出各元件间应满足的变形协调条件，得到以内力为基本未知量的变形协调方程组，求出内力后再计算危险截面上的应力，并进行强度校核。

2）危险工况

如果不能保证换热器壳程压力 p_s 与管程压力 p_t 在任何情况下都能同时作用，则不允许以壳程压力和管程压力之差进行管板设计。如果 p_s 和 p_t 之一为负压时，应考虑压力差的危险组合。

由于压力引起的应力强度与压力和热膨胀差共同引起的应力强度的限制条件不同，管板分析时应考虑下列危险工况：

（1）只有壳程设计压力 p_s，而管程设计压力 $p_t=0$，不计热膨胀变形差。

（2）只有壳程设计压力 p_s，而管程设计压力 $p_t=0$，同时计入热膨胀变形差。

（3）只有管程设计压力 p_t，而壳程设计压力 $p_s=0$，不计热膨胀变形差。

（4）只有管程设计压力 p_t，而壳程设计压力 $p_s=0$，同时计入热膨胀变形差。

3）管板应力校核

在不同的危险工况组合下，计算出相应的管板布管区应力、环板的应力、壳体法兰应力、换热管轴向应力、换热管与管板连接拉脱力 q，再进行危险工况下的应力校核。

压力引起的管板应力属于一次弯曲应力，可用 1.5 倍的许用应力限制。管束与壳体的热膨胀差所引起的管板应力属于二次应力，一次加二次应力的强度不得超过 3 倍的许用应力。法兰预紧力矩作用下的管板应力属于为满足安装要求的具有自限性质的应力，应划分为二次应力；法兰操作力矩作用下的管板应力属于为平衡压力引起的法兰力矩的应力，属于一次应力。但许多标准将法兰力矩引起的管板应力划分为一次应力,这种处理方法是偏于安全的。

管壳式换热器管板的应力计算及校核参见 GB 151 — 2014《热交换器》。

4)管板应力的调整

在固定管板式换热器中,当管板应力超过许用应力时,为使其满足强度要求,可采用以下两种方法进行调整:

(1)增加管板厚度。增加管板厚度可以大大提高管板的抗弯截面模量,有效地降低管板应力。因此一般在压力引起的管板应力超过许用应力时,通常采取增加管板厚度的方法。

(2)降低壳体轴向刚度。由于管束和壳体是刚性连接,当管束与壳壁的温差较大时,在换热管和壳体上将产生很大的轴向热应力,从而使管板产生较大的变形量,出现挠曲现象,使管板应力增大。为有效降低热应力,且避免采用较大的管板厚度,可采取降低壳体轴向刚度的方法,如设置膨胀节。

5)管板设计计算软件

通过上述分析可知,管壳式换热器管板的设计计算十分复杂,尽管 GB 151 中提供了便于工程设计应用的计算式和图表,但手算的工作量仍然很大。为此,我国已根据 GB 150、GB 151 及其他相关标准,开发了包括管壳式换热器在内的过程设备强度计算软件,如 SW6 等,在实际设计时可采用相应的软件进行计算。

9.2.4　膨胀节设计

1. 膨胀节的作用

膨胀节是一种能自由伸缩的弹性补偿元件,可有效地起到补偿轴向变形的作用。在壳体上设置膨胀节,可以降低由于管束和壳体间的热膨胀差所引起的管板应力、换热管与壳体上的轴向应力以及管板与换热管间的拉脱力。

膨胀节的结构形式较多,一般有波形(U 形)膨胀节、Ω 形膨胀节、平板膨胀节等。在实际工程应用中,图 9 - 32 所示的 U 形膨胀节应用最为广泛,其次是 Ω 形膨胀节。前者一般用于需要较大补偿量的场合,后者则多用于压力较高的场合。

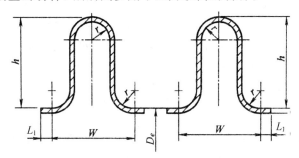

图 9 - 32　U 形膨胀节

2. 是否设置膨胀节的判断

进行固定管板式换热器设计时,一般应先根据设计条件下换热器各元件的实际应力状况，判断是否需要设置膨胀节。若管束与壳体间热膨胀差引起的应力过高，则首先应考虑调整材料或某些元件尺寸，或改变连接方式（如胀接改为焊接），或采用管束和壳体可以自由膨胀的换热器，如 U 形管式换热器、浮头式换热器等，使应力满足强度条件。如果无法实现，或是虽然可以实现但不合理或不经济，则应考虑设置膨胀节，以便得到安全、经济合理的换热器。

有关膨胀节的设计计算参见 GB 16749 — 1997《压力容器波形膨胀节》。

9.2.5　换热器设计步骤

在满足工艺过程要求的前提下，换热器应达到安全与经济的目标。通常换热器设计的基本步骤主要包括工艺设计计算、机械结构设计和绘制施工图三部分。

1. 工艺设计计算

（1）按流体种类、流量、进出口温度、操作压力等计算换热器需传递的热量 Q。

（2）由流体的特性选择适宜的材料，并根据材料的加工性能，流体的流量、压力、温度，需传递的热量大小，检修清洗的方便程度以及经济合理性适当选择换热器的类型。

（3）从提高传热效果、节省材料、不易结垢、便于清洗、降低温差应力、减少热损失、便于流体的进出等角度，决定流体在换热器中的流向和流动空间（管程、壳程），并计算出对数平均温差 Δt。

（4）根据实际生产经验选取传热系数 K，计算所需的传热面积 A。

（5）根据计算出的传热面积 A，参照我国列管式换热器系列标准，初步确定换热器的管径、壳径、管数、管程数、管长、折流板间距等，从而得出列管式换热器的大致总体尺寸。

（6）根据大致总体尺寸，校核传热系数，需与前面选取的 K 值大致接近，否则需调整后重新计算，直到符合要求为止。

（7）校核流体阻力，须在许可范围内。

只有在确定了换热器的大致总体尺寸后，才能进行零部件的结构设计与计算。总体尺寸和零部件的设计计算这两部分并非彼此孤立，常需进行反复调整，甚至更改结构形式重新设计计算，只有在全部的设计计算完成后才能完全确定各零部件的结构和尺寸。

2. 机械结构设计

机械结构设计的主要内容包括：确定各部件尺寸，如壳体、封头、管箱厚度；法兰计算或选型；管板计算；支座选型或设计；膨胀节设置与否的计算；折流板等其他零部件的选择等。

3. 绘制施工图

绘制换热器的施工图，并编制必要的技术文件。施工图应符合相关规定的内容。

9.3　传热强化技术

近二三十年来，化工、石油、轻工等过程工业得到了迅猛的发展，能源紧缺已成为世界性的重大问题之一,各工业部门都在大力发展大容量、高性能的设备,以减少设备的投资和运转费用。因此,在工程实际中要求提供尺寸小、重量轻、换热能力强的换热设备。特别是 20 世纪 70 年代发生的世界能源危机,加速了当代先进换热技术和节能技术的发展。到目前为止,各国已研究和开发出了多种新的强化传热技术和高效传热元件。本节仅简要介绍传热强化和节能技术的近代研究成果及其发展趋势。

9.3.1　传热强化概述

传热强化是一种改善传热性能的技术,可以通过改善和提高热传递速率,达到用最经济的设备来传递一定热量的目的。狭义的强化传热是指提高流体和传热面之间的传热系数。换热器强化传热的目的是力求增强换热器在单位时间、单位传热面积传递热量的能力。

间壁式换热设备稳定传热时的传热量 Q,用传热基本方程式表示为

$$Q = KA\Delta t_m \tag{9-1}$$

式中:Q 为传热量,W;K 为传热系数,W/(m^2 · K);A 为传热面积,m^2;Δt_m 为平均传热温差,K。

由式(9-1)可知,要强化换热设备中的传热过程,可以通过提高传热系数、增大换热面积以及增大平均传热温差来实现。

1. 增大平均传热温差

增大平均传热温差的方法有两种:一是当冷流体和热流体的进出口温度一定时,利用不同的换热面布置改变平均传热温差,如尽可能使冷、热流体相互逆流流动,或采用换热网络技术,合理布置多股流体流动与换热;二是扩大冷、热流体进出口的温差以增大平均传热温差,此法受生产工艺限制,不能随意变动,只能在有限范围内采用。

2. 增大换热面积

增大单位体积内的传热面积可使换热器高效且紧凑。在管壳式换热器中,采用小直径换热管和扩展表面换热面均可增大传热面积。管径愈小,耐压愈高,在同样的金属重量下,总表面积愈大;采用合适的管间距或排列方式合理布置受热面,既可加大单位空间所能布置的传热面积,还可改善流动特性;采用合适的导流结构,可最大限度地消除传热不活跃区,高效利用换热面;采用扩展表面换热面,不仅增大了换热面积,也能提高传热系数,但同时也会带来流动阻力增大等问题。

3. 提高传热系数

提高换热设备的传热系数以增加换热量是传热强化的重要途径,也是当前研究传热强化的重点。当换热设备的平均传热温差和换热面积一定时,提高传热系数是增大换热设备换热量的唯一方法。

在定态条件下,忽略管壁内、外表面积的差异,传热系数的计算公式可表示为

$$K = \cfrac{1}{\cfrac{1}{\alpha_1} + R_1 + \cfrac{\delta}{\lambda} + R_2 + \cfrac{1}{\alpha_2}} \tag{9-2}$$

式中：K 为总传热系数，$W/(m^2 \cdot K)$；α_1、α_2 为传热面两侧的对流传热系数，$W/(m^2 \cdot K)$；R_1、R_2 为两侧污垢热阻，$m^2 \cdot K/W$；δ 为管壁的厚度，mm；λ 为管材的热导率，$W/(m \cdot K)$。

当介质清洁且无污垢热阻，即 R_1、R_2 均为零，管壁材料的热导率很大，管壁很薄时，式(9-2)可简化为

$$K = \frac{1}{\dfrac{1}{\alpha_1} + \dfrac{1}{\alpha_2}} \qquad\qquad (9-3)$$

由式(9-3)可以看出，K 值小于 α_1、α_2，通过增大 α_1、α_2 值就可以增大 K 值。但 α_1 和 α_2 相差较大时，K 值主要由较小值的传热系数决定。在这种情况下，要增大 K 值，就应强化管子传热效果较差的一侧，增大其传热系数，才能取得显著效果。

1）增大对流传热系数 α_1、α_2 的方法

增大对流传热系数 α_1、α_2 的方法主要有以下两种：

（1）对无相变的流体，强化传热可采用提高流体的流速并减小污垢热阻、增大流体对传热表面的冲刷、采用粗糙表面（主要用于湍流情况）、产生涡流或造成湍流（主要用于层流情况）以破坏流体流动边界层、减小层流底层的办法。其主要机理是增加二次传热表面和破坏原来未强化流体的速度分布及温度分布场。

（2）对有相变的流体，强化传热应根据换热器和流体相变的具体情况采用相应的强化措施。对于冷凝传热过程，应从减小传热面上的冷凝膜的厚度入手；对于沸腾传热过程，通过采用有利的金属特性、表面形状、粗糙度及表面的化学性质以增加汽化核心或提高操作压力来增强传热。

2）提高传热系数的方法

提高传热系数的方法大致可分为主动强化（有源强化）和被动强化（无源强化）两大类。

（1）主动强化。主动强化指需要采用外加动力（如机械力、电磁力等）来增强传热的技术。主动强化主要包括对换热介质进行机械搅拌、使换热表面或流体振动、将电磁场作用于流体以促进换热表面附近流体的混合、将异种或同种流体喷入换热介质或将流体从换热表面抽吸分离等技术。

（2）被动强化。被动强化指除了输送传热介质的功率消耗外不再需要附加动力来增强传热的技术。被动强化主要包括涂层表面、粗糙表面、扩展表面、扰流元件、涡流发生器、射流冲击、螺旋管以及添加物等手段。

由于主动强化传热技术要求外加能量等因素的限制，工程中采用更多的是被动强化传热技术。被动强化的方法和装置多样，强化的物理机制可分为以下几种：

① 主流区或近壁处流体的混合（如采用粗糙表面、添加物等）。

② 减薄或破坏边界层（如采用射流冲击、扩展表面等）。

③ 流动旋转或形成二次流（如采用涡流发生器等）。

④ 增加湍动（如采用粗糙表面等）。

在管壳式换热器中，采用最多的被动强化传热方法是扩展表面及管内放置强化传热元

件，它既能提高传热系数，又能增加传热面积，下面将进行重点介绍。

9.3.2　扩展表面及内插件强化传热

1. 扩展表面强化传热

扩展表面强化传热的结构主要包括槽管和翅片管。

1）槽管

槽管（如图 9-33 所示）是一种在圆管的内、外壁可形成凸出肋和凹槽的壁面扰流装置，如碾轧槽管，流体流过这些结构的壁面时，产生流动脱离区，从而形成强度不同、大小不等的漩涡。这些漩涡改变了流体的流动结构，增加了近壁区的湍流程度，从而提高了流体和壁面的对流传热膜系数。

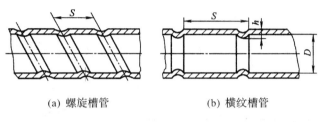

(a) 螺旋槽管　　　　　　　(b) 横纹槽管

图 9-33　槽管

（1）螺旋槽管。螺旋槽管包括单程和多程螺旋两种类型。成型后，螺旋槽管管外有带一定螺旋角的沟槽，管内呈相应的凸肋。螺旋槽不宜太深，槽越深流阻越大，螺旋角越大，槽管的传热膜系数就越大。如果流体能顺槽旋转，则螺纹条数对传热的影响不大。

（2）横纹槽管。横纹槽管采用变截面连续滚轧成型。管外具有与管轴成 90° 的横向沟槽，管内为横向凸肋。流体流经管内凸肋后不产生螺旋流而是沿整个截面产生轴向涡流群，使传热得到强化。横纹槽管对于管内流体的膜态沸腾传热也具有很大的强化作用，可使沸腾传热系数增加 3～8 倍。

2）翅片管

在换热设备中，传热壁面两侧流体的对流传热膜系数的大小往往差别较大，如当管外为气体的强制对流，管内为水的强制对流或饱和水蒸气的凝结时，管外的传热膜系数比管内的小得多，这种情况下，管外气体传热的增强通常采用扩展表面（如加装翅片）来增加外侧传热面积，减少该侧的热阻。

翅片不适用于高表面张力的液体冷凝以及会产生严重结垢的场合，尤其不适用于需要机械清洗、携带大量颗粒流体的流动场合。

（1）内翅片圆管。管内翅片在一定程度上增加了传热面积，同时也改变了流体在管内的流动形式和阻力分布。在应用翅片增加传热系数的同时，泵功率的损失也相应增加。在层流流动时，内翅片高度愈大，对换热的增强也愈大。管内翅片形式多样，部分内翅片形式如图 9-34 所示。

（2）外翅片圆管。当管外流体传热膜系数比管内流体传热膜系数小时，需要在管外扩展传热表面，增加传热膜系数。和管内翅片一样，影响翅化表面传热的主要因素是翅片高度、翅片厚度、翅片间距以及翅片材料的导热系数。外翅片圆管有纵向翅片管和横向翅片管，纵向翅片管包括连续平直翅片(如图 9-35 所示)、穿孔翅片等类型；横向翅片管包括圆形翅片管、螺旋翅片管等类型，如图 9-36 所示。

图 9-34　内翅片管

图 9-35　纵向平直翅片管

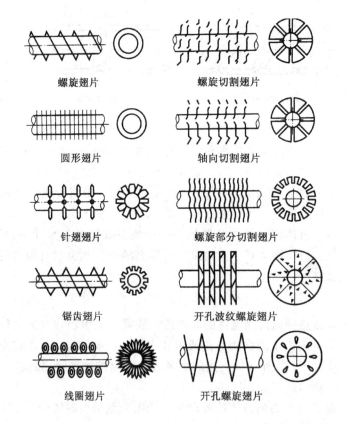

螺旋翅片　　　　　螺旋切割翅片

圆形翅片　　　　　轴向切割翅片

针翅翅片　　　　　螺旋部分切割翅片

锯齿翅片　　　　　开孔波纹螺旋翅片

线圈翅片　　　　　开孔螺旋翅片

图 9-36　横向翅片管

(3) 板式翅片。板式翅片也称为管板式翅片，如图 9-37 所示。在由管板式翅片组成的换热元件中，由于管子的影响，管外流体沿板式翅片表面的流动既有层流和湍流，又有涡旋流和加速流。因此，板式翅片上各局部位置的换热程度的强弱存在着很大差异，板式翅片传热会受到雷诺数、管排数、翅片间距和管间距的影响。

(4) 槽带板式翅片。槽带板式翅片即在板式翅片的表面加工出一些隆起于翅片表面且相互平行的窄小条带，且在每个条带的下方对应有一个槽缝的板式翅片结构，如图 9-38

所示。这种槽带板式翅片的传热系数是普通板式翅片的 1.6 倍左右，而空气的流动阻力仅是普通板式翅片的 1.1 倍左右。槽带板式翅片已广泛应用于空调工业以及干式冷却塔的空气冷却器中。

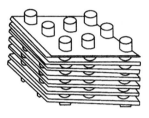

图 9-37 板式翅片结构

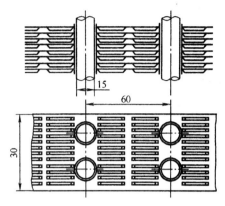

图 9-38 槽带板式翅片

（5）穿孔翅片。穿孔翅片是在翅片上加工了一些长圆孔或圆孔的翅片，翅片上的这些小孔按一定的方向（错排或顺排）排列，如图 9-39 所示。穿孔翅片可增加对流传热膜系数，而流动阻力增加不大。翅片表面上的小孔不仅具有扰动气流、阻止边界层发展的作用，而且还具有使流经它的气流产生涡旋的作用。翅片上的小孔可以促使流动状态由层流提前过渡到湍流，使翅片表面的传热得到增强。

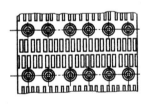
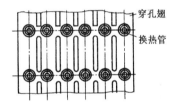

穿孔翅

换热管

图 9-39 穿孔翅片结构

3）其他形状换热管

（1）缩放管。缩放管由依次交替的收缩段和扩张段组成，如图 9-40(a)所示，使流体始终在方向反复改变的纵向压力梯度的作用下流动。扩张段产生的剧烈漩涡在收缩段可以得到有效的利用，收缩段还可起到提高边界层流体流动速度的目的。试验表明，缩放管在雷诺数较大的情况下操作特别有利。在同等压力降下，缩放管的传热量比光管增加 70% 以上。缩放管的形状为相对流线型，因而流动阻力比横纹槽管小，更适合低压气体和含杂质较多的流体的传热。实践表明，缩放管与整圆形折流板的组合有显著的强化传热效果。

（2）螺纹管。螺纹管又称低肋管，如图 9-40(b)所示，主要靠管外肋化（肋化系数为 2～3）扩大传热面积，一般用于管内传热系数比管外传热系数大 1 倍以上的场合。对于管外的冷凝及沸腾，由于表面张力的影响，也有较好的强化作用。美国 Phillips 石油公司用螺纹管与折流杆组合，不仅消除了换热管振动问题，而且比弓形折流板横向流换热器的传热系数提高了 30% 左右，管束的压降减少了 50%。

（3）波纹管。波纹管是在普通换热管的基础上经特殊工艺加工而成的一种管内外都有凹凸波形，既能强化管内又能强化管外的双面强化管。波纹换热管的管体结构如图9-40(c)所示。由于其截面的周期性变化，换热管内、外流体总是处于规律性的扰动状态，流体在管内周期性的能量积累与释放使整个内表面都受到流体的冲刷，由于冲刷良好，不易形成污垢层，从而使传热系数得到提高，K 值较光管提高 2～3 倍。由这种换热管制成的管壳式换热器(称为波纹管换热器)与传统的管壳式换热器相比，具有传热效率高、不易结垢、热补偿能力好、体积小、节省材料等一系列优点，目前已在水-水、汽-水等热交换工况下得到了应用。

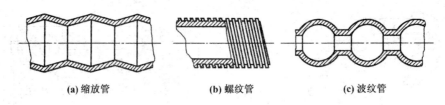

| (a) 缩放管 | (b) 螺纹管 | (c) 波纹管 |

图 9-40　几种表面粗糙换热管

2. 内插件强化传热

在换热管内加入某种形式的内插强化元件是管式换热器强化管程单相流体传热的有效措施之一，尤其对于气体、低雷诺数或高黏度的流体传热更为有效。此方法不改变传热面的形状，而是通过改变换热管内流体的流动来强化传热，提高传热效率，简便有效，也有利于传热面积的扩大，且易于对旧设备进行改造，应用广泛。目前管内插入物的种类较多，主要是利用各种金属的条、带、片和丝等绕制或扭曲成螺旋形(如螺旋线、扭带、错开扭带、螺旋片和静态混合器等)，或冲成带有缺口的插入带。各种插入物强化传热的机理是：利用插入物使流体产生径向流动，从而加强流体的扰动，获得较高的对流传热系数。在设计过程中，应考虑加入内插件后的压降增大造成的影响。

9.3.3　壳程强化传热

目前，换热设备壳程强化传热的途径主要有：一是改变管子外形或在管外加翅片，即通过管子形状或表面性质的改变来达到强化传热的目的，如采用螺纹管、外翅片管等，此方法在前文已述及；二是改变壳程挡板或管束的支承结构，使壳程流体的流动形态发生变化，以减少或消除壳程流动与传热的滞留死区，使换热面积得到充分的利用。

1. 改变壳程挡板结构

传统的管壳式换热器采用单弓形折流板支承，壳程流体易产生流动死区，换热面积无法充分利用，因而壳程传热系数低、易结垢、流体阻力大；且当流体横向流过管束时，还可能引起管束的流体诱导振动。因此，为了消除此弊端，近年来出现了许多新型的折流板支承结构，如多弓形折流板、整圆形板、异形孔板、网状整圆形板等。这些支承结构的特点是尽可能将原折流板流体的横向流动变为平行于换热管的纵向流动，以消除壳程流体流动与传热的死区，达到强化传热的目的。

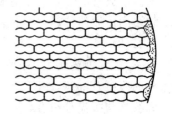

图 9-41　网状整圆形折流板

图 9-41 为网状整圆形折流板，壳程流体沿轴向流动，避免了流体因转弯引起的滞留

死区，流体压力降小；且网状整圆形折流板通透性好，传热面积可得到充分的利用。实验结果表明，在中、低黏度范围内，这种网状整圆形折流板换热器的传热效果明显优于传统的单弓形折流板换热器。

2. 改变管束支承结构

经过多年的研究、应用和发展，换热设备产生了多种管束支承结构，下面重点介绍杆式支承、自支承以及螺旋折流式支承结构。

1）杆式支承结构

杆式支承结构是将管壳式换热器中的折流板改为杆式支承结构，如图 9-27 所示的折流杆即为杆式支承结构，它具有许多优点：使换热器壳程流体主要呈轴向流动，消除了弓形折流板造成的传热死区；由于壳程介质为轴向流动，不会产生如弓形折流板那么多的转向和缺口处的节流效应，因而流动阻力较小，一般为传统弓形折流板的 50% 以下，达到了节能的效果；结垢速率变慢，延长了操作周期；消除了弓形折流板造成的局部腐蚀和磨损（或切割）破坏，改善了换热管的支承情况和介质的流动状态；消除或减少了因换热管的振动而引起的管子破坏，延长了换热器的使用寿命。

由于折流杆换热器壳程流体为轴向流动，因此折流杆换热器适合在高雷诺数（或高流速）下运行；在中低雷诺数下运行时强化传热效果不显著，或者无效，甚至比折流板换热器更差，此时可进一步改进换热器的结构，例如采用多壳程的折流杆换热器。

2）自支承结构

自支承结构通过采用自支承管（如刺孔膜片管、螺旋扁管和变截面管）来简化管束支承，提高换热器的紧凑度。

（1）刺孔膜片管。刺孔膜片管是将每根换热管上、下两侧开设沟槽，内中嵌焊冲有孔和毛刺的膜片，如图 9-42（a）所示。此管结构对壳程性能的主要影响是：膜片上的毛刺起扰流作用，增大了流体湍动程度，同时各区域的流体通过小孔实现了一定程度的混合。刺孔膜片嵌焊于管壁，既是支承元件，又是管壁的延伸，增大了单位体积内的有效传热面积。毛刺和孔可使换热表面上的边界层不断更新，减小了层流内层的厚度，能有效提高换热系数。壳程流体的流动为完全轴向流动，阻力几乎全部是液体的黏性力，因此壳程压力降会大幅降低。

（2）螺旋扁管。螺旋扁管是由圆管轧制或椭圆管扭曲而成的具有一定导程、靠相邻管突出处的点接触支承的管子，如图 9-42（b）所示。此管结构对壳程性能的主要影响是：壳程流体在换热管螺旋面的作用下总体呈轴向流动，同时伴有螺旋运动，这种流速和流向的周期性改变加强了流体的轴向混合和湍动程度。同时，流体流经相邻管子的螺旋线接触点后形成脱离管壁的尾流，增大了流体自身的湍流度，破坏了流体在管壁上的传热边界层，从而强化了传热效果。

（3）变截面管。变截面管由变径部分的点接触支承管子，同时又构成了壳程的扰流元件，省去了管间支承物，如图 9-42（c）所示。此管结构对壳程性能的主要影响是：管子排列紧凑，增大了单位体积内的换热面积。因管间距小，可提高壳程流速，从而增强了湍流度，使管壁上的传热边界层变薄。另外，换热管截面形状的变化对管内、外流体的传热都具有强化作用。

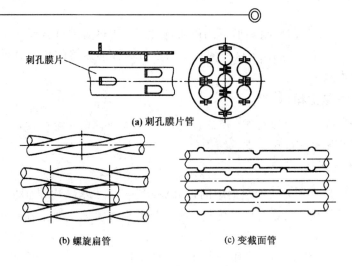

(a) 刺孔膜片管

(b) 螺旋扁管

(c) 变截面管

图 9-42　自支承管及其自支承结构

3）螺旋折流式支承结构

螺旋折流板是圆截面的折流板相互作用形成的一种特殊的螺旋形结构，每个折流板与壳程流体的流动方向成一定角度，可使壳程流体沿着折流板做螺旋运动，如图 9-43 所示。螺旋流动增强了流体湍动，减少了管板与壳体之间易结垢的死角，能显著地防止结垢，从而提高换热效率；相同流量下的流动压降小；消除了弓形折流板后的卡曼漩涡，防止了流体诱导振动；对于低雷诺数（Re＜1000）下的传热效果更为突出。实验表明，螺旋流换热器的流动状况非常理想，不存在流动死区，消除了弓形折流板的返混现象，可大幅提高有效传热温差；螺旋通道内柱状流的速度梯度影响了边界层的形成，使传热系数大大提高。

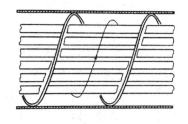

图 9-43　螺旋折流式支承

上述各种强化传热的结构已在工程中得到了不同程度的应用。在实际的工程应用中，往往同时利用不同种类的管子支承结构的复合、新型支承和强化管复合等两种或两种以上的强化传热手段实现换热设备的强化传热。然而，各种结构对换热设备中流体流动的细观形态和对传热的影响还不十分清楚，理论研究还不完善，有待于进一步研究。

小　结

1. 内容归纳

本章内容归纳如图 9-44 所示。

2. 重点和难点

（1）重点：换热设备的分类，尤其是间壁式换热器的分类；管壳式换热器的基本类型及其结构；传热强化技术。

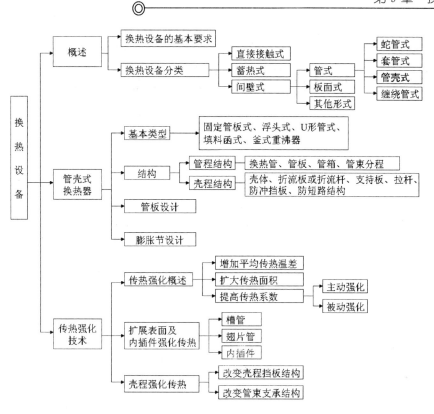

图 9-44　换热设备内容归纳

（2）难点：管壳式换热器的结构；传热强化技术。

思　考　题

（1）换热设备有哪几种主要形式？

（2）间壁式换热器有哪几种主要形式？各有什么特点？

（3）管壳式换热器主要有哪几种形式？换热管与管板有哪几种连接方式？各有什么特点？

（4）换热设备传热强化可采取哪些途径来实现？

（5）简述换热器管程与壳程强化传热的方法。

第10章 塔 设 备

本章教学要点

知识要点	掌握程度	相关知识点
概述	了解塔设备的应用及选型，掌握塔设备的总体结构	塔设备的基本要求，塔设备的总体结构
板式塔	掌握板式塔的分类及结构，熟练掌握板式塔塔盘的结构	板式塔的分类，板式塔的结构，塔盘的结构
填料塔	掌握填料的分类及其特性，掌握填料塔内件的结构设计	填料的分类及其特性，填料塔内件的结构
塔设备的附件	掌握塔设备的主要附件	除沫器、进出料接管、裙座、吊柱
塔的强度设计	熟练掌握塔设备承受的载荷类型及其计算，掌握塔体的强度及稳定性校核方法、裙座基础环的设计方法，了解地脚螺栓的设计方法	塔设备的固有周期、塔设备的载荷、塔体的强度及稳定性校核方法、裙座基础环的设计方法、地脚螺栓的设计方法

10.1 概 述

10.1.1 塔设备的应用

在化工、石油化工、炼油、医药、食品及环境保护等工业部门，塔设备是一种重要的单元操作设备。在这些领域的各种生产过程中，常常需要采用精馏、吸收、萃取等方法将混合物质(气态或液态)分离成为较纯净的物质。这些生产过程称为物质分离过程或物质传递过程，分离过程大多是在塔设备内进行的。据统计，无论是塔设备的投资费用还是所消耗的钢材重量，在整个过程设备中所占的比例都相当高。例如，在炼油厂和化工生产装置中，塔设备的投资费用占整个工艺设备费用的 25.39%；在年产 250 万吨常减压炼油装置中耗用的钢材重量占 62.4%；在年产 60～120 万吨催化裂化装置中占 48.9%。

塔设备的作用是实现气(汽)-液相或液-液相之间的充分接触，从而达到相际间传质及传热的目的。塔设备广泛用于蒸馏、吸收、解吸、萃取、气体的洗涤、增湿及冷却等单元操作中，其操作性能的好坏，对整个装置的生产、产品产量、质量、成本以及环境保护、"三废"处理等都具有较大的影响。因此对塔设备的研究一直是工程界所关注的热点。

10.1.2 塔设备的选型

1. 塔设备的总体结构

塔设备的种类很多，为了便于比较和选型，须对塔设备进行分类，常见的分类方法包括：

（1）按操作压力，可分为加压塔、常压塔及减压塔；

（2）按单元操作，可分为精馏塔、吸收塔、解吸塔、萃取塔、反应塔、干燥塔等；

（3）按内件结构，可分为板式塔、填料塔。

目前工业上应用最广泛的是板式塔及填料塔，本章将主要讨论这两类塔设备。

板式塔是一种逐级（板）接触的气液传质设备。塔内以塔板作为基本构件，气体自塔底向上以鼓泡或喷射的形式穿过塔板上的液层，使气-液相密切接触并进行传质与传热，两相的组分浓度呈阶梯式变化。图 10-1 为板式塔的总体结构。

填料塔属于微分接触型的气液传质设备。塔内以填料作为气液接触和传质的基本构件。液体在填料表面呈膜状自上而下流动，气体呈连续相自下而上与液体作逆流流动，并进行气液两相间的传质和传热，两相的组分浓度和温度沿塔高连续变化。图 10-2 为填料塔的总体结构。

无论是板式塔还是填料塔，除各种内件之外，均由塔体、支座、人孔或手孔、除沫器、接管、吊柱及扶梯、操作平台等组成。

（1）塔体：即塔设备的外壳。常见的塔体由等直径、等厚度的圆筒及上、下封头组成，封头一般采用标准椭圆形结构。塔设备通常安装在室外，因而塔体除了承受一定的操作压力（内压或外压）、温度的作用外，还要考虑风载荷、地震载荷以及偏心载荷的作用。此外还要满足在试压、运输及吊装时的强度、刚度及稳定性的要求。

（2）支座：是塔体与基础的连接结构。因塔设备较高、重量较大，且为露天安置，经常受到风力及地震载荷的影响，为了保证足够的强度及刚度，通常采用裙式支座。

（3）人孔及手孔：为满足安装、检查、维修等的需要，通常在塔体上设置人孔或手孔。不同的塔设备，人孔或手孔的结构及位置等的要求有所不同。

（4）接管：用于连接工艺管线，使塔设备与其他相关设备连接成封闭的系统。按其用途可分为进液管、出液管、回流管、进气管、出气管、侧线抽出管、取样管、仪表接管、液位计接管等。

（5）除沫器：用于捕集夹带在气流中的液滴。除沫器工作性能的好坏对除沫效率、分离效果都具有较大的影响。

（6）吊柱：安装于塔顶，主要用于安装、检修时吊运塔内件。

（7）扶梯及操作平台：主要包括操作及检维修时人员的上、下通道及作业空间。

2. 塔设备的选型

填料塔和板式塔均可用于蒸馏、吸收等气-液传质过程，但在两者之间进行比较及合理选择时，必须考虑多方面因素，如被处理物料的性质、操作条件和塔的制造、维修等因素。选型时很难提出绝对的选择标准，而只能提出一般的参考意见，表10-1列出了一些板式塔和填料塔的主要区别。

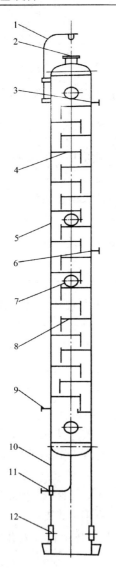

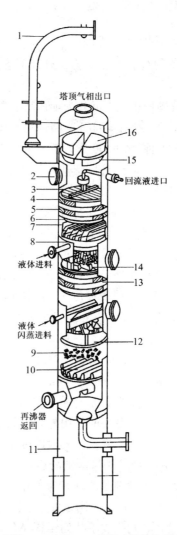

塔顶气相出口

回流液进口

液体进料

液体
闪蒸进料

再沸器
返回

1—吊柱；2—气体出口；3—回流液入口；
4—精馏段塔盘；5—壳体；6—料液进口；
7—人孔；8—提馏段塔盘；9—气体入口；
10—裙座；11—釜液出口；12—裙座人孔

图 10 - 1　板式塔的总体结构

1—吊柱；2—人孔；3—排管式液体分布器；
4—床层定位器；5,13—规整填料；6—填料支承栅板；
7—液体收集器；8—集液管；9—散装填料；
10—填料支承装置；11—裙座；12—槽式液体再分布器；
14—盘式液体再分布器；15—防涡流器；16—除沫器

图 10 - 2　填料塔的总体结构

表 10 - 1　板式塔与填料塔的区别

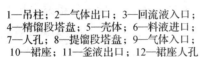

塔型　项目	板式塔	填料塔
压降	较大	小尺寸填料压降较大；大尺寸填料及规整填料压降较小
空塔气速	较大	小尺寸填料气速较小；大尺寸填料及规整填料气速可较大
塔效率	较稳定，效率较高	传统填料效率较低；新型乱堆及规整填料塔效率较高

续表

项目 \ 塔型	板式塔	填料塔
液-气比	适用范围较大	对液体量有一定要求
持液量	较大	较小
安装、检修	较容易	较难
材质	一般用金属材料	金属及非金属材料均可
造价	大直径时造价较低	新型填料，投资较大

1）板式塔选型

在进行填料塔和板式塔的选型时，下列情况可优先考虑选用板式塔：

（1）塔内液体滞液量较大，要求塔的操作负荷变化范围较宽，对进料浓度变化要求不敏感，要求操作易于稳定。

（2）液相负荷较小，因为这种情况下，填料塔的分离效率会由于填料表面湿润不充分而降低。

（3）物料中含固体颗粒、容易结垢及有结晶的情况，因为板式塔的液流通道较大，不易堵塞。

（4）在操作过程中伴随有放热或需要加热的物料，需要在塔内设置内部换热组件（如加热盘管），需要多个进料口或多个侧线出料口，因为板式塔的结构容易实现，此外，塔板上较多的滞液量便于加热或冷却管进行有效地传热。

2）填料塔选型

下列情况下，可优先选用填料塔：

（1）在分离程度要求高的情况下，因某些新型填料具有高的传质效率，故可采用新型填料以降低塔的高度。

（2）具有腐蚀性的物料，可选用填料塔，因为可采用非金属材料的填料，如陶瓷、塑料等。

（3）容易发泡的物料，宜选用填料塔，因为在填料塔内，气相主要不以气泡形式通过液相，可减少发泡的危险，此外，填料还可以使泡沫破碎。

实践证明，在较高压力下操作的蒸馏塔仍多采用板式塔，因为在压力较高时，塔内气液比过小，且由于气相返混剧烈等原因，填料塔的分离效果往往不佳。

3. 塔设备的现状与发展动态

1813 年泡罩塔开始出现，1832 年用于酿造工业，是出现较早并获得广泛应用的一种板式塔。1881 年工业规模的填料塔开始用于蒸馏操作，当时的填料只有碎砖瓦、小石块和管道短节等。20 世纪初，随着炼油工业的发展和石油化学工业的兴起，塔设备被广泛采用。20 世纪中期，为适应各种化工产品的生产，开发了一些新型塔盘，如条形泡罩塔盘、筛板塔盘、浮阀塔盘、舌形塔盘等。这一时期，在瓷环填料被广泛采用的基础上，人们开发了鲍尔环填料、狄克松环填料、麦克马洪填料、矩鞍形填料等。

从 20 世纪 60 年代起，随着化学及炼油工业的大型化发展，塔设备的单塔规模也随之增大，直径在 10 m 以上的板式塔已经出现，塔板数可达上百块，塔的高度可达 80 m 以上，重量可达几百吨。填料塔的最大直径已达到 15 m，高度达到 100 m。

目前，我国常用的板式塔仍为泡罩塔、浮阀塔、筛板塔等；填料塔除拉西环、鲍尔环外，阶梯环以及丝网波纹填料、金属板波纹填料等规整填料也大量采用。近年来，参考国外塔设备技术的发展动向，我国加强了对筛板塔的科研工作，提出了斜孔塔和浮动喷射塔等新塔型；对多降液管塔盘、导向筛板、网孔塔盘等也都进行了研究，并推广应用于生产。

10.2 板 式 塔

10.2.1 板式塔的分类

板式塔的种类繁多，通常可按如下方式分类：

(1) 按塔板的结构分类，包括泡罩塔、筛板塔、浮阀塔、舌形塔等。其中，应用最早的是泡罩塔及筛板塔，20 世纪 50 年代后期开发了浮阀塔。目前应用最广泛的板式塔是筛板塔及浮阀塔。

(2) 按气液两相流动方式分类，包括错流板式塔和逆流板式塔，或称有降液管的塔板和无降液管的塔板。其工作情况如图 10-3 所示，其中有降液管的塔板应用较为广泛。

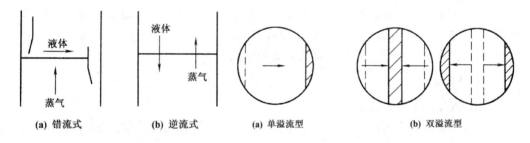

| (a) 错流式 | (b) 逆流式 | (a) 单溢流型 | (b) 双溢流型 |

图 10-3　错流式和逆流式塔板　　　　图 10-4　液体的流型

(3) 按液体流动形式分类，包括单溢流型和双溢流型等，如图 10-4 所示。单溢流型塔板应用最为广泛，因其结构简单，液体行程长，有利于提高塔板的效率。但当塔径或液量较大时，塔板上的液位梯度较大，导致气液分布不均或降液管过载。双溢流塔板宜用于塔径及液量较大的场合，液体分流为两股，减小了塔板上的液位梯度，也减少了降液管的负荷；缺点是降液管要相间地置于塔板的中间或两边，占用了一部分塔板的传质面积。

10.2.2 板式塔的结构

1. 板式塔的结构

1) 泡罩塔

泡罩塔是工业应用最早的板式塔，应用于蒸馏、吸收等工艺操作过程中，在相当长的一段时间内是板式塔中较为流行的塔型。其优点是操作弹性大，在负荷波动范围较大时，仍能保持塔的稳定操作及较高的分离效率；气液比的范围大，不易堵塞等。缺点是结构复杂、造价高、气相压降大以及安装维修困难等。20 世纪 50 年代以来，各种新型塔板不断出现，泡罩塔已几乎被浮阀塔和筛板塔所代替。目前，只在某些情况如生产能力变化大、操作稳定性要求高、分离能力相当稳定等要求时，可考虑使用泡罩塔。

　　泡罩塔盘的结构主要由泡罩、升气管、溢流堰、降液管及塔板等部分组成，详见图

10-5。液体由上层塔板通过左侧降液管经下部 A 处流入塔盘，然后横向流过塔盘上布置泡罩的区段 B-C，此区域为塔盘上有效的气液接触区，C-D 段用于初步分离液体中夹带的气泡，最后液体越过出口堰板并流入右侧的降液管。在堰板上方的液层高度称为堰上液层高度，液体流入降液管内经静止分离。蒸气上升返回塔盘，清液则流入下层塔板。蒸气由下层塔盘上升进入泡罩的升气管，经过升气管与泡罩间的环形通道，最终穿过泡罩的齿缝分散到泡罩间的液层。蒸气从齿缝中流出时，形成气泡，搅动了塔盘上的液体，并在液面上形成泡沫层。气泡离开液面时破裂而形成带有液滴的气体，小液滴相互碰撞形成大液滴并降落，最终回到液层。还有少量微小液滴被

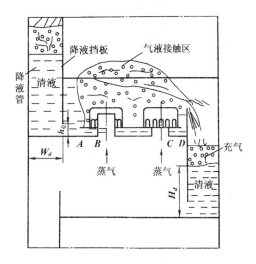

图 10-5　泡罩塔塔盘上的气液接触

蒸气夹带到上层塔盘，这种现象称为雾沫夹带。如上所述，蒸气从下层塔盘进入上层塔盘的液层并继续上升的过程中，与液体充分接触，并进行传热与传质。

　　泡罩塔的气液接触元件是泡罩，包括圆形和条形两大类，应用最为广泛的是圆形泡罩，直径有 $\phi 80$ mm、$\phi 100$ mm 和 $\phi 150$ mm 三种。前两种为矩形齿缝，并带有帽缘，后一种为敞开式齿缝，如图 10-6 所示。泡罩在塔盘上通常采用等边三角形排列，中心距为泡罩直径的 1.25～1.5 倍。两泡罩外缘的距离应保持在 25～75 mm 左右，以确保良好的鼓泡效果。

(a) 矩形齿缝　　　　　　　　　(b) 敞开式齿缝

图 10-6　圆形泡罩的结构

2）浮阀塔

　　浮阀塔是 20 世纪 50 年代前后开发和应用的板式塔，并在石油、化工等工业领域替代了传统的泡罩塔，成为当今应用最广泛的塔型之一，并因其具有优异的综合性能，在设计和选用塔型时常作为首选的板式塔。

　　如图 10-7 所示，浮阀塔塔盘上开有一定形状的阀孔，孔中安装了可在适当范围内上、

下浮动的阀片，可适应较大气相负荷的变化。阀片的形状有圆形、矩形等。圆形浮阀结构如图 10 - 8 所示。

图 10 - 7　浮阀塔盘　　　　　　　　　　　　图 10 - 8　圆形浮阀

浮阀是浮阀塔的气液传质元件。目前国内应用最为普遍的是 F1 型浮阀。F1 型浮阀分为轻阀和重阀两种。由于轻阀漏液率较大，除真空操作时选用外，一般使用重阀。浮阀的阀片及三个阀腿由整体冲压制成，阀片的周边还冲有三个下弯的小定距片。在关闭阀孔时，浮阀能保留其与塔板间的一小段间隙，一般为 2.5 mm，同时，小定距片还能保证阀片停留在塔板上与其他点接触，避免阀片粘在塔板上而无法上浮。阀片四周向下倾斜，且有锐边，增加了气体进入液层的湍动作用，有利于气液传质。浮阀的最大开度由阀腿的高度决定，一般为 12.5 mm。

浮阀塔操作时气、液两相的流程与泡罩塔相似，蒸气从阀孔上升，顶开阀片，穿过环形缝隙，然后以水平方向进入液层，形成泡沫。浮阀能随气速的增减在相当大的气速范围内自由升降，以保持稳定的操作。

浮阀塔的优点有：生产能力大，比泡罩塔提高 20％～40％；操作弹性大，在较宽的气相负荷范围内，塔板效率变化较小，其操作弹性较筛板塔有较大的改善；塔板效率较高，因其气液接触状态较好，且气体沿水平方向进入液层，雾沫夹带较小；塔板结构及安装比泡罩塔简单，重量较轻，制造费用仅为泡罩塔的 60％～80％左右。

浮阀塔的缺点为：在气速较低时，仍有塔板漏液，故低气速时板效率有所下降；浮阀阀片有卡死和吹脱的可能，会造成操作运转及检修的困难；塔板压力降较大，对其在高气相负荷及真空塔中的应用有所妨碍。

3）筛板塔

筛板塔也是应用历史悠久的塔型之一，与泡罩塔相比，筛板塔结构简单，成本可降低40％左右，板效率提高了 10％～15％，安装维修方便。近年来，板式塔领域发展了孔径达20～25 mm 的大筛孔以及导向筛板等多种筛板塔。

筛板塔结构及气液接触状况如图 10 - 9 所示，筛板塔塔盘分为筛孔区、无孔区、溢流堰及降液管等部分。气液接触情况与泡罩塔类似，液体从上层塔盘的降液管流下，横向流过塔盘，越过溢流堰经降液管流入下一层塔盘，塔盘依靠溢流堰的高度保持其液层的高度。蒸气自下而上穿过筛孔时被分散成气泡，在穿越塔盘上液层时，进行气液两相间的传热与传质。

筛板上筛孔直径的大小及间距直接影响塔板的操作性能，一般液相负荷的塔板，筛孔孔径可采用 $\phi 4～6$ mm。筛孔通常按正三角形排列，孔间距 t 与孔径 d_o 的比值一般为

2.5～5，最佳值为 3～4。

溢流堰的高度决定了塔盘上的液层深度，溢流堰高，则气液接触时间长，板效率高；在液相负荷较小时，容易保证气液相的均匀接触，对筛板安装的要求也可适当降低。一般而言，常压操作时，溢流堰高度可取 25～50 mm，减压蒸馏时，可取 10～15 mm。

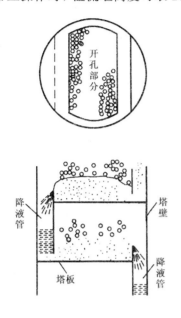

图 10 - 9　筛板塔结构及气液接触状况

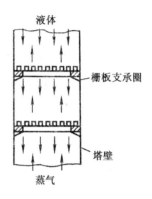

图 10 - 10　穿流式栅板塔

4）无降液管塔

无降液管塔是一种典型的气液逆流式塔，其塔盘上无降液管，但开设有栅缝或筛孔作为气相上升和液相下降的通道。操作时，蒸气由栅缝或筛孔上升，液体在塔盘上被上升的气体阻挠，形成泡沫，两相在泡沫中进行传热与传质。与气相密切接触后的液体又不断从栅缝或筛孔流下，气液两相同时在栅缝或筛孔中形成上下穿流，因此又称为穿流式栅板或筛板塔。

塔盘上的气液通道可采用冲压而成的长条栅缝或圆形筛孔。栅板也可用扁钢条拼焊而成，栅缝宽度为 4～6 mm，长度为 60～150 mm，栅缝中心距为 1.5～3 倍的栅缝宽度，筛孔直径通常采用 $\phi5～8$ mm，塔板的开孔率为 15%～30%，塔盘间距可取 300～600 mm。图 10 - 10 为栅板塔的简图。

无降液管塔的优点是：由于没有降液管，结构简单，加工容易，安装检修方便，投资少；因节省了降液管所占的塔截面(一般约为塔盘截面的 15%～30%)，允许通过更多的蒸气量，因此生产能力比泡罩塔高 20%～100%；因塔盘开孔率大，栅缝或筛孔处的气速比溢流式塔盘小，所以压力降较小，是泡罩塔的 40%～80%，可用于真空蒸馏。

无降液管塔的缺点是：板效率比一般板式塔低 30%～60%；操作弹性较小，在保持较好的分离效率时，塔板负荷的上、下限之比约为 2.5～3.0。

5）导向筛板塔

导向筛板塔是在普通筛板塔的基础上，对筛板作了两项有意义的改进：一是在塔盘上开设一定数量的导向孔，通过导向孔的气流对液流有一定的推动作用，有利于推进液体并减小液面梯度；二是在塔板的液体入口处增设了鼓泡促进结构（也称鼓泡促进器），使液体刚进入塔板就迅速鼓泡，达到了良好的气液接触，以提高塔板的利用率，使液层减薄，压降减小。与普通筛板塔相比，使用这种改进的塔盘，压降可下降 15%，板效率可提高 13% 左右，可用于减压蒸馏和大型分离装置。

导向筛板的结构如图 10-11 所示，导向孔的形状类似百叶窗，凸起在板面上，开口形状为细长的矩形缝。缝长有 12 mm、24 mm 和 36 mm 三种。导向孔的开孔率一般取 10%～20%，可视物料性质而定。导向孔的开缝高度一般为 1～3 mm。鼓泡促进器是在塔板入口处形成的凸起部分，凸起高度一般取 3～5 mm，斜面的正切值 $\tan\theta$ 一般在 0.1～0.3 之间，斜面上通常仅开有筛孔，而不开导向孔。筛孔的中心线与斜面垂直。

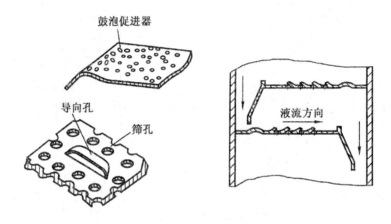

图 10-11　导向筛板的结构

6）斜喷型塔

一般情况下，塔盘上的气流垂直向上喷射（如筛板塔），这样往往会造成较大的雾沫夹带，如果使气流在塔盘上沿水平方向或倾斜方向喷射，则可以减轻夹带，同时通过调节倾斜角度还可改变液流方向，减小液面梯度和液体的返混现象。

（1）舌形塔。这是应用较早的一种斜喷型塔，气体通道采用在塔盘上冲出的以一定方式排列的舌片。舌片开启一定的角度，舌孔方向与液流方向一致，如图 10-12(a) 所示。因此，气相喷出时可推动液体，使液面梯度减小，液层减薄，处理能力增大，并使压降减小。舌形塔结构简单，安装检修方便，但负荷弹性较小，塔板效率较低，使用受到一定的限制。

舌孔的形式有两种，三面切口和拱形切口，见图 10-12(b)，通常采用三面切口的舌孔。舌片包括 25 mm 和 50 mm 两种形式，一般用 50 mm 的舌片，如图 10-12(c) 所示，舌片的张角通常采用 20°。

（2）浮动舌形塔。这是 20 世纪 60 年代研制出的一种定向喷射型塔板，其处理能力大，压降小，舌片可以浮动。因此，塔盘的雾沫夹带及漏液量均较小，操作弹性显著增加，板效率也较高，但缺点是其舌片容易损坏。

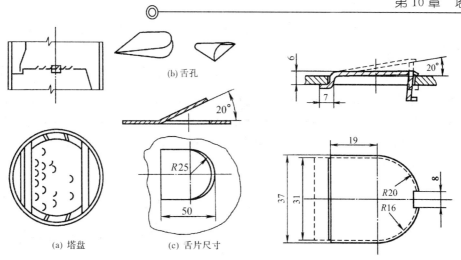

(b) 舌孔

(a) 塔盘　　　　　(c) 舌片尺寸

图 10-12　舌形塔

图 10-13　浮动舌形塔的舌片

浮动舌片的结构见图 10-13，其一端可以浮动，最大张角约为 20°，舌片厚度一般为 1.5 mm，质量约为 20 g。

2. 板式塔的比较

表 10-2 列出了常用板式塔的性能比较，与泡罩塔相比，浮阀塔在蒸气负荷、操作弹性、效率方面都具有明显的优势，因而目前获得了广泛的应用。筛板塔的压降小、造价低、生产能力大，除操作弹性较小外，其余均接近浮阀塔，故应用也较为广泛。栅板塔的操作范围较小，板效率随负荷的变化较大，应用受到了一定的限制。

表 10-2　板式塔性能的比较

塔　　型	与泡罩塔相比的相对气相负荷	效率	操作弹性	85% 最大负荷时的单板压降/mm 水柱	与泡罩塔相比的相对价格	可靠性
泡罩塔	1.0	良	优	45～80	1.0	优
浮阀塔	1.3	优	优	45～60	0.7	良
筛板塔	1.3	优	良	30～50	0.7	优
舌形塔	1.35	良	优	40～70	0.7	良
栅板塔	2.0	良	中	25～40	0.5	中

10.2.3　板式塔塔盘的结构

板式塔的塔盘可分为两大类，即溢流型和穿流型。溢流型塔盘设有降液管，塔盘上的液层高度由溢流堰的高度调节。因此，操作弹性较大，并且能保持一定的效率。对于穿流式塔盘，气液两相同时穿过塔盘上的孔，因而处理能力大，压力降小，但其操作弹性及效率较差。本节仅介绍溢流型塔盘的结构。

溢流型塔盘由塔板、降液管、受液盘、溢流堰和气液接触元件等部分组成。

1. 塔盘

根据塔径的大小及塔盘的结构特点，塔盘可分为整块式塔盘及分块式塔盘。当塔径

261

DN≤700 mm 时，采用整块式塔盘；当塔径 DN≥800 mm 时，宜采用分块式塔盘。

1）整块式塔盘

根据组装方式的不同，整块式塔盘可分为定距管式及重叠式两类。采用整块式塔盘时，塔体由若干个塔节组成，每个塔节中装有一定数量的塔盘，塔节之间采用法兰连接。

（1）定距管式塔盘。用定距管和拉杆支承同一塔节内的几块塔盘并将其固定在塔节内的支座上，定距管起支承塔盘和保持塔盘间距的作用。塔盘与塔体之间的间隙以软填料密封并用压圈压紧，如图 10－14 所示。

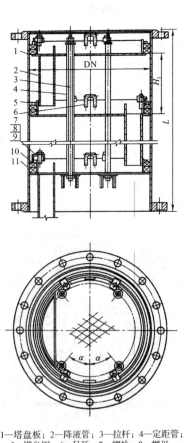

1—塔盘板；2—降液管；3—拉杆；4—定距管；
5—塔盘圈；6—吊耳；7—螺栓；8—螺母；
9—压板；10—压圈；11—石棉绳

图 10－14　定距管式塔盘结构

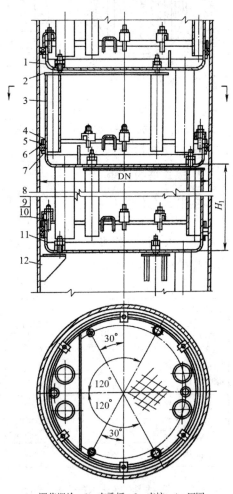

1—调节螺栓；2—支承板；3—支柱；4—压圈；
5—塔盘圈；6—填料；7—支承圈；8—压板；
9—螺母；10—螺柱；11—塔盘板；12—支座

图 10－15　重叠管式塔盘结构

对于定距管式塔盘，其塔节高度随塔径而定。通常，当塔径 DN＝300～500 mm 时，塔节高度 L＝800～1000 mm；塔径 DN＝600～700 mm 时，塔节高度 L＝1200～1500 mm。为了便于安装，每个塔节中的塔盘数以 5～6 块为宜。

（2）重叠式塔盘。每一塔节的下部均焊有一组支座，底层塔盘支承在支座上，然后依次装入上一层塔盘，塔盘间距由其下方的支柱保证，并可用三只调节螺钉调节塔盘的水平度。塔盘与塔壁之间的间隙同样采用软填料密封，然后用压圈压紧，见图 10-15。

整块式塔盘包括角焊结构及翻边结构两种。角焊结构如图 10-16 所示，是将塔盘圈角焊接于塔盘板之上的一种结构。角焊缝为单面焊，焊缝可在塔盘圈的外侧，也可在内侧。当塔盘圈较低时，采用如图 10-16(a)所示的结构，而塔盘圈较高时，则采用如图 10-16(b)所示的结构。

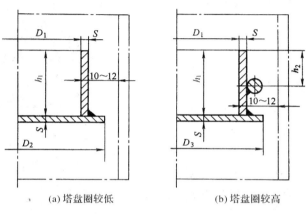

(a) 塔盘圈较低　　　　　　　(b) 塔盘圈较高

图 10-16　角焊式整块塔盘

翻边式结构的塔盘圈直接由塔板翻边而成，如图 10-17 所示，这种结构可有效避免焊接变形。如直边较短，可采用如图 10-17(a)所示的整体冲压成型结构，反之可将塔盘圈与塔板对接焊制而成，见图 10-17(b)。

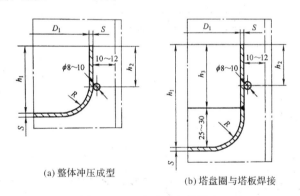

(a) 整体冲压成型　　　　　　　(b) 塔盘圈与塔板焊接

图 10-17　翻边式整块塔盘

确定整块式塔盘的结构尺寸时，塔盘圈的高度 h_1 一般可取 70 mm，但不得低于溢流堰的高度。塔圈上密封用的填料支承圈由 $\phi 8$ mm～$\phi 10$ mm 的圆钢弯制并焊于塔盘圈上。塔盘圈外表面与塔内壁面之间的间隙一般为 10～12 mm。圆钢填料支承圈距塔盘圈顶面的距离 h_2 一般可取 30～40 mm，视需要的填料层数而定。

2) 分块式塔盘

对于直径较大的板式塔，为便于制造、安装和检修，可将塔盘板分成数块，通过人孔送入塔内，装在焊于塔体内壁的塔盘支承件上。分块式塔盘的塔体通常为焊制的整体圆筒，不分塔节。分块式塔盘的组装结构详见图 10-18。

分块的塔盘板多采用自身梁式或槽式，工程中常采用自身梁式，如图 10-19 所示。分块的塔盘板被冲压成带有折边的结构，因此具有足够的刚性，可达到结构简单、节省钢材的目的。分块塔盘板的长度随塔径大小而定，最长可达 2200 mm；宽度由人孔尺寸等决定，自身梁式的塔盘板宽度有 310 mm、450 mm 两种；筋板高度 $h = 60 \sim 80$ mm；碳钢塔盘板厚度为 $3 \sim 4$ mm，不锈钢塔盘板厚度为 $2 \sim 3$ mm。

为使人能够进入各层塔盘进行塔内清洗和维修，在塔盘接近中央处应设置一块通道板。各层塔盘板上的通道板宜开在同一垂直位置上，以便于采光和拆卸。有时也可用一块塔盘板代替通道板，如图 10-18 所示。在塔体的不同高度处，通常开设有若干个人孔，维修人员可以从塔盘的上方或下方进入塔内。因此，通道板应为上、下均可拆的连接结构。

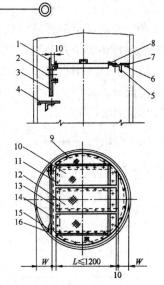

1，14—出口堰；2—上段降液板；3—下段降液板；
4，7—受液盘；5—支承梁；6—支承圈；8—入口堰；
9—塔盘边板；10—塔盘板；11，15—紧固件；
12—通道板；13—降液板；16—连接板

图 10-18　分块式塔盘的组装结构

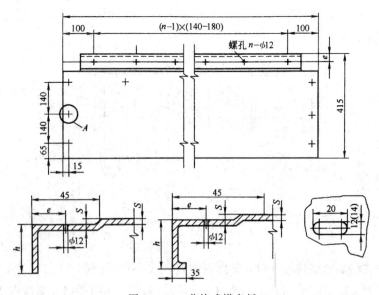

图 10-19　分块式塔盘板

分块式塔盘之间及通道板与塔盘之间的连接通常采用上、下均可拆的连接结构，如图 10-20 所示。需拆开检修时，可从上方或下方松开螺母，将椭圆垫旋转到虚线所示的位置，塔盘板 Ⅰ 即可移开。该连接结构中，主要的紧固件是椭圆垫及螺柱，详见图 10-21。为保证装拆的迅速、方便，紧固件通常采用不锈钢材料。

塔盘板通常安装在焊接于塔壁的支承圈上。塔盘板与支承圈的连接采用卡子结构，卡子由卡板、椭圆垫板、圆头螺钉及螺母等零件组成，结构如图 10-22 所示。塔盘上所开的卡子孔通常为长圆形，这是考虑了塔体椭圆度公差及塔盘板宽度尺寸公差等因素。

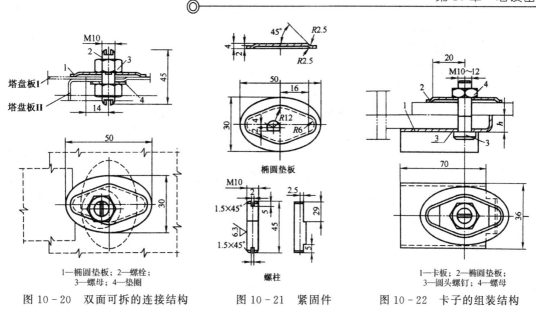

1—椭圆垫板；2—螺栓；
3—螺母；4—垫圈

图 10-20 双面可拆的连接结构

图 10-21 紧固件

1—卡板；2—椭圆垫板；
3—圆头螺钉；4—螺母

图 10-22 卡子的组装结构

2. 降液管

1) 降液管的形式

降液管的结构形式可分为圆形降液管和弓形降液管两类。圆形降液管如图 10-23(a) 所示，通常用于液体负荷低或塔径较小的场合；图 10-23(b) 为长圆形降液管。为了增加溢流周边，且保证足够的分离空间，可在降液管前方设置溢流堰。这种结构中，溢流堰所包含的弓型区截面中仅有一小部分用于有效的降液截面，因此圆形降液管不适用于液量大及容易引起泡沫的物料。弓形降液管将堰板与塔体壁面间所组成的弓形区的全部截面用作降液面积，详见图 10-23(c)。对于采用整块式塔盘的小直径塔，为了尽量增大降液截面积，可采用固定在塔盘上的弓形降液管，如图 10-23(d) 所示。弓形降液管适用于大液量及大直径的塔设备，塔盘面积的利用率高，降液能力强，气-液分离效果好。

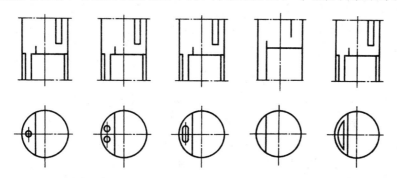

(a)圆形降液管　(b)长圆形降液管　(c)弓形降液管　(d)固定在塔盘上的弓形降液管

图 10-23 降液管形式

2) 降液管的尺寸

在确定降液管的结构尺寸时，应使夹带气泡的液流进入降液管后具有足够的分离空间，才能有效地将气泡分离出来，保证仅有清液流至下层塔盘。为此在设计降液管结构尺

265

寸时,应遵循以下几点要求:

(1) 液体在降液管内的流速为 0.03~0.12 m/s。

(2) 液流通过降液管的最大压降为 250 Pa。

(3) 液体在降液管内的停留时间为 3~5 s,通常小于 4 s。

(4) 降液管内清流层的最大高度不超过塔板间距的一半。

(5) 越过溢流堰降落时抛出的液体,不应射及塔壁。

(6) 降液管的截面积占塔盘总面积的比例通常为 5%~25% 之间。

为了防止气体从降液管底部窜入,降液管必须有一定的液封高度 h_W,详见图 10-24。降液管底端到下层塔盘受液盘面的间距 h_0 应低于溢流堰的高度 h_W,通常取 $(h_W - h_0) = 6~12$ mm,大型塔不小于 38 mm。

3) 降液管的结构

整块式塔盘的降液管一般直接焊接于塔盘板上。图 10-25 为弓形降液管的连接结构。碳钢塔盘或塔盘板较厚时,采用如图 10-25(a) 所示的结构,不锈钢塔盘或塔盘板较薄时,采用如图 10-25(b) 所示的结构。

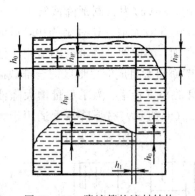

图 10-24 降液管的液封结构

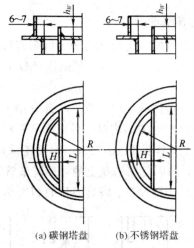

(a) 碳钢塔盘　　(b) 不锈钢塔盘

图 10-25 整块式塔盘的弓形降液管结构

分块式塔盘的降液管有垂直式和倾斜式两种,如图 10-26 所示。对于小直径或负荷小的塔设备,一般采用垂直式降液管,结构简单;如果降液面积占塔盘总面积的比例超过 12% 时,应选用倾斜式降液管。一般取倾斜降液管的倾角为 10° 左右,降液管下部的截面积为上部面积的 55%~60%,这样可以增加塔盘的有效面积。

降液管与塔体的连接有可拆式及焊接固定式两种。可拆式弓形降液管的组装形式如图 10-27 所示。其中,图 10-27(a) 为搭接式,组装时可调节其位置的高低;图 10-27(b) 所示的结构具有折边辅助梁,可增加降液管的刚度,但组装时不能调节;图 10-27(c) 所示的结构兼有可调节及刚性好的特点。

对于焊接固定式降液管的降液板,其支承圈和支承板连接并焊于塔体上形成塔盘固定件,其优点是结构简单,制造方便。但不能对降液板进行校正调节,也不便于检修,适合于介质比较干净、不易聚合、且直径较小的塔设备。

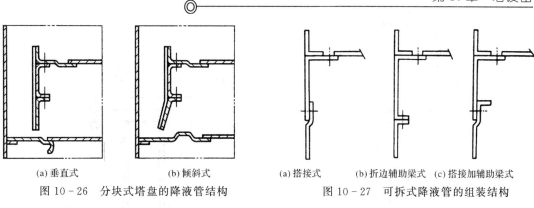

(a) 垂直式　　　　　(b) 倾斜式
图 10-26　分块式塔盘的降液管结构

(a) 搭接式　(b) 折边辅助梁式　(c) 搭接加辅助梁式
图 10-27　可拆式降液管的组装结构

3. 受液盘

为保证降液管出口处的液封，在塔盘上应设置受液盘，受液盘有平形和凹形两种，其形式和性能会直接影响塔的侧线抽出、降液管的液封和流体流入塔盘的均匀性等。

平形受液盘适用于物料容易聚合的场所，因其可以避免在塔盘上形成死角。平形受液盘的结构包括可拆式和焊接式两种，图 10-28(a) 为可拆式平形受液盘的一种。

当液体通过降液管与受液盘的压力降大于 25 mm 水柱或使用倾斜式降液管时，应采用凹形受液盘，详见图 10-28(b)。因为凹形受液盘对液体流动具有缓冲作用，可降低塔盘入口处的液封高度，使液体平稳，有利于塔盘入口区更好地鼓泡。凹形受液盘的深度一般大于 50 mm，但不得超过塔板间距的 1/3，否则应加大塔板间距。

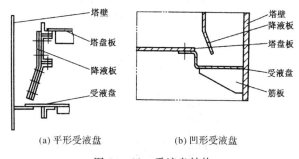

(a) 平形受液盘　　　　　(b) 凹形受液盘
图 10-28　受液盘结构

在塔或塔段最底层塔盘的降液管末端应设置液封盘，以保证降液管出口处的液封。用于弓形降液管的液封盘如图 10-29 所示，用于圆形降液管的液封盘如图 10-30 所示，液封盘上应开设泪孔用以在停工时排除液体。

4. 溢流堰

根据在塔盘上的位置不同，溢流堰可分为进口堰及出口堰。当塔盘采用平形受液盘时，为保证降液管的液封，使液体均匀流入下层塔盘，并减少液流在水平方向的冲击，故应在液流进入端设置入口堰；而出口堰的作用是保持塔盘上液层的高度，并使液体均匀分布。常见出口堰的长度 L_w 为：单流型塔盘 $L_w = (0.6 \sim 0.8)D_i$；双流型塔盘 $L_w = (0.5 \sim 0.7)D_i$（D_i 为塔的内径）。出口堰的高度 h_w，由物料的性能、塔型、液体流量及塔板压力降等因素确定。进口堰的高度 h'_w 按以下两种情况确定：当出口堰高度 h_w 大于降液管底边至受液盘板面的间距 h_0 时，可取 6～8 mm，或与 h_0 相等；当 $h_w < h_0$ 时，h'_w 应大于 h_0 以保证液封。进口堰与降液管的水平距离 h_1 应大于 h_0，详见图 10-31。

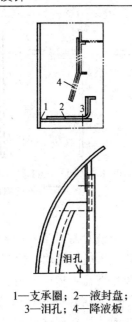

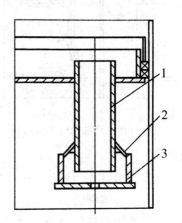

1—支承圈；2—液封盘；
3—泪孔；4—降液板

1—圆形降液管；2—筋板；
3—液封盘

图 10 - 29 弓形降液管液封盘结构   图 10 - 30 圆形降液管液封盘结构

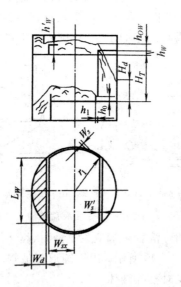

图 10 - 31 溢流堰的结构尺寸

10.3 填 料 塔

填料塔的基本特点是结构简单，压力降小，传质效率高，便于采用耐腐蚀材料制造。对于热敏性及容易发泡的物料，填料塔更能显出其优越性。过去，填料塔的塔径多在 0.6～0.7 m 以下。近年来，随着新型高效填料和其他高性能塔内件的开发，以及人们对填料流体力学、放大效应及传质机理的深入研究，填料塔技术得到了迅速发展。目前，国内外已开始利用大型高效填料塔改造板式塔，并在增加产量、提高产品质量、节能等方面取得了巨大的成效。

10.3.1　填料

填料是填料塔的核心内件，为气-液两相接触进行传质和换热提供了场所，与塔的其他内件共同决定了填料塔的性能。填料一般可分为散装填料和规整填料。填料的分类如图10-32 所示。

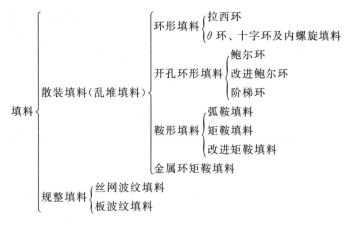

图 10-32　填料分类

1. 散装填料

散装填料是指安装时以乱堆为主(也可以整砌)的填料。这种填料是具有一定外形结构的颗粒体，故又称颗粒填料。根据形状，散装填料可分为环形、鞍形及环鞍形。每一种填料按其尺寸、材质的不同又有不同的规格。

1) 环形填料

环形填料包括拉西环、θ 环、十字环及内螺旋填料。

(1) 拉西环。最原始的填料塔采用碎石、砖块、瓦砾等无定形物作为填料。1914 年德国化学家弗里德里希·奥古斯特·拉西(Friedrich August Rasching)发明了具有固定几何形状的拉西环瓷制填料。与无定型填充物的填料塔相比，其流体通量与传质效率都有了较大的提高。这种填料的使用标志着填料的研究和应用进入了科学发展的新时期。从此，人们不断改进填料的形状和结构，出现了许多新型填料，并成功应用于化工生产中。

拉西环是高度与外径相等的圆柱体，详见图 10-33，可由陶瓷、金属、塑料等制成。拉西环的规格以外径为特征尺寸，大尺寸的拉西环(100 mm 以上)一般采用整砌方式装填，小尺寸的拉西环(75 mm 以下)多采用乱堆方式填充。因乱堆的填料间容易产生架桥，使相邻填料的外表面间形成线接触，填料层内会形成积液或液体的偏流、沟流、股流等。此外，由于填料层内滞液量大，气体通过填料层绕填料壁面流动时折返的路程较长，因此阻力较大，通量较小。但由于这种填料具有较长的使用历史，结构简单，价格便宜，所以在相当长的一段时间内应用较为广泛。

(2) θ 环、十字环及内螺旋填料。θ 环、十字环及内螺旋填料是在拉西环内分别增加一块竖直隔板、十字隔板及螺旋形隔板组合而成的，如图 10-34 所示。与拉西环相比，虽然它们的表面积增加，分离效率有所提高，但传质效率并没有显著提高。大尺寸的十字环填料多采用整砌装填于填料支承上，可作为散装乱堆填料的过渡支承。螺旋环填料尺寸较大，一般采用整砌的方式装填。

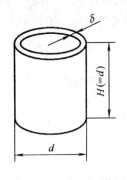

图 10-33　拉西环填料

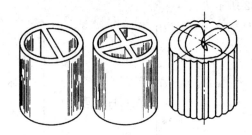

图 10-34　θ 环、十字环及内螺旋填料

2）开孔环形填料

开孔环形填料是在环形填料的环壁上开孔，使断开窗口的孔壁形成具有一定曲率且指向环中心的内弯舌片。这种填料既充分利用了环形填料的表面又增加了许多窗孔，从而大大改善了气液两相物料通过填料层时的流动状况，增加了气体通量，减少了气相的阻力，增加了填料层的湿润表面，提高了填料层的传质效率。

（1）鲍尔环填料。鲍尔环改进了拉西环的一些缺点，是高度与直径相等的开孔环形填料。鲍尔环的侧面开有两层长方形的孔窗，每层有 5 个窗孔，每个孔的舌叶弯向环心，上、下两层孔窗的位置交错排布，孔的面积占环壁总面积的 35% 左右。鲍尔环一般由金属或塑料制成，图 10-35 为金属鲍尔环的结构。实践表明，同样尺寸与材质的鲍尔环与拉西环相比，其相对效率要高出 30% 左右；在相同的压降下，鲍尔环的处理能力比拉西环增加了50% 以上；而在相同的处理能力下，鲍尔环填料的压降仅为拉西环的一半。

（2）改进型鲍尔环填料。改进型鲍尔环填料的结构与鲍尔环相似，只是环壁上开孔的大小及内弯叶片的数量与鲍尔环不同。将每个窗孔改为上、下两片叶片从两端分别弯向环内，如图 10-36 所示，其叶片数比鲍尔环多出一倍，并交错地分布在四个平面上，同时，环壁上的开孔面积也比鲍尔环填料有所增加，因而使填料内的气、液分布情况得到改善，处理能力较鲍尔环提高了 10% 以上。

（3）阶梯环填料。阶梯环是由英国传质公司于 20 世纪 70 年代初期研制的一种新型短开孔环形填料。如图 10-37 所示，其结构类似于鲍尔环，但高度减小了一半，且填料的一端扩展为喇叭形翻边，不仅增加了填料环的强度，而且使填料在堆积时的相互接触由以线接触为主变成以点接触为主，既增加了填料颗粒的空隙，减少了气体通过填料层的阻力，又改善了液体的分布，促进了液膜的更新，提高了传质效率。因此，阶梯环填料的性能较鲍尔环填料又有了进一步的提高。阶梯环填料可由金属、陶瓷和塑料等材料制造而成。

图 10－35　金属鲍尔环填料　　图 10－36　改进型鲍尔环填料　　图 10－37　金属阶梯环填料

3）鞍形填料

鞍形填料的外形类似于马鞍形，填料层中主要为弧形的液体通道，填料层内的空隙较环形填料连续，气体主要沿弧形通道向上流动，从而可改善气-液流动状况。

（1）弧鞍形填料。其形状如图 10－38 所示，通常由陶瓷制成。与拉西环相比，弧鞍形填料的性能虽然有一定程度的改善，但由于相邻填料容易产生套叠和架空的现象，部分填料的表面不能被湿润，使其不能成为有效的传质表面，目前基本已被矩鞍形填料所取代。

（2）矩鞍形填料。矩鞍形填料是一种敞开式的填料，是在环形填料的基础上发展起来的。其外形如图 10－39 所示，该填料是将弧鞍填料的两端由圆弧改为矩形，克服了弧鞍填料容易相互叠合的缺点。因为这种填料在床层中相互重叠的部分较少，空隙率较大，填料表面的利用率高，所以与拉西环相比压降低，传质效率高，与尺寸相同的拉西环相比效率约提高了 40% 以上。生产实践证明这种填料不易被固体悬浮颗粒堵塞，装填时破碎量较少，因而被广泛推广使用。矩鞍填料可由瓷质材料、塑料制成。

（3）改进矩鞍填料。改进型矩鞍填料是近年来出现的新型填料，其特点是将原矩鞍填料的平滑弧形边缘改为锯齿状，在填料的表面增加皱折，并开设圆孔，见图 10－40。由于结构上作了上述改进，这种填料改善了流体的分布情况，增大了填料表面的湿润率，增强了液膜的湍动，降低了气体流动阻力，提高了处理能力和传质效率。改进矩鞍填料一般由陶瓷或塑料制造。

图 10－38　弧鞍形填料　　　图 10－39　矩鞍形填料　　　图 10－40　改进矩鞍填料

4）金属环矩鞍填料

金属环矩鞍填料是 1978 年由美国 Norton 公司首先开发出来的填料，不久之后国产金属环矩鞍填料即用于生产。如图 10－41 所示，金属环矩鞍填料将开孔环形填料和矩鞍填料的特点相结合，既有类似于开孔环形填料的圆环、环壁开孔和内伸的舌片，又有类似于矩鞍填料的圆弧形通道。金属环矩鞍填料是由薄金属板冲制而成的整体环鞍结构，两侧的翻边增加了填料的强度和刚度。因该填料具有敞开结构，其流体的通量大、压降低、滞留量小，有利于液体在填料表面的分布及液体表面的更新，从而可提高传质性能。与金属鲍尔环相比，这种填料的通量可提高 15%～30%，压降可降低 40%～70%，效率可提高 10% 左右。因而金属环矩鞍填料获得了广泛的应用，特别是在乙烯、苯乙烯等减压蒸馏中的效果尤为突出。

图 10-41　金属环矩鞍填料

2. 规整填料

在乱堆的散装填料塔内，气液两相的流动路线往往是随机的，加之填料装填时难以做到各处均一，因而容易产生沟流等不良情况，从而降低了填料塔的效率。

规整填料是一种在塔内按均匀的几何图形规则、整齐堆砌的填料，这种填料人为地规定了填料层中气、液两相的流路，减少了沟流和壁流的现象，大幅降低了压降，提高了传热、传质的效果。根据其结构，规整填料可分为丝网波纹填料和板波纹填料。

1）丝网波纹填料

用于制造丝网波纹填料的常用材料为金属，如不锈钢、铜、铝、铁、镍及蒙乃尔等，除此之外，还有塑料丝网波纹填料及碳纤维波纹填料。

金属丝网波纹填料是由厚度为 0.1～0.25 mm、相互垂直排列的不锈钢丝网波纹片叠合组成的盘状规整填料。相邻两片波纹的方向相反，因此可在波纹网片间形成相互交叉且相互贯通的三角形截面的通道网。叠合在一起的波纹片周围由带状网箍紧，箍圈可以有向外的翻边以防壁流。波片的波纹方向与塔轴的倾角为 30°或 45°。每盘的填料高度为 40～300 mm，如图 10-42 所示。通常填料盘的直径略小于塔体的内径，上、下相邻两盘填料交错 90°排列。对于小塔径的填料塔，填料可整盘装填；对于直径在 1.5 m 以上的大塔或无法兰连接的不可拆塔体，则可用分块形式将填料从人孔吊入塔内再进行拼装。

操作时，液体均匀分布于填料表面并沿丝网表面以曲折的路径向下流动，气体在网片间的交叉通道内流动，因而气、液两相在流动过程中不断地、有规则地转向，可获得较好的横向混合。又因上、下两盘填料的板片方向交错 90°，故每通过一层填料后，气液两相会进行一次再分布，有时还在波纹填料片上按一定的规则开孔（孔径为 $\phi5$ mm，孔间距为 10 mm），使相邻丝网片间的气、液分布会更加均匀，几乎无放大效应。这种特点有利于丝网波纹填料在大型塔器中的应用。金属丝网波纹填料的缺点是造价高，抗污能力差，难以清洗。

2）板波纹填料

板波纹填料可分为金属、塑料及陶瓷板波纹填料三大类。

金属板波纹填料保留了金属丝网波纹填料几何规则的结构特点，所不同的是采用了表面具有沟纹及小孔的金属板波纹片代替金属网波纹片，即每个填料盘由若干金属板波纹片相互叠合而成。相邻两波纹片间可形成通道且波纹流道成 90°交错排列，上、下两盘填料中波纹片的排列方向亦旋转 90°。同样，对小型塔可用整盘填料，而对于大型塔或无法兰连接的塔体则可用分块型填料，填料结构如图 10-43 所示。

金属板波纹填料保留了金属丝网波纹填料压降低、通量高、持液量小、气液分布均匀、几乎无放大效应等优点，传质效率也比较高，但其造价比丝网波纹填料要低得多。

图 10-42　丝网波纹填料

图 10-43　金属板波纹填料

3. 填料的选用

填料的选用主要根据其效率、通量和压降三个重要的性能参数决定，这些参数决定了塔设备能力的大小及操作费用。在实际应用中，考虑到塔体的投资，一般选用具有中等比表面积（单位体积填料中填料的表面积，m^2/m^3）的填料较为经济。比表面积较小的填料空隙率大，可用于流体通量高、液量大及物料含杂质较多的场合。

一般来说，选用填料时应考虑以下几点要求：

（1）单位体积填料的表面积较大，填料的形状有利于液体的均匀分布，填料表面易被液体润湿。

（2）填料的大孔隙率有利于气液通过，且气体流动阻力小。

（3）填料应具有化学稳定性，耐介质腐蚀。

（4）单位体积填料的重量轻，造价低，坚固耐用，不易堵塞，并有足够的机械强度。

一般推荐的散装填料尺寸为：塔径≤300 mm 时，选用 20～25 mm 的填料；300 mm≤塔径≤900 mm 时，选用 25～38 mm 的填料；塔径＞900 mm 时，选用 50～80 mm 的填料。

10.3.2　填料塔内件的结构设计

填料塔的内件是整个填料塔的重要组成部分，内件的作用是为了保证气液两相更好地接触，以便发挥填料塔的最大效率和生产能力。因此内件设计的优劣会直接影响填料性能的发挥和整个填料塔的效率。

1. 填料的支承装置

填料的支承装置安装在填料层的底部，其作用是：防止填料穿过支承装置而落下；支承操作时填料层的重量；保证足够的开孔率，使气液两相能自由地通过。因此不仅要求支承装置具备足够的强度及刚度，而且要求其结构简单，便于安装，所用的材料耐介质腐蚀。填料支承装置包括气液混流型和气液分流型两大类。

1）栅板型支承

填料支承栅板是结构最简单、最常用的气液混流型填料支承装置，如图 10-44 所示。它由相互垂直的栅条组成，放置于焊接在塔壁的支承圈上。塔径较小时可采用整块式栅板，大型塔则可采用分块式栅板。

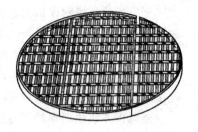

图 10-44　栅板型支承装置

如将散装填料直接乱堆在栅板上，则会将空隙堵塞从而减少栅板的开孔率，故这种支承装置广泛用于规整填料塔。有时会在栅板上先放置盘板波纹填料，然后再装填散装填料。

2）气液分流型支承

气液分流型支承属于高通量低压降的支承装置。其特点是为气体及液体提供了不同的通道，避免了栅板式支承中气液从同一孔槽中逆流通过的现象。这种结构既避免了液体在板上的积聚，又有利于液体的均匀再分配。

（1）波纹式。波纹式气液分流支承由金属板加工的网板冲压成波形，然后焊接在钢圈上制成，如图 10-45 所示。网孔呈菱形，且波形沿菱形的长轴冲制。目前使用的网板最大厚度：碳钢为 8 mm，不锈钢为 6 mm。菱形长轴为 150 mm，短轴为 60 mm，波纹高度为 25~50 mm，波距一般大于 50 mm。

（2）驼峰式。驼峰式支承装置是组合式的结构，其梁式单元体的尺寸为：宽 290 mm，高 300 mm，各梁式单元体之间用定距凸台保持 10 mm 的间隙以供排液。驼峰上具有条形侧孔，如图 10-46 所示。各梁式单元体由钢板冲压成型。碳钢板厚为 6 mm，不锈钢板厚为 4 mm。

驼峰式支承装置的特点是：气体通量大，液体负荷高，液体不仅可以从盘上的开孔排出，而且可以从单元体之间的间隙穿过，最大液体负荷可达 200 m³/(m²·h)。驼峰式支承装置是目前性能最优的散装填料的支承装置，且适用于大型塔设备。对于直径大于 3 m 的塔设备，中间沿与驼峰轴线的垂直方向应设置工字钢梁支承以增加刚度。

图 10-45　波纹式支承装置　　　图 10-46　驼峰式支承装置　　　图 10-47　孔管式支承装置

（3）孔管式。孔管式填料支承装置如图 10-47 所示。其特点是：支承板上的升气管上口封闭且管壁上开有长孔，因而气体分布较好，且液体可从支承板上的孔中排出，特别适用于塔体由法兰连接的小型塔设备。

2. 填料塔的液体分布器

填料塔的液体分布器安装于填料上部，可将液相物料及回流液均匀地分布到填料表面，形成液体的初始分布。在填料塔的操作中，液体的初始分布对填料塔的影响最大，所以液体分布器是填料塔最重要的内件之一。理想的液体分布器应使液体分布均匀，自由面积大，操作弹性宽，能处理易堵塞、有腐蚀、易起泡的液体，各部件可通过人孔进行安装和拆卸。

为使液体初始分布均匀，应保证液体分布点的密度（即单位面积上的喷淋点数）。常用填料塔的喷淋点数可参照下列数值：$D_i \leqslant 400$ mm 时，每 30 cm^2 的塔截面设一个喷淋点；$D_i \leqslant 750$ mm 时，每 60 cm^2 的塔截面设一个喷淋点；$D_i \leqslant 1200$ mm 时，每 240 cm^2 的塔截面设一个喷淋点。

对于规整填料，其填料效率较高，对液体分布的均匀性要求也高，根据填料效率的高低及液量的大小，可按每 20～50 cm^2 的塔截面设置一个喷淋点。

液体分布器的安装位置一般高于填料层表面 150～300 mm，以提供足够的空间，使上升气流不受约束地穿过分布器。

液体分布器根据其结构形式可分为管式、槽式、喷洒式及盘式。

1）管式液体分布器

管式液体分布器分重力型和压力型两种。

（1）重力型管式液体分布器。如图 10‐48 所示，重力型管式液体分布器由进液口、液位管、液体分配管及布液管组成。进液口为漏斗形，内置金属丝网过滤器，以防止固体杂质进入液体分布器内。液位管及液体分布管可由圆管或方管制成。布液管一般由圆管制成，底部打孔以将液体分布到填料层上部。对于塔体分段、由法兰连接的小型塔，排管式液体分布器采用整体式；而对于整体式大型塔，则可采用可拆卸结构，以便从人孔进入塔中，在塔内进行安装操作。

重力型管式液体分布器的最大优点是当塔在风载荷作用下产生摆动时，液体不会溅出。此外，由于液体管中有一定高度的液位，故安装时水平度的误差不会对从小孔流出的液体有较大的影响，因而可达到较高的分布质量。因此重力型管式液体分布器一般用于中等以下液体负荷及无污物进入的填料塔中，特别是丝网波纹填料塔。

（2）压力型管式分布器。这种分布器是靠泵的压头或高液位将管道与分布器相连，可使液体分布到填料上。根据管道的布置方法不同，分为排管式和环管式，如图 10‐49 所示。

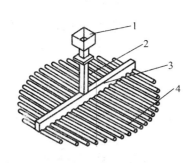

1—进液口；2—液位管；
3—液体分配管；4—布液管

图 10‐48　重力型排管式液体分布器

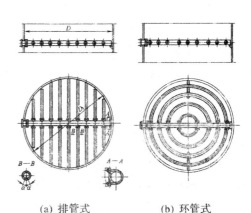

(a) 排管式　　　(b) 环管式

图 10‐49　压力型管式液体分布器

压力型管式分布器结构简单，易于安装，占用空间小，适用于有压力液体的进料。值得注意的是压力型管式分布器只能用于液体单相进料，操作时必须充满液体。

2) 槽式液体分布器

槽式液体分布器属于重力型分布器，主要依靠液位（液体的重力）对液体进行分布。根据其结构可分为孔流型与溢流型两种。

(1) 槽式孔流型液体分布器。如图 10-50 所示，槽式孔流型液体分布器由主槽和分槽组成，主槽为矩形截面敞开式结构，长度由塔径及分槽的尺寸决定，高度取决于操作弹性，一般取 200～300 mm。主槽的作用是将液体通过其底部布液孔均匀地分配到各分槽中。分槽将主槽分配的液体均匀地分布到填料的表面。分槽的长度由塔径及排列情况确定，宽度由液体体积和要求的停留时间确定，一般取 30～60 mm，高度通常为 250 mm 左右。分槽是靠槽内的液位由槽底的布液孔来分布液体的，其设计的关键是布液结构。一般情况下，最低液位以 50 mm 为宜，最高液位由操作弹性、塔内允许的高度及造价决定，一般为 200 mm 左右。

(2) 槽式溢流型液体分布器。它是将槽式孔流型分布器的底孔改成侧向溢流孔制成的液体分布器。溢流孔一般为倒三角形或矩形，如图 10-51 所示，该液体分布器适合于大液量或物料内有杂质易被堵塞的场所。液体先进入主槽，靠液位由主槽的倒三角形或矩形溢流孔分配至各分槽中，再依靠分槽中的液位从溢流孔流到填料表面上。主槽可设置一个或多个，具体个数视塔径而定：直径 2 m 以下的塔设备可设置一个主槽；直径 2 m 以上或液量很大的塔设备可设 2 个或多个主槽。

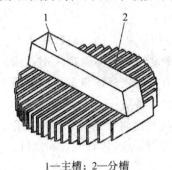

1—主槽；2—分槽

图 10-50　槽式孔流型液体分布器

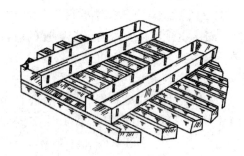

图 10-51　槽式溢流型液体分布器

槽式溢流型液体分布器常用于散装填料塔中，由于其分布质量不如槽式孔流型分布器，故在高效规整填料塔中应用不多。分槽宽度一般为 100～120 mm，高度为 100～150 mm，分槽中心距为 300 mm 左右。

3) 喷洒式液体分布器

喷洒式液体分布器的结构与压力型管式分布器相似，在液体压力下，通过喷嘴将液体分布在填料上，如图 10-52 所示。最早使用的喷洒式液体分布器为莲蓬头喷淋式分布器，由于分布性能差，现已很少使用。利用喷嘴代替莲蓬头，可取得较好的分布效果。喷嘴喷出的液体呈锥形，为了达到分布均匀的目的，锥底需有部分重叠，重叠率一般为 30%～40%，喷嘴安装于填料上方约 300～800 mm 处，喷射角度约为 120°。

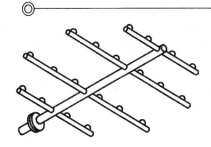

图 10 - 52　喷洒式液体分布器

喷洒式分布器结构简单、造价低廉、易于支承；气体处理量大，液体处理量的范围较大；雾沫夹带较严重，需要安装除沫器；压头损失比较大，使用时要避免液体直接喷洒到塔壁上，产生过大的壁流；进料中不能含有气相及固相物质。

4）盘式液体分布器

盘式液体分布器分为孔流型和溢流型两种。

（1）盘式孔流型液体分布器。这种分布器是在底盘上开有液体喷淋孔并装设升气管制成的液体分布器。气、液的流道单独设置：气体从升气管上升；液体在底盘上保持一定的液位，并从喷淋孔流下。升气管高度一般在 200 mm 以下；当塔径在 1.2 m 以下时，可制成具有边圈的结构，如图 10 - 53 所示，分布器边圈与塔壁间的空间可作为气体通道。

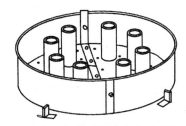

图 10 - 53　小直径塔用盘式孔流型液体分布器

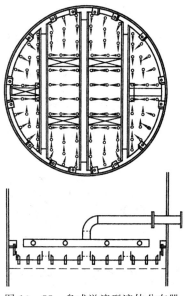

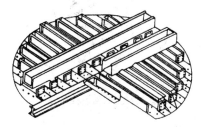

图 10 - 54　大直径塔用盘式孔流型液体分布器　　图 10 - 55　盘式溢流型液体分布器

对于大直径的塔设备，可采用如图 10 - 54 所示的盘式分布器，该设备采用支承梁将分布器分为 2～3 个部分，支承梁在载荷作用下每米的最大挠度应小于 1.5 mm，两个分液槽安装在矩形升气管上，并将液体加入到盘中。

（2）盘式溢流型液体分布器。盘式溢流型液体分布器是将上述盘式孔流型分布器的布液孔改成溢流管而制成的设备。对于大塔径，分布器可制成分盘结构，如图 10 - 55 所示。每块分盘上设有升气管，且各分盘间、周边与塔壁间也有升气管道，三者的总和约为塔截面积的 15%～45%。溢流管多由 $\phi 20$ mm、上端开 60°斜口的小管制成，溢流管斜口高出底盘 20 mm 以上，布管密度可为每平方米塔截面 100 个以上，适用于规整填料及散装填料塔，特别是中小流量的操作。

在选择液体分布器的时候，一般而言，对于金属丝网填料及非金属丝网填料，应选用管式分布器；对于含杂质较多的物料，应优先选用槽式分布器。

3. 液体收集再分布器

当液体沿填料层向下流动时，具有流向塔壁而形成"壁流"的倾向，其结果是造成液体分布不均匀，降低传质效率，严重时会使塔中心的填料无法被液体湿润而形成"干锥"。为此，必须将填料分段，在各段填料之间需要将上一段流下来的液体进行收集后，再分布。液体收集再分布器的另一个作用是当塔内气、液相出现径向浓度差时，液体收集再分布器可将上层填料流下的液体完全收集、混合，然后均分到下层填料，并将上升的气体均匀分布到上层填料以消除各自的径向浓度差。一般每段金属填料高度不超过6～7.5 m，并且分段填料层的高度与塔内径之比应小于等于2～3，否则将影响气体沿塔截面的均匀分布。

液体再分布器的结构设计与液体分布器相同，但需配有适宜的液体收集装置。在设计液体再分布器时，应尽量少占用塔的有效高度；再分布器的自由截面不能过小，否则会使压降增大；要求结构简单可靠，能承受气、液体的冲击，并便于装拆。

1）液体收集器

（1）斜板式液体收集器。斜板式液体收集器的结构如图 10-56 所示，由上层填料流下的液体落到斜板上后沿斜板流入下方的导液槽中，然后进入底部的横向或环形集液槽，再由集液槽中心管流入再分布器中进行液体的混合和再分布。斜板在塔截面上的投影必须覆盖整个截面并稍有重叠。安装时将斜板点焊在收集器筒体、底部的横槽及环槽上即可。斜板液体收集器的特点是自由面积大，气体阻力小，压降一般不超过 2.5 mm 水柱（24.5 Pa），特别适合于真空操作。

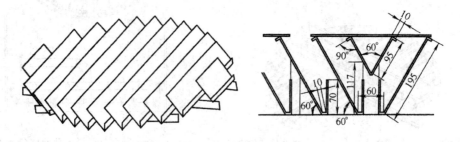

图 10-56　斜板式液体收集器

（2）升气管式液体收集器。其结构与盘式液体分布器相同，所不同的是升气管式液体收集器在升气管上端设置挡液板，以防止液体从升气管落下，其结构如图 10-57 所示。这种液体收集器是将填料支承和液体收集器合二为一，占据空间小，气体分布均匀性好，可用于气体分布性能要求高的场合。其缺点是阻力比斜板式液体收集器大，且填料容易挡住收集器的布液孔。

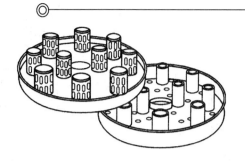

图 10-57 升气管式液体收集器

2）液体再分布器

（1）组合式液体再分布器。将液体收集器与液体分布器组合起来即构成组合式液体再分布器，而且可以组合成多种结构形式的液体再分布器。图 10-58(a)为斜板式收集器和液体分布器的组合，可用于规整填料及散装填料塔；图 10-58(b)为气液分流式支承板与盘式液体分布器的组合。两种再分布器相比，后者的混合性能不如前者，且容易漏液，但其所占的塔内空间小。

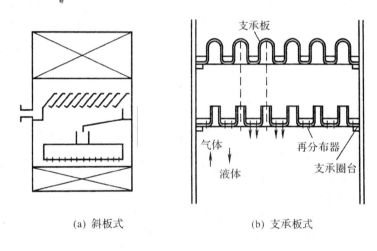

(a) 斜板式   (b) 支承板式

图 10-58 组合式液体再分布器

（2）盘式液体再分布器。其结构与升气管液体收集器相同，所不同的是盘式液体再分布器在盘上打孔以分布液体。开孔的大小、数量及分布由填料种类及尺寸、液体流量及操作弹性等因素决定。

（3）壁流收集再分布器。分配锥是最简单的壁流收集再分布器，如图 10-59(a)所示，适用于直径小于 1 m 的塔设备。沿塔壁流下的液体可用分配锥导出至塔的中心，圆锥小端直径通常为塔内径的 0.7～0.8 倍。分配锥不宜安装在填料层里，而应安装在填料层分段之间，可作为壁流的液体收集器。分配锥若安装在填料内则会使气体的流动面积减少，扰乱了气体的流动；同时分配锥与塔壁间形成死角，填料的安装也比较困难。图 10-59(b)为带孔的分配锥，其功能是为了增加气体通过时的截面积，以免塔中心气体的流速过大。

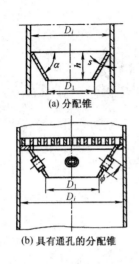

(a) 分配锥

(b) 具有通孔的分配锥

图 10-59　分配锥

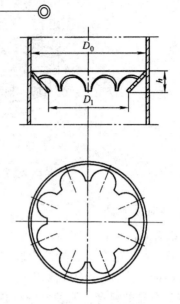

图 10-60　玫瑰式壁流收集再分布器

图 10-60 为玫瑰式壁流收集再分布器，与上述分配锥相比，具有较高的自由截面积，较大的液体处理能力，不易被堵塞；分布点多且均匀，不影响填料的操作及填料的装填，可将液体收集并通过突出尖端分布到填料中。

应当注意的是上述壁流收集再分布器只能消除壁流，而不能消除塔中的径向浓度差，因此只适用于直径小于 0.6~1 m 的小型散装填料塔。

4. 填料的压紧和限位装置

当气速较高或压力波动较大时，会导致填料层的松动，从而造成填料层内各处装填密度产生差异，引起气、液相的不良分布，严重时会导致散装填料流化，造成填料的损坏和流失。为了保证填料塔的正常、稳定操作，在填料层上部应当根据不同材质的填料安装不同的填料压紧器或填料层限位器。

一般情况下，陶瓷、石墨等脆性散装填料可采用填料压紧器，而金属、塑料制散装填料及各种规整填料则使用填料层限位器。

1) 填料压紧器

填料压紧器又称填料压板，将其自由放置于填料层上部，靠其自身的重量压紧填料。当填料层移动并下沉时，填料压板即随之一起下落，故散装填料的压板必须有一定的重量。

常用的填料压紧板一般有两种形式，一种为栅条式，其结构与栅板型支承板(如图 10-44 所示)类似，只是栅条式填料压紧板的空隙率大于 70%，栅条间距约为填料直径的 0.6~0.8 倍，或在底面垫金属丝网以防止填料通过栅条间隙。另一种为网板式填料压板 (如图 10-61 所示)，它由钢圈、栅条及金属网制成，如果塔径较大，简单的压紧网板不能达到足够的压强，设计时可适当增强其重量。无论栅板式还是网板式压板，均可制成整体式或分块结构，具体应视塔径大小及塔体结构而定。

2) 填料限位器

填料限位器又称床层定位器，用于金属、塑料制散装填料及所有规整填料。它的作用是当高气速、高压降或塔的操作出现较大波动时，防止填料向上移动而造成填料层出现空隙，从而影响塔的传质效率。

对于金属及塑料制散装填料，可采用如图 10-61 所示的网板结构作为填料限位器。这种填料具有较好的弹性，且不会破碎，故一般不会出现下沉，因此填料限位器需要固定在塔壁上。对于小型塔，可用螺钉将网板限位器的外圈固定于塔壁；而大型塔则用支耳固定。

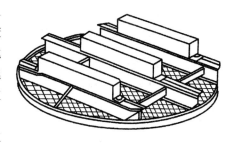

图 10-61　网板式填料压板

对于规整填料，因其具有比较固定的结构，限位器也就比较简单，使用栅条间距为 100～500 mm 的栅板即可。

10.4　塔设备的附件

塔设备的附件主要包括除沫器、进出料接管、裙座和吊柱等。

10.4.1　除沫器

在塔内操作气速较大时，会出现塔顶雾沫夹带。不但会造成物料的流失，也使塔的效率降低，同时还可能造成环境污染。为了避免这种情况，需在塔顶设置除沫装置，从而减少液体的夹带损失，确保气体的纯度，保证后续设备的正常操作。

常用的除沫装置有丝网除沫器、折流板除沫器以及旋流板除沫器。

1. 丝网除沫器

丝网除沫器具有比表面积大、重量轻、空隙率大以及使用方便等优点，因其具有除沫效率高、压力降小的特点，是应用最广泛的除沫装置。丝网除沫器适用于清洁气体，不宜用于液滴中含有或易析出固体物质的场合(如碱液、碳酸氢钠溶液等)，以免液体蒸发后留下固体堵塞丝网。当雾沫中含有少量悬浮物时，应注意经常冲洗。

合理的气速是除沫器取得较高的除沫效率的重要因素。气速太低，雾滴无法撞击丝网；气速太大，聚集在丝网上的雾滴不易降落，会被气流重新带走。实际使用中，常用的设计气速为 1～3 m/s，丝网层的厚度则按工艺条件通过试验确定。在上述适宜的气速下，取网层厚度为 100～150 mm，丝网层的蓄液厚度为 25～50 mm，可获得较好的除沫效果。

图 10-62 为用于小径塔的缩径型丝网除沫器，这种结构的丝网块直径小于设备内直径，需要另加一个圆筒短节(升气管)以安放网块。图 10-63 为可用于大直径塔设备的全径型丝网除沫器，丝网与上、下栅板分块制作，每一块应能通过人孔在塔内安装。

2. 折流板除沫器

折流板除沫器的结构如图 10-64 所示。折流板由 50 mm×50 mm×3 mm 的角钢制成。夹带液体的气体通过角钢通道时，由于碰撞和惯性作用可达到截留及惯性分离。分离下来的液体通过导液管与进料一起进入液体分布器。这种除沫装置结构简单，不易堵塞，但金属消耗量大，造价较高。一般情况下，折流板除沫器可除去直径为 5×10^{-5} m 以上的液滴，压力降为 50～100 Pa。

3. 旋流板除沫器

旋流板除沫器的结构如图 10-65 所示，它由固定的叶片组成如风车状的结构。夹带液滴的气体通过叶片时产生旋转和离心运动，在离心力的作用下将液滴甩至塔壁，从而实现气-液分离。旋流板除沫器的除沫效率可达 95%。

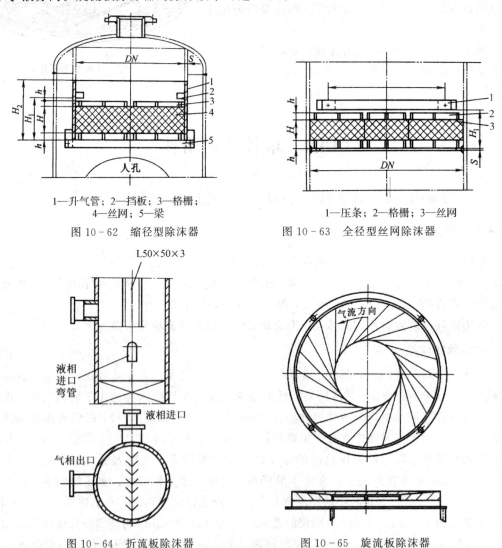

1—升气管；2—挡板；3—格栅；
4—丝网；5—梁

图 10-62　缩径型除沫器

1—压条；2—格栅；3—丝网

图 10-63　全径型丝网除沫器

图 10-64　折流板除沫器

图 10-65　旋流板除沫器

10.4.2　进出料接管

塔设备的进出料接管的结构设计应考虑进料状态、分布要求、物料性质、塔内件结构及安装检修等情况。

1. 进料管和回流管

常见的进料管和回流管有直管和弯管两种结构形式，如图 10-66 所示结构为带外套管的可拆进料管。在物料清洁和有轻微腐蚀的情况下,不必采用可拆结构,可将进料管直接焊接在塔壁上,这时管子宜采用厚壁管,弯管结构应考虑能从管口内自由取出。

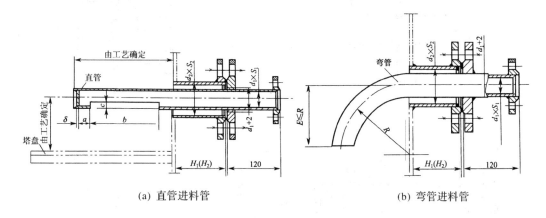

(a) 直管进料管　　　　　　　　　　　　(b) 弯管进料管

图 10 - 66　可拆进料管结构

2. 塔底出料管

塔底出料管一般需引出裙座外壁,其结构如图 10 - 67(a)所示。当塔釜物料易堵塞或具有腐蚀性时,为便于检修,塔底出料管应采用法兰连接的结构形式,如图 10 - 67(b)所示。

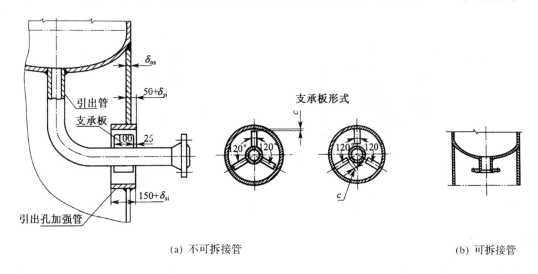

(a) 不可拆接管　　　　　　　　　　　　　　　　　　　　　　(b) 可拆接管

图 10 - 67　塔底出料管

3. 气体进出口管

(1) 气体进口管。气体进口管的结构如图 10 - 68 所示,其中图 10 - 68(a)、(b)的结构简单,适用于气体分布要求不高的场合;图 10 - 68(c)的结构是在进气管上开有三排出气孔,气体分布较均匀,常用于直径较大的塔设备。

(2) 气体出口管。图 10 - 69 为气体出口管的结构,为减少出塔气体中夹带液滴,可在出口处设置挡板或在塔顶安置除沫器。

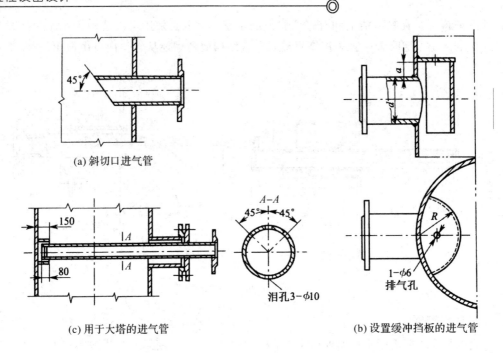

(a) 斜切口进气管

(c) 用于大塔的进气管

泪孔3-ϕ10

(b) 设置缓冲挡板的进气管

1-ϕ6
排气孔

图 10-68　气体进口管

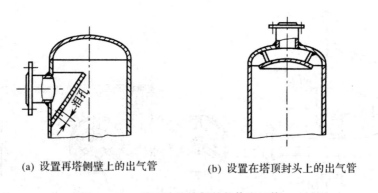

(a) 设置再塔侧壁上的出气管

(b) 设置在塔顶封头上的出气管

图 10-69　设置除沫挡板的气体出口管

10.4.3　裙座

塔体常采用裙座支承,结构形式包括圆筒形和圆锥形两类。圆筒形裙座制造方便,经济合理,应用广泛。但对于受力情况较差、塔径小且高度大的塔设备(如 DN<1 m 且 H/DN>25,或 DN>1 m 且 H/DN>30),为防止风载荷或地震载荷引起的弯矩造成塔翻倒,需要配置较多的地脚螺栓及具有足够大承载面积的基础环,因而应采用圆锥形裙座。

1. 裙座的结构

裙座的结构如图 10-70 所示。无论是圆筒形还是圆锥形裙座,均由裙座筒体、基础环、地脚螺栓座、人孔、排气孔、引出管通道、保温支承圈等部分组成。

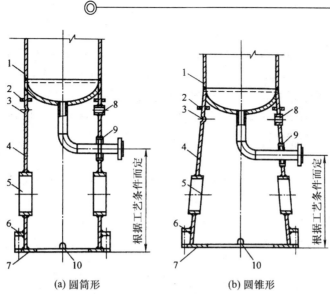

1—塔体；2—保温支承圈；3—无保温时的排气孔；4—裙座筒体；5—人孔；
6—螺栓座；7—基础环；8—有保温时的排气孔；9—引出管通道；10—排液孔

图 10 - 70　裙座的结构

2. 裙座与塔体的焊缝

裙座与塔体间的焊接接头可采用对接及搭接。采用对接接头时，裙座筒体外径与塔体下封头外径相等，必须采用全熔透的连续焊，焊接结构及尺寸如图 10 - 71(a)所示。采用搭接接头时，搭接部位可位于下封头上，也可位于塔体上，如图 10 - 71(b)所示。裙座与下封头搭接时，搭接部位必须位于下封头的直边段，搭接焊缝与下封头的环焊缝距离应在 $(1.7 \sim 3)\delta_s$ 范围内(δ_s 为裙座筒体的厚度)，且不得与下封头的环焊缝连成一体。如果裙座与塔体搭接，搭接焊缝与下封头的环焊缝距离不得小于 $1.7\delta_n$(δ_n 为塔体的名义厚度)。搭接焊缝必须填满。

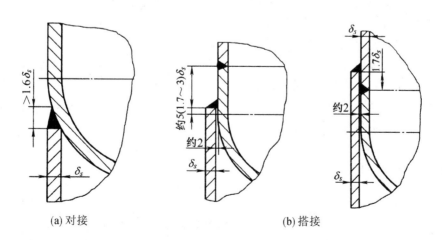

(a) 对接　　　　　　　　　　(b) 搭接

图 10 - 71　裙座与筒体的连接焊缝

3. 裙座的材料

裙座不直接与塔内介质接触，也不承受塔内介质的压力，因此不受压力容器用材的限制，可选用较经济的普通碳素结构钢。常用的裙座材料为 Q235 - A·F 及 Q235 - A，考虑到 Q235 - A·F 有缺口敏感及夹层等缺陷，因此 Q235 - A·F 仅能用于常温操作、裙座设计温度高于 -20 ℃、且不以风载荷或地震载荷确定裙座筒体厚度的场合（如高径比小、重量轻或置于框架内的塔设备）。如裙座设计温度等于或低于 -20 ℃ 时，裙座筒体材料应选 16Mn。

如果塔的下部封头材料为低合金钢或高合金钢，在裙座顶部应增设与封头材料相同的短节，操作温度低于 0 ℃ 或高于 350 ℃ 时，短节长度按温度影响的范围确定。通常短节长度为保温层厚度的四倍，且不小于 500 mm。塔体温度为 0～350 ℃ 时可考虑采用异种钢的过渡，S30408（0Cr18Ni9）型不锈钢可作为任何不锈钢与碳素钢之间的过渡，过渡短节长度一般可取 200～300 mm。

裙座上必须开设人孔以方便检修，人孔一般为圆形，直径 $D_i = 400～600$ mm，为检修方便，一般取开孔中心距离基础的高度 $H = 900～1000$ mm。

10.4.4 吊柱

对于安装在室外、无框架的整体塔设备，为了安装及拆卸内件、更换或补充填料，往往在塔顶设置吊柱。吊柱的方位应使吊柱中心线与人孔中心线间有合适的夹角，确保检修人员能站在平台上操纵手柄，使吊柱的垂直线可以转到人孔附近，以便从人孔装入或取出塔内件。

吊柱的结构及在塔体上的安装位置如图 10 - 72 所示。其中，吊柱管通常采用 20 无缝钢管，其他部件采用 Q235 - A 和 Q235 - A·F。吊柱与塔连接的衬板应与塔体材料相同。吊柱的主要结构尺寸参数已制定成系列标准，可参考 HG/T 21639 — 2005《塔顶吊柱》。

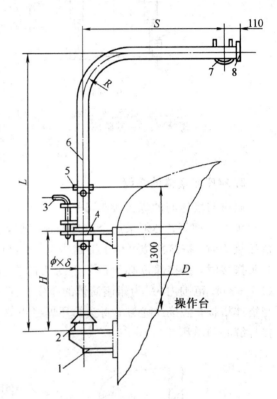

1—支架；2—防雨罩；3—固定销；4—导向板；5—手柄；6—吊柱管；7—吊钩；8—挡板

图 10 - 72　吊柱的结构及安装位置

10.5　塔的强度设计

塔设备大多安装在室外，靠裙座底部的地脚螺栓固定在混凝土基础上。除承受介质压力外，塔设备还承受各种重量(包括塔体、塔内件、介质、保温层、操作平台、扶梯等附件的重量)、管道推力、偏心载荷、风载荷及地震载荷的联合作用。由于在正常操作、停工检修、压力试验等三种工况下，塔设备所受的载荷并不相同，为了保证塔设备安全运行，必须对其在这三种工况下进行轴向强度及稳定性校核。

轴向强度及稳定性校核的基本步骤为：

(1) 按设计条件，初步确定塔的厚度和其他尺寸。

(2) 计算塔设备危险截面的载荷，包括重量、风载荷、地震载荷和偏心载荷等。

(3) 危险截面的轴向强度和稳定性校核。

(4) 设计计算裙座、基础环板、地脚螺栓等。

10.5.1　塔的固有周期和振型简介

在动载荷(风载荷、地震载荷)作用下，塔设备各截面的变形及内力与塔的自由振动周期(或频率)及振型有关。因此在进行塔设备的载荷计算及强度校核之前，必须首先计算其固有(或自振)周期。

在不考虑操作平台及外部管线的限制作用时，将塔设备视为具有多个自由度的体系，则其具有多个固有频率(或周期)，其中最低的频率 ω_1 称为基本固有频率或基本频率，然后从低到高依次为第二频率 ω_2、第三频率 ω_3……对应于任意一个频率，体系中各质点振动后的变形曲线称为振型。与基本频率相对应的周期称为基本固有周期或基本周期。

1. 等直径、等厚度塔的固有周期

对于等直径、等厚度的塔，其质量沿高度均匀分布，则计算模型通常简化为顶端自由、底部固定、质量沿高度均匀分布的悬臂梁，如图 10-73 所示。梁在动载荷作用下发生弯曲振动时，其挠度曲线随位置和时间而变化。

设塔为理想弹性体、振幅很小、无阻尼、塔高与塔直径之比较大(大于 5)，由动力学中的振动理论，可得塔在前三个振型的固有周期分别为

$$\begin{cases} T_1 = 1.79\sqrt{\dfrac{mH^4}{EI}} \\[2mm] T_2 = 0.285\sqrt{\dfrac{mH^4}{EI}} \\[2mm] T_3 = 0.102\sqrt{\dfrac{mH^4}{EI}} \end{cases} \tag{10-1}$$

式中：H 为塔高，m；m 为塔单位高度的质量，kg/m；E 为塔体材料在设计温度下的弹性模量，Pa；I 为塔截面的形心轴惯性矩，$\mathrm{m^4}$，$I = \dfrac{\pi}{64}(D_o^4 - D_i^4) \approx \dfrac{\pi}{8}D_i^3\delta_e$；$D_i$ 为塔的内直径，m；D_o 为塔的外直径，m；δ_e 为塔壁的有效厚度，m。

与塔设备的前三个固有周期对应的振型如图 10-74 所示。

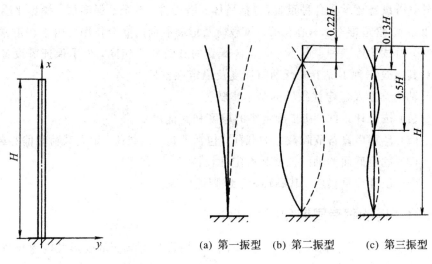

图 10 - 73 等直径、等厚度塔的计算模型

图 10 - 74 塔设备的振型

2. 不等直径或不等厚度塔的固有周期

对于不等直径或不等厚度的塔设备,其质量沿高度非均匀分布。工程设计时常将塔视为由多个塔节组成,每个塔节简化为质量集中于其重心的质点,并采用质量折算法计算第一振型的固有周期。直径和厚度相等的圆柱壳、改变直径用的圆锥壳亦可视为塔节。

质量折算法的基本思路是:将一个多自由度体系用一个折算的集中质量来代替,从而将多自由度体系简化成一个单自由度体系,如图 10 - 75 所示。确定集中质量的原则是使两个相互折算体系在振动时产生的最大动能相等。

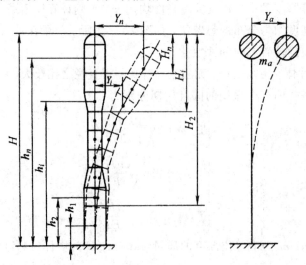

图 10 - 75 不等直径或不等厚度塔的计算

根据振动理论,不等直径或不等厚度的塔设备第一振型的固有周期为

$$T_1 = 2\pi \sqrt{\frac{1}{3} \sum_{i=1}^{n} m_i \left(\frac{h_i}{H}\right)^3 \left(\sum_{i=1}^{n} \frac{H_i^3}{E_i I_i} - \sum_{i=2}^{n} \frac{H_i^3}{E_{i-1} I_{i-1}}\right)} \qquad (10 - 2)$$

式中：H_i 为第 i 段塔节底部截面至塔顶的距离，m；E_i 为第 i 段塔节材料在设计温度下的弹性模量，Pa；I_i 为第 i 段塔节形心轴的惯性矩，对于圆柱形塔节，$I \approx \dfrac{\pi}{8}D_i^3\delta_{ei}$，对于圆锥形塔节，$I = \dfrac{\pi D_{ie}^2 D_{if}^2 \delta_{ei}}{4(D_{ie}+D_{if})}$，m^4；$D_{ie}$ 为圆锥形塔节大端内直径，m；D_{if} 为圆锥形塔节小端内直径，m；δ_{ei} 为第 i 段塔节的有效厚度，m。

若第 i 段塔节形状为圆柱形，则 $D_{ie}=D_{if}=D_i$。

10.5.2　塔的载荷分析

塔设备除承受介质压力外，还承受以下载荷的作用。

1. 质量载荷

质量载荷包括塔体、裙座质量 m_{01}；塔内件（如塔盘或填料）的质量 m_{02}；保温材料的质量 m_{03}；操作平台及扶梯的质量 m_{04}；操作时物料的质量 m_{05}；塔附件（如人孔、接管、法兰等）的质量 m_a；水压试验时充水的质量 m_w；偏心载荷 m_e。

塔设备在正常操作时的质量：

$$m_0 = m_{01} + m_{02} + m_{03} + m_{04} + m_{05} + m_a + m_e \tag{10-3}$$

设备水压试验时的最大质量：

$$m_{max} = m_{01} + m_{02} + m_{03} + m_{04} + m_w + m_a + m_e \tag{10-4}$$

设备停工检修时的最小质量：

$$m_{min} = m_{01} + 0.2m_{02} + m_{03} + m_{04} + m_a + m_e \tag{10-5}$$

在计算 m_{02}、m_{04} 和 m_{05} 时，若无实际资料，可按表 10-3 进行估算。表中数据的单位，对扶梯，为单位长度的质量；对塔盘，为单位面积的质量；对填料，为单位体积的质量。

表 10-3　设备自重的部分参考值

名　称	笼式扶梯	开式扶梯	钢制平台	圆泡罩塔盘	条形泡罩塔盘
单位重量	392 N/m	147～235 N/m	1470 N/m^2	1470 N/m^2	1470 N/m^2
名　称	舌形塔盘	筛板塔盘	浮阀塔盘	塔盘充液重	瓷环填料
单位重量	735 N/m^2	637 N/m^2	735 N/m^2	686 N/m^2	6860 N/m^3

2. 偏心载荷

塔体上有时会悬挂再沸器、冷凝器等附属设备或其他附件，因此承受偏心载荷，该载荷产生的弯矩为

$$M_e = m_e g e \tag{10-6}$$

式中：g 为重力加速度，m/s^2；e 为偏心距，即偏心质量中心至塔设备中心线间的距离，m；M_e 为偏心弯矩，N·m。

3. 风载荷

安装在室外的塔设备会受到风力的作用。风力除了使塔体产生应力和变形外，还可能使塔体产生顺风向的振动(纵向振动)及垂直于风向的诱导振动(横向振动)。过大的塔体应力会导致塔体的强度及稳定失效，而过大的塔体挠度则会造成塔盘上的流体分布不均匀，从而使分离效率下降。

风载荷是一种随机载荷，对于顺风向的风力，风载荷可视为由两部分组成：平均风力，又称稳定风力，它对结构的作用相当于静力的作用，其值等于风压和塔设备迎风面积的乘积；脉动风力，又称阵风脉动，是非周期性的随机作用力，它对结构的作用是动力的作用，会引起塔设备的振动。计算时，通常将其折算成静载荷，即在静力的基础上考虑与动力有关的折算系数，称为风振系数。

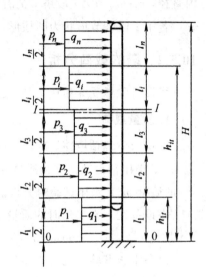

图 10 - 76 风载荷计算简图

1) 水平风力的计算

塔设备承受的水平风力与风压有关，风压则与地区有关，同一地区的风压又随地面高度而变化。为简化计算，将设备沿高度分为若干段，如图10 - 76所示，自地面起每 10 m 为一段，余下的最后一段取其实际高度。视每 10 m 一段内的风压相等且均匀分布在设备的迎风面上。该风压又可简化为作用在该段中心处的集中风力 P。

塔设备中第 i 计算段所承受的水平风力可由下式计算：

$$P_i = K_1 K_{2i} f_i q_0 l_i D_{ei} \tag{10-7}$$

式中：P_i 为塔设备中第 i 段的水平风力，N；D_{ei} 为塔设备中第 i 段迎风面积的有效直径，m；f_i 为风压高度变化系数；q_0 为各地区的基本风压，N/m²；l_i 为塔设备各计算段的计算高度(见图10-76)，m；K_1 为体型系数；K_{2i} 为塔设备中第 i 段的风振系数。

(1) 基本风压 q_0。基本风压 q_0 应采用由 GB 50009 — 2012《建筑结构荷载规范》中规定的方法确定的 50 年重现期所对应的风压，但不得小于 300 N/m²。

(2) 风压高度变化系数 f_i。由于风的黏滞作用，当风与地面上的物体接触时，会形成具有速度梯度的边界层气流。因而风速或风压是随地面的高度而变化的。研究表明：在一定的高度范围内，风速沿高度的变化呈指数规律，风压等于基本风压 q_0 与高度变化系数 f_i 的乘积。根据地面的粗糙度类别，风压高度变化系数值 f_i 详见表10-4。

(3) 风压 q_i。对于高度在 10 m 以下的塔设备，按一段计算，以设备顶端的风压作为整个塔设备的均布风压；对于高度超过 10 m 的塔设备，按分段计算，每 10 m 为一段，余下的最后一段高度取其实际高度，如图10-76所示。其中任意计算段的风压 q_i 为

$$q_i = f_i q_0 \tag{10-8}$$

式中：q_i 为第 i 段的风压，N/m²。

表 10 - 4　风压高度变化系数 f_i（摘自 GB50009 — 2012《建筑结构荷载规范》）

距地面或海平面高度 h_{it}/m	地面粗糙度类别			
	A	B	C	D
5	1.09	1.00	0.65	0.51
10	1.28	1.00	0.65	0.51
15	1.42	1.13	0.65	0.51
20	1.52	1.23	0.74	0.51
30	1.67	1.39	0.88	0.51
40	1.79	1.52	1.00	0.60
50	1.89	1.62	1.10	0.69
60	1.97	1.71	1.20	0.77
70	2.05	1.79	1.28	0.84
80	2.12	1.87	1.36	0.91
90	2.18	1.93	1.43	0.98
100	2.23	2.20	1.50	1.04
150	2.46	2.25	1.79	1.33
200	2.64	2.46	2.03	1.58

注：A 类指近海海面及海岛、湖岸及沙漠地区；B 类指田野、乡村、丛林、丘陵以及房屋比较稀疏的
　　乡镇和城市郊区；C 类指有密集建筑群的城市市区；D 类指有密集建筑群且房屋较高的城市
　　市区。

（4）体型系数 K_1。上述基本风压中并未考虑结构的体型因素。在同样的风速条件下，风压在不同体型的结构表面分布亦不相同，对细长的圆柱形塔体结构，体形系数 $K_1=0.7$。

（5）风振系数 K_{2i}。如前所述，风振系数 K_{2i} 是考虑风载荷的脉动性质和塔体的动力特性的折算系数。塔的振动会影响风力的大小。当塔设备很高时，基本周期越大，塔体摇晃程度越大，则反弹时在同样的风压下引起的风力更大。对于塔高 $H \leqslant 20$ m 的塔设备，取 $K_{2i} = 1.70$；当塔高 $H > 20$ m 时，K_{2i} 可按式（10 - 9）计算：

$$K_{2i} = 1 + \frac{\xi v_i \phi_{zi}}{f_i} \tag{10-9}$$

式中：ξ 为脉动增大系数，按表 10 - 5 确定；v_i 为第 i 段的脉动影响系数，按表 10 - 6 确定；ϕ_{zi} 为第 i 段的振型系数，按表 10 - 7 确定。

表 10 - 5　脉动增大系数 ξ

$q_1 T_1^2/(N \cdot s^2/m^2)$	10	20	40	60	80	100
ξ	1.47	1.57	1.69	1.77	1.83	1.88
$q_1 T_1^2/(N \cdot s^2/m^2)$	200	400	600	800	1000	2000
ξ	2.04	2.24	2.36	2.46	2.53	2.80
$q_1 T_1^2/(N \cdot s^2/m^2)$	4000	6000	8000	10 000	20 000	30 000
ξ	3.09	3.28	3.42	3.54	3.91	4.14

注：计算 $q_1 T_1^2$ 时，对 B 类可直接代入基本风压即 $q_1 = q_0$，对 A 类以 $q_1 = 1.38 q_0$ 代入，C 类以 $q_1 = 0.62 q_0$ 代入，D 类以 $q_1 = 0.32 q_0$ 代入。

表 10 - 6　脉动影响系数 v_i

v_i / 粗糙度类别	高度 h_{it}/m							
	10	20	40	60	80	100	150	200
A	0.78	0.83	0.87	0.89	0.89	0.89	0.87	0.84
B	0.72	0.79	0.85	0.88	0.89	0.90	0.89	0.88
C	0.64	0.73	0.82	0.87	0.90	0.91	0.93	0.93
D	0.53	0.65	0.77	0.84	0.89	0.92	0.97	1.00

注：表中 h_{it} 为塔设备第 i 段顶部截面至地面的高度，m。

表 10 - 7　振型系数 ϕ_{zi}

相对高度 h_{it}/H	振型序号		相对高度 h_{it}/H	振型序号	
	1	2		1	2
0.10	0.02	−0.09	0.60	0.46	−0.59
0.20	0.06	−0.30	0.70	0.59	−0.32
0.30	0.14	−0.53	0.80	0.79	0.07
0.40	0.23	−0.68	0.90	0.85	0.52
0.50	0.34	−0.71	1.00	1.00	1.00

注：表中 h_{it} 为塔设备第 i 段顶部截面至地面的高度，m；H 为塔设备总高度，m。

（6）塔迎风面积的有效直径 D_{ei}。塔设备迎风面的有效直径 D_{ei} 是该段所有受风构件迎风面的宽度总和。

当笼式扶梯与塔顶管线布置成 180° 时：

$$D_{ei} = D_{oi} + 2\delta_{si} + K_3 + K_4 + d_o + 2\delta_{pi} \tag{10-10}$$

当笼式扶梯与塔顶管线布置成 90° 时，D_{ei} 取下列两式中的较大值：

$$\begin{cases} D_{ei} = D_{oi} + 2\delta_{si} + K_3 + K_4 & \tag{10-11} \\ D_{ei} = D_{oi} + 2\delta_{si} + K_4 + d_o + 2\delta_{pi} & \tag{10-12} \end{cases}$$

式中：D_{oi} 为塔设备各计算段的外径，m；δ_{si} 为塔设备各计算段保温层的厚度，m；d_o 为塔顶管线的外径，m；δ_{pi} 为管线保温层的厚度，m；K_3 为笼式扶梯的当量宽度，m，当无确定数据时，可取 $K_3 = 0.40$ m；K_4 为操作平台的当量宽度，m，$K_4 = \dfrac{2\sum A}{h_0}$；$\sum A$ 为第 i 段内操作平台构件的投影面积（不计空挡的投影面积），m^2，当无确定数据时，可取 $\sum A = 0.5$ m^2；h_0 为操作平台所在计算段的塔的高度，m。

2）风弯矩的计算

如图 10-76 所示，水平风力在第 i 段塔底截面 $I-I$ 处的风弯矩为

$$M_W^{I-I} = p_i \frac{l_i}{2} + p_{i+1}\left(l_i + \frac{l_{i+1}}{2}\right) + p_{i+2}\left(l_i + l_{i+1} + \frac{l_{i+2}}{2}\right) + \cdots + p_n\left(l_i + l_{i+1} + l_{i+2}\cdots + \frac{l_n}{2}\right) \tag{10-13}$$

最大风弯矩，即水平风力在塔底截面 0-0 处的风弯矩为

$$M_W^{0-0} = p_1 \frac{l_1}{2} + p_2\left(l_1 + \frac{l_2}{2}\right) + p_3\left(l_1 + l_2 + \frac{l_3}{2}\right) + \cdots + p_n\left(l_1 + l_2 + l_3\cdots + \frac{l_n}{2}\right) \tag{10-14}$$

4. 地震载荷

地震起源于地壳的深处。地震时所产生的地震波通过地壳的岩石或土壤向地球表面传播。当地震波传到地面时，会引起地面的突然运动，迫使地面上的建筑物和设备发生振动。

地震发生时，地面运动是一种复杂的空间运动，可以分解为三个平动分量和三个转动分量。鉴于转动分量的实测数据很少，在计算地震载荷时一般不予考虑。地面水平方向（横向）的运动会使设备产生水平方向的振动，危害较大；而垂直方向（纵向）的危害较横向振动要小，所以只有当地震烈度为 8 度或 9 度地区的塔设备才考虑纵向振动的影响。

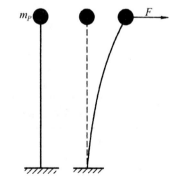

图 10-77　单质点体系的水平地震力

1）地震力计算

所谓地震力是地震时地面运动对设备的作用力。

（1）水平地震力。对于底部刚性固定在基础上的塔设备，可将其简化成单质点的弹性体系，如图 10-77 所示，水平地震力即为该设备质量相对于地面运动时的惯性力，此力的表达式为

$$F = \alpha m_P g \tag{10-15}$$

式中：m_P 为集中于单质点的质量，kg；g 为重力加速度，m/s^2；α 为地震影响系数，根据场地土的特性周期及塔的自振周期由图 10-78 确定。

对于图 10-78 中的曲线下降段，地震影响系数计算式为

$$\alpha = \left(\frac{T_g}{T}\right)^\gamma \eta_2 \alpha_{\max} \qquad (10-16)$$

式中：T_g 为特性周期，按场地土的类型及震区类型由表 10-8 确定；$\alpha_{\max}$ 为地震影响系数的最大值，见表 10-9；γ 为衰减指数，根据塔的阻尼比确定，即 $\gamma = 0.9 + \dfrac{0.05-\xi}{0.5+\xi}$；$\xi$ 为塔的阻尼比，由实测得到，当无实测数据时，一阶振型的阻尼比可取 0.01~0.03，高阶振型的阻尼比可参照一阶振型的阻尼比；η_2 为阻尼调整系数，$\eta_2 = 1 + \dfrac{0.05-\xi}{0.06+1.7\xi}$。

对于图 10-78 中的直线下降段，地震影响系数计算式为

$$\alpha = [\eta_2 0.2^\gamma - \eta_1(T-5T_g)]\alpha_{\max} \qquad (10-17)$$

式中：η_1 为直线下降段下降斜率的调整系数，$\eta_1 = 0.02 + (0.05-\xi)/8$。

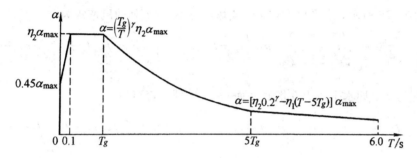

图 10-78　地震影响系数 α 值

表 10-8　场地土的特性周期 T_g

设计地震分组	场地土类型			
	I	II	III	IV
第一组	0.25	0.35	0.45	0.65
第二组	0.30	0.40	0.55	0.75
第三组	0.35	0.45	0.65	0.90

表 10-9　地震影响系数的最大值 $\alpha_{\max}$（摘自 GB50011 — 2010《建筑抗震设计规范》）

设防烈度	7		8		9
设计地震基本加速度	0.1g	0.2g	0.2g	0.3g	0.4g
$\alpha_{\max}$	0.08	0.12	0.16	0.24	0.32

式(10-15)中的 αg 可以理解为质点的绝对加速度。实际上，塔设备是一个多质点的弹性体系，如图 10-79 所示。多质点则具有多个振型。根据振型叠加原理，可将多质点体系的计算转换成多个单质点体系的叠加。因此，对于实际塔设备水平地震力的计算，可在前述单质点体系的计算基础上，考虑振型对绝对加速度及地震力的影响，引入振型参与系数 η_k。由于塔设备的刚度较大，通常只考虑第一振型，即基本频率下的振型，相应于第一

振型的振型参与系数 η_{k1} 为

$$\eta_{k1} = \frac{h_k^{1.5} \sum\limits_{i=1}^{n} m_i h_i^{1.5}}{\sum\limits_{i=1}^{n} m_i h_i^3} \tag{10-18}$$

因而，第 k 段塔节重心处（k 质点处）产生的相当于第一振型（基本振型）的水平地震力为

$$F_{k1} = \alpha_1 \eta_{k1} m_k g \tag{10-19}$$

式中：α_1 为对应于塔器基本固有周期 T_1 的地震影响系数的 α 值；m_k 为第 k 段塔节的集中质量（见图 10-79），kg。

（2）垂直地震力。在设防烈度为 8 度或 9 度的地区，塔设备应考虑垂直地震力的作用。图 10-80 为一个多质点体系，在地面的垂直运动作用下，塔设备底部截面上的垂直地震力为

$$F_V^{0-0} = \alpha_{v\max} m_{eq} g \tag{10-20}$$

式中：$\alpha_{v\max}$ 为垂直地震影响系数的最大值，取 $\alpha_{v\max} = 0.65\alpha_{\max}$；$m_{eq}$ 为塔设备的当量质量，kg，取 $m_{eq} = 0.75 m_0$；m_0 为塔设备操作时的质量，kg。

塔设备任意质点 i 处的垂直地震力为

$$F_V^{i-i} = \frac{m_i h_i}{\sum\limits_{k=1}^{n} m_k h_k} F_V^{0-0} \quad (i = 1, 2, 3, \cdots, n) \tag{10-21}$$

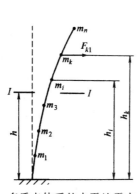

图 10-79　多质点体系的水平地震力

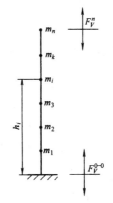

图 10-80　多质点体系的垂直地震力

2）地震弯矩

在水平地震力的作用下，塔设备任意计算截面 I-I 处基本振型的地震弯矩为

$$M_{E1}^{I-I} = \sum\limits_{k=i}^{n} F_{k1}(h_k - h) \tag{10-22}$$

式中：M_{E1}^{I-I} 为任意截面 I-I 处基本振型的地震弯矩，N·m；h_k 为第 k 段塔节的集中质量 m_k 离地面的距离，m。

对于等直径、等壁厚的塔设备，质量沿塔高是均匀分布的。振型参与系数的关系式为

$$\eta_{k1} = 1.6 \frac{h_k^{1.5}}{H^{1.5}} \tag{10-23}$$

将式（10-23）代入式（10-19）中，求出水平地震力 F_{k1}。设任意计算截面 I-I 距地面的高度为 h（见图 10-79），即可求得基本振型在 I-I 截面处产生的地震弯矩为

$$M_{E1}^{I-I} = \frac{8\alpha_1 mg}{175H^{1.5}}(10H^{3.5} - 14hH^{2.5} + 4h^{3.5}) \qquad (10-24)$$

当 $h=0$ 时，即塔设备底部截面 0—0 处，由基本振型产生的地震弯矩为

$$M_{E1}^{0-0} = \frac{16}{35}\alpha_1 mgH^2 \qquad (10-25)$$

式(10-25)是按塔设备基本振型(第一振型)计算得到的结果。当 $H/D > 15$ 或塔设备高度 $H \geqslant 20$ m 时，还必须考虑高振型的影响。这时应根据前三个振型，即第一、二、三振型，分别计算其水平地震力及地震弯矩，然后根据振型组合的方法确定作用于 k 质点处的最大地震力及地震弯矩。这样的计算方法显然很复杂，简化的近似算法是按第一振型的计算结果估算地震弯矩，即

$$M_E^{I-I} = 1.25M_{E1}^{I-I} \qquad (10-26)$$

5. 最大弯矩

确定最大弯矩时，偏保守地假设风弯矩、地震弯矩和偏心弯矩同时出现，且出现在塔设备的同一方向。但考虑到最大风速和最高地震级别同时出现的可能性很小，在正常操作或停工检修时，计算截面处的最大弯矩取式(10-27)中两种算法的较大值，即

$$M_{\max} = \begin{cases} M_E + 0.25M_w + M_e \\ M_w + M_e \end{cases} \qquad (10-27)$$

在水压试验时，由于试验日期可以自由选择且持续时间较短，取最大弯矩为 $0.3M_w + M_e$，即

$$M_{\max} = 0.3M_w + M_e \qquad (10-28)$$

10.5.3　筒体的强度及稳定性校核

根据操作压力计算塔体厚度之后，对正常操作、停工检修及压力试验等工况，分别计算各工况下相应的压力、重量和垂直地震力、最大弯矩引起的筒体轴向应力，再确定最大拉伸应力和最大压缩应力，并进行强度和稳定性校核。如不满足要求，须调整塔体厚度，重新进行应力校核，直到满足强度和稳定性的条件。

1. 筒体轴向应力

(1)内压或外压在筒体中引起的轴向应力 σ_1：

$$\sigma_1 = \frac{pD_i}{4\delta_{ei}} \qquad (10-29)$$

式中：p 为设计压力，取绝对值，MPa。

(2)重力及垂直地震力在筒壁产生的轴向应力 σ_2：

$$\sigma_2 = -\frac{9.8m_0^{I-I} \pm F_V^{I-I}}{\pi D_i \delta_{ei}} \qquad (10-30)$$

式中：m_0^{I-I} 为任意截面 $I-I$ 以上塔设备承受的质量，kg；F_V^{I-I} 为垂直地震力，仅在最大弯矩为地震弯矩并参与组合时计入此项，N。

(3)最大弯矩在筒体中引起的轴向应力 σ_3：

$$\sigma_3 = \frac{M_{\max}^{I-I}}{W_I} \qquad (10-31)$$

式中：$M_{\max}^{I-I}$ 为计算截面 $I-I$ 处的最大弯矩，由式(10-27)或式(10-28)确定，N·m；W_I

为计算截面 $I-I$ 处的抗弯截面模量，m^3，$W_I = \dfrac{\pi}{4}D_i^2\delta_{ei}$。

2. 轴向应力校核条件

由于最大弯矩在筒体中引起的轴向应力沿环向是不断变化的，与沿环向均布的轴向应力相比，这种应力对塔强度或稳定失效的危害相对较小。为此，在塔体应力校核时，对许用拉伸应力和压缩应力引入载荷组合系数 K，并取 $K=1.2$。

（1）正常操作和停工检修工况。轴向拉伸应力用 $K[\sigma]^t\phi$ 限制；轴向压缩应力用 $K[\sigma]^t$ 和 KB 中的较小值限制。

（2）压力试验工况。轴向拉伸应力用 $0.9KR_{eL}\phi$（液压试验）或 $0.8KR_{eL}\phi$（气压试验）限制；轴向压缩应力用 $0.9KR_{eL}$ 和 KB 中的较小值限制。

10.5.4　裙座的强度及稳定性校核

1. 裙座筒体

裙座筒体会受到重量和各种弯矩的作用，但不承受压力。重量和弯矩在裙座底部截面处最大，因而裙座底部截面是危险截面。此外，裙座上的检查孔或人孔、管线引出孔对承载有削弱作用，这些孔中心横截面处也是裙座筒体的危险截面。

裙座筒体不受压力作用，轴向组合拉伸应力总是小于轴向组合压缩应力。因此，只需校核危险截面的最大轴向压缩应力即可，可用 $K[\sigma]^t$ 和 KB 中的较小值限制。

2. 裙座基础环

裙座基础环的结构如图 10-81 及图 10-82 所示，分为无筋板的结构和有筋板的结构两类。基础环的内、外直径 D_{ib}、D_{ob} 可按式（10-31）选取：

$$\begin{cases} D_{ib} = D_{is} - (0.16 \sim 0.40)\,\text{m} \\ D_{ob} = D_{is} + (0.16 \sim 0.40)\,\text{m} \end{cases} \qquad (10-32)$$

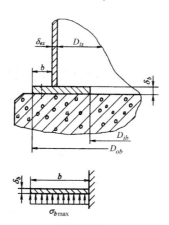

图 10-81　无筋板的基础环

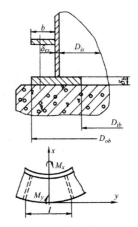

图 10-82　有筋板的基础环

1）基础环的应力分布

塔设备的重量和由风载荷、地震载荷及偏心载荷引起的弯矩通过裙座筒体作用在基础环上，而基础环则被安放在混凝土基础上。在基础环与混凝土基础的接触面上，重量 Q 引起均布压缩应力，弯矩 M 引起弯曲应力，压缩应力始终大于拉伸应力，应力分布如图10-83所示。基础环板应有足够的厚度来承受这种应力。

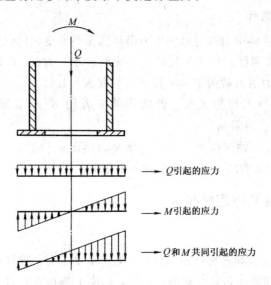

图 10-83　基础环的应力分布

拉应力：

$$\sigma_{L\max} = \frac{M}{Z_b} - \frac{Q}{A_b} \qquad (10-33)$$

压应力：

$$\sigma_{b\max} = \sigma_{Y\max} = \frac{M}{Z_b} + \frac{Q}{A_b} \qquad (10-34)$$

式中：Z_b 为基础环板的抗弯截面模量，mm^3，$Z_b = \dfrac{\pi(D_{ob}^4 - D_{ib}^4)}{32 D_{ob}}$；$A_b$ 为基础环板的面积，mm^2，$A_b = \dfrac{\pi(D_{ob}^2 - D_{ib}^2)}{4}$。

2）基础环厚度

（1）无筋板基础环。假设把基础环沿圆周方向拉直，视其为承受均布载荷 $\sigma_{b\max}$ 作用的悬臂梁，梁的长度为 b，如图10-81所示。设拉直后梁的宽度为 L，则梁所受的最大弯矩为

$$M = \frac{1}{2} b^2 L \sigma_{b\max} \qquad (10-35)$$

由弯矩引起的最大弯应力位于梁的上、下表面，其值应小于基础环材料的许用应力，即

$$\sigma_b = \frac{M}{Z} = \frac{6M}{L\delta_b^2} \leqslant [\sigma]_b \qquad (10-36)$$

因此，基础环所需的厚度 δ_b 为

$$\delta_b = 1.73 b \sqrt{\frac{\sigma_{b\max}}{[\sigma]_b}} \qquad (10-37)$$

式中：$[\sigma]_b$ 为基础环材料的许用应力，MPa，对于碳钢，$[\sigma]_b = 147$ MPa，对低合金钢，$[\sigma]_b = 170$ MPa。

（2）有筋板基础环。两相邻筋板之间的基础环板可以近似视为承受均布载荷 $\sigma_{b\max}$ 作用的矩形板（$b\times l$），有筋板的两侧边（边长为 b）可视为简支，与裙座筒体连接的边缘（边长视为 l）作为固支，基础环的外边缘（长度视为 l）作为自由边。根据平板理论，由此可以计算矩形板中的最大弯矩 M_s。此时，基础环的厚度为

$$\delta_b = \sqrt{\frac{6M_s}{[\sigma]_b}} \tag{10-38}$$

式中：M_s——矩形板的计算力矩，$N\cdot mm/mm$，$M_s = \max\{|M_x|, |M_y|\}$。

$$\begin{cases} M_x = C_x \sigma_{b\max} b^2 \\ M_y = C_y \sigma_{b\max} l^2 \end{cases} \tag{10-39}$$

其中，系数 C_x、C_y 可按表 10-10 取值。

表 10-10　矩形板力矩 C_x、C_y 系数表

b/l	C_x	C_y	b/l	C_x	C_y	b/l	C_x	C_y
0	-0.5000	0						
0.1	-0.5000	0	1.1	-0.0995	0.1050	2.1	-0.0282	0.1310
0.2	-0.4900	0.0006	1.2	-0.0846	0.1120	2.2	-0.0258	0.1320
0.3	-0.4480	0.0051	1.3	-0.0726	0.1160	2.3	-0.0236	0.1320
0.4	-0.3850	0.0151	1.4	-0.0629	0.1200	2.4	-0.0217	0.1320
0.5	-0.3190	0.0293	1.5	-0.0550	0.1230	2.5	-0.0200	0.1330
0.6	-0.2600	0.0453	1.6	-0.0485	0.1260	2.6	-0.0185	0.1330
0.7	-0.2120	0.0610	1.7	-0.0430	0.1270	2.7	-0.0171	0.1330
0.8	-0.1730	0.0751	1.8	-0.0384	0.1290	2.8	-0.0159	0.1330
0.9	-0.1420	0.0872	1.9	-0.0345	0.1300	2.9	-0.0149	0.1330
1.0	-0.1180	0.0972	2.0	-0.0312	0.1300	3.0	-0.0139	0.1330

注：l 为相邻筋板的最大外侧间距，见图 10-82。

3. 地脚螺栓

地脚螺栓的作用是将高的塔设备固定在混凝土基础上，以防止风弯矩或地震弯矩等的作用使其发生倾倒。

如图 10-83 所示，在重力和弯矩作用下，如果迎风侧地脚螺栓承受的应力 $\sigma_B \leqslant 0$，表示塔设备自身稳定不会倾倒，原则上可不设地脚螺栓，但为了固定设备的位置，应设置一定数量的地脚螺栓；如果 $\sigma_B > 0$，则必须安装地脚螺栓并进行计算。对于高塔，一般地脚螺栓公称直径不宜小于 M24，埋入混凝土基础内的长度一般取螺栓公称直径 d 的 25～40 倍，以免拉脱。

地脚螺栓的设计计算参见附录 G。

4. 裙座与塔体连接焊缝

裙座是直接焊接在塔体的底部封头上的结构，焊缝形式有搭接焊缝和对接焊缝两种，如图 10-71 所示。搭接焊缝是裙座焊在壳体外侧的结构，焊缝承受由设备重量及弯矩产

生的切应力，这种结构受力情况较差，但安装方便，可用于小型塔设备。对接焊缝主要校核在弯矩及重力作用下迎风侧焊缝的拉应力。

关于搭接焊缝和对接焊缝部位的应力校核，可参阅 JB/T 4710 — 2005《钢制塔式容器》。

10.5.5 塔设备的振动

在风力的作用下，安装于室外的塔设备将产生振动。轻者将使塔设备产生严重的弯曲、倾斜，塔板效率下降，影响塔设备的正常操作；重者将导致塔设备破坏，造成事故。因此，在塔的设计阶段就应采取措施以防止共振的发生。关于塔设备的振动及其防振，请参见附录 H。

小　　结

1. 内容归纳

本章内容归纳如图 10 - 84 所示。

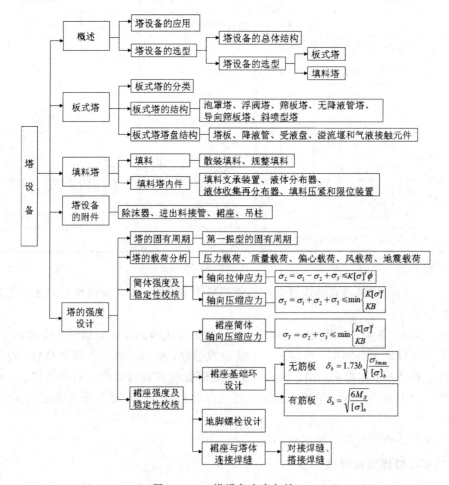

图 10 - 84　塔设备内容归纳

2. 重点和难点

(1) 重点:板式塔、填料塔及其零部件,塔体的强度计算方法。

(2) 难点:塔体的强度计算方法。

思考题与习题

(1) 塔设备由哪几部分组成?各部分的作用是什么?

(2) 根据结构形式,板式塔有哪些类型?其中最常用的类型有哪些,简述其优点。

(3) 简述泡罩塔和浮阀塔的工作原理。

(4) 简述溢流型塔盘的组成及各部分的作用。

(5) 简述填料的分类,哪种填料传质效率高?

(6) 填料塔中有哪些内件,各自的作用是什么?

(7) 简述除沫器的作用。

(8) 试分析塔在正常操作、停工检修和压力试验三种工况下的载荷。

(9) 简述风载荷和地震载荷对塔设备的影响。

(10) 塔设备的结构设计中,为什么只需校核轴向应力而不校核周向应力?

(11) 塔设备设计中,哪些危险截面需要校核轴向强度和稳定性?如何校核?

(12) 某蒸馏塔的尺寸及分段如图 10 - 85 所示,塔体内径 $D_i = 2000$ mm,塔高 33 m,塔操作时的质量 $m_0 = 38500$ kg。塔的阻尼比为 0.013,设计压力为 0.50 MPa,设计温度为 370 ℃,塔体壁厚为 16 mm,腐蚀裕量为 4 mm。塔体保温层厚 100 mm,塔上共设九层操作平台,第 4、5 段各四层,第 6 段一层,笼式扶梯与进、出口接管成 90°布置。为简化计算,忽略管线当量宽度,并统一取各段塔迎风面的有效直径均为各段塔迎风面有效直径的最大值。塔安装地区的基本风压为 350 Pa,地面粗糙度为 B 级,地震烈度为 7 度,场地土类型为Ⅰ类,设计地震分组为第一组。

试计算塔底截面的风弯矩和地震弯矩。

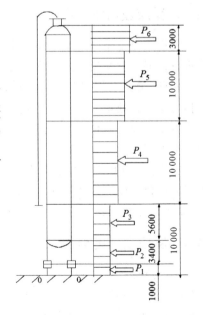

图 10 - 85　习题(12)附图

第11章 反应设备

本章教学要点

知识要点	掌握程度	相关知识点
概述	了解反应设备的分类以及常用反应设备的结构及特点	反应设备的分类，常用反应设备的结构及特点
机械搅拌反应设备	熟练掌握机械搅拌反应器的基本结构，包括搅拌容器及换热元件、搅拌器，掌握搅拌功率计算、搅拌轴的设计、密封装置及传动装置	搅拌容器及换热元件，搅拌器，搅拌功率计算，搅拌轴的设计，密封装置及传动装置

11.1 概　述

11.1.1　反应设备的应用

反应设备是发生化学反应或生物反应等过程的场所，是流程性材料产品生产过程中的核心设备。通过化学反应或生物反应等过程将原料加工成产品，是化工、冶金、石油、新能源、医药、食品和轻工等领域的重要生产方式。任何一种流程性材料产品的生产流程都可概括为原料预处理、化学反应或生物反应、反应产物的分离与提纯等。

许多化工及石油化工产品的生产过程都是在对原料进行若干物理过程处理后，再按一定的要求进行化学反应得到最终产品的过程。例如，氨的合成反应就是经过造气、精制，得到一定比例、纯度合格的氮氢混和气后，在合成塔中以一定的压力、温度并在催化剂的作用下进行化学反应得到氨气的过程。其他如染料、油漆、农药等工业领域也都有氧化、氯化、硫化、硝化等化学反应过程。反应设备大多是化工生产中的关键设备。

11.1.2　反应设备的分类

工业反应设备主要包括化学反应设备、生物反应设备、电化学反应设备和微反应设备等。其中，按反应物系的相态来划分，可分为均相反应器和多相反应器；按操作方式来划分，可分为间歇式、半连续式和连续式反应器；按过程流体力学来划分，可分为泡状流型、活塞流型和全混流型反应器；按过程传热学来划分，可分为绝热、等温和非等温非绝热反应器；按结构原理来划分，可分为釜式反应器、管式反应器、塔式反应器、固定床反应器、流化床反应器、移动床反应器等。其中用途最广泛的化学反应设备的主要结构形式与特征见表 11-1。

表 11-1　化学反应设备的结构形式与特征

物料相态		操作方式	流动状态	传热情况	结构特征
均相	气相				搅拌釜式
	液相				管式
非均相	气-液相	间歇操作	泡状流型	绝热式	固定床
	液-液相	连续操作	活塞流型	等温式	流化床
	气-固相	半连续操作	全混流型	非等温非绝热式	移动床
	液-固相				塔式
	气-液-固相				滴流床

11.1.3　常见反应设备的特点

各类反应器的结构形式和工作原理具有许多共性特点，常见的结构形式包括机械搅拌式反应器、管式反应器、塔式反应器、固定床反应器、移动床反应器、流化床反应器等。

1. 机械搅拌式反应器

机械搅拌反应器既可用于均相反应，也可用于多相(如液-液、气-液、液-固)反应；既可以间歇操作，也可以连续操作。机械搅拌式反应器灵活性大，根据需要，可以生产不同规格、不同品种的产品，生产的时间可长可短，可在常压、加压、真空条件下进行生产操作，可控范围大。反应结束后出料容易，反应器的清洗方便，机械设计十分成熟。机械搅拌式反应器是本章的重点内容。

2. 管式反应器

管式反应器结构简单，制造方便。混合后的气相或液相反应物从管道的一端进入，连续流动，连续反应，最后从管道的另一端排出。管外壁可以进行换热，因此传热面积大。反应物在管内的流动速度快，停留时间短，运用一定的控制手段可使管式反应器具有一定的温度梯度和浓度梯度。

管式反应器可用于连续生产，也可用于间歇操作，反应物不反混，也可在高温、高压下操作。图 11-1 为石脑油分解转化管式反应器，管的下部触媒支撑架内装有触媒，气体由进气管进入管式反应器，在触媒存在的条件下，石脑油可转化为 H_2 和 CO，供合成氨用，反应温度为 $750\sim850$ ℃，压力为 $2.1\sim3.5$ MPa。

3. 塔式反应器

塔式反应器的高度为直径的数倍乃至十余倍，塔内设有增加两相接触的构件，如填料、筛板等，详见第10章的相关内容。塔式反应器主要用于两种流体相之间的反应过程，如气-液反应和液-液反应等。

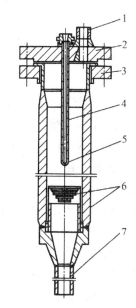

1—进气管；2—上法兰；
3—下法兰；4—温度计；
5—管子；6—触媒支承架；
7—下猪尾巴管

图 11-1　石脑油分解转化管式反应器

4. 固定床反应器

气体流经固定不动的催化剂床层进行催化反应的装置称为固定床反应器。它主要用于气固相催化反应，具有结构简单、操作稳定、便于控制、易实现大型和连续化生产等优点，是现代化工生产中广泛应用的反应器。例如，氨合成塔、甲醇合成塔、生产硫酸及硝酸的一氧化碳变换塔、三氧化硫转化器等。

固定床反应器包括轴向绝热式、径向绝热式和列管式三种基本形式。轴向绝热式固定床反应器的结构见图 11 - 2(a)，催化剂均匀地放置在多孔筛板上，预热到一定温度的反应物料自上而下沿轴向通过床层进行反应，在反应过程中反应物系与外界无热量交换。径向绝热式固定床反应器的结构见图 11 - 2(b)，催化剂装载于两个同心圆筒的环隙中，流体沿径向通过催化剂床层进行反应，其特点是在相同筒体直径下增大了流道的截面积。列管式固定床反应器的结构见图 11 - 2(c)，这种反应器由很多并联的管子构成，管内(或管外)装填催化剂，反应物料通过催化剂进行反应，载热体流经管外(或管内)，在化学反应的同时进行换热。

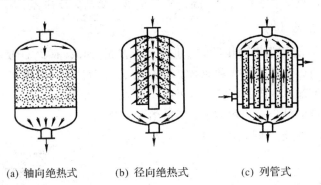

(a) 轴向绝热式   (b) 径向绝热式   (c) 列管式

图 11 - 2　固定床反应器

图 11 - 3 所示的氨合成塔是典型的固定床反应器，氮气、氢气的合成气由主进气口进入反应塔，塔内压力约为 30 MPa，温度为 550 ℃，在触媒作用下合成氨。氨的合成反应为放热反应，高温的合成气及未合成的氮气、氢气的混合气经塔下部的换热器降温后从底部排出。

固定床反应器的缺点是床层的温度分布不均匀，由于固相粒子固定，床层导热性较差，因此对放热量大的反应需增大换热面积，及时移走反应热，但这会减少有效空间。

5. 移动床反应器

如图 11 - 4 所示，移动床也是一种有固体颗粒参与的反应器，与固定床反应器类似，不同之处在于，固体颗粒自反应器的一边连续加入，由进口边向出口边连续移动直

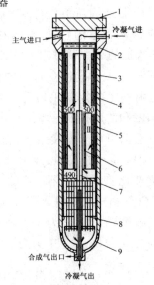

1—平顶盖；2—筒体端部法兰；3—筒体；
4—上触媒框；5—下触媒框；6—中心网筒；
7—升气管；8—换热器；9—半球形封头

图 11 - 3　固定床反应器(氨合成塔)

至卸出。在反应器中固体颗粒之间基本没有相对移动，而是整个颗粒层的移动，因此可看成是移动的固定床反应器。和固定床反应器相比，移动床反应器有如下特点：固体和流体的停留时间可以在较大范围内改变，固体和流体的运动接近活塞流，返混较少；控制固体粒子运动的机械装置较为复杂，床层的传热性能与固定床接近。移动床反应器适用于催化剂需要连续进行再生的催化反应过程和固相加工反应。

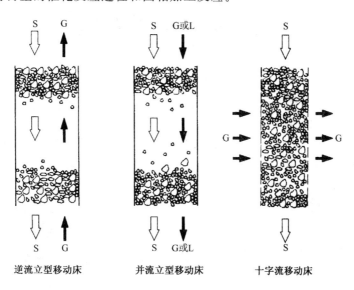

逆流立型移动床　　　并流立型移动床　　　十字流移动床

图 11-4　移动床反应器

6. 流化床反应器

流体（气体或液体）以较高的流速通过床层，带动床内的固体颗粒运动，使之悬浮在流动的主体流中进行反应，并具有类似流体流动的一些特性的装置称为流化床反应器。流化床反应器是工业上应用较为广泛的反应装置，适用于催化或非催化的气-固、液-固和气-液-固相反应。在反应器中固体颗粒被流体吹起呈悬浮状态，可做上下左右剧烈运动及翻动，如同液体在沸腾，故流化床反应器又称为沸腾床反应器。典型的流化床反应器如图 11-5 所示，反应气体从进气管进入反应器，经气体分布板进入床层，反应器内设置有换热器，气体离开床层时总会带走部分细小的催化剂颗粒，为此将反应器上部直径增大，使气体速度降低，从而使部分较大的颗粒沉降下来，落回床层中，较细的颗粒经过反应器上部的旋风分离器分离出来后返回床层，反应后的气体由顶部排出。

流化床反应器的最大优点是传热面积大，传热系数高以及传热效果好。流态化较好的流化床，床内各点温度相差一般不超过 5 ℃，可以防止局部过热。流化床的

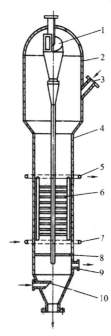

1—旋风分离器；2—筒体扩大段；
3—催化剂入口；4—筒体；
5—冷却介质出口；6—换热器；
7—冷却介质进口；8—气体分布板；
9—催化剂出口；10—反应气入口

图 11-5　流化床反应器

进料、出料、废渣排放都可以用气流输送，易于实现自动化生产。流化床反应器的缺点是：反应器内物料返混大，粒子磨损严重；通常要设有回收和集尘装置；流化床的内部构件比较复杂；操作要求高等。

反应器设计较为复杂，下面将着重介绍机械搅拌反应设备的设计。

11.2 机械搅拌反应设备

搅拌设备是一种典型的在静态容器的基础上加入动态机械的特殊设备。

机械搅拌反应器(也称搅拌釜式反应器)适用于各种物性(如黏度、密度)和各种操作条件(温度、压力)的反应过程，广泛应用于合成塑料、合成纤维、合成橡胶、医药、农药、化肥、染料、涂料、食品、冶金、废水处理等行业。实验室的搅拌反应器的容积可小至数十毫升，而污水处理、湿法冶金、磷肥等工业大型反应器的容积可达数千立方米。除用作化学反应器和生物反应器外，搅拌反应器还大量用于混合、分散、溶解、结晶、萃取、吸收或解吸、传热等反应的操作。

搅拌设备的作用有以下几方面：① 使物料混合均匀；② 使气体在液相中很好地分散；③ 使固体粒子(如催化剂)在液相中均匀地悬浮；④ 使不相溶的另一液相均匀悬浮或充分乳化；⑤ 强化相间的传质(如吸收等)；⑥ 强化传热。

11.2.1 基本结构

搅拌反应器由搅拌容器和搅拌机两大部分组成。搅拌容器包括筒体、换热元件和内构件。搅拌器、搅拌轴及密封装置、传动装置等统称为搅拌机。

图 11-6 是一台通气式搅拌反应器，由电机驱动，经减速机带动搅拌轴及安装在轴上的搅拌器旋转，使流体获得适当的流动场，并在流动场内进行化学反应。为满足工艺的换热要求，容器上装有夹套，夹套内螺旋导流板的作用是改善传热性能。容器内设有气体分布器、挡板等内构件。在搅拌轴下部安装有径向流搅拌器，上层为轴向流搅拌器。

11.2.2 搅拌容器

1. 搅拌容器

搅拌容器的作用是为物料反应提供合适的

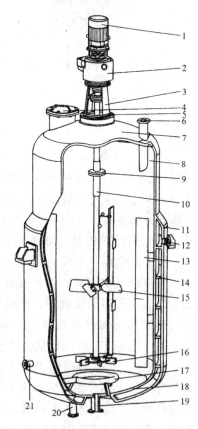

1—电动机；2—减速机；3—机架；4—人孔；
5—密封装置；6—进料口；7—上封头；8—筒体；
9—联轴器；10—搅拌轴；11—夹套；
12, 20—载热介质进出口；13—挡板；
14—螺旋导流板；15—轴向流搅拌器；
16—径向流搅拌器；17—气体分布器；
18—下封头；19—出料口；21—气体进口

图 11-6 通气式搅拌反应器典型结构

空间。搅拌容器的筒体一般为圆筒，封头常采用椭圆形封头。根据工艺需要，容器上装有各种接管，以满足进料、出料、排气等要求。为对物料进行加热或移除反应热，搅拌容器中常设置外夹套或内盘管。上封头焊有凸缘法兰，用于搅拌容器与机架的连接。操作过程中为了对反应进行控制，必须测量反应物的温度、压力、成分等参数，容器上需设有温度、压力等传感器。支座选用时应考虑容器的大小和安装位置，小型反应器一般采用悬挂式支座，大型反应器则采用裙式支座或支承式支座。

在确定搅拌容器的容积时，应考虑物料在容器内充装的比例（即装料系数），其值通常可取 0.6～0.85。如果物料在反应过程中产生泡沫或呈沸腾状态，装料系数取 0.6～0.7；如果物料反应比较平稳，其值可取 0.8～0.85。

工艺设计中，直立式搅拌容器的给定容积通常指筒体和下封头两部分容积之和。根据使用经验，搅拌容积中筒体的高径比可按表 11-2 选取。设计时，根据搅拌容器的容积、所选用筒体的高径比，即可确定筒体的直径和高度。

表 11-2　几种搅拌设备筒体的高径比

种　类	罐内物料类型	高径比	种　类	罐内物料类型	高径比
一般搅拌罐	液-固相，液-液相	1～1.3	聚合釜	悬浮液、乳化液	2.08～3.85
	气-液相	1～2	发酵罐类	发酵液	1.7～2.5

选择罐体长径比时主要考虑其对搅拌功率的影响、对传热的影响及物料反应对长径比的要求。

（1）罐体长径比对搅拌功率的影响。一定结构形式搅拌器的桨叶直径同与其装配的搅拌罐内径通常有一定的比例范围。在容积一定时减小长径比，即减小高度而增大直径，此时搅拌器的功率会增加，适用于需要较大搅拌作业功率的搅拌过程，否则会对搅拌器功率造成浪费。

（2）罐体长径比对传热的影响。罐体长径比对夹套传热有显著的影响，容积一定时，长径比越大则盛料部分的表面积越大，夹套的传热面积也就越大。同时长径比越大，传热表面距离罐体中心越近，物料的温度梯度就越小，有利于提高传热效果。因此单从传热角度考虑，长径比可取大一些。

（3）物料反应对长径比的要求。某些物料的搅拌反应过程对长径比有着特殊的要求，例如发酵罐，为了使通入罐内的空气与发酵液有充分的接触时间，需要有足够的液位高度，就希望长径比大一些。

搅拌容器的强度计算和稳定性分析的方法详见第 2 章和第 3 章的相关内容。

2. 换热元件

对于有传热要求的搅拌反应器，为维持反应的最佳温度，需要设置换热元件。常用的换热元件有夹套和内盘管。当夹套的换热面积能够满足传热要求时，应优先采用夹套，这样可以减少容器内构件的数量，便于清洗，不占用有效容积。

1）夹套

所谓夹套就是在容器的外侧，用焊接或法兰连接的方式装设各种形状的钢结构，使其与容器外壁形成密闭的空间，在此空间内通入加热或冷却的介质，可加热或冷却容器内的物料。夹套的主要结构形式有：整体夹套、型钢夹套、半圆管夹套和蜂窝夹套等，其适用的温度和压力范围见表11-3。

表11-3 各种碳素钢夹套的适用温度和压力范围

夹 套 形 式		最高温度/℃	最高压力/MPa
整体夹套	U 形	350	0.6
	圆筒形	300	1.6
型钢夹套		200	2.5
蜂窝夹套	短管支承式	200	2.5
	折边锥体式	250	4.0
半圆管夹套		350	6.4

（1）整体夹套。常用的整体夹套形式有圆筒形和U形两种。如图11-7(a)所示的圆筒形夹套仅在圆筒部分设有夹套，传热面积较小，适用于换热量要求不大的场合。U形夹套的圆筒部分和下封头都包有夹套，传热面积大，是最常用的结构，如图11-7(b)所示。通常整体夹套的压力不能超过1 MPa，否则会因夹套及罐体的壁厚太大而增加制造的困难。

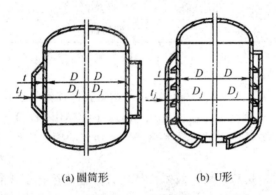

(a) 圆筒形   (b) U形

图 11-7 整体夹套

根据夹套与筒体连接方式的不同，夹套可分为可拆卸式和不可拆卸式两种形式。可拆卸式用于夹套内部载热介质易结垢、需经常清洗的场合。工程中使用较多的是不可拆卸式夹套。夹套肩与筒体的连接处制成锥形的结构称为封口锥，制成环形的结构则称为封口环，如图11-8所示。当下封头底部有接管时，夹套底与容器封头的连接方式也包括封口锥和封口环两种，其结构见图11-9。

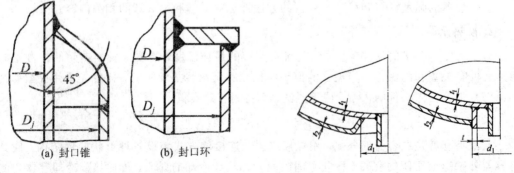

(a) 封口锥   (b) 封口环

图 11-8 夹套肩与筒体的连接   图 11-9 夹套底与封头的连接结构

（2）半圆管夹套。半圆管夹套与容器的连接结构如图 11-10 所示。半圆管在筒体外的布置，既可以螺旋形缠绕在筒体上，也可沿筒体轴向平行焊接在筒体上或沿筒体圆周方向平行焊接在筒体上，见图 11-11。当载热介质流量小时宜采用弓形管。半圆管夹套的缺点是焊缝多，焊接工作量大，筒体较薄时易造成焊接变形。

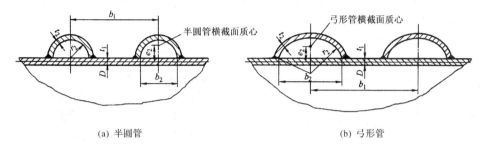

(a) 半圆管　　　　　　　　　　　　　　　　(b) 弓形管

图 11-10　半圆管夹套与容器的连接结构

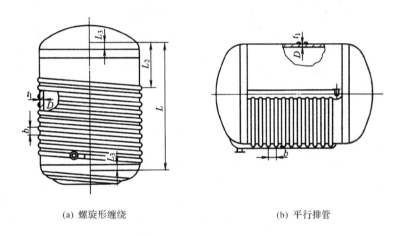

(a) 螺旋形缠绕　　　　　　　　　　　　　　(b) 平行排管

图 11-11　半圆管夹套的安装方式

（3）蜂窝夹套。蜂窝夹套以整体夹套为基础，采取折边或短管等加强措施，以提高筒体的刚度和夹套的承压能力，减少流道面积，从而减薄筒体的厚度，强化传热效果。常用的蜂窝夹套包括折边式和拉撑式两种形式。夹套向内折边与筒体贴合后再进行焊接的结构称为折边式蜂窝夹套，如图 11-12 所示。拉撑式蜂窝夹套用冲压的小锥体或钢管作为拉撑体。图 11-13 为短管拉撑式蜂窝夹套，蜂窝孔在筒体上呈正方形或三角形布置。

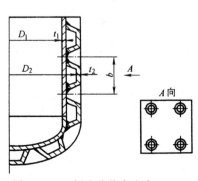

图 11-12　折边式蜂窝夹套

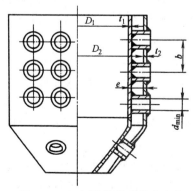

图 11-13　短管拉撑式蜂窝夹套

2）内盘管

当反应器的热量仅靠外夹套传热且换热面积不够时，常采用内盘管。内盘管浸没在物料中，热量损失小，传热效果好，但检修较困难。内盘管可分为螺旋形盘管和竖式蛇管，其结构分别如图 11 - 14 和图 11 - 15 所示。对称布置的几组竖式蛇管除具有传热作用外，还可起到挡板的作用。

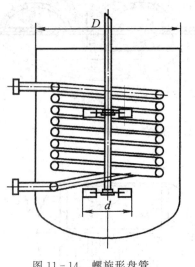

图 11 - 14 螺旋形盘管

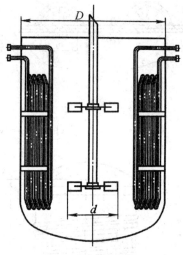

图 11 - 15 竖式蛇管

11.2.3 搅拌器

1. 搅拌器与流动特征

搅拌器又称搅拌桨或搅拌叶轮，是搅拌反应器的关键部件，其功能是提供过程所需要的能量和适宜的流动状态。搅拌器旋转时将机械能传递给流体，可在搅拌器附近形成高湍动的充分混合区，并产生一股高速射流推动液体在搅拌容器内循环流动。这种循环流动的途径称为流型。

1）流型

搅拌器顶插式中心安装的立式圆筒包含以下三种基本流型：

（1）径向流。如图 11 - 16(a)所示，流体的流动方向垂直于搅拌轴，沿径向流动，在容器壁面分成两股流体分别向上、向下流动，再回到叶端，但不穿过叶片，形成上、下两个循环流动。

（2）轴向流。如图 11 - 16(b)所示，流体的流动方向平行于搅拌轴，流体由桨叶推动，向下流动，遇到容器底面再翻向上流动，形成上、下循环流。

（3）切向流。无挡板的容器内，流体绕轴作旋转运动，流速高时液体表面会形成漩涡，这种流型称为切向流，如图 11 - 16(c)所示。此时流体从桨叶周围周向卷吸至桨叶区的流量很小，混合效果很差。

上述三种流型通常同时存在，其中轴向流与径向流对混合起主要作用，而对切向流应加以抑制，采用挡板可削弱切向流，增加轴向流和径向流。

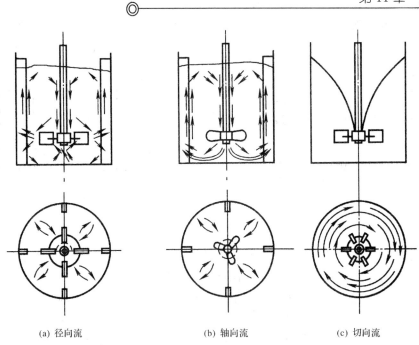

(a) 径向流　　　　　　　(b) 轴向流　　　　　　　(c) 切向流

图 11-16　搅拌器与流型

2) 挡板与导流筒

(1) 挡板。搅拌器沿容器中心线安装，当搅拌物料的黏度不大、搅拌轴转速较高时，液体将随着桨叶的旋转方向一起运动，容器中间部分的液体在离心力的作用下涌向内壁面并上升，而中心部分的液面会下降形成漩涡，通常称为打漩区，如图 11-16(c)所示。随着转速的增加，漩涡中心部分的液面下凹到与桨叶接触，此时外部空气进入桨叶被吸到液体中，液体混入气体后密度减小，从而降低了混合效果。为消除这种现象，通常可在容器中加入挡板。挡板的作用包括两方面：第一，将切向流动转变为轴向和径向流动；第二，增大被搅拌液体的湍动程度，从而改善搅拌效果。

一般在容器内壁面均匀安装 4 块挡板，其宽度为罐体内径的 1/12~1/10，挡板的安装见图 11-17。当再增加挡板数量和挡板宽度，功率消耗不再增加时，称为全挡板条件。全挡板条件与挡板数量和宽度有关。搅拌容器中的传热蛇管可部分或全部代替挡板，装有垂直传热管时一般可不再安装挡板。

(2) 导流筒。无论搅拌器的类型如何，液体总是从各个方向流向搅拌器。当需要控制液体流回的速度和方向以确定某一特定流型时，可在反应器中设置导流筒。导流筒是上下开口的圆筒，安装于容器内，其作用在于提高混合效率。一方面导流筒可提高对筒内液体的搅拌程度，加强搅拌器对液体的直接机械剪切作用，同时又确立充分循环的流型，使反应器内所有的物料均可通过导流筒内的强烈混合区，提高混合效率。另一方面，由于导流筒限定了循环路径，因而减少了流体短路的机会。

对于涡轮式或桨式搅拌器，导流筒恰好置于桨叶的上方。对于推进式搅拌器，导流筒套在桨叶外部，或略高于桨叶，如图 11-18 所示。通常导流筒的上端都低于静液面，且筒身上开有孔或槽，当液面降低后流体仍可从孔或槽进入导流筒。导流筒可将搅拌容器截面分为面积相等的两部分，即导流筒的直径约为容器直径的 70%。当搅拌器置于导流筒下部，且容器直径较大时，应缩小导流筒的下端直径，使下部开口小于搅拌器的直径。

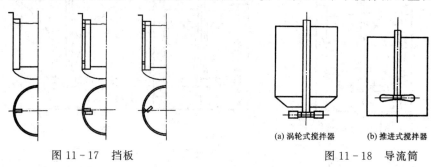

图 11 - 17　挡板

(a) 涡轮式搅拌器　　(b) 推进式搅拌器

图 11 - 18　导流筒

3）流动特性

搅拌器从电动机获得机械能，推动罐内流体运动，可对流体产生剪切作用和循环作用。剪切作用与液-液搅拌体系中液滴的细化、固-液搅拌体系中固体粒子的破碎以及气-液搅拌体系中气泡的细微化有关；循环作用则与混合时间、传热、固体悬浮等因素相关。当搅拌器输入流体的能量主要用于流体的循环流动时，称为循环型叶轮，如框式、螺带式、锚式、桨式、推进式等为循环型叶轮。当输入液体的能量主要用于对流体的剪切作用时，则称为剪切型叶轮，如径向涡轮式、锯齿圆盘式等为剪切型叶轮。

2. 搅拌器分类、图谱及典型搅拌器特性

按流体流动形态，搅拌器可以分为轴向流搅拌器、径向流搅拌器和混合流搅拌器。按搅拌器的结构可分为平叶、折叶、螺旋面叶。桨式、涡轮式、框式和锚式的桨叶都有平叶和折叶两种结构；推进式、螺杆式和螺带式的桨叶为螺旋面叶。按搅拌的用途可将搅拌器分为低黏流体用搅拌器和高黏流体用搅拌器。搅拌器的径向、轴向和混合流型的图谱见图 11 - 19。

桨式、推进式、涡轮式和锚式搅拌器在搅拌反应设备中应用最为广泛，据统计约占搅拌器总数的 75%～80%。下面介绍这几种常用的搅拌器。

1）桨式搅拌器

桨式搅拌器是结构最简单的一种搅拌器，如图 11 - 20 所示，一般叶片用扁钢制成，焊接或用螺栓固定在轮毂上，叶片数是 2、3 或 4 片，叶片形式有平叶式和折叶式两种。桨式搅拌器主要用于流体的循环，如液-液系中用于防止分离，使罐内温度均一；固-液系中多用于防止固体沉降。但桨式搅拌器不能用于以保持气体状态和以细微化为目的的气-液分散操作中。

在同样的排量下，折叶式比平叶式的功耗少，操作费用低，故轴流桨叶使用较多。桨式搅拌器也可用于高黏流体的搅拌，促进流体的上、下交换，代替价格高的螺带式叶轮，能获得良好的效果。桨式搅拌器的转速一般为 20～100 r/min，常用的最高黏度为 20 Pa·s 以下。

2）推进式搅拌器

推进式搅拌器又称船用推进器，常用于低黏流体中。如图 11 - 21 所示，标准推进式搅拌器有三瓣叶片，其螺距与桨直径 d 相等。搅拌时，流体由桨叶上方吸入，以圆筒状螺旋形由下方排出，流体至容器底再沿壁面返至桨叶上方，形成轴向流动。推进式搅拌器搅拌时流体的湍流程度不高，但循环量大。推进式搅拌器的直径较小，$d/D = 1/4～1/3$，叶端速度一般为 7～10 m/s，最高可达 15 m/s。

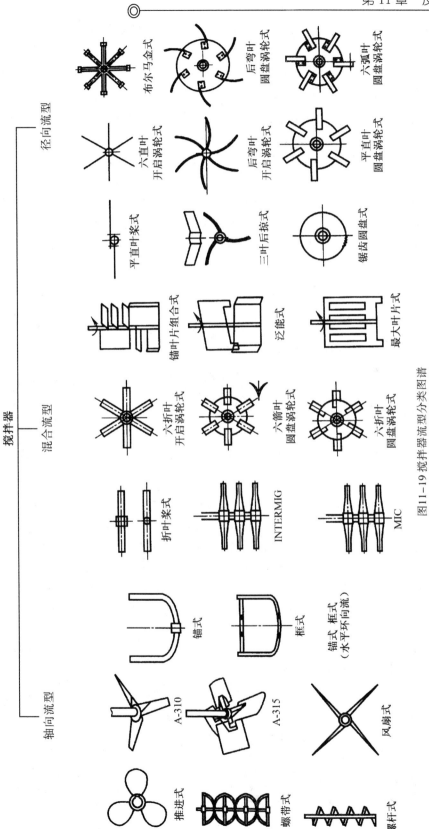

图 11-19　搅拌器流型分类图谱

推进式搅拌器结构简单，制造方便，适用于黏度低、流量大的场合，主要用于液-液系混合，可使温度均匀，以及在低浓度固-液系中防止淤泥沉降等。推进式搅拌器的循环性能好，剪切作用不大，属于循环型搅拌器。

3）涡轮式搅拌器

涡轮式搅拌器又称透平式叶轮，应用较广，能有效完成几乎所有的搅拌操作，并能处理黏度范围很大的流体。图 11-22 为典型的涡轮式搅拌器的结构。涡轮式搅拌器可分为开式和盘式两类。开式有平直叶、斜叶、弯叶等，常用的叶片数为 2 叶和 4 叶；盘式有圆盘平直叶、圆盘斜叶、圆盘弯叶等，以 6 叶最为常见。涡轮式搅拌器有较大的剪切力，可使流体微团分散得很细，适用于低黏度到中等黏度流体的混合、液-液分散、液-固悬浮，并促进良好的传热、传质和化学反应。平直叶剪切作用较大，属于剪切型搅拌器；弯叶是指叶片朝着流动方向弯曲，可降低功率消耗，适用于含有易碎固体颗粒的流体搅拌。

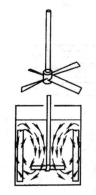  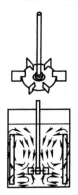

图 11-20　桨式搅拌器　　　图 11-21　推进式搅拌器　　　图 11-22　涡轮式搅拌器

4）锚式搅拌器

锚式搅拌器结构简单，如图 11-23 所示。锚式搅拌器适用于黏度在 100 Pa·s 以下的流体搅拌，当流体黏度在 10～100 Pa·s 时，可在锚式桨中间加一片横桨叶，即为框式搅拌器（见图 11-24），以增加容器中部的混合。锚式或框式桨叶的混合效果并不理想，只适用于对混合要求不太高的场合。由于锚式搅拌器在器壁附近流速比其他搅拌器大，能得到较大的表面传热系数，故常用于传热、晶析操作，也常用于搅拌高浓度淤浆和沉降性淤浆。当搅拌黏度大于 100 Pa·s 的流体时，应采用螺杆式（图 11-25）或螺带式（图 11-26）搅拌器。

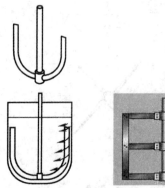 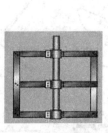

图 11-23　锚式搅拌器　　11-24　框式搅拌器　　图 11-25　螺杆式搅拌器　　图 11-26　螺带式搅拌器

3. 搅拌器的选用

搅拌器的选型一般从三个方面考虑：搅拌目的、物料黏度和搅拌容器容积的大小。选用时除满足工艺要求外，还应考虑功耗、操作费用，以及制造、维护和检修等因素。

仅考虑搅拌目的时，搅拌器的选型见表 11-4。考虑流动状态和操作目的时，搅拌器的选型见表 11-5。

表 11-4　根据搅拌目的选型

搅拌目的	挡板条件	搅拌器形式	流动状态
互溶液体的混合及在其中进行化学反应	无挡板	三叶折叶涡轮、六叶折叶开启涡轮、桨式、圆盘涡轮	湍流（低黏流体）
	有导流筒	三叶折叶涡轮、六叶折叶开启涡轮、推进式	
	有或无导流筒	桨式、锚式、框式、螺杆式、螺带式	层流（高黏流体）
固-液相分散及在其中溶解和进行化学反应	有或无挡板	桨式、六叶折叶开启式涡轮	湍流（低黏流体）
	有导流筒	三叶折叶涡轮、六叶折叶开启涡轮、推进式	
	有或无导流筒	锚式、螺带式、螺杆式	层流（高黏流体）
液-液相分散（互溶的液体）及在其中强化传质和进行化学反应	有挡板	三叶折叶涡轮、六叶折叶开启涡轮、桨式、圆盘涡轮式、推进式	湍流（低黏流体）
液-液相分散（不互溶的液体）及在其中强化传质和进行化学反应	有挡板	圆盘涡轮、六叶折叶开启涡轮	湍流（低黏流体）
	有反射物	三叶折叶涡轮	
	有导流筒	三叶折叶涡轮、六叶折叶开启涡轮、推进式	
	有或无导流筒	锚式、螺带式、螺杆式	层流（高黏流体）
气-液相分散及在其中强化传质和进行化学反应	有挡板	圆盘涡轮、闭式涡轮	湍流（低黏流体）
	有反射物	三叶折叶涡轮	
	有导流筒	三叶折叶涡轮、六叶折叶开启涡轮、推进式	
	有导流筒	螺杆式	层流（高黏流体）
	无导流筒	锚式、螺带式	

表 11-5 根据流动状态和操作目的选型

搅拌器形式	流动状态			操作目的									搅拌容器容积/m³	转速范围/(r/min)	最高黏度/Pa·s
	对流循环	湍流扩散	剪切流	低黏度混合	高黏度液混合传热反应	分散	溶解	固体悬浮	气体吸收	结晶	传热	液相反应			
涡轮式	◆	◆	◆	◆	◆	◆	◆	◆	◆	◆	◆	◆	1~100	10~300	50
桨式	◆	◆	◆	◆		◆	◆	◆			◆	◆	1~200	10~300	50
推进式	◆	◆	◆	◆		◆	◆	◆			◆	◆	1~1000	10~500	2
折叶开启涡轮式	◆	◆	◆	◆		◆		◆			◆	◆	1~1000	10~300	50
布鲁马金式	◆		◆	◆			◆				◆	◆	1~100	10~300	50
锚式	◆				◆		◆						1~100	1~100	100
螺杆式	◆				◆		◆						1~50	0.5~50	100
螺带式	◆				◆		◆						1~50	0.5~50	100

由表 11-5 可知,对低黏度流体的混合,由于推进式搅拌器循环能力强,动力消耗小,可应用于超大容积的搅拌容器中。涡轮式搅拌器应用的范围较广,适用于各种搅拌操作,但流体黏度不宜超过 50 Pa·s。桨式搅拌器结构简单,在小容积的流体混合中应用较广,对大容积的流体混合,则循环能力不足。对于高黏流体的混合则以锚式、螺杆式、螺带式更为合适。

4. 搅拌功率计算

搅拌功率是指搅拌器以一定的转速进行搅拌时,对液体做功并使之发生流动所需的功率。计算搅拌功率的目的包括两方面:一是用于设计或校核搅拌器和搅拌轴的强度和刚度;二是用于选择电机和减速机等传动装置。

影响搅拌功率的因素很多,主要包括以下四个方面:

(1)搅拌器的几何尺寸与转速:搅拌器的直径、桨叶宽度、桨叶倾斜角、转速、单个搅拌器的叶片数、搅拌器与容器底部的距离等。

(2)搅拌容器的结构:容器内径、液面高度、挡板数、挡板宽度、导流筒的尺寸等。

(3)搅拌介质的特性:液体的密度、黏度。

(4)重力加速度。

上述影响因素可用式(11-1)进行关联,即

$$N_P = \frac{P}{\rho n^3 d^5} = K(Re)^r (F_r)^q f\left(\frac{d}{D}, \frac{B}{D}, \frac{h}{D}, \cdots\right) \tag{11-1}$$

式中:B 为桨叶宽度,m;d 为搅拌器直径,m;D 为搅拌容器内直径,m;F_r 为弗劳德数,用以衡量重力的影响,$F_r = \frac{n^2 d}{g}$;h 为液面高度,m;K 为系数;n 为转速,s^{-1};N_P 为功

率特征数；P 为搅拌功率，W；r，q 为指数；Re 为雷诺数，用以衡量液体的运动状态，$Re = \dfrac{d^2 n\rho}{\mu}$；$\rho$ 为密度，kg/m³；μ 为黏度，Pa·s。

一般情况下弗劳德数 F_r 对搅拌功率的影响较小。容器内直径 D、挡板宽度 b 等几何参数可由系数 K 表征。由式(11-1)得搅拌功率 P 为

$$P = N_P \rho n^3 d^5 \tag{11-2}$$

式(11-2)中 ρ、n、d 已知，故计算搅拌功率的关键是求得功率特征数 N_P。在特定的搅拌装置中，可以测得功率特征数 N_P 与雷诺数 Re 的关系，将此关系绘于双对数坐标图上即可得功率曲线图。图 11-27 为六种搅拌器的功率曲线图。由图可知，功率特征数 N_P

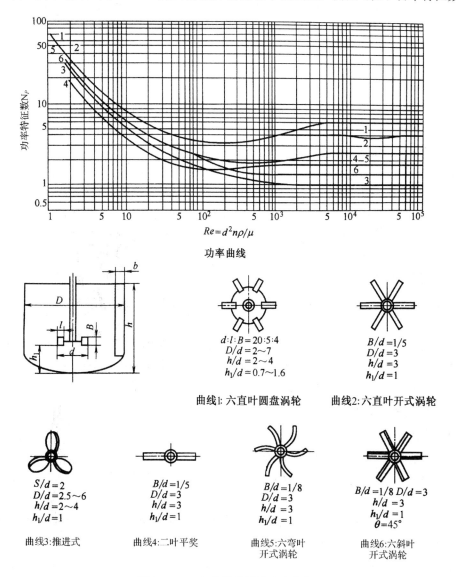

图 11-27 六种搅拌器的功率曲线

随雷诺数 Re 而变化。在低雷诺数($Re \leqslant 10$)的层流区内，流体不会打漩，重力影响可忽略，功率曲线为一条斜率为 -1 的直线；当 $10 < Re \leqslant 10\,000$ 时为过渡流区，功率曲线为一条下

凹曲线；当 $Re > 10\ 000$ 时，流体进入充分湍流区，功率曲线呈一条水平直线，即 N_P 与 Re 无关，保持不变。

上述功率曲线是在单一液体下测得的。对于非均相的液-液或液-固系统，用上述功率曲线计算时，需用混合物的平均密度 $\bar{\rho}$ 和修正黏度 $\bar{\mu}$ 代替 ρ 和 μ。

【例 11-1】 某搅拌反应器的筒体内直径为 2400 mm，采用六直叶开式涡轮搅拌器，搅拌器的直径为 800 mm，搅拌轴转速为 200 rpm。容器内液体的密度为 1200 kg/m³，黏度为 0.12 Pa·s。试求：① 搅拌功率；② 改用推进式搅拌器后的搅拌功率。

解：已知 $\rho = 1200\ \text{kg/m}^3$，$\mu = 0.12\ \text{Pa·s}$，$d = 800\ \text{mm}$，$n = 200\ \text{rpm} = 3.33\ \text{s}^{-1}$。

（1）计算雷诺数 Re：

$$Re = \frac{d^2 n \rho}{\mu} = \frac{0.8^2 \times 3.33 \times 1200}{0.12} = 21\ 312$$

由图 11-27 的功率曲线 2 查得，$N_P = 3.6$。

计算搅拌功率：

$$P = N_p \rho n^3 d^5 = 3.6 \times 1200 \times 3.33^3 \times 0.8^5 = 52\ 271.67\ \text{W} = 52.27\ \text{kW}$$

（2）改用推进式搅拌器后的搅拌功率。

雷诺数不变，由图 11-27 的功率曲线 3 查得，$N_P = 1.0$。

搅拌功率为

$$P = N_p \rho n^3 d^5 = 1.0 \times 1200 \times 3.33^3 \times 0.8^5 / 1000 = 14.52\ \text{kW}$$

通过计算可知，搅拌器由六直叶开式涡轮搅拌器改为推进式搅拌器后，搅拌器对流体的作用由剪切作用变为循环作用，搅拌功率大为降低。

11.2.4 搅拌轴设计

搅拌轴的设计内容与一般的传动轴相同，主要是结构设计和强度校核。搅拌轴的材料常用 45 钢。

设计搅拌轴时，应考虑四个因素：① 扭转变形；② 临界转速；③ 转矩和弯矩联合作用下的强度；④ 轴封处允许的径向位移。考虑上述因素计算所得的轴径为危险截面处的直径。确定轴的实际直径时，通常还需考虑腐蚀裕量，最后圆整为标准轴径。

1. 搅拌轴的力学模型

建立力学模型时，对搅拌轴作了以下设定：

（1）将刚性联轴器连接的可拆轴视为整体轴。

（2）搅拌器及轴上其他零件（附件）的重力、惯性力、流体作用力均作用在零件轴套的中部。

（3）除受转矩作用外，还需考虑搅拌器上流体的径向力以及搅拌轴和搅拌器（包括附件）在组合重心处质量偏心引起的离心力的作用。

将悬臂轴和单跨轴的受力简化为如图 11-28 和图 11-29 所示的模型，图中 a 表示悬臂轴两支点间的距离，mm；D_j 表示搅拌器的直径，mm；F_e 表示搅拌轴及各层圆盘组合重心处质量偏心引起的离心力，N；F_h 表示搅拌器上的流体径向力，N；L_e 表示搅拌轴及各层圆盘组合重心处与轴承（对悬臂轴为搅拌侧轴承，对单跨轴为传动侧轴承）的距离，m。

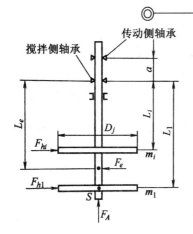

图 11 - 28　悬臂轴受力模型

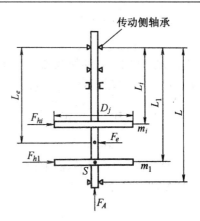

图 11 - 29　单跨轴受力模型

2. 按扭转变形计算搅拌轴的直径

搅拌轴受转矩和弯矩的联合作用，扭转变形过大会造成轴的振动，使轴封失效，因此应将搅拌轴单位长度的最大扭转角 γ 限制在允许范围内。轴扭转的刚度条件为

$$\gamma = \frac{5836 M_{n\max}}{G d^4 (1 - N_0^4)} \times 10^5 \leqslant [\gamma] \tag{11 - 3}$$

式中：d 为搅拌轴的直径，mm；G 为轴材料的剪切弹性模量，MPa；$M_{n\max}$ 为搅拌轴传递的最大扭矩，N·m，$M_{n\max} = \frac{9553}{n} \eta_1 P_N$；$P_N$ 为电机额定功率，kW；N_0 为空心轴内径与外径的比值；η_1 为传动侧轴承之前部分的传动装置的效率；$[\gamma]$ 为轴的许用扭转角，°/m，对悬臂轴 $[\gamma] = 0.35°/m$，对单跨轴 $[\gamma] = 0.7°/m$。

故搅拌轴的直径为

$$d = 155.4 \sqrt[4]{\frac{M_{n\max}}{[\gamma] G (1 - N_0^4)}} \tag{11 - 4}$$

3. 按临界转速校核搅拌轴的直径

当搅拌轴的转速达到轴的自振频率时会发生强烈振动，并出现很大弯曲，这个转速称为临界转速，记作 n_k。在靠近临界转速运转时，搅拌轴常因强烈振动而损坏，或因破坏轴封而停产。因此工程上要求搅拌轴的工作转速避开临界转速，工作转速低于第一临界转速的轴称为刚性轴，其转速 $n \leqslant 0.7 n_k$；工作转速大于第一临界转速的轴称为柔性轴，其转速 $n \geqslant 1.3 n_k$。一般搅拌轴的工作转速较低，大多为低于第一临界转速下工作的刚性轴。

对于小型搅拌设备，由于轴径细、长度短、轴的质量小，往往把轴理想化为无质量的带有圆盘的转子系统来计算轴的临界转速。随着搅拌设备的大型化，搅拌轴的直径变大，如忽略搅拌轴的质量将引起较大的误差。此时一般采用等效质量的方法，把轴本身的分布质量和轴上各个搅拌器的质量按等效原理，分别转化到一个特定点上（如对悬臂轴为轴末端 S），然后累加组成一个集中的等效质量。这样就把原来复杂的多自由度转轴系统简化成了无质量轴上只有一个集中等效质量的单自由度问题。

按上述方法，等直径悬臂轴可简化为如图 11 - 28 所示的模型。

具有 m 个圆盘的等直径悬臂轴的一阶临界转速 n_k 的计算式为

$$n_k = 114.7 d_{L_1}^2 \sqrt{\frac{E(1 - N_0^4)}{L_1^2 (L_1 + a) W_S}} \qquad (11-5)$$

式中：d_{L_1} 为悬臂轴 L_1 段的实心轴轴径或空心轴外径，mm；E 为轴材料的弹性模量，MPa；L_1 为第 1 个搅拌器的悬臂长度，m；W_S 为轴及搅拌器的有效质量在 S 点的等效质量之和，kg，$W_S = W + \sum_{i=1}^{m} W_i$。$W$ 为悬臂轴 L_1 段有效质量的相当质量，kg；W_i 为第 i 个搅拌器的相当质量，kg；m 为固定在搅拌轴上的圆盘（搅拌桨及附件）数。

等直径单跨轴的临界转速的详细计算见 HG/T 20569 — 2013《机械搅拌设备》。对于不同形式的搅拌器、搅拌介质，其刚性轴和柔性轴的工作转速 n 与临界转速 n_k 的比值见表 11-6。

表 11-6　搅拌轴的抗振条件

搅拌介质	刚　性　轴		柔　性　轴
	搅拌桨 （叶片式搅拌桨除外）	叶片式搅拌桨[①]	高速搅拌桨
气体		$n/n_k \leqslant 0.7$	不推荐
液体-液体 液体-固体	$\dfrac{n}{n_k} \leqslant 0.7$	$n/n_k \leqslant 0.7$ 和 $n/n_k \neq 0.45 \sim 0.55$	$\dfrac{n}{n_k} = 1.3 \sim 1.6$[②]
液体-气体	$\dfrac{n}{n_k} \leqslant 0.6$	$\dfrac{n}{n_k} \leqslant 0.4$	

注：① 叶片式搅拌桨包括桨式、开启涡轮式、圆盘涡轮式、三叶后掠式、推进式等，不包括锚式、框式、鼠笼式、螺带式等。

② 当设计者有更准确的计算方法或有效的试验手段时，可适当放宽。

4. 按强度计算搅拌轴的直径

（1）搅拌轴的强度条件：

$$\tau_{\max} = \frac{M_{te}}{W_P} \leqslant [\tau] \qquad (11-6)$$

式中：$\tau_{\max}$ 为轴截面上最大扭转切应力，MPa；M_{te} 为轴上扭矩和弯矩同时作用下的当量扭矩，N·m，$M_{te} = \sqrt{M_n^2 + M^2}$；$M_n$ 为轴上的扭矩，N·m，$M_n = \dfrac{9553}{n} \eta_2 P_N$；$\eta_2$ 为包括传动侧轴承在内的传动装置效率；M 为轴上的弯矩，N·m，$M = M_R + M_A$；M_R 为径向力引起的轴上弯矩，N·m；M_A 为轴向推力引起的轴上弯矩，N·m；（M_R 和 M_A 的详细计算式可参阅 HG/T 20569《机械搅拌设备》）；$[\tau]$ 为轴材料的许用剪应力，MPa，$[\tau] = \dfrac{R_m}{16}$；R_m 为轴材料的抗拉强度，MPa。

（2）按强度计算搅拌轴的直径：

$$d = 17.2 \sqrt[3]{\frac{M_{te}}{[\tau](1 - N_0^4)}} \qquad (11-7)$$

5. 按轴封处允许径向位移验算轴径

轴封处径向位移的大小会直接影响密封的性能，径向位移大，易造成泄漏或密封的失效。轴封处的径向位移主要由以下三个因素引起：

(1) 轴承的径向游隙 S'、S'' 所引起的径向位移 δ_{1x}。

(2) 流体形成的水平推力 F_{hi} 所引起的径向位移 δ_{2x}。

(3) 搅拌器及附件组合质量不均匀产生的离心力所引起的径向位移 δ_{3x}。

δ_{1x}、δ_{2x} 和 δ_{3x} 的详细计算可参阅 HG/T 20569《机械搅拌设备》。

轴封处径向位移的计算模型如图 11-30 所示，分别计算其径向位移后进行叠加，使总径向位移小于允许的径向位移 $[\delta]_x$，即

$$\delta_x = \delta_{1x} + \delta_{2x} + \delta_{3x} \leqslant [\delta]_x \qquad (11-8)$$

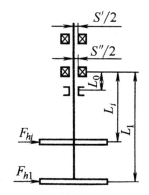

图 11-30　径向位移计算模型

式中：$[\delta]_x$ 为轴上任意位置 x 处的允许径向位移，mm，由工艺介质、操作条件及轴封等要求确定，当无资料时，轴封处允许轴向位移 $[\delta]_x = 0.0005L$；L 为悬臂轴的长度，mm。

6. 减小轴端挠度、提高搅拌轴临界转速的措施

(1) 缩短悬臂段搅拌轴的长度。对于受端部集中力作用的悬臂梁，其端点挠度与悬臂长度的三次方成正比。缩短搅拌轴悬臂的长度，可以降低梁端的挠度，这是减小挠度最简单的方法，但会改变设备的高径比，影响搅拌效果。

(2) 增加轴径。轴径越大，轴端挠度越小。但增加轴径，需加大与轴连接的零部件的规格，如轴承、轴封、联轴器等，导致造价增加。

(3) 设置底轴承或中间轴承。设置底轴承或中间轴承改变了轴的支承方式，可减小搅拌轴的挠度。但将底轴承和中间轴承浸没在物料中，润滑效果不好，如物料中有固体颗粒，更易磨损，需经常维修，影响生产。设备的发展趋势是尽量避免采用底轴承和中间轴承。

(4) 设置稳定器。安装在搅拌轴上的稳定器的工作原理是：稳定器受到的介质阻尼作用力的方向与搅拌器对搅拌轴施加的水平作用力的方向相反，从而减少了搅拌轴的摆动量。稳定器摆动时，其阻尼力与承受阻尼作用的面积有关，迎液面积越大，阻尼作用越明显，稳定效果越好。采用稳定器可改善搅拌设备的运行性能，延长轴承的寿命。

稳定器有圆筒型和叶片型两种结构形式。圆筒型稳定器为空心圆筒，安装在搅拌器下方，如图 11-31 所示。叶片型稳定器有多种安装方式，叶片可切向布置在搅拌器下方，亦可安装在轴上并与轴垂直，如图 11-32 所示。由于安装在轴上的叶片距离上部轴承较近，阻尼产生的反力矩较小，稳定效果较差。稳定叶片的尺寸一般为：$W/d = 0.25$，$H/d = 0.25$。圆筒型稳定器的应用效果较好，主要是因为稳定筒的迎液面积较大，所产生的阻尼力也较大，且位于搅拌轴的下端。

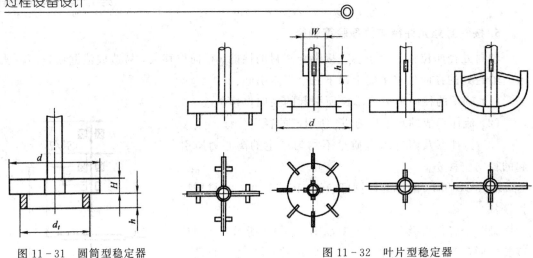

图 11-31　圆筒型稳定器　　　　　　图 11-32　叶片型稳定器

11.2.5　密封装置

设置密封装置的目的是避免介质通过转轴从搅拌容器内泄漏或避免外部杂质渗入搅拌容器内。

密封装置包括填料密封、机械密封和全封闭密封三大类。前两类主要用于机械搅拌反应器；只有当密封要求很高，填料密封和机械密封无法达到密封要求时，才采用全封闭密封。

1. 填料密封

填料密封结构简单，制造容易，适用于非腐蚀性和弱腐蚀性的介质、密封要求不高并允许定期维护的搅拌设备。

1) 填料密封的结构及工作原理

填料密封的结构如图 11-33 所示，由底环、本体、油环、填料、螺柱、压盖及油杯等组成。在压盖压力的作用下，装在搅拌轴与填料箱本体之间的填料会对搅拌轴表面产生径向压紧力。由于填料中含有润滑剂，因此，在对搅拌轴产生径向压紧力的同时，会形成一层极薄的液膜，一方面使搅拌轴得到润滑，另一方面可阻止设备内流体的逸出或外部流体的渗入，达到密封的目的。设备在运转过程中会不断消耗润滑剂，故在填料中间设置油环，使用时可从油杯加油，保持轴和填料之间的润滑。填料密封不能保证绝对不漏，因为增加压紧力时，填料紧压在转动轴上会加速轴与填料间的磨损，使密封更快失效。在操作过程中应适当调整压盖的压紧力，并需定期更换填料。

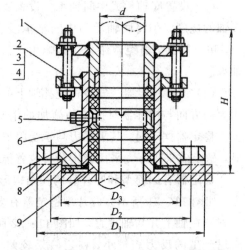

1—压盖；2—双头螺栓；3—螺母；4—垫圈；
5—油杯；6—油环；7—填料；8—本体；9—底环

图 11-33　填料密封的结构

2）填料密封箱的特点

一般将填料密封箱制作成整体结构，这种填料密封箱具有以下特点：

（1）设置衬套。在填料箱的压盖上设置衬套，可提高装配精度，使轴的对中良好，填料压紧时受力均匀，保证密封填料在良好的条件下进行工作。

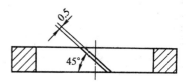

图 11-34　压制成型填料

（2）采用成型环状填料。因盘状填料装配时很难确保尺寸公差，填料压紧后不能完全保证每圈填料都能与轴均匀良好地接触，受力状态不好，易造成填料密封失效而导致泄漏。采用具有一定公差的成型环状填料，密封效果可大为改善。填料一般在剪裁、压制成填料环后使用。成型环状填料的形状见图 11-34。

3）填料密封的选用

（1）根据设计压力、设计温度及介质腐蚀性选用。当介质为非易燃、易爆、有毒的一般物料且压力不高时，按表 11-7 选用填料密封。

表 11-7　标准填料箱的允许压力、温度

材　料	公称压力/MPa	允许压力范围/MPa（负值指真空）	允许温度范围/℃	转轴线速度/(m/s)
碳　钢	常压	<0.1	<200	
	0.6	−0.03～0.6	≤200	<1
	1.6	−0.03～1.6	−20～300	
不锈钢	常压	<0.1	<200	
	0.6	−0.03～0.6	≤200	<1
	1.6	−0.03～1.6	−20～300	

（2）根据填料的性能选用。当密封要求不高时，选用一般的石棉或油浸石棉填料；当密封要求较高时，选用膨体聚四氟乙烯、柔性石墨等填料。各种填料材料的性能不同，可按表 11-8 选用。

表 11-8　填料材料的性能

填料名称	介质极限温度/℃	介质极限压力/MPa	线速度/(m/s)	适用条件（接触介质）
油浸石棉填料	450	6		蒸汽、空气、工业用水、重质石油产品、弱酸液等
聚四氟乙烯纤维编结填料	250	30	2	强酸、强碱、有机溶剂
聚四氟乙烯石棉盘根	260	25	1	酸碱、强腐蚀性溶液、化学试剂等
石棉线或石棉线与尼龙线浸渍聚四氟乙烯填料	300	30	2	弱酸、强碱、各种有机溶剂、液氨、海水、纸浆废液等

填料名称	介质极限温度/℃	介质极限压力/MPa	线速度/(m/s)	适用条件(接触介质)
柔性石墨填料	250~300	20	2	醋酸、硼酸、柠檬酸、盐酸、硫化氢、乳酸、硝酸、硫酸、硬脂酸、水钠、溴、矿物油料、汽油、二甲苯、四氯化碳等
膨体聚四氟乙烯石墨盘根	250	4	2	强酸、强碱、有机溶液

2. 机械密封

机械密封是将转轴的密封面从轴向改为径向,通过动环和静环两个端面的相互贴合,并作相对运动达到密封的装置,又称端面密封。机械密封的泄漏率低,密封性能可靠,功耗小,使用寿命长,在搅拌反应器中应用广泛。

1) 机械密封的结构及工作原理

机械密封的结构如图 11-35 所示,由固定在轴上的动环及弹簧压紧装置、固定在设备上的静环以及辅助密封圈组成。当转轴旋转时,动环和固定不动的静环紧密接触,并经轴上弹簧压紧力的作用,阻止容器内的介质从接触面上泄漏。

图 11-35 中有四个密封点:A 点是动环与轴之间的密封,属于静密封,密封件常用 O 形环。B 点是动环和静环

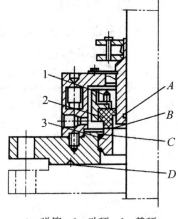

1—弹簧;2—动环;3—静环

图 11-35 机械密封结构

作相对旋转运动时的端面密封,属于动密封,是机械密封的关键。A 点和 B 点两个密封端面的平面度和粗糙度要求较高,依靠介质的压力和弹簧的压紧力使两端面保持紧密接触,并形成一层极薄的起密封作用的液膜。C 点是静环与静环座之间的密封,属于静密封;D 点是静环座与设备之间的密封,属于静密封。其中,通常将设备的凸缘制成凹面,静环座制成凸面,中间用垫片密封。

动环和静环之间的摩擦面称为密封面。密封面上单位面积所受的力称为端面比压,它是由动环在介质压力和弹簧力的共同作用下,紧压在静环上引起的,是操作时保持密封所必需的净压力。端面比压过大,将造成摩擦面发热使摩擦加剧,功率消耗增加,使用寿命缩短;端面比压过小,密封面会因压不紧而泄漏,使密封失效。

2) 机械密封的分类

(1) 单端面与双端面密封。根据密封面的对数,机械密封可分为单端面密封(一对密封面)和双端面密封(两对密封面)。图 11-35 所示的单端面密封结构简单、制造容易、维修方便、应用广泛。双端面密封有两个密封面,可在两密封面之间的空腔中注入中性液体,使其压力略大于介质的操作压力,起到堵封及润滑的双重作用,故密封效果好。但其结构复杂,制造、拆装比较困难,需一套封液输送装置,且不便于维修。

（2）平衡型与非平衡型密封。根据密封面负荷的平衡情况，机械密封可分为平衡型和非平衡型密封，如图 11-36 所示。密封属于平衡型或非平衡型是以液体压力负荷面积与端面密封面积的比值大小进行判别的。设液压负荷面积为 A_y，密封面接触面积为 A_j，其比值 K 为

$$K = \frac{A_y}{A_j} \tag{11-9}$$

由图 11-36 可得

$$\begin{cases} A_y = \dfrac{\pi}{4}(D_2^2 - d^2) \\ A_j = \dfrac{\pi}{4}(D_2^2 - D_1^2) \end{cases}$$

因此有

$$K = \frac{D_2^2 - d^2}{D_2^2 - D_1^2} \tag{11-10}$$

经过适当的尺寸选择，可将机械密封设计成 $K<1$，$K=1$ 或 $K>1$ 三种形式。当 $K<1$ 时称为平衡型机械密封，如图 11-36（a）所示，由于平衡型密封的液压负荷面积减小，接触面上的净负荷也减小；$K \geqslant 1$ 时为非平衡型，如图 11-36（b）和（c）所示。通常平衡型机械密封的 K 值在 0.6~0.9 之间，非平衡型机械密封的 K 值在 1.1~1.2 之间。

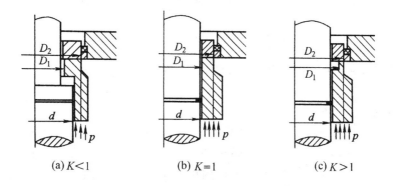

（a）$K<1$　　　　　（b）$K=1$　　　　　（c）$K>1$

图 11-36　平衡型与非平衡型机械密封

（3）机械密封的选用。当介质为易燃、易爆、有毒物料时，宜选用机械密封。机械密封已标准化，其许用的压力和温度范围见表 11-9。

设计压力小于 0.6 MPa 且密封要求一般的场合，可选用单端面非平衡型机械密封；设计压力大于 0.6 MPa 时，常选用平衡型机械密封。

表 11-9　机械密封许用的压力和温度范围

密封面对数	压力等级/MPa	使用温度/℃	最大线速度/(m/s)	介质端材料
单端面	0.6	−20~150	3	碳素钢
双端面	1.6	−20~300	2~3	不锈钢

（4）动环、静环的材料组合。动环（旋转环）和静环是一对摩擦副，在运转时还与被密

封的介质接触，因此在选择动环和静环的材料时，要同时考虑它们的耐磨性及耐腐蚀性。另外摩擦副配对材料的硬度应不同，一般是动环高静环低，因为动环的形状比较复杂，在改变操作压力时容易产生变形，故动环选用弹性模量大、硬度高的材料，但不宜用脆性材料。动环、静环及密封圈材料的组合推荐见表 11-10。

表 11-10　机械密封常用动环和静环的材料组合

介质性质	介质温度/℃	介 质 侧			弹簧	结构件	大 气 侧		
		动环	静环	辅助密封圈			动环	静环	辅助密封圈
一般	<80	石墨浸渍树脂	碳化钨	丁腈橡胶	铬镍钢	铬钢	石墨浸渍树脂	碳化钨	丁腈橡胶
	>80			氟橡胶					氟橡胶
腐蚀性强	<80			橡胶包覆聚四氟乙烯	铬镍钼钢	铬镍钢			
	>80								

3. 全封闭密封

介质为剧毒、易燃、易爆、昂贵的物料、高纯度物资以及在高真空下操作，密封要求很高，采用填料密封和机械密封均无法满足密封要求时，可采用全封闭的磁力搅拌装置。

1) 全封闭密封的结构及工作原理

将套装在输入机械能的转子上的外磁转子和套装在搅拌轴上的内磁转子，用隔离套隔离，转子靠内、外磁场进行转动，隔离套起全封闭密封作用。套在内、外轴上的电磁转子称为磁力联轴器。

磁力联轴器有两种结构：平面式联轴器和套筒式联轴器。平面式联轴器的结构如图 11-37 所示，由装在搅拌轴上的内磁转子和装在电机轴上的外磁转子组成。最常用的套筒式联轴器的结构如图 11-38 所示，由内磁转子、外磁转子、隔离套、轴、轴承等组成，外磁转子与电机轴相连，安装在隔离套和内磁转子上。隔离套为薄壁圆筒，可将内磁转子和外磁转子隔开，对搅拌容器内的介质起全封闭作用。内、外磁转子传递的力矩与内、外磁转子的间隙有关，而间隙的大小取决于隔离套的厚度。一般隔离套是由非磁性金属材料组成的。在高速下切割磁力线将造成较大的涡流和磁滞等损耗，因此必须考虑用电阻率高、抗拉强度大的材料制造隔离套。目前，多采用合金钢或钛合金等材料制造隔离套。

内、外转子是磁力传动的关键，一般采用永久磁钢。永久磁钢包括陶瓷型、金属型和稀土钴等材料。陶瓷型铁氧磁钢长期使用不易退磁，但传递力矩小；金属型铝镍钴磁钢磁性能低，易退磁；稀土钴磁钢稳定性高，磁性能为铝镍钴的 3 倍以上，如将两个同性磁极压在一起也不易退磁，是较为理想的磁体材料。

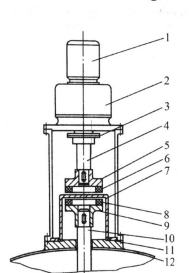

1—电动机；2—减速机；3—联轴器；4—主动轴；
5—外转子；6—外磁极；7—隔离套；8—内磁极；
9—内转子；10—从动轴；11—密封圈；12—上封头

图 11-37　平面式联轴器

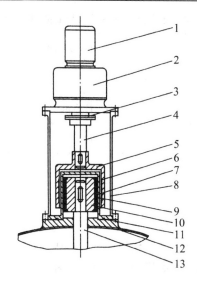

1—电动机；2—减速机；3—联轴器；4—主动轴；
5—外转子；6—外磁极；7—隔离套；8—支架；
9—内磁极；10—内转子；11—密封圈；
12—上封头；13—从动轴

图 11-38　套筒式联轴器

2）全封闭密封的优点

（1）无接触和摩擦，功耗小，效率高。

（2）超载时内、外转子相对滑脱，可保护电机过载。

（3）可承受较高的压力，且维护工作量小。

3）全封闭密封性的缺点

（1）筒体内轴承与介质直接接触影响了轴承的寿命。

（2）隔离套的厚度影响传递力矩，且转速高时会造成较大的涡流和磁滞等损耗。

（3）温度较高时会造成磁性材料严重退磁而失效，使用温度受到限制。

11.2.6　传动装置

传动装置包括电动机、减速机、联轴器及机架。常用的传动装置结构如图 11-39 所示。

1. 电动机选型

电机型号应按搅拌轴功率 P 和搅拌设备周围的工作环境等因素确定。工作环境包括防爆、防护等级、腐蚀环境等。选定的电机型号和额定功率应满足搅拌设备开车时启动功率增大的要求。除另有规定外，电机铭牌功率应大于或等于搅拌轴功率和功率裕量系数 K 的乘积，K 值应符合表 11-11 的规定。

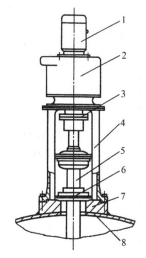

1—电动机；2—减速机；
3—联轴器；4—支架；
5—搅拌轴；6—轴封装置；
7—凸缘；8—上封头

图 11-39　传动装置

表 11-11　搅拌轴功率裕量系数 K(摘自 HGT 20569—2013《机械搅拌设备》)

搅拌轴功率 P/kW	功率裕量系数 K
$\leqslant 15$	1.25
$15 < P \leqslant 50$	1.15
$50 < P \leqslant 75$	1.12
> 75	1.10

2. 减速机选型

搅拌反应器往往在载荷变化、有振动的环境下连续工作,选择减速机类型时应考虑这些特点。一般根据功率、转速来选择减速机。常用的减速机传动特点见表 11-12。选用时应优先考虑传动效率高的齿轮减速机和摆线针轮行星减速机。

表 11-12　常用减速机的基本特性

特性参数	减 速 机 类 型			
	摆线针轮行星减速机	齿轮减速机	三角皮带减速机	圆柱蜗杆减速机
传动比 i	87～9	12～6	4.53～2.96	80～15
输出轴转速 /(r/min)	17～160	65～250	200～500	12～100
输入功率 /kW	0.04～55	0.55～315	0.55～200	0.55～55
传动效率	0.9～0.95	0.95～0.96	0.95～0.96	0.80～0.93
主要特点	传动效率高,传动比大,结构紧凑,拆装方便,寿命长,重量轻,体积小,承载能力高,工作平稳。对过载和冲击载荷有较强的承受能力,允许正反转,可用于防爆要求	在相同传动比范围内,体积小,传动效率高,制造成本低,结构简单,装配检修方便,可以正反转,不允许承受外加轴向载荷,可用于防爆要求	结构简单,过载时能打滑,可起安全保护作用,但传动比不能保持精确,不能用于防爆要求	体积小,重量轻,结构紧凑,广泛用于搪玻璃反应罐,可用于防爆要求

3. 机架

机架一般有无支点机架、单支点机架(见图 11-40)和双支点机架(见图 11-41)。无支点机架一般适用于传递小功率和小的轴向载荷的场合;单支点机架适用于电动机或减速机可作为一个支点,或容器内可设置中间轴承和底轴承的情况;双支点机架适用于悬臂轴。

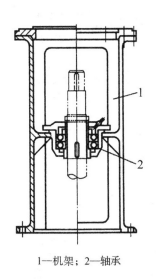

1—机架；2—轴承

图 11-40　单支点机架

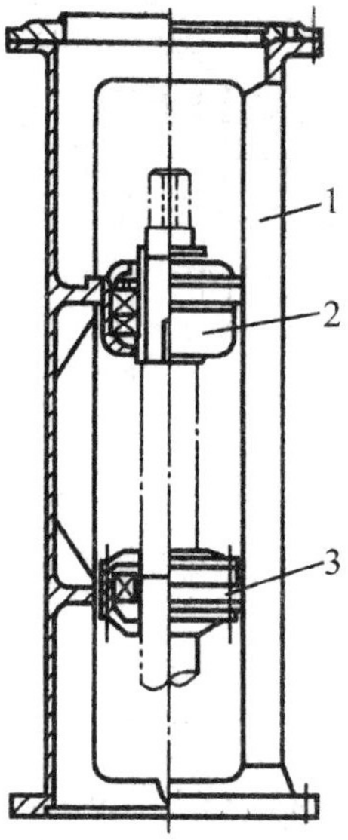

1—机架；2—上轴承；3—下轴承

图 11-41　双支点机架

搅拌轴的支承有悬臂式和单跨式两类。由于筒体内不设置中间轴承或底轴承，维护检修方便，因此应优先采用悬臂轴。选用悬臂轴机架时应考虑以下几点：

(1) 当减速机中的轴承完全能够承受液体搅拌所产生的轴向力时，可在轴封下部设置一个滑动轴承来控制轴的横向摆动，此时可选用无支点机架。计算时，这种支承可看作是一个支点为减速机输出轴上的滚动轴承，另一个支点为滑动轴承的双支点支承悬臂式轴，减速机与搅拌轴的连接采用刚性联轴器。

(2) 当减速机中的轴承能承受部分轴向力时，可采用单支点机架，机架上的滚动轴承承担大部分的轴向力。搅拌轴与减速机输出轴的连接采用刚性联轴器。计算时，可将这种支承看作是一个支点为减速机上的滚动轴承，另一个支点为机架上的滚动轴承的双支点支承悬臂式结构。

(3) 当减速机中的轴承不能承受的液体搅拌所产生的轴向力时，应选用双支点机架，由机架上两个支点的滚动轴承承受全部的轴向力。这时搅拌轴与减速机输出轴的连接采用弹性联轴器，有利于搅拌轴的安装对中要求，可确保减速机只承受转矩作用。对于大型设备，搅拌密封要求较高的场合以及搅拌轴载荷较大的情况，一般都推荐采用双支点机架。

小　结

1. 内容归纳

本章内容归纳如图 11-42 所示。

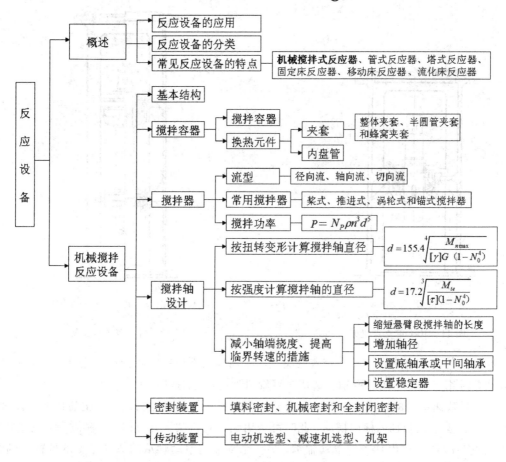

图 11-42 反应设备内容归纳

2. 重点和难点

（1）重点：搅拌反应器中反应容器、搅拌轴、搅拌器、密封装置等的结构及设计，各种零部件的类型、结构特点。

（2）难点：搅拌反应器中反应容器、搅拌轴、搅拌器、密封装置等的结构及设计。

思考题与习题

（1）机械搅拌反应器主要由哪些零部件组成？

（2）搅拌设备为什么要设置传热元件？常用的传热元件有哪几种？各有什么特点？

（3）搅拌机顶插式中心安装的反应设备中，有哪些流型？其流型有什么特点？

（4）搅拌设备中挡流板的作用是什么？什么是全挡板条件？

（5）搅拌器对流体产生哪两种作用？其特点是什么？

（6）工程中最常用的搅拌器类型有哪些？各产生何种流型？

（7）搅拌轴的设计需要考虑哪些因素？

（8）减小轴端挠度、提高搅拌轴临界转速的措施有哪些？

（9）搅拌轴的密封装置有几种？各有什么特点？

（10）某搅拌容器的内直径为 2400 mm，容器的上下封头为标准椭圆封头，高径比为 2.0，试确定搅拌容器的筒体高度和容积。

（11）某搅拌反应器的筒体直径为 1500 mm，液深为 2000 mm，容器内均布四块挡板，采用直径为 500 mm 的推进式搅拌器，以 350 r/min 的转速进行搅拌，反应液的黏度为 2 Pa·s，密度为 1100 kg/m³，试求：

① 搅拌功率；

② 改用六直叶圆盘涡轮式搅拌器，求其余参数不变时的搅拌功率；

③ 如反应液的黏度改为 25 Pa·s，采用六斜叶开式涡轮搅拌器，求其余参数不变时的搅拌功率。

参 考 文 献

[1] 郑津洋,董其伍,桑芝富. 过程设备设计. 4 版. 北京:化学工业出版社,2015.

[2] 王志文,蔡仁良. 化工容器设计. 3 版. 北京:化学工业出版社,2005.

[3] 中华人民共和国国家质量监督检验检疫总局,中国国家标准化管理委员会. 压力容器(GB 150 - 2011). 北京:中国质检出版社,中国标准出版社,2012.

[4] 中华人民共和国国家质量监督检验检疫总局. 固定式压力容器安全技术监察规程(TSG 21 — 2016). 北京:新华出版社,2016.

[5] 原中华人民共和国机械工业部,原中华人民共和国化学工业部,原中华人民共和国劳动部,原中国石油化工总公司. 钢制压力容器——分析设计标准(2005 年确认)(JB 4732 - 1995). 北京:中国标准出版社,2005.

[6] 潘红良,郝俊文. 过程设备机械设计. 上海:华东理工大学出版社,2006.

[7] 卓震. 化工容器及设备. 2 版. 北京:中国石化出版社,2008.

[8] 余国琮,胡修慈,吴文林. 化工容器及设备. 天津:天津大学出版社,1988.

[9] 贺匡国. 化工容器及设备简明设计手册. 2 版. 北京:化学工业出版社,2002.

[10] 国家发展和改革委员会. 钢制卧式容器(JB/T 4731 - 2005). 北京:新华出版社,2005.

[11] 中华人民共和国国家质量监督检验检疫总局,中国国家标准化管理委员会. 钢制球形储罐(GB 12337 - 2014). 北京:中国标准出版社,2014.

[12] 中华人民共和国国家质量监督检验检疫总局,中国国家标准化管理委员会. 钢制球形储罐型式与基本参数(GB/T 17261 - 2011). 北京:中国标准出版社,2011.

[13] 吴泽炜. 化工容器设计. 武汉:湖北科学技术出版社,1985.

[14] 陈国理. 压力容器设计及化工设备. 2 版. 广州:华南理工大学出版社,1994.

[15] 仇性启. 石油化工压力容器设计. 2 版. 北京:石油化工出版社,2011.

[16] 邹广华,刘强. 过程装备制造与检验. 北京:化学工业出版社,2008.

[17] 薛明德,黄克智,李世玉,等. GB150 — 2011 中圆筒开孔补强设计的分析法. 化工设备与管道,2012,49(3):1 - 11.

[18] Windera G E O,Sang Z F,孙儒荣,等. 关于卧式压力容器的设计. 化工设备设计,1989,26(6):27 - 37.

[19] 司光喜. 对降低鞍座边角处环向峰值应力的探讨. 化工设备与管道,2000,37(6):17 - 20.

[20] Zick L P. Stresses in large horizontal cylindrical pressure vessele on two saddle supports. Journal of American Society Welding,1951,30(3):435 - 441.

[21] 王瑶,张晓东. 化工单元过程及设备课程设计. 3 版. 北京:化学工业出版社,2013.

[22] 黄嘉琥. 压力容器材料实用手册:特种材料. 北京:化学工业出版社,1997.

[23] 黄载生. 化工机械力学基础. 北京:化学工业出版社,1990.

[24] 范钦珊. 轴对称应力分析. 北京:高等教育出版社,1985.

[25] 王宽福. 压力容器焊接结构工程分析. 北京:化学工业出版社,1998.

[26] 黄克智,等. 板壳理论. 北京:清华大学出版社,1987.

[27] 陈倚中. 化工设备设计全书——化工容器设计. 上海:上海科学技术出版社,1987.

[28] 李世玉,桑如苞. 压力容器工程师设计指南. 北京:化学工业出版社,1995.

[29] 李世玉. 压力容器设计工程师培训教程. 北京:新华出版社,2005.

[30] 贺匡国. 压力容器分析设计基础. 北京:机械工业出版社,1995.

[31] 姜伟之，赵时熙，王春生，等.工程材料的力学性能.北京：北京航空航天大学出版社，2000.

[32] 石智豪.压力容器介质手册.北京：北京科学技术出版社，1992.

[33] 丁伯民，蔡仁良.压力容器设计——原理及工程应用.北京：中国石化出版社，1992.

[34] 左景伊，左禹.腐蚀数据与选材手册.北京：化学工业出版社，1995.

[35] 王嘉麟.球形储罐建造技术.北京：中国建筑工业出版社，1990.

[36] 王嘉麟，侯忠贤.球形储罐焊接工程技术.北京：机械工业出版社，1999.

[37] 丁伯民.钢制压力容器——设计、制造与检验.上海：华东化工学院出版社，1992.

[38] 中华人民共和国工业和信息化部.钢制压力容器设计技术规定（YB 9073-2014）.北京：冶金工业出版社，2014.

[39] 蔡仁良.化工容器设计例题、习题集.北京：化学工业出版社，1996.

[40] 朱秋尔.高压容器设计.上海：上海科学技术出版社，1988.

[41] 黄问盈.热管与热管换热器设计基础.北京：中国铁道出版社，1995.

[42] 钱颂文.换热器设计手册.北京：化学工业出版社，2002.

[43] 中华人民共和国国家质量监督检验检疫总局，中国国家标准化管理委员会.热交换器（GB/T 151-2014）.北京：中国标准出版社，2014.

[44] 朱聘冠.换热器原理及计算.北京：清华大学出版社，1987.

[45] 王志魁.化工原理.4版.北京：化学工业出版社，2010.

[46] 戴猷元，余立新.化工原理.北京：清华大学出版社，2010.

[47] 陈敏恒，丛德滋，方图南，等.化工原理.北京：化学工业出版社，2015.

[48] 曲文海，等.压力容器与化工设备实用手册.北京：化学工业出版社，2000.

[49] 渠川瑾.反应釜.北京：高等教育出版社，1992.

[50] 胡国桢，石流，阎家宾.化工密封技术.北京：化学工业出版社，1990.

[51] ASME. ASME Boiler & Pressure Vessel Code，Section Ⅷ，Rules for Construction of Pressure Vessels，Division 1，2007.

[52] ASME. ASME Boiler & Pressure Vessel Code，Section Ⅷ，Rules for Construction of Pressure Vessels，Division 2 ，Alternative Rules ，2007.

[53] ASME. ASME Boiler & Pressure Vessel Code，Section Ⅷ，Rules for Construction of Pressure Vessels，Division 3，Alternative Rules for Construction of High Pressure Vessels，2007.

[54] 蔡仁良，顾伯勤，宋鹏云.过程装备密封技术.2版.北京：化学工业出版社，2010.

[55] 宋继红.特种设备法规体系现状及总体框架思路.中国锅炉压力容器安全，2005(3).

[56] 谭蔚.化工设备设计基础.天津：天津大学出版社，2007.

[57] 喻健良.化工设备机械基础.大连：大连理工大学出版社，2009.

[58] 赵军，张有忱，段成红.化工设备机械基础.北京：化学工业出版社，2007.

[59] 王心明.工程压力容器设计与计算.北京：国防工业出版社，1986.

[60] 中国石化集团上海工程有限公司.石油化工设备设计选用手册——换热器.北京：化学工业出版社，2009.

[61] 王非.化工压力容器设计——方法、问题和要点.2版.北京：化学工业出版社，2009.

[62] 洪德晓，丁伯民，戴季煌，等.压力容器设计与实用数据速查.北京：机械工业出版社，2010.

[63] 俞树荣.压力容器设计制造入门与精通.北京：机械工业出版社，2013.

[64] 张康达，洪启超.压力容器设计手册.2版.北京：中国劳动社会保障出版社，2000.

[65] 尼奇拉斯.P.车米逊沃夫.化工过程设备手册.2版.师树才，乔学福，杨盛启，等译.北京：中国石化出版社，2004.

[66] 中华人民共和国工业和信息化部.机械搅拌设备.（HG/T 20569-2013）北京：中国计划出版社，2014.

[67] 吴元欣，朱圣东，陈启明. 新型反应器与反应器工程中的新技术. 北京：化学工业出版社，2006.

[68] 潘家祯. 压力容器材料实用手册——碳钢及合金钢. 北京：化学工业出版社，2000.

[69] 丁伯民，黄正林，等. 化工设备设计全书：化工容器. 北京：化学工业出版社，2003.

[70] 秦叔经，叶文邦，等. 化工设备设计全书：换热器. 北京：化学工业出版社，2003.

[71] 路秀林，王者相，等. 化工设备设计全书：塔设备. 北京：化学工业出版社，2003.

[72] 王凯，虞军，等. 化工设备设计全书：搅拌设备. 北京：化学工业出版社，2003.

[73] 陈志平，章序文，林兴华，等. 搅拌与混合设备设计选用手册. 北京：化学工业出版社，2004.

[74] 姚慧珠，郑海泉. 化工机械制造工艺. 北京：化学工业出版社，1990.

[75] 赵惠清，蔡纪宁. 化工制图. 2 版. 北京：化学工业出版社，2008.

[76] 李喜孟. 无损检测. 北京：机械工业出版社，2008.

[77] 林大均，于传浩，杨静. 化工制图. 2 版. 北京：高等教育出版社，2014.

[78] 王非，林英. 化工设备用钢. 北京：化学工业出版社，2004.

[79] 徐英，杨一凡，朱萍，等. 球罐和大型储罐. 北京：化学工业出版社，2005.

[80] 王仁东. 化工机械力学基础. 2 版. 北京：化学工业出版社，1988.

[81] 章燕谋. 锅炉与压力容器用钢. 2 版. 西安：西安交通大学出版社，1997.

[82] Earland S，Nash D，Garden B. 欧盟承压设备实用指南. 郑津洋，孙国有，陈志伟，等，译. 北京：化学工业出版社，2005.